Wolf-Michael Kähler

**Statistische
Datenanalyse mit
SPSS/PC+**

Aus dem Programm
Datenverarbeitung und Wissenschaft

Statistik mit Framework IV
von A. Schrader und G. Krekeler

Simulation dynamischer Systeme
Grundwissen, Methoden, Programme
von H. Bossel

Dynamische Systeme und Fraktale
Computergrafische Experimente mit Pascal
von K.-H. Becker und M. Dörfler

Chaos in dissipativen Systemen
von R. W. Leven, B. P. Koch und B. Pompe

Künstliche Wesen
Verhalten Kybernetischer Vehikel
von V. Braitenberg

Mathematik der Selbstorganisation
Qualitative Theorie deterministischer und stochastischer
dynamischer Systeme
von G. Jetschke

Numerik sehen und verstehen
Ein kombiniertes Lehr- und Arbeitsbuch Visualisierungssoftware
von K. Kose, R. Schröder und K. Wieliczek

Wissensverarbeitung mit DEDUC
Eine Expertensystemshell mit Benutzeranleitung sowie
einem Handbuch zur Wissensverarbeitung, Folgenabschätzung
und Konsequenzenbewertung
von H. Bossel, B. R. Hornung und K.-F. Müller-Reißmann

Vieweg

WOLF-MICHAEL KÄHLER

STATISTISCHE DATENANALYSE MIT
SPSS/PC+

Eine Einführung in Grundlagen und Anwendung

Dritte, verbesserte und erweiterte Auflage

vieweg

Das in diesem Buch enthaltene Programm-Material ist mit keiner Verpflichtung oder Garantie irgendeiner Art verbunden. Der Autor und der Verlag übernehmen infolgedessen keine Verantwortung und werden keine daraus folgende oder sonstige Haftung übernehmen, die auf irgendeine Art aus der Benutzung dieses Programm-Materials oder Teilen davon entsteht.

1. Auflage 1990
2., verbesserte und erweiterte Auflage 1992
3., verbesserte und erweiterte Auflage 1993

Alle Rechte vorbehalten
© Friedr. Vieweg & Sohn Verlagsgesellschaft mbH, Braunschweig/Wiesbaden, 1993

Der Verlag Vieweg ist ein Unternehmen der Verlagsgruppe Bertelsmann International.

Das Werk einschließlich aller seiner Teile ist urheberrechtlich geschützt. Jede Verwertung außerhalb der engen Grenzen des Urheberrechtsgesetzes ist ohne Zustimmung des Verlags unzulässig und strafbar. Das gilt insbesondere für Vervielfältigungen, Übersetzungen, Mikroverfilmungen und die Einspeicherung und Verarbeitung in elektronischen Systemen.

Umschlag: Schrimpf und Partner, Wiesbaden
Druck und buchbinderische Verarbeitung: W. Langelüddecke, Braunschweig
Gedruckt auf säurefreiem Papier
Printed in Germany

ISBN 3-528-24755-X

für meine Töchter Sonja, Iris und Almut

Vorwort zur 3. Auflage

Dieses Buch wendet sich an Leser, die empirisch erhobenes Datenmaterial mit Hilfe eines Mikrocomputers statistisch auswerten und dabei das Programmsystem "SPSS/PC+" zur statistischen Datenanalyse einsetzen wollen. Die Darstellung ist so gehalten, daß keine Vorkenntnisse aus dem Bereich der Elektronischen Datenverarbeitung (EDV) vorausgesetzt werden. Vielmehr soll der Leser in einfacher Weise an das Werkzeug "SPSS/PC+" herangeführt und schnell in die Lage versetzt werden, Anforderungen zur statistischen Datenanalyse in Form von SPSS-Programmen selbständig zu schreiben und auf einem Mikrocomputer zur Ausführung zu bringen.

Mit diesem Buch wird eine problembezogene Einführung und keine handbuchartige Aneinanderreihung von Sprachelementen des Programmsystems SPSS/PC+ (in der Version 5.0) vorgelegt. Dieses Buch richtet sich an Leser, die in leicht verständlicher Form in die Lage versetzt werden wollen, SPSS-Programme zu entwickeln. Neben der Darstellung der zur Verfügung stehenden Sprachelemente wird – am Beispiel einer (einzigen) empirischen Untersuchung – die Form der von SPSS/PC+ ausgegebenen Analyseergebnisse erläutert und die daraus resultierende Interpretation angegeben.

Aufgrund der in Projektberatungen und in Lehrveranstaltungen – innerhalb der Studiengänge Psychologie, Soziologie, Diplompädagogik und Wirtschaftswissenschaften und des Rechenzentrums der Universität Bremen – gesammelten Erfahrungen kann dieses Buch sowohl als Begleitlektüre für Lehrveranstaltungen als auch zum Selbststudium empfohlen werden.

Gegenüber der ursprünglichen Programmversion 4.0.1 gibt es für die aktuelle Version 5.0 zwei Fassungen. Die eine ist das Produkt "SPSS/PC+ 5.0 (640K Version)", und die andere ist das Produkt "SPSS/PC+ 5.0 (XMS)", die den Zugriff auf den "'Extended Memory-Bereich" des Mikrocomputers unterstützt.

Ferner ist zu berücksichtigen, daß die aktuelle Programmversion 5.0 im Hinblick auf ihre Komponenten neu gegliedert ist. Die Leistungen, die durch das bisherige Basispaket "Basics" und das bisherige Paket "Statistics" angefordert werden konnten, lassen sich jetzt über ein erweitertes Basispaket und das neu eingerichtete Paket "Professional Statistics" erbringen. Da im Rahmen dieser beiden Pakete neue Leistungen zur Verfügung gestellt werden, wurde das ursprüngliche Manuskript der 2. Auflage durch die Beschreibung der Neuerungen ergänzt.

So enthält diese 3. Auflage zusätzlich die Beschreibung der Diskriminanzanalyse und des Quick-Editors, der zur Datenerfassung und Datenkorrektur eingesetzt werden kann. Außerdem erfolgte eine Überarbeitung der ursprünglichen Beschreibung im Hinblick auf eine geänderte Syntax des QUICK CLUSTER-Kommandos und eine modifizierte Ergebnispräsentation durch das T-TEST-Kommando.

Unabhängig vom neuen Leistungsspektrum wurde das ursprüngliche Manuskript auch dahingehend überarbeitet, daß die dialog-orientierte Verarbeitung in den Vordergrund der Betrachtung gestellt wurde. Ferner ist die formatfreie Dateneingabe sowie die Beschreibung des Einsatzes von DATA ENTRY II zur komfortablen Datenerfassung ergänzend dargestellt worden. Außerdem wurden einzelne Teile der ursprünglichen Beschreibung überarbeitet und orthographische Fehler korrigiert.

Als Neuerung gegenüber den bisherigen beiden Auflagen enthält diese aktuelle Beschreibung des Programmsystems "SPSS/PC+", die den gesamten Leistungsumfang der Pakete "Basics" und "Professional Statistics" umfaßt, ferner eine Darstellung der Kommando-Syntax sowie eine kommandospezifische Zusammenstellung der Kennzahlen, die innerhalb der Subkommandos OPTIONS und STATISTICS verwendet werden dürfen.

Der Firma SPSS GmbH Software danke ich für ihre freundliche Unterstützung und dem Vieweg Verlag für die traditionell gute Zusammenarbeit.

Ritterhude, im April 1993   Wolf-Michael Kähler

Inhaltsverzeichnis

1 Vorbereitungen zur Datenanalyse   **1**
- 1.1 Beispiel einer empirischen Untersuchung 1
- 1.2 Einsatz von SPSS/PC+ 2
- 1.3 Kodierung und Strukturierung der Daten 5
  - 1.3.1 Kodeplan 5
  - 1.3.2 Kodierung von fehlenden Werten 6
  - 1.3.3 Datenmatrix 6
  - 1.3.4 Daten-Datei 7
  - 1.3.5 Erfassungsvorschrift 8
- 1.4 Datenerfassung mit dem REVIEW-Editor 9
  - 1.4.1 Beginn des Dialogs mit dem SPSS-System 9
  - 1.4.2 Aktivierung des REVIEW-Editors 10
  - 1.4.3 Dateneingabe im Review-Schirm 11
  - 1.4.4 Editier-Hilfen 12
  - 1.4.5 Datensicherung und Dialogende 15
- 1.5 Meßniveau der Merkmale 17

2 Einsatz des SPSS-Systems   **18**
- 2.1 Ein SPSS-Programm zur Häufigkeitsauszählung 18
  - 2.1.1 Die SPSS-Kommandos 18
  - 2.1.2 SPSS-file und Variable 19
  - 2.1.3 Häufigkeitsauszählung 21

INHALTSVERZEICHNIS

- 2.2 Das Arbeiten im Submit-Modus 22
  - 2.2.1 Arbeiten ohne SPSS-Menü-System 23
  - 2.2.2 Arbeiten mit dem SPSS-Menü-System 30
  - 2.2.3 Die Dateien SPSS.LOG, SPSS.LIS, SCRATCH.PAD und SPSSPROF.INI 36
- 2.3 Aufbau eines SPSS-Programms 38
  - 2.3.1 Programm-Struktur 38
  - 2.3.2 Struktur eines SPSS-Kommandos 40
  - 2.3.3 Struktur der Spezifikationen und Trennzeichen 41

3 Vereinbarung, Beschreibung und Veränderung des SPSS-files 43

- 3.1 Beschreibung der Dateneingabe (DATA LIST, BEGIN DATA, END DATA) 43
  - 3.1.1 Syntax des DATA LIST-Kommandos 43
  - 3.1.2 Variablennamen 44
  - 3.1.3 Eingabe ganzzahliger Werte 45
  - 3.1.4 Eingabe von Leerzeichen 46
  - 3.1.5 Variablenliste 47
  - 3.1.6 Inklusive Variablenlisten 47
  - 3.1.7 Eingabe nicht ganzzahliger Werte 48
  - 3.1.8 Mehrere Datensätze pro Case 49
  - 3.1.9 Alphanumerische Variable und alphanumerische Werte 50
  - 3.1.10 Dateneingabe ohne Daten-Datei (BEGIN DATA, END DATA) 50
  - 3.1.11 Kompakte Datenhaltung (SET/COMPRESS) 51
- 3.2 Variablen- und Werteetiketten 52
  - 3.2.1 Etikettierung von Variablen (VARIABLE LABELS) 52
  - 3.2.2 Etikettierung von Werten (VALUE LABELS) 53
- 3.3 Vereinbarung von missing values (MISSING VALUE) 55
  - 3.3.1 Syntax des MISSING VALUE-Kommandos 55
  - 3.3.2 Der system-missing value 56

3.4 Veränderung und Ergänzung des SPSS-files (COMPUTE, RECODE) ... 57
   3.4.1 Beispiel für eine Werteänderung ... 57
   3.4.2 Das Kommando COMPUTE ... 57
   3.4.3 Die Kommandos RECODE und AUTORECODE ... 58
      3.4.3.1 Rekodierungsvorschrift ... 58
      3.4.3.2 Die Schlüsselwörter ELSE, THRU, LOWEST und HIGHEST ... 59
      3.4.3.3 Automatische Umwandlung mit AUTORECODE ... 60
3.5 Überprüfung der Eingabedaten ... 61
   3.5.1 Eingabefehler ... 61
   3.5.2 Überprüfung von Werten ... 61
   3.5.3 Temporäre Datenauswahl (PROCESS IF) ... 62
   3.5.4 Datenausgabe in die Listing-Datei (LIST) ... 63
3.6 Inhalt des SPSS-files (DISPLAY, MODIFY VARS) ... 64

4 Beschreibung von Merkmalen   66

4.1 Häufigkeitsverteilungen und Statistiken (FREQUENCIES, DESCRIPTIVES) ... 66
   4.1.1 Ausgabe von Häufigkeitsverteilungen (FREQUENCIES) ... 66
   4.1.2 Steuerung der Ausgabe (FORMAT, MISSING) ... 68
   4.1.3 Ausgabe von Histogrammen (HISTOGRAM) ... 71
   4.1.4 Ausgabe von Balkendiagrammen (BARCHART) ... 72
   4.1.5 Berechnung von Statistiken ... 73
      4.1.5.1 Die Subkommandos PERCENTILES und NTILES ... 73
      4.1.5.2 Das Subkommando STATISTICS ... 75
   4.1.6 Berechnung von Statistiken für kontinuierliche Merkmale (DESCRIPTIVES) ... 81

- 4.2 Beschreibung von Merkmalen durch einen Report (REPORT) 84
  - 4.2.1 Beispiel ... 84
  - 4.2.2 Das Kommando REPORT ... 87
  - 4.2.3 Ausgabe von Statistiken (SUMMARY) ... 88
  - 4.2.3.1 Einfache Statistiken ... 88
  - 4.2.3.2 Zusammengesetzte Statistiken ... 91
  - 4.2.3.3 Gestaltung der Ausgabe von Statistiken ... 94
  - 4.2.4 Vereinbarung der Kolumnen-Variablen (VARIABLES) 96
  - 4.2.5 Vereinbarung einer Break-Variablen (BREAK) ... 99
  - 4.2.6 Gestaltung der Reportausgabe (FORMAT) ... 103
  - 4.2.7 Textausgabe in Kopf- und Fußzeilenbereiche (TITLE, FOOTNOTE) ... 106
  - 4.2.8 Ausgabe von Variablenwerten (LIST, SUMSPACE) ... 109
  - 4.2.9 Verrechnung von missing values (MISSING) ... 110
  - 4.2.10 Report-Struktur bei mehreren Break-Variablen ... 111
  - 4.2.11 Ausgabe von Strings (STRING) ... 115
- 4.3 Sortierung des SPSS-files (SORT CASES) ... 117
- 4.4 Vereinfachte Reportausgabe für intervallskalierte Merkmale (MEANS) ... 120
- 4.5 Untersuchung von Merkmalen (EXAMINE) ... 122
  - 4.5.1 Beschreibung von Verteilungen durch Histogramme ... 122
  - 4.5.2 Beschreibung von Verteilungen durch "Stem-and-leaf"-Plots ... 126
  - 4.5.3 Boxplots ... 127
  - 4.5.4 Gruppenvergleiche ... 130
  - 4.5.5 Überprüfung auf Normalverteilung ... 134
  - 4.5.6 Schätzung der zentralen Tendenz ... 136
  - 4.5.7 Berechnung von Percentilwerten ... 137
  - 4.5.8 Zusammenfassung ... 138

5 Beschreibung der Beziehung von Merkmalen 140
- 5.1 Analyse von Kontingenz-Tabellen (CROSSTABS) ... 140
  - 5.1.1 Die gemeinsame Häufigkeitsverteilung zweier Merkmale 140
  - 5.1.2 Ausgabe von Kontingenz-Tabellen ... 142
  - 5.1.3 Steuerung der Tabellenausgabe ... 144

5.1.4	Statistischer Zusammenhang zwischen nominalskalierten Merkmalen	148
5.1.4.1	Chi-Quadrat	150
5.1.4.2	Phi-Koeffizient	151
5.1.4.3	Cramer's V	152
5.1.4.4	Kontingenzkoeffizient C	152
5.1.4.5	Der Likelihood-Quotienten-Chi-Quadrat-Wert	153
5.1.4.6	Das PRE-Maß Lambda	153
5.1.4.7	Der Tau-Koeffizient von Goodman und Kruskal	156
5.1.4.8	Cohen's Kappa	156
5.1.4.9	Das relative Risiko	157
5.1.5	Statistischer Zusammenhang zwischen ordinalskalierten Merkmalen	159
5.1.5.1	Konkordante und diskordante Paare	160
5.1.5.2	Positive und negative Beziehungen	161
5.1.5.3	Der Gamma-Koeffizient	161
5.1.5.4	Der Koeffizient Somers' d	163
5.1.5.5	Kendall's Tau-B und Tau-C	164
5.1.6	Statistischer Zusammenhang zwischen intervallskalierten Merkmalen	165
5.1.6.1	Korrelationskoeffizient r	165
5.1.6.2	Spearman's Rho	167
5.1.6.3	Der Koeffizient Eta-Quadrat	168
5.1.6.4	Berechnung von r und Eta	169
5.1.7	Inferenzstatistisches Schließen	170
5.1.8	CROSSTABS im Ganzzahl-Modus	175

5.2 Beschreibung der Beziehung von intervallskalierten Merkmalen 176

    5.2.1   Graphische Beschreibung (PLOT) 176

    5.2.1.1 Streudiagramm 176

    5.2.1.2 Regressionsgerade 177

    5.2.1.3 Gestaltung des Layouts 178

    5.2.1.4 Verarbeitung von missing values 181

    5.2.1.5 Kontrollvariable 181

    5.2.1.6 Überlagerung von Streudiagrammen 182

    5.2.1.7 Aufbau des PLOT-Kommandos 182

    5.2.2   Korrelationskoeffizient von Bravais-Pearson
(CORRELATION) 184

    5.2.3   Vergleich von Mittelwerten (MEANS) 187

    5.2.3.1 Das STATISTICS-Subkommando 187

    5.2.3.2 Varianzanalyse-Tafel 188

    5.2.3.3 Linearitäts-Test 189

    5.2.4   Mittelwertsvergleich für zwei Gruppen (T-TEST) . . . 191

    5.2.4.1 Der T-Test 191

    5.2.4.2 T-Test für abhängige Stichproben 193

    5.2.4.3 Das Kommando T-TEST 195

6 Veränderung des SPSS-files   196

   6.1   Berechnung von arithmetischen Ausdrücken (COMPUTE) . . 196

   6.2   Rekodierung von Variablenwerten (RECODE) 199

   6.3   Bedingte Zuweisung (IF) 201

   6.4   Auszählung von Werten (COUNT) 203

   6.5   Gewichtung von Cases (WEIGHT) 204

6.6 Datenauswahl ... 206
6.6.1 Gezielte Auswahl von Cases (PROCESS IF, SELECT IF) ... 206
6.6.2 Überprüfung der Satzfolge ... 208
6.6.3 Auswahl der ersten Cases (N) ... 209
6.6.4 Zufällige Auswahl von Cases (SAMPLE, SET/SEED) ... 210

7 Protokollausgaben des SPSS-Systems   211
7.1 Ausgabe von Kommandos und Analyseergebnissen (SET, SHOW) ... 211
7.2 Ausgabe von Seitenüberschriften (TITLE, SUBTITLE) ... 213
7.3 Kommentierung von SPSS-Kommandos (*) ... 214

8 Datenausgabe   215
8.1 Ausgabe von Variablenwerten (LIST, WRITE) ... 215
8.2 Bestimmung der Ergebnis-Datei (SET/RESULTS) ... 216
8.3 Ausgabeformate (FORMATS) ... 217
8.4 Datenausgabe bei den Auswertungsverfahren ... 217

9 Das Arbeiten mit SPSS-files und Datenaustausch   219
9.1 Sicherung des SPSS-files (SAVE, SYSFILE INFO) ... 219
9.2 Wiederherstellung des SPSS-files (GET) ... 222
9.3 Zusammenfassung von SPSS-files (JOIN) ... 224
9.3.1 Zusammenführung paralleler SPSS-files ... 224
9.3.2 Zusammenführung von nicht-parallelen SPSS-files ... 225
9.3.3 Aneinanderreihung von gleichstrukturierten SPSS-files ... 228
9.3.4 Mischen von gleichstrukturierten SPSS-files ... 230
9.4 Transponieren des SPSS-files (FLIP) ... 231

9.5 Datenaustausch mit Fremdsystemen 233

9.5.1 Erstellung einer portierbaren Sicherungs-Datei (EXPORT) 233

9.5.2 Umwandlung von portierbaren Sicherungs-Dateien in SPSS-files (IMPORT) 234

9.5.3 Datenaustausch mit dem Datenbanksystem dBASE und Tabellenkalkulationsprogrammen (TRANSLATE) 235

10 Speicherung von Rangwerten und Statistiken 238

10.1 Speicherung von Rangwerten (RANK) 238

10.1.1 Rangwerte und Bindungen 238

10.1.2 Berechnung von Spearman's Rho 241

10.1.3 Transformation der Rangwerte 241

10.1.4 Überprüfung auf Normalverteilung 244

10.2 Speicherung von Statistiken (AGGREGATE) 244

10.2.1 Beispiel 244

10.2.2 Indikator-Variable 247

10.2.3 Statistiken 248

10.2.4 Missing values 250

10.2.5 Syntax des AGGREGATE-Kommandos 250

11 Varianzanalyse 251

11.1 Einfaktorielle Varianzanalyse (ONEWAY) 251

11.1.1 Voraussetzungen und Nullhypothese 251

11.1.2 Varianzanalyse-Tafel 252

11.1.3 Überprüfung der Test-Voraussetzungen 253

11.1.4 Vergleiche einzelner Faktorstufen 254

11.1.5 "A priori"-Vergleiche 257

11.1.6 Trend-Tests 259

11.1.7 Syntax des ONEWAY-Kommandos 260

11.1.8 Eingabe von Statistiken in Matrixform 262

11.2 Mehrfaktorielle Varianzanalyse (ANOVA) 263
    11.2.1 Beispiel 263
    11.2.2 Varianzanalyse-Tafel 264
    11.2.3 Zellenbesetzungen 265
    11.2.4 Graphische Darstellung 266
    11.2.5 Mehr als zwei Faktoren 268
    11.2.6 Multiple Klassifikationsanalyse 268
    11.2.7 Kovarianzanalyse 269
    11.2.8 Syntax des ANOVA-Kommandos 271
    11.2.9 Das Subkommando OPTIONS 271
    11.2.10 Das Subkommando STATISTICS 273

12 Nichtparametrische Testverfahren (NPAR TESTS)   274

12.1 Vergleich mit einer theoretischen Verteilung 274
12.2 Vergleich zwischen empirisch ermittelten Verteilungen 276
    12.2.1 Paarvergleich bei abhängigen Stichproben 277
    12.2.2 Vergleich mehrerer Verteilungen bei abhängigen Stichproben 278
    12.2.3 Verteilungs-Vergleich bei zwei unabhängigen Stichproben 279
    12.2.4 Verteilungs-Vergleich bei mehreren unabhängigen Stichproben 281
12.3 Iterationstest für dichotomisierte Merkmale 282
12.4 Die Subkommandos OPTIONS und STATISTICS 283

13 Regressionsanalyse (REGRESSION)   284

13.1 Beschreibung der linearen Beziehung und Anpassungsgüte . . 284
13.2 Überprüfung der Linearitätsannahme 288
13.3 Voraussetzungen zur Durchführung von statistischen Tests . . 288

13.4 Identifikation von statistischen Ausreißern 293
13.5 Multikollinearität 296
13.6 Methoden der schrittweisen Regression 298
13.7 Syntax des Kommandos REGRESSION 300

14 Itemanalyse (RELIABILITY) 311
14.1 Skalenbildung 311
14.2 Vereinbarung von Skalen und Cronbach's Alpha 312
14.3 Korrelative Beschreibung von Skalen 313
14.4 Weitere Reliabilitätskoeffizienten für Skalen 317

15 Faktorenanalyse (FACTOR) 318
15.1 Die Hauptkomponentenanalyse 318
15.2 Extraktion und Festlegung der Faktorenzahl 320
15.3 Rotation zur Einfachstruktur 322
15.4 Vorabprüfung auf die Existenz gemeinsamer Faktoren 325
15.5 Weitere Verfahren zur Durchführung einer Faktorenanalyse . 326
15.6 Sicherung der Faktorenwerte 328
15.7 Anzeige von Statistiken 328
15.8 Eingabe und Ausgabe von Matrizen 330

16 Clusteranalysen (CLUSTER, QUICK CLUSTER) 332
16.1 Verfahren und Ziele der Clusteranalyse 332
16.2 Ergebnisse der Clusteranalyse 334
16.3 Cluster-Kriterien zur Fusionierung 339
16.4 Sicherung und Bereitstellung von Distanz- und Ähnlichkeitsmatrizen 343
16.5 Clusteranalyse für große Fallzahlen (QUICK CLUSTER) . . 345

17 Diskriminanzanalyse (DSCRIMINANT) 353
17.1 Zielsetzung der linearen Diskriminanzanalyse 353
17.2 Ein Beispiel 354
17.3 Kriterien zur Güte der Gruppentrennung 358
17.4 Syntax des Kommandos DSCRIMINANT 362

Anhang 370
A.1 Einführung in das Arbeiten unter MS-DOS 370
A.2 Der REVIEW-Editor (REVIEW) 374
A.3 Inhalt der Dateien SPSS.LOG und SPSS.LIS 379
A.4 Das Arbeiten im Dialog-Modus 381
A.5 Das Arbeiten im Batch-Modus 385
A.6 Formatfreie Dateneingabe (DATA LIST FREE) 387
A.7 Der Quick-Editor (QED) 389
A.8 Das SET-Kommando 398
A.9 Ausführung von MS-DOS-Kommandos (EXECUTE) 401
A.10 Datenerfassung mit DATA ENTRY II (DE) 402

Syntax der Kommandos 406

Modul-Struktur von SPSS/PC+ 429

Literaturverzeichnis 430

Index 431

Kapitel 1

Vorbereitungen zur Datenanalyse

1.1 Beispiel einer empirischen Untersuchung

Bei empirischen, d.h. erfahrungswissenschaftlichen Untersuchungen werden Daten an Merkmalsträgern (Untersuchungsobjekten) erhoben. Dabei ist ein *Merkmalsträger* z.B. ein Schüler, über den mit Hilfe eines Fragebogens Informationen gesammelt werden. Wird ein Schüler etwa über die Einschätzung seiner Leistung befragt, so wird an ihm ein *Merkmal* gemessen. Der erhaltene Meßwert, d.h. die Antwort, wird *Merkmalsausprägung* genannt.

In den empirischen Wissenschaften stellt die Statistik ein Hilfsmittel dar, um Merkmale und Beziehungen von Merkmalen zu beschreiben. Im Rahmen der dazu erforderlichen Auswertungen von Daten – *Datenanalysen* genannt – können die Methoden der *deskriptiven*, d.h. der beschreibenden Statistik eingesetzt werden. Sollen die erhaltenen Ergebnisse verallgemeinert werden, so sind die Merkmalsträger als *Stichprobe* (Zufallsauswahl) aus einer spezifizierten *Grundgesamtheit* (Population) zu wählen, so daß mit Hilfe der Methoden der *induktiven*, d.h. der beurteilenden Statistik von den beobachteten Merkmalsausprägungen auf die durch die Stichprobe repräsentierte Grundgesamtheit geschlossen werden kann.

Diesen Ausführungen legen wir die Materialien einer empirischen Untersuchung zugrunde, die sich damit beschäftigt, wie Schüler ihre Leistung, Begabung und Belastung einschätzen. Wir werden uns auf einzelne Fragestellungen dieser Studie beziehen und bei der Datenanalyse auf das erhobene Datenmaterial zurückgreifen.

Die Merkmalsträger dieser Untersuchung sind Bremer Gymnasiasten. In den Jahrgangsstufen 11 und 12 sind jeweils 50 Schüler und 50 Schülerinnen und in der Jahrgangsstufe 13 jeweils 25 Schüler und 25 Schülerinnen befragt worden. Unseren Datenanalysen legen wir die Antworten aus einem Fragebogen zugrunde, dessen einleitende Fragen (*Items*) auf der nächsten Seite angegeben sind.

Auf der Basis des gewonnenen Datenmaterials sollen Aussagen über die Selbsteinschätzung von Leistung und Begabung, die zeitliche Belastung und die Ermüdung der Befragten gewonnen werden. Dazu wollen wir die Häufigkeitsverteilungen der betreffenden Merkmale ermitteln. Zur Diskussion, ob bei diesen Verteilungen eventuell geschlechts- oder jahrgangsstufenspezifische Unterschiede bestehen, sind ferner gemeinsame Verteilungen dieser Merkmale mit dem Merkmal "Jahrgangsstufe" bzw. "Geschlecht" zu untersuchen.

1.2 Einsatz von SPSS/PC+

Zur Durchführung der erforderlichen Datenanalysen auf einem Mikrocomputer setzen wir das Programmsystem *SPSS/PC+* (Superior Performing Software Systems, früherer Name: Statistical Package for the Social Sciences) zur statistischen Datenanalyse (in der Version 5.0) von der Firma SPSS GmbH ein. Dieses *Programmsystem* ist eine Sammlung von Programmen, die über Anforderungen innerhalb einer künstlichen Sprache, einer sogenannten *Kommandosprache*, zur Ausführung gebracht werden können.

Das Programmsystem SPSS/PC+ – im folgenden abkürzend "*SPSS-System*" genannt – wird von der Firma SPSS GmbH als Ergänzung ihres auf Großrechnern und Abteilungsrechnern zur Verfügung stehenden Programmsystems zur statistischen Datenanalyse – dort "SPSS Version 4.0" genannt – angeboten. Dieses SPSS-System trägt den Entwicklungen im Hinblick auf den Anstieg der Rechengeschwindigkeit und der Speicherkapazität von Mikrocomputern Rechnung. Es zeichnet sich aus durch:

- eine einheitliche Kommandosprache zur Formulierung der Anforderungen,
- die leichte Erlernbarkeit, und durch
- die leichte Handhabung.

Kreuzen Sie bitte das für Sie Zutreffende an!

Identifikationsnummer: | Kodespalte |
| 0 | 3 | 1 |
| 1 | | 3 |

1. Jahrgangsstufe: 11 ☒ (1)
   12 ☐ (2)
   13 ☐ (3)

| 1 |
| 4 |

2. Geschlecht: männlich ☒ (1)
   weiblich ☐ (2)

| 1 |
| 5 |

3. Wieviele Unterrichtsstunden haben Sie in der Woche?
   Unterrichtsstunden: 36

| 3 | 6 |
| 6 | 7 |

4. Wie lange machen Sie pro Tag im Durchschnitt Hausaufgaben?
   ich mache keine Hausaufgaben ☐ (1)
   weniger als 1/2 Std. am Tag ☐ (2)
   1/2–1 Stunde am Tag ☒ (3)
   1–2 Stunden am Tag ☐ (4)
   2–3 Stunden am Tag ☐ (5)
   3–4 Stunden am Tag ☐ (6)
   mehr als 4 Stunden am Tag ☐ (7)

| 3 |
| 8 |

5. Oft schalte ich im Unterricht einfach ab, weil es mir zu viel wird.
   stimmt ☒ (1)
   stimmt nicht ☐ (2)

| 1 |
| 9 |

6. Wie gut sind Ihre Schulleistungen im Vergleich zu Ihren Mitschülern?
   sehr gut → +4 (9)
   +3 (8)
   +2 (7)
   +1 (6)
   durchschnittlich → ☒ (5)
   −1 (4)
   −2 (3)
   −3 (2)
   sehr schlecht → −4 (1)

| 5 |
| 10 |

7. Wenn Sie an alle Mitschüler Ihrer Jahrgangsstufe denken, wie schätzen Sie dann Ihre *Begabung* insgesamt ein?
   sehr gut → +4 (9)
   +3 (8)
   +2 (7)
   ☒ (6)
   durchschnittlich → 0 (5)
   −1 (4)
   −2 (3)
   −3 (2)
   sehr schlecht → −4 (1)

| 6 |
| 11 |

8. Für wie begabt, glauben Sie, halten Ihre Lehrer Sie?
   sehr gut → +4 (9)
   +3 (8)
   +2 (7)
   ☒ (6)
   durchschnittlich → 0 (5)
   −1 (4)
   −2 (3)
   −3 (2)
   sehr schlecht → −4 (1)

| 6 |
| 12 |

Mit der Version 5.0 stehen für den Anwender neue Komponenten für einen wirkungsvollen Dialogbetrieb im Vordergrund, so daß höchste Flexibilität und maximaler Komfort in der Bedienerführung erreicht wird.

Wir setzen für das folgende voraus, daß das SPSS-System auf dem *Mikrocomputer* IBM AT oder einem dazu kompatiblen Mikrocomputer (unter dem DOS-Betriebssystem in der Version 3.0 oder einer späteren Version) innerhalb des Unterverzeichnisses SPSS auf der Festplatte installiert ist.

Ferner unterstellen wir für die folgende Beschreibung, daß das Programmsystem SPSS/PC+ die Leistungen des Basispakets "Basics" und des Pakets "Professional Statistics" zur Verfügung stellt (siehe "Modul-Struktur des SPSS-Systems").

Hinweis: Für diejenigen Leser, die noch keinen Mikrocomputer eingesetzt haben, verweisen wir an dieser Stelle auf den Anhang A.1, in dem wir eine kurze Einführung in das Arbeiten an einem Mikrocomputer geben.

Den Datenfluß beim Einsatz des SPSS-Systems können wir uns durch das folgende Schema veranschaulichen:

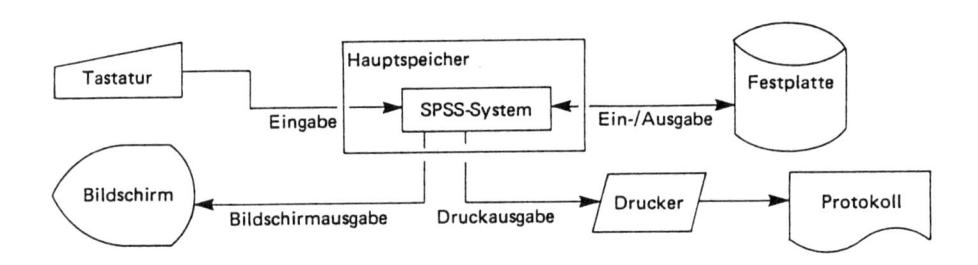

Dabei ist es in der Lernphase sicherlich nicht erforderlich, über einen an den Mikrocomputer angeschlossenen Drucker zu verfügen. Bei professionellen Anwendungen ist ein Drucker jedoch unentbehrlich – es sei denn, daß eine Möglichkeit besteht, die Ergebnisse der Datenanalyse auf eine andere Datenverarbeitungsanlage zu übertragen, auf der die Analyseergebnisse ausgegeben werden können.

Bevor wir die Arbeit mit dem SPSS-System beschreiben, müssen wir zunächst Vorbereitungen für die durchzuführenden Datenanalysen treffen. Dazu ist festzulegen, wie das erhobene Datenmaterial strukturiert und die einzelnen Merkmalsausprägungen gespeichert werden sollen.

1.3 Kodierung und Strukturierung der Daten

1.3.1 Kodeplan

Damit das SPSS-System die erhobenen Daten verarbeiten kann, müssen sie EDV-gerecht aufbereitet werden. Dazu entwickeln wir zunächst einen *Kodeplan*. Dies ist eine Vorschrift, die festlegt, wie die Merkmalsausprägungen zu verschlüsseln sind. Dazu sind den einzelnen Ausprägungen einfach aufgebaute Werte – wie etwa vorzeichenlose ganze Zahlen – zuzuweisen. Wir legen z.B. fest (siehe den oben angegebenen Fragebogenauszug), daß beim Item 2 ("Geschlecht") der Merkmalsausprägung "männlich" die Zahl 1 und der Ausprägung "weiblich" die Zahl 2 zugeordnet werden soll – wir sagen, daß "männlich" mit 1 und "weiblich" mit 2 kodiert ist. Insgesamt stellen wir die von uns gewählte Kodierung im folgenden Kodeplan zusammen (den Items haben wir geeignete Kurzbezeichnungen gegeben):

Itemnummer	Kurzbezeichnung	Merkmalsausprägungen	Kodierung
1	Jahrgangsstufe	11 12 13	1 2 3
2	Geschlecht	männlich weiblich	1 2
3	Unterrichtsstunden	Stundenzahlen	keine Verschlüsselung
4	Hausaufgaben	keine Hausaufgaben weniger als 1/2 Std. 1/2–1 Std. 1–2 Std. 2–3 Std. 3–4 Std. mehr als 4 Std.	1 2 3 4 5 6 7
5	Abschalten	stimmt stimmt nicht	1 2
6	Schulleistung	sehr gut → +4 +3 +2 +1 durchschnittlich → 0 −1 −2 −3 sehr schlecht → −4	9 8 7 6 5 4 3 2 1
7	Begabung		
8	Lehrerurteil		

1.3.2 Kodierung von fehlenden Werten

Bei der Entwicklung eines Fragebogens ist zu bedenken, ob Antworten der Form "weiß nicht", "keine Antwort" (Antwortverweigerung) oder "trifft nicht zu" bei Items möglich sind. Sollte dies der Fall sein, so sind diese Antwortkategorien als mögliche Merkmalsausprägungen mit im Fragebogen aufzuführen. Bei der Kodierung sind derartigen Ausprägungen gesonderte Kodewerte zuzuordnen, die sich von den regulären Werten prägnant unterscheiden (z.B. die Werte -1 oder auch 0, falls es sich nicht um Häufigkeiten handelt, bei denen der Wert 0 als reguläre Antwort vorkommen kann).

Wollen wir diejenigen Merkmalsträger, die bei einem oder mehreren Merkmalen einen derartigen gesonderten Wert besitzen, von einer Datenanalyse ausschließen, so müssen wir diesen Wert als fehlenden Wert – im folgenden *"missing value"* genannt – kennzeichnen (dazu sind geeignete Angaben im Kommando MISSING VALUE zu machen, siehe Abschnitt 3.3).

Bei unserem Fragebogen legen wir fest, daß wir den Wert 0 kodieren, falls eine Frage nicht beantwortet ist. Sollen bei einer späteren Datenanalyse diejenigen Befragten ausgeschlossen werden, die eine Frage nicht beantwortet haben, so müssen wir folglich für das betreffende Merkmal den Wert 0 als missing value beim SPSS-System vereinbaren.

1.3.3 Datenmatrix

Die Angaben innerhalb eines Fragebogens fassen wir als Datenzeile auf, in der die kodierten Werte – ohne Lücke – hintereinander aufgeschrieben sind. Stellen wir uns diese Datenzeilen untereinandergesetzt vor, so läßt sich die Gesamtheit der Daten unseres Fragebogenausschnitts durch das folgende Schema darstellen:

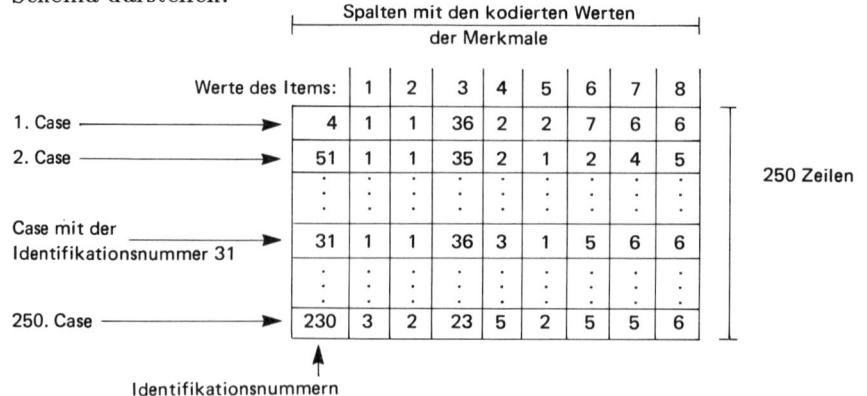

Werte des Items:	1	2	3	4	5	6	7	8	
1. Case	4	1	1	36	2	2	7	6	6
2. Case	51	1	1	35	2	1	2	4	5
	.	.	.	.	.	.	.	.	250 Zeilen
Case mit der Identifikationsnummer 31	31	1	1	36	3	1	5	6	6
	.	.	.	.	.	.	.	.	
250. Case	230	3	2	23	5	2	5	5	6

Spalten mit den kodierten Werten der Merkmale

Identifikationsnummern der Fragebögen

1.3 Kodierung und Strukturierung der Daten

Die so vorgenommene Strukturierung der Daten nennen wir eine *Datenmatrix*. Sie enthält bei unserer Untersuchung 250 Zeilen, da 250 ausgefüllte Fragebögen für die Auswertung zur Verfügung stehen. Jede Zeile der Datenmatrix korrespondiert mit einem Merkmalsträger (Befragten). Um von der Untersuchungsform unabhängig zu sein – neben dem Interview mit einem Fragebogen gibt es unter anderem das Experiment und die teilnehmende Beobachtung als weitere Erhebungsmethoden in der empirischen Forschung – sprechen wir im folgenden von den Werten eines "Falles" oder "*Cases*". Die Datenmatrix enthält in unserem Fall somit 250 Cases. Sämtliche Werte eines Merkmals sind in einer Spalte der Datenmatrix zusammengefaßt.

Für das folgende stellen wir uns stets vor, daß die kodierten Daten in Form einer derartigen Datenmatrix angeordnet sind. Aus Gründen der Arbeitsersparnis und der Fehlerreduktion werden die Daten in der Regel nicht erst als Datenmatrix aufgeschrieben, sondern direkt in den Fragebögen – in einer gesonderten *Kodespalte* – eingetragen. Indem wir uns die Kodespalten eines Fragebogens hintereinander angeordnet vorstellen, läßt sich folglich die Gesamtheit der Kodespalten als eine Zeile der Datenmatrix auffassen.

1.3.4 Daten-Datei

Nachdem wir die erhobenen Daten nach den Vorschriften des Kodeplans verschlüsselt und in Form einer Datenmatrix angeordnet haben, müssen die Daten für die Verarbeitung durch das SPSS-System auf einem geeigneten *Datenträger* bereitgestellt werden. Unter der *Datenerfassung* verstehen wir die Übertragung der auf einem *Erhebungsbeleg* eingetragenen Daten auf einen Datenträger, von dem aus die Daten vom SPSS-System bei der Dateneingabe gelesen werden können. Somit stellt sich das Schema für die Datenübertragung wie folgt dar:

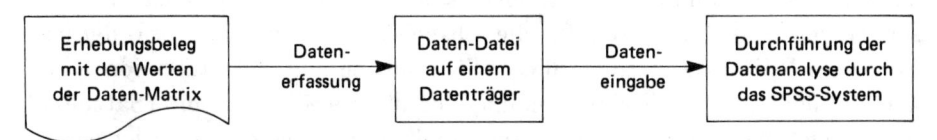

Erhebungsbeleg mit den Werten der Daten-Matrix	Datenerfassung →	Daten-Datei auf einem Datenträger	Dateneingabe →	Durchführung der Datenanalyse durch das SPSS-System

Auf dem Datenträger wird jede Zeile der Datenmatrix in einem oder, falls die Anzahl der Werte innerhalb der Datenmatrix-Zeile zu groß ist, in mehreren *Datensätzen* abgespeichert. Da eine Sammlung von Datensätzen als *Datei* bezeichnet wird, erstellen wir durch die Datenerfassung eine *Daten-Datei*. Als Datenträger für diese Datei können wir eine Diskette oder eine Festplatte wählen. Wir beabsichtigen, die Zeileninhalte der Datenmatrix auf der

Festplatte zu speichern. Wie wir diese Datenerfassung vornehmen können, stellen wir nachfolgend im Abschnitt 1.4 dar.

1.3.5 Erfassungsvorschrift

Bevor die Werte der Datenmatrix in eine Daten-Datei erfaßt werden können, sind die jeweiligen Zeichenbereiche festzulegen, in welche die Werte innerhalb eines Datensatzes eingetragen werden sollen. Maßgeblich dafür, ob *ein* Datensatz für die Ablage der Zeichen einer Datenmatrix-Zeile ausreicht, ist die für einen Datensatz zugelassene maximale Zeichenzahl. Wir nehmen für das folgende den Standardwert von maximal 80 Zeichen pro Datensatz an und verabreden für die Erfassung der Daten unseres Fragebogens die folgende *Erfassungsvorschrift*, die bereits bei der Gestaltung des Fragebogens durch die Angaben in der gesonderten Kodespalte berücksichtigt wurde:

Werte des Merkmals:	Zeichenpositionen:
Identifikationsnummer	1–3
Jahrgangsstufe (Item 1)	4
Geschlecht (Item 2)	5
Unterrichtsstunden (Item 3)	6–7
Hausaufgaben (Item 4)	8
Abschalten (Item 5)	9
Schulleistung (Item 6)	10
Begabung (Item 7)	11
Lehrerurteil (Item 8)	12

Reichen – anders als in unserem Fall – 80 Zeichenpositionen für die Speicherung einer Datenmatrix-Zeile nicht aus, so sind pro Case nicht nur ein, sondern mehrere Datensätze für die Abspeicherung der Werte erforderlich. In diesem Fall sollte in jedem dieser Sätze neben einer Identifikationsnummer für den Case auch eine Kennung für die jeweilige *Satzart* (Satznummer) eingetragen werden. Mit dieser Kennung wird festgelegt, welcher Datensatz den Anfang der zugehörigen Datenmatrix-Zeile, welche Sätze die sich anschließenden Zeichenbereiche und welcher Satz den letzten Teil der Datenmatrix-Zeile enthält. Nach der Datenerfassung kann mit Hilfe der Identifikations- und Satznummern – diese sollten bereits von vornherein an den entsprechenden Stellen im Fragebogen abgedruckt sein – die Konsistenz und Vollständigkeit der Datensätze geprüft werden.

1.4 Datenerfassung mit dem REVIEW-Editor

1.4.1 Beginn des Dialogs mit dem SPSS-System

Bevor die Arbeit mit dem SPSS-System begonnen werden kann, muß das Verzeichnis eingestellt werden, in dem die Daten-Datei während der Datenerfassung abgespeichert werden soll.

Hinweis: Z.B. läßt sich ein neues Unterverzeichnis mit dem Namen ANALYSE durch das DOS-Kommando "MD ANALYSE" einrichten. Der anschließende Wechsel in dieses Verzeichnis wird durch das DOS-Kommando "CD ANALYSE" bewirkt.

Der Aufruf des SPSS-Systems muß durch das DOS-Kommando SPSSPC angefordert werden, das in der folgenden Form einzugeben ist:

```
C:\ANALYSE>SPSSPC
```

Hinweis: Der angezeigte DOS-Prompt "C:\ANALYSE>" kennzeichnet, daß das aktuell eingestellte Verzeichnis den Namen "ANALYSE" trägt.
Es muß sichergestellt sein, daß das SPSS-System von dem Unterverzeichnis ANALYSE aus durch das DOS-Kommando SPSSPC aufgerufen werden kann. Dazu sollte das DOS-Kommando SET in der Form "SET SPSS=C:\SPSS" und das DOS-Kommando PATH in der Form "PATH C:\;C:\SPSS" innerhalb der Datei AUTOEXEC.BAT eingetragen sein.

Nach dem Start des SPSS-Systems wird zunächst der Lizenztext und anschließend der folgende Bildschirminhalt ausgegeben, der in einen oberen *Menü-Schirm* und in einen unteren *Submit-Schirm* gegliedert ist:

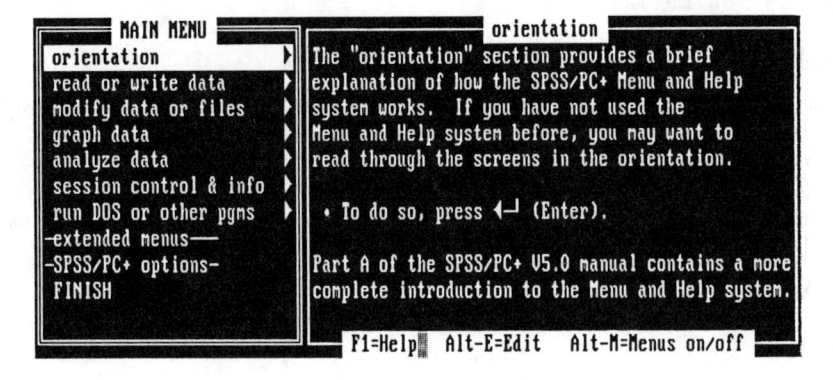

```
╔═══════ MAIN MENU ═══════╦══════════ orientation ══════════╗
║ orientation           ► ║ The "orientation" section provides a brief
║ read or write data    ► ║ explanation of how the SPSS/PC+ Menu and Help
║ modify data or files  ► ║ system works. If you have not used the
║ graph data            ► ║ Menu and Help system before, you may want to
║ analyze data          ► ║ read through the screens in the orientation.
║ session control & info► ║
║ run DOS or other pgms ► ║ • To do so, press ↵ (Enter).
║ -extended menus-        ║
║ -SPSS/PC+ options-      ║ Part A of the SPSS/PC+ V5.0 manual contains a more
║ FINISH                  ║ complete introduction to the Menu and Help system.
╚═════════════════════════╩═F1=Help  Alt-E=Edit   Alt-M=Menus on/off═╝
```

Hinweis: Der Text "Ins" signalisiert, daß für die Tastatureingabe der Einfüge-Modus eingestellt ist. Unten rechts ist die Zeichenposition angezeigt, an der der Cursor im Submit-Schirm innerhalb der aktuellen Zeile plaziert ist.

Im Submit-Schirm lassen sich Anforderungen an das SPSS-System in Form von SPSS-Kommandos angeben. Bei der Formulierung dieser SPSS-Kommandos kann sich der Anwender durch Leistungen unterstützen lassen, die vom SPSS-Menü-System über den Menü-Schirm bereitgestellt werden.

1.4.2 Aktivierung des REVIEW-Editors

Da wir die Datenerfassung mit dem REVIEW-Editor in einem gesonderten *Review-Schirm* durchführen wollen, müssen wir das dazu erforderliche SPSS-Kommando "REVIEW" in den Submit-Schirm eintragen und zur Ausführung bringen.

Bei der Eingabe des REVIEW-Kommandos können die Hilfen des SPSS-Menü-Systems nicht genutzt werden. Daher müssen wir das REVIEW-Kommando über die Tastatur in den Submit-Schirm eingeben.

Da der Menü-Schirm standardmäßig als *aktiver* Schirm eingestellt ist, muß zunächst der Menü-Schirm *deaktiviert* und der Submit-Schirm *aktiviert* werden. Dies geschieht durch die Tastenkombination "Alt+E".

Wir wollen eine Daten-Datei namens "DATEN.TXT" einrichten. Daher geben wir das REVIEW-Kommando in der Form

```
REVIEW 'DATEN.TXT'.
```

mit Beginn der 1. Zeile des Submit-Schirms ein.

Hinweis: Der Cursor ist – unmittelbar nach dem Aufruf des SPSS-Systems – automatisch an der ersten Zeichenposition der ersten Zeile des Submit-Schirms plaziert.
Das REVIEW-Kommando muß mit dem Punkt "." als Endekennung abgeschlossen werden, und der Dateiname "DATEN.TXT" ist durch das Hochkomma (') zu begrenzen.
Es besteht die Möglichkeit, den REVIEW-Editor durch ein DOS-Kommando zu aktivieren. Soll die Datei "DATEN.TXT" eingerichtet werden, so ist das Kommando

```
C:\ANALYSE>SPSSPC/RE DATEN.TXT
```

einzugeben.

Zur Ausführung des REVIEW-Kommandos fordern wir das *Ausführungs-Menü* ("run"-Menü) durch die Betätigung der Funktionstaste F10 an. Anschließend wird das folgende *Mini-Menü* am unteren Bildschirmrand des Submit-Schirms angezeigt:

1.4 Datenerfassung mit dem REVIEW-Editor

```
========================================Ins=Caps=======Std Menus= 51
run: run from Cursor   Exit to prompt                           ALT-C
```

Hinweis: Ist anstelle von F10 eine andere Funktionstaste gedrückt worden, und soll diese Fehlbedienung korrigiert werden, so ist die Escape-Taste zu betätigen. Dadurch wird das angezeigte Mini-Menü ausgeblendet, und der ursprüngliche Zustand ist wiederhergestellt.

Die Menü-Option "run from Cursor" ist voreingestellt. Wird diese Option durch die Enter-Taste *bestätigt*, so gelangt das REVIEW-Kommando, das in der aktuell durch den Cursor gekennzeichneten Zeile enthalten ist, zur Ausführung.

Daraufhin wird der *Review-Schirm* mit der folgenden Status-Zeile am Bildschirm angezeigt:

```
=============================================Ins===========Std Menus= 01
SPSS REVIEW (F1 for help), empty file      daten.txt
```

Hinweis: Die Statuszeile wird durch den Text "SPSS REVIEW" eingeleitet. Es folgen der Text "Ins" und die Anzeige der Cursor-Positionierung.

1.4.3 Dateneingabe im Review-Schirm

Die Daten aus unseren *Erhebungsbelegen* müssen zeilenweise über die Tastatur in den Review-Schirm eingegeben werden, so daß anschließend jede zu einem Erhebungsbeleg korrespondierende Zeile aus der Datenmatrix (d.h. in unserem Fall "der Inhalt einer Kodespalte des Fragebogens") innerhalb einer Bildschirmzeile eingetragen ist.

Da der Cursor an der 1. Zeichenposition der 1. Zeile im Review-Schirm plaziert ist, kann mit der Eingabe unserer Daten aus dem *Erhebungsbeleg* unmittelbar begonnen werden.

Die Daten des ersten Fragebogens tragen wir in die erste (Bildschirm-)Zeile ein, die Daten des zweiten Fragebogens in die zweite Zeile usw. Jedes übertragene Zeichen wird am Bildschirm an der Position angezeigt, an der der Cursor vor der Zeicheneingabe plaziert war. Durch die Eingabe eines Zeichens rückt der Cursor um jeweils eine Zeichenposition nach rechts.

Eine Datenzeile wird durch die Betätigung der Enter-Taste abgeschlossen. Danach steht der Cursor in der nächsten Bildschirmzeile an der ersten Zeichenposition, so daß das erste Zeichen des nächsten Fragebogens übertragen werden kann.

Korrekturen der bereits eingegebenen Daten können mit der Backspace-, der Delete- und der Insert-Taste vorgenommen werden.
Nachträglich einzufügende Zeichen lassen sich unmittelbar eingeben, da der *Einfüge-Modus* voreingestellt ist (der Text "Ins" ist in der Status-Zeile des Review-Schirms angezeigt). Beim Einfügen wird der Rest der Zeile um die Anzahl der eingefügten Zeichen nach rechts verschoben. Über das Zeilenende hinaus kann keine Verschiebung vorgenommen werden (es erscheint die Fehlermeldung "Reached maximum line length").

Hinweis: Es ist zu beachten, daß ein ordnungsgemäßer Zeilenwechsel nur stattfindet, wenn die Enter-Taste vor der Eingabe des 80. Zeichens betätigt wird.

Sollen keine Zeichen eingefügt, sondern Zeichen ersetzt (überschrieben) werden, so ist zunächst die Insert-Taste zu drücken. Dadurch wird vom Einfüge-Modus in den *Ersetze-Modus* umgeschaltet. Jedes anschließend eingegebene Zeichen überschreibt dasjenige Zeichen, das an der aktuellen Cursorposition angezeigt ist. Zum Wechsel in den Einfüge-Modus ist die Insert-Taste erneut zu betätigen.

Ist bei der Datenerfassung die letzte Bildschirmzeile erreicht und sind die dort zu erfassenden Daten eingegeben worden, so wird durch die Enter-Taste der Bildschirminhalt um sieben Zeilen nach oben verschoben (scrolling). Dadurch werden die bislang ersten sieben Zeilen ausgeblendet, und es wird Platz für sieben neue (Bildschirm-)Zeilen am unteren Bildschirmrand geschaffen.

1.4.4 Editier-Hilfen

Während der Datenerfassung können Änderungen am aktuellen Inhalt des Review-Schirms erforderlich sein. Dazu lassen sich entsprechende Anforderungen an den REVIEW-Editor stellen.

Auskunft über Editier-Hilfen

Einen Überblick über die möglichen Leistungen des REVIEW-Editors erhalten wir dadurch, daß wir über die Funktionstaste F1 das *"Hilfe-Menü"* (info) als *Mini-Menü* in der Form

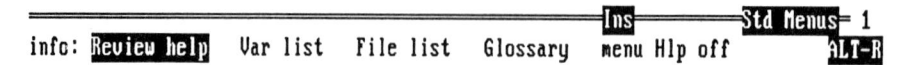

```
                                              Ins        Std Menus= 1
info: Review help  Var list  File list  Glossary  menu Hlp off     ALT-R
```

abrufen und hier die voreingestellte Option "Review help" mit der Enter-Taste bestätigen.

1.4 Datenerfassung mit dem REVIEW-Editor

Mit den weiterhin bereitgestellten Optionen läßt sich auf das SPSS-Menü-System einwirken ("Menus" und "menu Hlp off") bzw. ein Glossar zum Nachschlagen von statistischen Fachausdrücken und SPSS-spezifischen Begriffen aktivieren ("Glossary"). Ferner kann ein *Datei-Fenster* zur Übernahme von Dateinamen ("File list") sowie ein *Variablen-Fenster* ("Var list") eröffnet werden.

Bearbeitung von Zeichenmustern

Sollen Zeichenmuster – wie z.B. einzelne Ziffern oder Ziffernfolgen – geändert werden oder ist nach bestimmten Zeichenmustern zu suchen, so kann das *Such-Menü* ("look"-Menü) durch die Funktionstaste F5 angefordert werden. Anschließend wird das folgende Mini-Menü angezeigt:

```
                                            Ins-Caps       Std Menus= 01
look: Forward find   Backward find   fOrward change   bAckward change
```

Unter Einsatz der Taste Cursor-Rechts kann auf die gewünschte (Menü-)Option verzweigt werden. Danach ist die Enter-Taste zu drücken und anschließend der zu suchende Text und gegebenenfalls zusätzlich der neue Text einzugeben.

Löschung und Einfügung einzelner Zeilen

Ist eine einzelne Zeile zu löschen, so kann das *Zeilen-Menü* ("lines"-Menü) mit der Funktionstaste F4 angewählt werden, woraufhin das folgende Mini-Menü angezeigt wird:

```
                                            Ins-Caps       Std Menus= 01
lines: Insert after   insert Before   Delete   Undelete
```

Nachdem der Cursor auf die Option "Delete" bewegt wurde, ist die Enter-Taste zu drücken. Dadurch wird die Zeile, in der der Cursor aktuell positioniert ist, auf dem Bildschirm gelöscht.

Ist eine neue Zeile einzufügen oder die unmittelbar zuvor durchgeführte Löschung einer Zeile wieder rückgängig zu machen, so stehen dazu die Optionen "Insert after", "insert Before" und "Undelete" zur Verfügung.

Bearbeitung von Datei-Ausschnitten

Sind ganze *Zeilenbereiche* bzw. *rechteckige Datei-Ausschnitte* zu löschen, zu kopieren oder an eine andere Position zu bewegen, so ist zunächst das *Markierungs-Menü* ("mark/unmark area of"-Menü) mit der Funktionstaste F7 anzusteuern. In dem daraufhin angezeigten Mini-Menü

```
===================================================Ins-Caps========Std Menüs= 01
mark/unmark area of: Lines   Rectangle   Command
```

ist die Option "Lines" zur *Markierung* eines Zeilenbereichs oder "Rectangle" zur Markierung eines rechteckigen Zeilenausschnitts auszuwählen. Dabei wird durch die aktuelle Cursorposition entweder eine Begrenzungszeile eines Zeilenbereichs oder die linke obere bzw. rechte untere Ecke eines Datei-Ausschnitts gekennzeichnet (dies wird durch eine Erhellung angezeigt). Anschließend muß der Cursor zur korrespondierenden Zeilen- bzw. Zeichenposition bewegt werden. Daraufhin ist die Taste F7 *erneut* zu drücken. Jetzt ist der zu bearbeitende Ausschnitt gekennzeichnet (der gesamte Ausschnitt erscheint als aufgehellter Bereich) und kann über die Funktionstaste F8 weiterverarbeitet werden.

Hinweis: Die Markierung des Zeilenausschnitts läßt sich durch erneuten Druck der Taste F7 wieder *rückgängig* machen.

Soll der markierte Datei-Ausschnitt bearbeitet werden, so ist das *Bereichs-Menü* ("area"-Menü) über die Funktionstaste F8 anzuwählen, woraufhin das folgende Mini-Menü angezeigt wird:

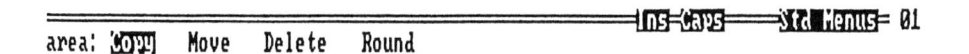

```
===================================================Ins-Caps========Std Menüs= 01
area: Copy   Move   Delete   Round
```

Nach der Auswahl der Option "Delete" wird die Löschung durch die Enter-Taste vorgenommen. Soll der markierte Datei-Ausschnitt kopiert bzw. bewegt werden, so ist die Option "Copy" bzw. "Move" auszuwählen.

Optionswahl im Mini-Menü

Zur Anwahl der jeweiligen Option in einem *Mini-Menü* kann – zur Beschleunigung der Arbeit – anstelle der Cursor-Positionierung auch der die jeweilige Option kennzeichnende Großbuchstabe eingegeben werden.

1.4 Datenerfassung mit dem REVIEW-Editor

So läßt sich z.B. nach der Ausgabe des Markierungs-Menüs

```
============================================Ins=Caps======Std Menüs= 01
Mark/unmark area of: Lines    Rectangle    Command
```

die Option "Command" durch die Eingabe des Zeichens "C" auswählen. Dadurch wird allein die aktuelle Zeile markiert bzw. das gesamte SPSS-Kommando, zu dem der Inhalt der aktuellen Zeile gehört (es ist kein zusätzliches Drücken der Funktionstaste F7 erforderlich).

Neben dieser Form der vereinfachten Auswahl von Optionen besteht in bestimmten Fällen die Möglichkeit, eine Anforderung – *ohne* vorausgehende Auswahl des betreffenden Mini-Menüs – aus dem Submit-Schirm heraus zu stellen. Die diesbezüglich zur Verfügung stehenden *Tastenkombinationen* sind im Anhang A.2 zusammengestellt.

1.4.5 Datensicherung und Dialogende

Die über die Tastatur eingegebenen und am Bildschirm angezeigten Zeichen werden in einem gesonderten Teil des Hauptspeichers – *Editor-Puffer* genannt – zwischengespeichert. Nach der Eingabe der letzten Datenzeile muß der Pufferinhalt in die *Daten-Datei* auf der Festplatte übertragen werden. Dazu ist mit der Funktionstaste F9 das *Sicherungs-Menü* ("file"-Menü) anzuwählen, das in der folgenden Form als Mini-Menü am unteren Bildschirmrand angezeigt wird:

```
249323331553
230322352556
====================================================Ins============Std Menüs= 01
file: Write Whole file    Delete                                        ALT-W
```

Nach der Bestätigung mit der Enter-Taste werden wir zur Eingabe des gewünschten Dateinamens für unsere Daten-Datei aufgefordert. In dem Eingabefeld ist der von uns beim Aufruf des REVIEW-Editors angegebene Dateiname "DATEN.TXT" eingetragen, so daß er durch die Enter-Taste unmittelbar bestätigt werden kann.

Nach der Sicherung des Pufferinhalts verlassen wir den REVIEW-Editor über das *Ausführungs-Menü* ("run"-Menü) durch die Funktionstaste F10. Dabei wird das folgende Mini-Menü angezeigt:

```
=======================================Ins=Caps=======Std Menüs= 51
run: Run from Cursor    Exit to prompt                          ALT-C
```

Durch die Positionierung auf die Menü-Option "Exit to prompt" und die anschließende Bestätigung mit der Enter-Taste wird der Dialog mit dem REVIEW-Editor abgeschlossen. Damit ist die Ausführung des REVIEW-Kommandos beendet.

Wurde der Inhalt des Editor-Puffers nach der letztmaligen Sicherung nochmals geändert, so wird die Editierung nicht sofort beendet. Vielmehr erscheint die Meldung:

```
========================================Ins=Caps========Std Menus= 01
Unsaved changes in 'spss.lis' - ok to exit?N      spss.lis
```

Soll in dieser Situation die Editierung beendet werden, ohne daß die im Editor-Puffer vorgenommenen Änderungen zu berücksichtigen sind, so ist "Y" (für "Yes") einzugeben und zu bestätigen.

Sollen die Änderungen jedoch gesichert werden, so ist auf die oben angegebene Frage hin die Enter-Taste ("N" für "No" ist voreingestellt) zu betätigen. Danach ist – vor dem erneuten Drücken von F10 – noch einmal das *Sicherungs-Menü* ("file"-Menü) mit der Funktionstaste F9 anzuwählen und die Sicherung durchzuführen.

Ist die Arbeit mit dem REVIEW-Editor beendet, so erscheint in der rechten oberen Bildschirmecke der (Prompt-)Text "MORE", der mit der Enter-Taste bestätigt werden muß, damit ein Bildschirmwechsel durchgeführt wird. Anschließend liegt wiederum die ursprüngliche Bildschirmeinteilung vor, bei der der Bildschirm in den oberen aktiven Menü-Schirm und den unteren Submit-Schirm gegliedert ist.

Nach der Deaktivierung des Menü-Schirms ("Alt+E") geben wir das FINISH-Kommando in der Form

```
FINISH.
```

in den Submit-Schirm ein und lassen es anschließend zur Ausführung bringen (F10 mit anschließender Bestätigung der Option "run from Cursor"). Dadurch wird der Dialog mit dem SPSS-System beendet, so daß anschließend der DOS-Prompt zur Eingabe des nächsten DOS-Kommandos am Bildschirm angezeigt wird.

1.5 Meßniveau der Merkmale

Nach der Datenerfassung soll eine Datenanalyse im Hinblick auf die zuvor thematisierten Fragestellungen (wie z.B. die Belastung und Selbsteinschätzung der Befragten) durchgeführt werden.

Welche Art von Auswertungen wir mit den durch die Fragebögen erhobenen Daten durchführen können, hängt vom jeweiligen *Meßniveau* der einzelnen Merkmale ab. Wir unterscheiden im folgenden das *Nominalskalen-*, das *Ordinalskalen-* und das *Intervallskalenniveau*.

Bei einem *nominalskalierten* Merkmal liegt eine qualitative Klassifizierung vor, so daß eine Gruppenzugehörigkeit der Merkmalsträger festgelegt wird. Sind die Merkmalsträger bzgl. ihrer Merkmalsausprägungen vergleichbar, so daß sich die Merkmalsträger ordnen lassen, so handelt es sich um ein *ordinalskaliertes* Merkmal.

So ist z.B. das Merkmal "Hausaufgaben" ordinalskaliert, weil durch die Beziehung "weniger lang als" eine Ordnungsbeziehung festgelegt wird.

Kann bei einem ordinalskalierten Merkmal aus den Werten zweier Merkmalsträger auf das Ausmaß ihrer Unterschiedlichkeit geschlossen werden, so besitzt das Merkmal das Meßniveau einer *Intervallskala*.

Z.B. handelt es sich beim Merkmal "Unterrichtsstunden" um ein intervallskaliertes Merkmal: für drei Schüler A, B und C mit den Werten 33, 30 und 36 ist der Unterschied zwischen A und B bzgl. der Unterrichtsstunden genauso groß wie der zwischen A und C.

Die Berücksichtigung des jeweiligen Meßniveaus wird im folgenden dann von Bedeutung sein, wenn z.B. *Statistiken* (Maßzahlen) zur Kennzeichnung der zentralen Tendenz und der Variabilität bzw. Kenngrößen zur Beschreibung der Beziehung zwischen zwei Merkmalen zu ermitteln sind. Die Kenntnis des Meßniveaus ist entscheidend für den sinnvollen Einsatz des SPSS-Systems, da dieses System auf eine entsprechende Anforderung hin für jedes Merkmal jede abrufbare Maßzahl ermittelt. Entscheidend ist, daß wir nur sinnvolle Anforderungen im Hinblick auf das vorliegende Meßniveau stellen.

Kapitel 2

Einsatz des SPSS-Systems

2.1 Ein SPSS-Programm zur Häufigkeitsauszählung

2.1.1 Die SPSS-Kommandos

Nachdem wir die Daten unseres Fragebogens in die Daten-Datei "DATEN.TXT" erfaßt haben, sollen Datenanalysen mit dem SPSS-System durchgeführt werden. Als einleitendes Beispiel stellen wir uns die Aufgabe, die Häufigkeitsverteilungen der Merkmale "Abschalten" (Item 5 mit den Werten an der Zeichenposition 9) und "Schulleistung" (Item 6 mit den Werten an der Zeichenposition 10) ermitteln zu lassen. Dazu formulieren wir unsere Anforderungen in Form des nachfolgenden *SPSS-Programms*:

```
DATA LIST FILE='DATEN.TXT'/ABSCHALT 9 LEISTUNG 10.
FREQUENCIES/VARIABLES=ABSCHALT LEISTUNG.
```

Dieses Programm besteht aus den *SPSS-Kommandos* (commands)

- DATA LIST (zur Beschreibung der Herkunft und der Struktur der zu verarbeitenden Daten), und
- FREQUENCIES (zum Abruf von Häufigkeitsauszählungen).

Jedes dieser Kommandos ist am *Kommandoende* mit einem *Dezimalpunkt* "." abgeschlossen.

Um dieses Programm vom SPSS-System ausführen zu lassen, können wir eine der folgenden Arbeitsformen auswählen:

2.1 Ein SPSS-Programm zur Häufigkeitsauszählung

- den Submit-Modus,
- den Dialog-Modus, oder
- den Batch-Modus.

Bevor wir diese Verarbeitungsformen im einzelnen beschreiben, erläutern wir zunächst die Wirkung der angegebenen Kommandos.

2.1.2 SPSS-file und Variable

Das erste Kommando enthält den *Kommandonamen* DATA LIST – wir sprechen im folgenden vom "DATA LIST-Kommando". Hinter dem Kommandonamen ist das *Subkommando* FILE mit dem Spezifikationswert 'DATEN.TXT' in der Form

```
FILE='DATEN.TXT'
```

angegeben. Hierdurch wird auf die (zuvor im Unterverzeichnis ANALYSE erstellte) *Daten-Datei* DATEN.TXT Bezug genommen, in der die Werte der Datenmatrix abgespeichert sind und aus der das SPSS-System die Datensätze zur Verarbeitung einlesen soll.
Hinter dem Dateinamen folgt ein *Schrägstrich* "/", der das FILE-Subkommando von den Angaben trennt, die die Plazierung der zu verarbeitenden Daten innerhalb der Daten-Datei festlegen. Durch die Angabe von

```
ABSCHALT 9 LEISTUNG 10
```

wird derjenige Ausschnitt der Datenmatrix markiert, der für die nachfolgenden Datenanalysen bereitgestellt werden soll. Die dadurch aus der Datenmatrix ausgewählten Spalten werden während der Dateneingabe durch das SPSS-System zu einem SPSS-"active file" (Arbeitsdatei) – im folgenden kurz "*SPSS-file*" genannt – zusammengefaßt und auf der Festplatte in einer gesonderten Datei gespeichert. Von dort aus werden sie für nachfolgende Datenanalysen zur Verfügung gehalten, ohne daß ein erneuter Zugriff auf die Daten-Datei erforderlich ist.
Nach den Angaben, die wir innerhalb des oben aufgeführten DATA LIST-Kommandos gemacht haben, soll das SPSS-file folgendermaßen aufgebaut werden:

Werte der Datenmatrix, gespeichert in der Daten-Datei DATEN.TXT								SPSS-file	
								ABSCHALT	LEISTUNG
4	1	1	36	2	2	7	6	2	7
51	1	1	35	2	1	2	4	1	2
.	.	.	.	.	.	.	.	.	.
31	1	1	36	3	1	5	6	1	5
.	.	.	.	.	.	.	.	.	.
230	3	2	23	5	2	5	5	2	5

Die Gesamtheit der Werte, die in einer Spalte des SPSS-files abgespeichert werden, bezeichnen wir als *Variable*. Den Namen, durch den diese Werte gekennzeichnet werden (und mit dem in Zukunft auf diese Werte zugegriffen werden kann), nennen wir *Variablennamen*. Insgesamt darf ein SPSS-file aus maximal 500 Variablen aufgebaut sein.

Im Kommando DATA LIST legt die erste Markierungsangabe

ABSCHALT 9

fest, daß die erste Spalte des SPSS-files den Variablennamen ABSCHALT erhalten soll und daß alle in den Datensätzen (von DATEN.TXT) innerhalb der Zeichenposition 9 eingetragenen Werte (dies sind die Werte des Merkmals "Abschalten") in die erste Spalte des SPSS-files zu übertragen sind.

Innerhalb gewisser Einschränkungen (z.B. darf ein Variablenname aus maximal 8 Zeichen bestehen, genauere Angaben siehe Abschnitt 3.1.2) sind Variablennamen frei wählbar, so daß wir anstelle von ABSCHALT z.B. auch den Namen ITEM5 im Kommando DATA LIST aufführen könnten.

Durch die zweite Markierungsangabe

LEISTUNG 10

wird bestimmt, daß LEISTUNG als zweite Variable im SPSS-file einzurichten ist. Dieser Variablenname soll die Gesamtheit der Werte des Merkmals "Schulleistung" benennen, die in jeweils der 10. Zeichenposition eines Datensatzes der Daten-Datei DATEN.TXT erfaßt worden sind. Das SPSS-file besteht somit aus den beiden Variablen ABSCHALT und LEISTUNG. Über

2.1 Ein SPSS-Programm zur Häufigkeitsauszählung

diese Variablennamen können wir dem SPSS-System in nachfolgenden Aufgabenstellungen mitteilen, welche Werte jeweils auszuwerten sind.
Während die Struktur des SPSS-files durch das DATA LIST-Kommando beschrieben wird, erfolgt die Datenübertragung von der *Daten-Datei* in das SPSS-file erst durch die Ausführung des *ersten* Datenanalyse-Kommandos. In unserem Fall wird die Dateneingabe durch die Ausführung des FREQUENCIES-Kommandos vorgenommen.

2.1.3 Häufigkeitsauszählung

Mit dem Kommando FREQUENCIES fordern wir eine Häufigkeitsauszählung für diejenigen Variablen an, deren Namen innerhalb des Subkommandos VARIABLES – im Anschluß an das Gleichheitszeichen "=" – aufgeführt sind.
Somit rufen wir durch das Kommando

```
FREQUENCIES/VARIABLES=ABSCHALT LEISTUNG.
```

Häufigkeitsauszählungen für die Werte der Variablen ABSCHALT und LEISTUNG ab. Als Ergebnis dieser Auswertung (*wie* wir es uns anzeigen lassen können, geben wir unten an) erhalten wir für die Variable ABSCHALT die folgende Häufigkeitstabelle:

ABSCHALT

Value Label	Value	Frequency	Percent	Valid Percent	Cum Percent
	0	4	1.6	1.6	1.6
	1	138	55.2	55.2	56.8
	2	108	43.2	43.2	100.0
	TOTAL	250	100.0	100.0	

Valid Cases   250   Missing Cases   0

Die Ergebnisse der Häufigkeitsauszählung, die in Form von fünf Tabellenspalten präsentiert werden, sind mit dem Variablennamen ABSCHALT überschrieben. In der ersten Spalte (Value) sind die Variablenwerte in aufsteigender Reihenfolge ausgegeben. Die nächste Spalte enthält die *absoluten* Häufigkeiten (Frequency). In der dritten Spalte sind die zugehörigen *prozentualen*

Häufigkeiten (Percent) ausgegeben. Dabei ist zu beachten, daß diese Werte – nach einer Rundung – mit nur *einer* Nachkommastelle angezeigt werden.
Bezieht man bei der Ermittlung der prozentualen Häufigkeiten die absoluten Häufigkeiten nicht auf die Gesamtzahl aller Cases, sondern nur auf die Anzahl der *gültigen* Cases – d.h. auf diejenigen Cases, deren Werte nicht als *missing values* vereinbart sind –, so resultieren daraus die Werte der *angepaßten prozentualen* Häufigkeiten in der vierten Spalte (Valid Percent).
In der fünften Spalte sind die *kumulierten angepaßten prozentualen* Häufigkeiten (Cum Percent) – kurz: kumulierte Häufigkeiten – eingetragen, die sich durch die Summation der angepaßten prozentualen Häufigkeiten ergeben.
Unter der Tabelle sind die Anzahl der *gültigen Cases* (Valid Cases) und die Anzahl jener Cases (Missing Cases) angegeben, deren Werte als *missing values* vereinbart sind.
Wir entnehmen unserer Tabelle, daß die Antwort bei allen 250 Cases gültig war, da der Wert 0 (gegenüber dem SPSS-System) *nicht* als missing value ausgewiesen ist. Ferner erkennen wir, daß die Werte 1 und 2 die prozentualen Häufigkeiten 55,2% bzw. 43,2% besitzen. Der Prozentwert 56,8% in der fünften Spalte gibt den Prozentsatz an, mit dem die Werte 0 *oder* 1 auftreten.
Es ist wünschenswert, daß die Lesbarkeit der Tabelle erhöht wird, etwa dadurch, daß erläuternde Texte – sogenannte *Etiketten* – für den Variablennamen und die Variablenwerte ergänzend in die Tabelle aufgenommen werden. Dazu stellt das SPSS-System die Kommandos VARIABLE LABELS zur Vereinbarung von Variablenetiketten und VALUE LABELS zur Verabredung von Werteetiketten zur Verfügung. Auf diese Kommandos und auf das Kommando zur Vereinbarung von missing values haben wir bislang *bewußt* verzichtet, um als erstes SPSS-Programm ein möglichst kurzes Programm angeben zu können. Im Abschnitt 2.3.1 werden wir ein Programm vorstellen, das entsprechend der aufgeführten Anforderungen vervollständigt ist.

2.2 Das Arbeiten im Submit-Modus

Wird das SPSS-Systems durch das DOS-Kommando "SPSSPC" gestartet, erscheint zunächst der Lizenztext und anschließend der Menü-Schirm zusammen mit dem Submit-Schirm.
Da die SPSS-Kommandos, die ausgeführt werden sollen, zuvor im Submit-Schirm zusammengestellt werden müssen, sprechen wir fortan vom *Submit-Modus*. Bei diesem Modus wird dem Anwender eine dialogorientierte Arbeitsumgebung zur Verfügung gestellt. Dadurch lassen sich Anforderungen, die

2.2 Das Arbeiten im Submit-Modus

über die Tastatur eingegeben oder mit Hilfe des SPSS-Menü-Systems bereitgestellt werden, unmittelbar zur Bearbeitung an das SPSS-System wegschicken (submit).

Hinweis: Diese Arbeitsweise steht im Gegensatz zur Arbeit im *Batch-Modus*. Hierbei lassen sich SPSS-Kommandos, die innerhalb einer Kommando-Datei eingetragen sind, zur Ausführung bringen. Der Batch-Modus ist dann vorzuziehen, wenn SPSS-Kommandos wiederholt – mit jeweils geringen Veränderungen – auszuführen sind. Nähere Angaben zur Arbeit im Batch-Modus enthält der Anhang A.5.

Bei der Arbeit im Submit-Modus können ein oder mehrere Kommandos *isoliert* zur Ausführung gebracht werden. Der jederzeit mögliche Rückgriff auf die eingegebenen Kommandos erleichtert im Fehlerfall die Korrektur und ermöglicht es, umgehend eine erneute Ausführung des korrigierten Kommandos anzufordern.

Hinweis: Sollen einzelne Kommandos – nach und nach – zur Ausführung gebracht werden, so läßt sich hierzu der *Dialog-Modus* einstellen. Nähere Angaben zur Arbeit im Dialog-Modus enthält der Anhang A.4.

Durch die *interaktive* Arbeit läßt sich zudem jede Analyseanforderung in Abhängigkeit von den unmittelbar zuvor ausgegebenen Ergebnissen der vorausgehenden Datenanalyse vornehmen. Sind Analyseschritte zu einem späteren Zeitpunkt zu wiederholen, so können die diesbezüglichen Kommandos im Submit-Modus zusammengestellt, ausgetestet und für eine nachfolgende Ausführung gesichert werden.

2.2.1 Arbeiten ohne SPSS-Menü-System

2.2.1.1 Deaktivierung des SPSS-Menü-Systems

SPSS-Kommandos lassen sich nur dann über die Tastatur in den Submit-Schirm eintragen, wenn der Menü-Schirm deaktiviert und der Submit-Schirm der *aktive* Schirm ist.

Zur *Deaktivierung* des Menü-Schirms gibt es die folgenden Möglichkeiten:

- Durch die Tastenkombination "Alt+E" wird der Submit-Schirm zum *aktiven* Schirm. Der Menü-Schirm wird hierdurch nicht ausgeblendet und läßt sich durch die *Escape-Taste* wieder aktivieren.

- Soll der Menü-Schirm bei der Aktivierung des Submit-Schirms *ausgeblendet* werden, so ist anstelle von "Alt+E" die Tastenkombination

"Alt+M" zu betätigen. Soll der Menü-Schirm anschließend reaktiviert werden, so muß die Tastenkombination "Alt+M" erneut gedrückt werden.

Hinweis: Nach der Deaktivierung des Menü-Schirms wird der Listing-Schirm eingeblendet, in dem die Ergebnisse von Kommandoausführungen angezeigt werden (siehe Abschnitt 2.2.1.4).

Zusammenfassend lassen sich die Umschaltmöglichkeiten schematisch wie folgt darstellen:

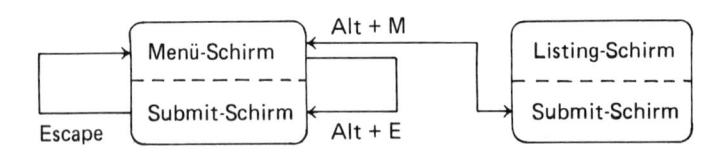

```
                    Alt + M
        ┌──────────────┐  ┌──────────────┐
   ┌───▶│ Menü-Schirm  │◀─│Listing-Schirm│
   │    │──────────────│  │──────────────│
   │    │Submit-Schirm │─▶│Submit-Schirm │
   │    └──────────────┘  └──────────────┘
 Escape                Alt + E
```

Eine weitere Möglichkeit, das SPSS-Menü-System zu deaktivieren, besteht darin, ein SET-Kommando mit dem Subkommando *AUTOMENU* in der Form

```
SET / AUTOMENU = OFF .
```

ausführen zu lassen (siehe Anhang A.8). In diesem Fall erfolgt eine *dauerhafte* Ausschaltung des Menü-Schirms. Dies läßt sich nur dadurch rückgängig machen, daß das SET-Kommando erneut ausgeführt und dabei das Schlüsselwort "OFF" durch das Schlüsselwort "ON" ersetzt wird.

2.2.1.2 Eingabe und Ausführung von Kommandos

Ist der Submit-Schirm der *aktive* Schirm, so können SPSS-Kommandos über die Tastatur in den Submit-Schirm eingetragen werden.

Hinweis: Der Submit-Schirm läßt sich als verkleinerte Fassung des Review-Schirms ansehen, den wir bei der Datenerfassung mit dem REVIEW-Editor kennengelernt haben. Dies bedeutet, daß die Arbeitsumgebung des REVIEW-Editors für die Kommandoeingabe zur Verfügung steht, so daß sich sämtliche in den Abschnitten 1.4.3, 1.4.4 und 1.4.5 dargestellten Möglichkeiten innerhalb des Submit-Schirms einsetzen lassen.

2.2 Das Arbeiten im Submit-Modus

Wir geben zunächst das DATA LIST-Kommando

`DATA LIST FILE='DATEN.TXT'/ABSCHALT 9 LEISTUNG 10.`

als erste Programmzeile in den Submit-Schirm ein.
Jetzt könnten wir für dieses Kommando dessen sofortige Ausführung veranlassen, danach das FREQUENCIES-Kommando

`FREQUENCIES/VARIABLES=ABSCHALT LEISTUNG.`

eingeben und dieses ebenfalls unmittelbar ausführen lassen.
Diesen Weg, bei dem jeweils ein einzelnes Kommando eingegeben und ausgeführt wird, wollen wir *nicht* einschlagen. Stattdessen soll zunächst das *gesamte* SPSS-Programm im Submit-Schirm bereitgestellt und anschließend *insgesamt* zur Ausführung gebracht werden.
Wir tragen also zunächst das Programm

```
DATA LIST FILE='DATEN.TXT'/ABSCHALT 9 LEISTUNG 10.
FREQUENCIES/VARIABLES=ABSCHALT LEISTUNG.
```

in den beiden ersten Zeilen des Submit-Schirms ein. Die anschließende Ausführung rufen wir wie folgt ab:

- Der Cursor wird in die Zeile bewegt, die das erste auszuführende Kommando enthält (dies ist in unserem Fall die 1. Zeile).

- Danach ist das *Ausführungs-Menü* ("run"-Menü) durch die Betätigung der Funktionstaste F10 aufzurufen.

- Anschließend ist die Menü-Option "run from Cursor", die am unteren Bildschirmrand des Submit-Schirms als Voreinstellung innerhalb des Ausführungs-Menüs angezeigt wird, zu bestätigen.

- Alternativ zu "F10 und Auswahl der Menü-Option (run from Cursor)" kann die Tastenkombination "Alt+C" verwendet werden.

Es besteht die Möglichkeit, den Inhalt einer Datei, in die zuvor SPSS-Kommandos eingetragen bzw. vom Review-Schirm aus (über die F9-Taste) gesichert wurden, innerhalb des Review-Schirms bereitstellen zu lassen. Dazu ist das *Datei-Menü* (files) mit der F3-Taste zu aktivieren. Anschließend wird das Mini-Menü

```
                                                  Ins        Std Menus  1
files: Edit different file   Insert file
```
mit den Optionen "Edit different file" und "Insert file" angezeigt. Nach
der Auswahl der Option "Insert file" ist der Name der Datei einzugeben,
deren Inhalt in den Submit-Schirm übernommen werden soll. Nach der
Bestätigung durch die Enter-Taste wird der Dateiinhalt vor der aktuellen
Zeile eingefügt.

2.2.1.3 Ergebnisanzeige während der Programmausführung

Nach dem Absenden des oben angegebenen SPSS-Programms führt das
SPSS-System die einzelnen Kommandos aus. Das Ergebnis dieser Bearbeitung wird – nach und nach – am Bildschirm angezeigt.
Zunächst erscheint der folgende Bildschirminhalt:

```
                                                                    MORE
DATA LIST FILE='DATEN.TXT'/ABSCHALT 9 LEISTUNG 10.
FREQUENCIES/VARIABLES=ABSCHALT LEISTUNG.
The raw data or transformation pass is proceeding
    250 cases are written to the compressed active file.

***** Memory allows a total of  17873 Values, accumulated across all Variables.
      There also may be up to    2234 Value Labels for each Variable.
```

Hinter der Anzeige der beiden ausgeführten Kommandos "DATA LIST" und
"FREQUENCIES" sind Angaben über die Dateneingabe und über den aktuell zur Verfügung stehenden Speicherplatz enthalten.
In der rechten oberen Bildschirmecke fordert der (Prompt-)Text "MORE"
zum *Bildschirmwechsel* auf. Nach der Bestätigung mit der Enter-Taste erhalten wir als nächstes die Häufigkeitstabelle der Variablen ABSCHALT (siehe
Abschnitt 2.1.3) auf dem Bildschirm angezeigt. Bei der nächsten Bestätigung
von "MORE" wird die Häufigkeitstabelle von LEISTUNG und anschließend
(nach erneuter Bestätigung) der folgende Text ausgegeben:

```
                                                                    MORE

This procedure was completed at 11:10:52
```

Eine nochmalige Bestätigung von "MORE" führt dazu, daß wieder der
Submit-Schirm und darüber der Menü-Schirm – als aktiver Schirm – angezeigt werden.

2.2 Das Arbeiten im Submit-Modus

Hinweis: Der Menü-Schirm ist auch dann der aktive Schirm, wenn er durch "Alt+M" vor der Kommandoausführung deaktiviert wurde.

2.2.1.4 Ergebnisanzeige im Listing-Schirm

Die Protokollzeilen mit den Analyseergebnissen, die während der Programmausführung schrittweise am Bildschirm angezeigt wurden, werden vom SPSS-System zur weiteren Einsichtnahme zur Verfügung gehalten.

Damit wir die Protokollzeilen *dauerhaft* einsehen können, muß der Menü-Schirm (durch "SET/AUTOMENU=OFF.") vom *Listing-Schirm* überlagert werden.

Unmittelbar nach der Ausführung unseres SPSS-Programms enthält der Listing-Schirm den folgenden Inhalt:

```
                       8      16     6.4    6.4    99.2
                       9       2      .8     .8   100.0
                              ---    ---    ---
                    Total    250   100.0  100.0

Valid cases    250   Missing cases    0
-----------------------------------------------------------
Page   4                SPSS/PC+                  3/24/93
This procedure was completed at 11:10:52
-----------------------------------------------------------
Page   5                SPSS/PC+                  3/24/93
```

Um die Protokollzeilen, die vor den aktuell anzeigten Zeilen plaziert sind, einsehen zu können, muß in den Listing-Schirm gewechselt werden.

2.2.1.5 Wechsel zwischen Submit- und Listing-Schirm

Um den angezeigten Listing-Schirm zu aktivieren, ist das *Fenster-Menü* ("windows"-Menü) mit der Funktionstaste F2 anzuwählen. Daraufhin wird das folgende Mini-Menü ausgegeben:

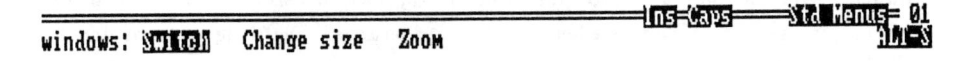

```
                                                Ins=Caps     Std Menus= 01
 windows: Switch   Change size   Zoom                         Alt-S
```

Nach der Bestätigung der Option "Switch" ist der Listing-Schirm aktiviert, und der Cursor in den Listing-Schirm gewechselt.

Hinweis: In dieser Situation läßt sich der Listing-Schirm – genau wie der Submit-Schirm – als verkleinerter Review-Schirm ansehen, so daß die Listing-Datei durch Anforderungen an den REVIEW-Editor editiert werden kann.

Um vom Listing-Schirm wieder in den Review-Schirm zurückzukehren, muß wiederum das Fenster-Menü mit der Funktionstaste F2 angewählt und die Option "Switch" bestätigt werden. Danach ist der Cursor innerhalb des Submit-Schirms plaziert und der Submit-Schirm wieder der aktive Schirm.

Mit Hilfe der Funktionstaste F2 läßt sich sowohl der Listing-Schirm als auch der Submit-Schirm auf die volle Größe des Review-Schirms bringen. Dazu ist die Option "Zoom" zu bestätigen. Dieser *Zoom* läßt sich anschließend durch die Escape-Taste wieder rückgängig machen.

2.2.1.6 Positionieren und Runden innerhalb des Listing-Schirms

Nach der Aktivierung des Listing-Schirms kann gezielt auf die jeweils gewünschten Protokollzeilen positioniert werden.

Der Inhalt der Listing-Datei ist nach *Seiten* (pages) gegliedert, deren jeweiliger Seitenanfang durch *Page-Nummern* eingeleitet wird.

Zur Positionierung auf den Anfang der jeweils gewünschten Seite können wir die üblichen Cursor-Positionierungs-Tasten einsetzen oder aber – weitaus komfortabler – das *Positionierungs-Menü* ("go to"-Menü) durch die Funktionstaste F6 anwählen. Daraufhin wird das Mini-Menü

```
================================================Ins=Caps========Std Menus= 01
go to: Output pg
```

angezeigt. Durch die Bestätigung der Option "Output pg" werden wir zur Eingabe einer *Page-Nummer* aufgefordert, nach deren Eingabe die angeforderte Protokollseite am Bildschirm ausgegeben wird.

Da sämtliche Leistungen des REVIEW-Editors in Anspruch genommen werden können, lassen sich z.B. auch bestimmte Textstellen über das Such-Menü (mit F6) anwählen.

Hinweis: Werden Änderungen am Inhalt des Listing-Schirms vorgenommen, so ist über die Funktionstaste F9 sicherzustellen, daß diese Änderungen langfristig wirksam sind.

Sollen numerische Werte, die innerhalb des Analyseprotokolls eingetragen sind, auf eine bestimmte Nachkommastellenzahl *gerundet* werden, so läßt sich dies *nach* einer Markierung unter Einsatz des Markierungs-Menüs (mit F7) durchführen. Durch das über F8 abrufbare Bereichs-Menü werden sämtliche numerischen Werte des markierten Datei-Ausschnitts gerundet, sofern die Option "Round" des Bereichs-Menüs bestätigt wird.

2.2 Das Arbeiten im Submit-Modus

Nach der Rückkehr in den Review-Schirm (durch F2 und Auswahl der Option "Switch" im Fenster-Menü) können weitere SPSS-Kommandos im Submit-Schirm bereitgestellt und zur Ausführung gebracht werden.

2.2.1.7 Ausführung ausgewählter Bereiche von Programmzeilen

Bei der Ausführung von SPSS-Kommandos, die im Submit-Schirm enthalten sind, muß strikt darauf geachtet werden, daß der Cursor innerhalb des jeweiligen SPSS-Kommandos plaziert ist, das als *erstes* ausgeführt werden soll. Werden keine weiteren Vorkehrungen getroffen, so werden *sämtliche* SPSS-Kommandos, die dem ausgewählten Kommando *nachfolgen*, zur Ausführung gebracht.

Sollen nicht alle nachfolgenden Kommandos ausgeführt werden, so ist der Bereich der zu bearbeitenden Kommandos – durch das Bereichs-Menü über F7 – zu markieren. Wird anschließend die Programmausführung durch F10 abgerufen, so kann im daraufhin angezeigten Mini-Menü

```
===================================================Ins=Caps========Std Menus= 01
run: run from Cursor    run Marked Area    Exit to prompt              ALT-C
```

die Option "run marked Area" ausgewählt werden. In diesem Fall werden *nur* die zuvor *markierten* Programmzeilen an das SPSS-System übergeben. Nach der Rückkehr in den Submit-Schirm ist die zuvor durchgeführte Markierung wieder aufgehoben.

2.2.1.8 Anforderung des Dialogendes

Um das Dialogende einzuleiten, muß das FINISH-Kommando in der Form

```
FINISH .
```

(abkürzbar durch "FIN.") zur Ausführung gelangen. Dadurch wird der Dialog mit dem SPSS-System beendet, und es wird das SPSS-file gelöscht (die Daten-Datei bleibt natürlich erhalten).

Hinweis: Anstelle von "FINISH." darf auch "STOP." oder "EXIT." angegeben werden.

2.2.1.9 Verhalten im Fehlerfall

Haben wir bei einer Kommandoeingabe einen Erfassungsfehler gemacht und z.B. den Text

```
DATA LIST FILE='DATEN.TXT' ABSCHALT 9 LEISTUNG 10.
FREQUENCIES/VARIABLES=ABSCHALT LEISTUNG.
```

ohne den (im DATA LIST-Kommando) erforderlichen Schrägstrich "/" in den Submit-Schirm eingetragen, so bemängelt das SPSS-System die fehlerhafte Form bei der Ausführung (abgerufen durch F10 bzw. "Alt+C") wie folgt:

```
DATA LIST FILE='DATEN.TXT' ABSCHALT 9 LEISTUNG 10.
ERROR     51, Text: ABSCHALT
INVALID KEYWORD ON DATA LIST COMMAND--Keywords FILE, FIXED, FREE, TABLE,
and MATRIX are valid.
This command not executed.
```

Nach der Rückkehr in den Submit-Schirm ist der Cursor in der Zeile mit dem fehlerhaften Kommando positioniert (innerhalb der Status-Zeile wird die Meldung "Error occurred processing the submitted commands" angezeigt). Der Fehlermeldung ist zu entnehmen, daß ABSCHALT in der Position eines Schlüsselworts steht, weil der Schrägstrich "/" vergessen wurde.

Sofern der Submit-Schirm der aktive Schirm ist, können wir die erforderliche Einfügung des Schrägstrichs "/" *unmittelbar* vornehmen. Nach der Korrektur rufen wir wiederum die Ausführung über die Funktionstaste F10 (bzw. "Alt+C") ab. Dadurch wird das DATA LIST-Kommando – in aktualisierter Form – *erneut* zur Ausführung gebracht.

Da das FREQUENCIES-Kommando syntaktisch in Ordnung und die aufgeführten Variablen auch tatsächlich im SPSS-file enthalten sind, wird auch das FREQUENCIES-Kommando erfolgreich ausgeführt.

Nach der Anzeige der Analyseergebnisse und der Rückkehr in den Submit-Schirm läßt sich das Dialogende über das FINISH-Kommando einleiten.

2.2.2 Arbeiten mit dem SPSS-Menü-System

2.2.2.1 Dialoganfang

Nachdem wir zunächst kennengelernt haben, wie sich SPSS-Kommandos über die Tastatur in den Submit-Schirm eintragen und durch F10 (bzw.

2.2 Das Arbeiten im Submit-Modus

"Alt+C") zur Ausführung bringen lassen, stellen wir jetzt die Leistungen des SPSS-Menü-Systems vor. Mit diesem System läßt sich die Eingabe von SPSS-Kommandos vereinfachen, indem sich das jeweils gewünschte Kommando im Menü-Schirm auswählen und dadurch automatisch in den Submit-Schirm übertragen läßt.

Nach dem Start des SPSS-Systems wird der Menü-Schirm wie folgt am Bildschirm angezeigt:

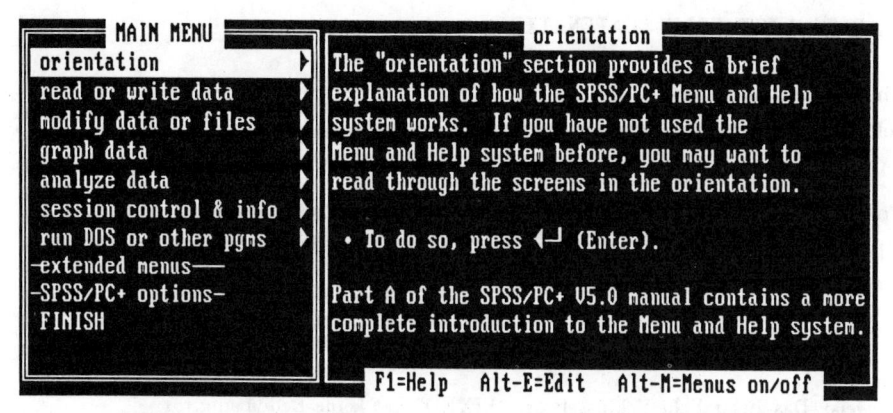

```
╔═══ MAIN MENU ═══════╗╔══════════════ orientation ═══════════════╗
║ orientation       ▶ ║║ The "orientation" section provides a brief║
║ read or write data▶ ║║ explanation of how the SPSS/PC+ Menu and Help║
║ modify data or files▶║║ system works.  If you have not used the  ║
║ graph data        ▶ ║║ Menu and Help system before, you may want to║
║ analyze data      ▶ ║║ read through the screens in the orientation.║
║ session control & info▶║                                          ║
║ run DOS or other pgms▶║ • To do so, press ⏎ (Enter).             ║
║ -extended menus-    ║║                                          ║
║ -SPSS/PC+ options-  ║║ Part A of the SPSS/PC+ V5.0 manual contains a more║
║ FINISH              ║║ complete introduction to the Menu and Help system.║
╚═════════════════════╝╚══════════════════════════════════════════╝
                        F1=Help   Alt-E=Edit   Alt-M=Menus on/off
```

Der Menü-Schirm ist in einen *Auswahl-Schirm* (links) und in einen *Erklärungs-Schirm* (rechts) gegliedert.

Innerhalb des Auswahl-Schirms lassen sich die einzelnen Optionen, die in den Zeilen angezeigt sind, mit den Cursor-Tasten ansteuern und durch Drücken der Enter-Taste auswählen.

Den Dialog mit dem SPSS-Menü-Systems erläutern wir, indem wir zeigen, wie sich unser SPSS-Programm

```
DATA LIST FILE='DATEN.TXT'/ABSCHALT 9 LEISTUNG 10.
FREQUENCIES/VARIABLES=ABSCHALT LEISTUNG.
```

menü-gestützt im Submit-Schirm aufbauen läßt.

2.2.2.2 Aufbau des DATA LIST-Kommandos

Zunächst positionieren wir im angezeigten "MAIN MENU" auf die Option "read or write data" und wählen diese Option durch eine Bestätigung aus ("paste"). Im anschließend angezeigten Untermenü bewegen wir den Cursor auf die Option "DATA LIST" und bestätigen sie durch die Enter-Taste. Daraufhin wird im Submit-Schirm der Text

DATA LIST.

angezeigt. Nachdem wir im Menü-Schirm auf die im Untermenü angezeigte Option "FILE ' ' " gewechselt sind, erscheint nach deren Bestätigung ein *Datei-Fenster*, in das wir den Text "DATEN.TXT" eintragen. Die Bestätigung dieses Textes führt automatisch zu folgendem Inhalt des Submit-Schirms:

DATA LIST FILE 'DATEN.TXT'.

Hinweis: Das fehlende Gleichheitszeichen hinter "FILE" hat keine Bedeutung.
Soll der Dateiname menü-gestützt eingegeben werden, so ist dazu die Tastenkombination "Alt+F" zu betätigen.

Positionieren wir in dieser Situation innerhalb des Menü-Schirms auf die Option "FIXED /", so erscheint nach deren Bestätigung der folgende Text innerhalb des Submit-Schirms:

DATA LIST FILE 'DATEN.TXT' FIXED /.

Hinweis: Das zusätzliche Schlüsselwort "FIXED" hat keine Bedeutung.

Bestätigen wir anschließend die aktuelle Menü-Option durch die Enter-Taste, so wird ein *Variablen-Fenster* eröffnet, in das die gewünschten Angaben eingetragen werden können. Nach der Eingabe und Bestätigung des Textes "ABSCHALT 9 LEISTUNG 10" erhalten wir den Eintrag:

DATA LIST FILE 'DATEN.TXT'/ ABSCHALT 9 LEISTUNG 10.

Das DATA LIST-Kommando ist jetzt in der gewünschten Form im Submit-Schirm enthalten. Damit wir bei der Formulierung des FREQUENCIES-Kommandos eine komfortable Unterstützung zur Eingabe der Variablennamen erhalten können, muß das SPSS-file bereits eingerichtet sein. Daher lassen wir das DATA LIST-Kommando unmittelbar durch F10 (bzw. "Alt+C") zur Ausführung bringen.

2.2.2.3 Aufbau des FREQUENCIES-Kommandos

Haben wir – nach der Kommandoanzeige – den Text-Prompt "MORE" bestätigt, so ist anschließend wieder der Menü-Schirm aktiviert.
Zum Aufbau des FREQUENCIES-Kommandos wählen wir im "MAIN MENU" die Option "analyze data" und daran anschließend im untergeordneten

2.2 Das Arbeiten im Submit-Modus

Menü die Option "descriptive statistics" aus. Es erscheint der folgende Text auf dem Bildschirm:

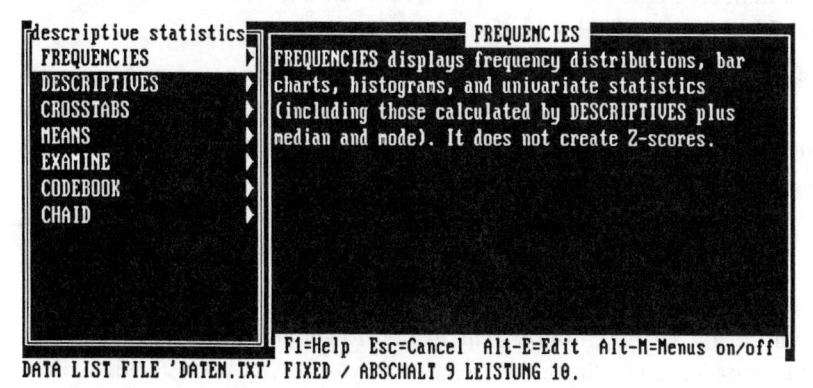

```
┌descriptive statistics┐  ┌─ FREQUENCIES ──────────────────┐
│ FREQUENCIES         ▶│  │ FREQUENCIES displays frequency │
│ DESCRIPTIVES        ▶│  │ distributions, bar charts,     │
│ CROSSTABS           ▶│  │ histograms, and univariate     │
│ MEANS               ▶│  │ statistics (including those    │
│ EXAMINE             ▶│  │ calculated by DESCRIPTIVES plus│
│ CODEBOOK            ▶│  │ median and mode). It does not  │
│ CHAID               ▶│  │ create Z-scores.               │
│                      │  │                                │
│                      │  │ F1=Help Esc=Cancel Alt-E=Edit  │
│                      │  │ Alt-M=Menus on/off             │
└──────────────────────┴──┴────────────────────────────────┘
DATA LIST FILE 'DATEN.TXT' FIXED / ABSCHALT 9 LEISTUNG 10.
```

Durch die Wahl der Option "FREQUENCIES" (Drücken der Enter-Taste) wird der Text

FREQUENCIES.

in die aktuelle Zeile des Submit-Schirms eingetragen. Dem daraufhin angezeigten Menü in der Form

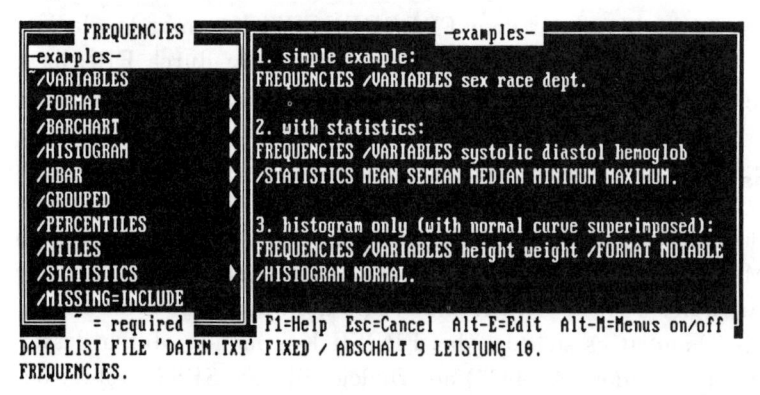

```
┌─── FREQUENCIES ───┐  ┌─────── -examples- ──────────────────┐
│ ~examples-        │  │ 1. simple example:                  │
│  ˜/VARIABLES      │  │ FREQUENCIES /VARIABLES sex race dept│
│   /FORMAT         │  │                                     │
│   /BARCHART      ▶│  │ 2. with statistics:                 │
│   /HISTOGRAM     ▶│  │ FREQUENCIES /VARIABLES systolic     │
│   /HBAR          ▶│  │  diastol hemoglob                   │
│   /GROUPED       ▶│  │ /STATISTICS MEAN SEMEAN MEDIAN      │
│   /PERCENTILES    │  │  MINIMUM MAXIMUM.                   │
│   /NTILES         │  │                                     │
│   /STATISTICS    ▶│  │ 3. histogram only (with normal      │
│   /MISSING=INCLUDE│  │  curve superimposed):               │
│                   │  │ FREQUENCIES /VARIABLES height weight│
│   ˜ = required    │  │  /FORMAT NOTABLE                    │
│                   │  │ /HISTOGRAM NORMAL.                  │
│                   │  │ F1=Help Esc=Cancel Alt-E=Edit       │
│                   │  │ Alt-M=Menus on/off                  │
└───────────────────┘  └─────────────────────────────────────┘
DATA LIST FILE 'DATEN.TXT' FIXED / ABSCHALT 9 LEISTUNG 10.
FREQUENCIES.
```

ist zu entnehmen, daß das VARIABLES-Subkommando obligat ist, weil der Text "/VARIABLES" durch das Tildezeichen " ˜ " markiert wird.

Hinweis: Ferner ist aus dem angezeigten Menü erkennbar, daß für die durch das Dreieck markierten Subkommandos jeweils ein weiteres Untermenü existiert, das nach der Auswahl der betreffenden Option angezeigt wird.

Nach der Wahl dieser Option wird der Text "/VARIABLES" in die aktuelle Zeile des Submit-Schirms übernommen.

Zur Bestimmung der gewünschten Variablennamen wird ein *Auswahl-Fenster* eröffnet, in dem sich eine menü-gestützte Auswahl aus den bislang eingerichteten Variablen des SPSS-files treffen läßt.

Hinweis: Ist das SPSS-file noch nicht eingerichtet worden, so muß durch die Tastenkombination "Alt+T" ein *Eingabe-Fenster* eröffnet werden. In dieses Fenster lassen sich die gewünschten Variablennamen über die Tastatur eintragen. Das Fenster wird durch die Bestätigung mit der Enter-Taste geschlossen.

Aus den angezeigten Namen wählen wir den Variablennamen "ABSCHALT" aus, indem wir den Cursor auf diesen Namen bewegen und anschließend die Enter-Taste drücken. Wir wiederholen diesen Vorgang für den Namen LEISTUNG und erhalten im Submit-Schirm den folgenden Inhalt (das syntaktisch nicht erforderliche Gleichheitszeichen hinter VARIABLES wird nicht automatisch ausgegeben):

```
DATA LIST FILE='DATEN.TXT'/ABSCHALT 9 LEISTUNG 10.
FREQUENCIES /VARIABLES ABSCHALT LEISTUNG.
```

Da keine weiteren Variablennamen in den Submit-Schirm einzutragen sind, schließen wir das Auswahl-Fenster durch die Escape-Taste.

Da der Cursor in der Zeile mit dem FREQUENCIES-Kommando plaziert ist, kann die Ausführung dieses Kommandos unmittelbar durch F10 (bzw. "Alt+C") angefordert werden.

2.2.2.4 Dialogende

Um das Dialogende einzuleiten, kann auf die Option "FINISH" innerhalb der letzten Menüzeile positioniert werden. Nach der Bestätigung durch die Enter-Taste wird der Text "FINISH." innerhalb des Submit-Schirms bereitgestellt. Hierbei handelt es sich um das FINISH-Kommando, durch dessen Ausführung (mit F10 oder "Alt+C") der Dialog mit dem SPSS-System beendet wird. Anschließend erscheint der DOS-Prompt, der zur Eingabe des nächsten DOS-Kommandos auffordert.

2.2.2.5 Struktur des Menü-Systems

In der soeben geschilderten Form lassen sich mit Hilfe des SPSS-Menü-Systems weitere SPSS-Kommandos im Submit-Schirm bereitstellen und anschließend zur Ausführung bringen.

2.2 Das Arbeiten im Submit-Modus

Bei der Arbeit im Menü-Schirm ist grundsätzlich folgendes zu beachten:

- Das Menü-System ist baumartig gegliedert.
- Ein Wechsel auf die jeweils unmittelbar zuvor eingestellte Menü-Ebene, d.h. die jeweils übergeordnete Hierarchiestufe, läßt sich durch die *Escape-Taste* erreichen.

Schlüsselwörter innerhalb von SPSS-Kommandos, die in der Regel selten benötigt werden, sind standardmäßig nicht innerhalb der Auswahl-Möglichkeiten des Menü-Systems angezeigt. Dazu ist durch die Tastenkombination "Alt+X" (bei aktiviertem Menü-System) eine erweiterte Form des Menü-Systems bereitzustellen, die durch die Eingabe von "Alt+X" wieder deaktiviert werden kann. Ist das erweiterte Menü-System aktiviert worden, so wird der ursprüngliche Text "Std Menus", der innerhalb der Status-Zeile angezeigt wurde, durch den Text "Ext Menus" ersetzt.

2.2.2.6 Menü-gestützte Eingabe von Datei- und Variablennamen

Soll ein *Dateiname* in den Submit-Schirm eingetragen werden, so läßt sich durch die Tastenkombination "Alt+F" ein *Datei-Fenster* eröffnen, in dem ein Unterverzeichnis bzw. eine ausgewählte Menge von Dateinamen gekennzeichnet werden können.

Beschreiben wir unsere Anforderung durch die angezeigte Voreinstellung "*.*", so wird eine Liste *aller* im aktuell eingestellten Unterverzeichnis (ANALYSE) eingetragenen Dateien ausgegeben. Durch die Cursor-Tasten positionieren wir auf den gewünschten Dateinamen (er wird aufgehellt angezeigt) und lassen ihn durch die Enter-Taste in den Submit-Schirm übertragen, in dem er an der aktuellen Cursorposition in den Text *eingefügt* wird. Um das Datei-Fenster wieder zu schließen, betätigen wir die Escape-Taste.

Sind *Variablennamen* des aktuellen SPSS-files in einem SPSS-Kommando aufzuführen, so können wir uns durch die Eingabe von "Alt+V" den Inhalt des aktuellen SPSS-files auf dem Bildschirm anzeigen lassen. Nachdem wir den Cursor zum auszuwählenden Variablennamen bewegt haben, betätigen wir die Enter-Taste. Daraufhin wird dieser Variablenname im Submit-Schirm an der aktuellen Cursorposition im Text *eingefügt*.

Sollen *mehrere aufeinanderfolgende* Variablennamen übertragen werden, so ist der erste Name durch die Funktionstaste F7 zu markieren und anschließend auf den letzten der gewünschten Variablennamen zu positionieren. Durch die Enter-Taste werden alle markierten Variablennamen in den Submit-Schirm übertragen.

Durch die *Escape-Taste* wird die Anzeige der Variablennamen ausgeblendet und in die Arbeitsumgebung des Submit-Schirms zurückgekehrt.

2.2.3 Die Dateien SPSS.LOG, SPSS.LIS, SCRATCH.PAD und SPSSPROF.INI

Bei der Arbeit im Submit-Modus sind – neben der Daten-Datei und dem SPSS-file – weitere Dateien von Bedeutung, die vom SPSS-System automatisch eingerichtet und verwaltet werden. Um welche Dateien es sich handelt und wie sich die gesamte Verarbeitung im Submit-Modus darstellt, wird durch das folgende Schaubild verdeutlicht:

Submit-Modus:

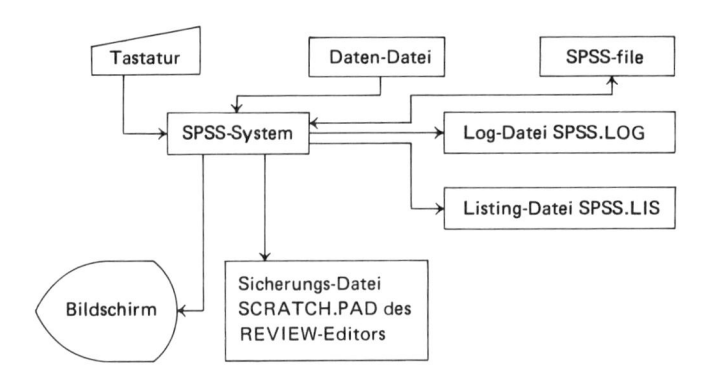

```
   ┌──────────┐   ┌───────────┐    ┌──────────┐
   │ Tastatur │   │Daten-Datei│    │ SPSS-file│
   └────┬─────┘   └─────┬─────┘    └──────────┘
        │               │                ▲
        ▼               ▼                │
   ┌─────────────┐  ┌──────────────────────┐
   │ SPSS-System │◄─│ Log-Datei SPSS.LOG   │
   └──────┬──────┘  └──────────────────────┘
          │         ┌──────────────────────┐
          │         │ Listing-Datei SPSS.LIS│
          │         └──────────────────────┘
          ▼
   ┌──────────┐   ┌──────────────────┐
   │Bildschirm│◄──│ Sicherungs-Datei │
   └──────────┘   │ SCRATCH.PAD des  │
                  │ REVIEW-Editors   │
                  └──────────────────┘
```

2.2.3.1 Die Protokoll-Dateien SPSS.LOG und SPSS.LIS

Nach der Beendigung eines Dialogs im Submit-Modus sind sämtliche Anforderungen, die vom SPSS-System ausgeführt wurden, und die daraus resultierenden Ergebnisse in den beiden *Protokoll-Dateien SPSS.LOG* und *SPSS.LIS* gespeichert.

Die *Log-Datei* SPSS.LOG enthält die ausgeführten Kommandos (sowie evtl. Fehlermeldungen) und die zugehörigen Referenzangaben über die Plazierung der Analyseergebnisse, die in der *Listing-Datei* SPSS.LIS als Ergebnisse der abgerufenen Datenanalysen eingetragen sind. Der Inhalt der Listing-Datei

2.2 Das Arbeiten im Submit-Modus

besteht aus den Protokollzeilen, die während der Programmausführung am Bildschirm angezeigt wurden.

Soll die Ausgabe der Analyseergebnisse am Bildschirm unterdrückt und nur die Ausgabe der gerade ausgeführten Kommandos angezeigt werden, so ist vor dem DATA LIST-Kommando ein *SET*-Kommando mit dem Subkommando *SCREEN* in der Form

```
SET / SCREEN = OFF .
```

(abkürzbar durch "SET/SCR=OFF.") im SPSS-Programm einzutragen. Dadurch werden die Analyseergebnisse allein in die Listing-Datei SPSS.LIS ausgegeben. Somit sind wir von der lästigen Aufgabe befreit, dauernd einen Bildschirmwechsel durch die Bestätigung von "MORE" durchführen zu lassen.

Der Inhalt der beiden Dateien SPSS.LOG und SPSS.LIS läßt sich z.B. durch das DOS-Kommando TYPE am Bildschirm anzeigen bzw. durch das DOS-Kommando PRINT auf einen angeschlossenen Drucker ausgeben (zum Inhalt von SPSS.LOG und SPSS.LIS siehe den Anhang A.3).

Von großer Bedeutung ist der folgende Sachverhalt:

- Die Log- und die Listing-Datei werden bei jedem Start des SPSS-Systems neu *initialisiert*, so daß der ursprüngliche Inhalt *gelöscht* wird.

Soll der Inhalt der Dateien SPSS.LOG und SPSS.LIS für einen späteren Zugriff erhalten bleiben, so ist – *vor* dem nächsten Aufruf des SPSS-Systems – eine Umbenennung der Dateinamen bzw. eine Sicherungskopie dieser Dateien vorzunehmen.

Z.B. können wir die Datei SPSS.LOG in LOG1.TXT und die Datei SPSS.LIS in LISTING1.TXT durch die Eingabe der DOS-Kommandos

```
C:\ANALYSE>RENAME SPSS.LOG LOG1.TXT
C:\ANALYSE>RENAME SPSS.LIS LISTING1.TXT
```

umbenennen lassen.

2.2.3.2 Die Sicherungs-Datei SCRATCH.PAD

Sämtliche Anforderungen, die innerhalb des Submit-Schirms eingetragen sind, werden am Dialogende automatisch in die Sicherungs-Datei

SCRATCH.PAD übertragen.
Sofern die eingegebenen SPSS-Kommandos von uns langfristig gesichert werden sollen, brauchen wir somit keine gezielte Sicherung über das Sicherungs-Menü (F9) durchzuführen. Allerdings ist zu beachten:

- Genau wie für die Protokoll-Dateien SPSS.LOG und SPSS.LIS gilt auch für die Datei SCRATCH.PAD, daß sie bei einem erneuten Aufruf des SPSS-Systems *reinitialisiert* wird, so daß alle bisherigen Eintragungen verlorengehen.

2.2.3.3 Die Profile-Datei SPSSPROF.INI

Um z.B. Anforderungen der Form

```
SET / AUTOMENU = OFF .
SET / SCREEN = OFF .
```

nicht – jedesmal erneut – innerhalb des Dialogs mit dem SPSS-System eingeben zu müssen, kann man sie vorab in eine *Profile-Datei* namens SPSSPROF.INI eintragen. Zu dieser Datenerfassung läßt sich z.B. der REVIEW-Editor einsetzen.

Beim Start des SPSS-Systems wird geprüft, ob die Datei SPSSPROF.INI existiert. Sofern sie vorhanden ist, werden die in ihr gespeicherten Kommandos vorab zur Ausführung gebracht, so daß bereits zu Beginn des Submit-Modus bestimmte Voreinstellungen geändert werden können.

Hinweis: Welche Voreinstellungen desweiteren möglich sind, geben wir im Anhang A.8 an.

2.3 Aufbau eines SPSS-Programms

2.3.1 Programm-Struktur

Nachdem wir ein erstes SPSS-Programm angegeben und kennengelernt haben, wie es zur Ausführung gebracht werden kann, machen wir uns jetzt mit dem *grundlegenden* Aufbau von SPSS-Programmen vertraut.

Die Gliederung unseres Beispielprogramms in der Form

2.3 Aufbau eines SPSS-Programms

```
DATA LIST    | Beschreibung der Datenherkunft und der
               Struktur des SPSS-files
FREQUENCIES  | Anforderung zur Durchführung von
               Häufigkeitsauszählungen
FINISH       | Kennzeichnung des Programmendes
```

ist abgeleitet aus der folgenden *allgemeinen* Struktur eines SPSS-Programms:

```
| Beschreibung der Herkunft der Daten
    und der Struktur des SPSS-files

| weitere Angaben zum Aufbau des SPSS-files

| eine oder mehrere Anforderungen
    zur Durchführung von Datenanalysen

| Kennzeichnung des Programmendes
```

Zur Demonstration dieses Programmschemas *erweitern* wir unser erstes Beispielprogramm in der folgenden Weise:

```
DATA LIST FILE='DATEN.TXT'/ABSCHALT 9 LEISTUNG 10.
VARIABLE LABELS/ABSCHALT 'Abschalten im Unterricht'
        LEISTUNG 'Einschaetzung der eigenen Leistung'.
VALUE LABELS/ABSCHALT 1 'stimmt' 2 'stimmt nicht'.
VALUE LABELS/LEISTUNG 1 'sehr schlecht'
                      5 'durchschnittlich'
                      9 'sehr gut'.
MISSING VALUE/ABSCHALT(0).
FREQUENCIES/VARIABLES=ABSCHALT LEISTUNG.
FINISH.
```

Ergänzend zu unserem ersten Programm werden jetzt in die Häufigkeitstabellen auch die Variablenetiketten (vereinbart durch VARIABLE LABELS, vgl. Abschnitt 3.2.1) und die Werteetiketten (vereinbart durch VALUE LABELS, vgl. Abschnitt 3.2.2) eingetragen. Ferner wird bei der Variablen ABSCHALT der Wert 0 als missing value (vereinbart durch MISSING VALUE, vgl. Abschnitt 3.3) erkannt und entsprechend verrechnet.

Das SPSS-file wird hier nicht nur durch das Kommando DATA LIST, sondern auch durch die Kommandos VARIABLE LABELS, VALUE LABELS und MISSING VALUE beschrieben. Es liegt wiederum *nur eine* Aufgabenstellung vor, die erneut durch das FREQUENCIES-Kommando spezifiziert wird.

2.3.2 Struktur eines SPSS-Kommandos

Als Beispiele für SPSS-Kommandos haben wir bisher die Kommandos DATA LIST, VARIABLE LABELS, VALUE LABELS, MISSING VALUE und FREQUENCIES eingesetzt und dabei in unseren Beispielprogrammen eine bestimmte Konvention der Formulierung von SPSS-Kommandos beachtet.

- Grundsätzlich müssen die Angaben für ein SPSS-Kommando in *einer oder mehreren* Programmzeilen vorgenommen werden, die jeweils maximal 80 Zeichen enthalten dürfen. Jedes Kommando muß in einer *neuen* Zeile anfangen. Reicht eine Zeile nicht aus, so sind die Angaben in nachfolgenden Programmzeilen *fortzusetzen*.

- Jedes SPSS-Kommando muß durch einen *Punkt* abgeschlossen werden.

Ein SPSS-Kommando wird durch einen speziellen *Kommandonamen* eingeleitet, der aus einem oder mehreren *Schlüsselwörtern* – wie z.B. "DATA LIST" oder "FREQUENCIES" – aufgebaut ist. Dabei verstehen wir unter einem Schlüsselwort ein Sprachelement, das für das SPSS-System eine bestimmte Bedeutung hat. Es ist erlaubt, ein Schlüsselwort durch seine drei ersten Zeichen *abzukürzen*. Unser erstes SPSS-Programm besitzt somit die folgende Kurzform:

```
DAT LIS FIL='DATEN.TXT'/ABSCHALT 9 LEISTUNG 10.
FRE/VAR=ABSCHALT LEISTUNG.
FIN.
```

Die zu einem Kommandonamen gehörenden Zusatzangaben – *Spezifikationen* genannt –, mit deren Hilfe die jeweils spezifischen Anforderungen für die Ausführung eines SPSS-Kommandos formuliert werden müssen, sind hinter dem Kommandonamen einzutragen. Somit läßt sich die *allgemeine* Struktur eines SPSS-Kommandos – die sogenannte *Syntax* – wie folgt angeben:

2.3 Aufbau eines SPSS-Programms

```
kommandoname [ { / | ⊔ } spez_1 [ spez_2 ]... ] .
```

Die durch die *Alternativklammern* "{" und "}" eingeklammerten und durch den senkrechten Strich "|" voneinander abgegrenzten Angaben kennzeichnen die *Alternativen*, von denen jeweils *genau eine* auszuwählen ist.

Im angegebenen Fall ist der Syntax zu entnehmen, daß hinter dem Kommandonamen entweder ein *Leerzeichen* – symbolisch durch das Zeichen ("⊔") gekennzeichnet – oder der *Schrägstrich* "/" angegeben werden muß. Welches Trennzeichen jeweils gewählt werden sollte bzw. unbedingt erforderlich ist, schreibt die Syntax des betreffenden Kommandos vor.

Die beiden *Optionalklammern* "[" und "]" zeigen an, daß der Klammerinhalt angegeben werden darf oder auch fehlen kann. Die hinter der schließenden Klammer "]" aufgeführten Punkte "..." legen fest, daß der Klammerinhalt geeignet oft *wiederholt* werden darf.

2.3.3 Struktur der Spezifikationen und Trennzeichen

Spezifikationen können aus einem oder mehreren *Spezifikationswerten* aufgebaut sein. Zu den Spezifikationswerten zählen:

- Namen wie z.B. der Variablenname "LEISTUNG",

- Schlüsselwörter wie z.B. das Wort "VARIABLES",

- Werte wie etwa die Zahl "1" oder der Text (Etikett) "Abschalten im Unterricht", oder

- Operationszeichen wie das Gleichheitszeichen "=".

Jeweils zwei dieser Elemente müssen durch ein oder mehrere *allgemeine Trennzeichen* gegeneinander abgegrenzt werden. Die allgemeinen Trennzeichen sind das *Leerzeichen* (Zwischenraum) und das *Komma*, wobei anstelle eines Leerzeichens stets ein Komma und umgekehrt für ein Komma stets ein Leerzeichen geschrieben werden darf.

Oftmals muß die Trennung von Spezifikationen auch durch eines der *speziellen Trennzeichen* Klammerauf "(", Klammerzu ")", Schrägstrich "/", Gleichheitszeichen "=" oder Hochkomma "'" vorgenommen werden. Dies wird durch die *Syntax* des jeweiligen Kommandos festgelegt. Entsprechende Angaben für die von uns eingesetzten SPSS-Kommandos lernen wir in den folgenden Abschnitten kennen.

So haben wir z.B. bei der Angabe des VARIABLE LABELS-Kommandos

```
VARIABLE LABELS/ABSCHALT 'Abschalten im Unterricht'
        /LEISTUNG 'Einschaetzung der eigenen Leistung'.
```

das spezielle Trennzeichen Hochkomma verwendet.
Sind innerhalb eines SPSS-Kommandos *keine* speziellen Trennzeichen vorgeschrieben, so sind zur Trennung der einzelnen Spezifikationswerte die allgemeinen Trennzeichen, d.h. Leerzeichen oder Komma, zu verwenden.
Grundsätzlich können wir ein SPSS-Kommando über mehrere Programmzeilen hinweg aufschreiben. So hätten wir z.B. für das in unserem Beispielprogramm verwendete FREQUENCIES-Kommando auch

```
FREQUENCIES
        / VARIABLES=ABSCHALT
              LEISTUNG.
```

angeben dürfen.
Das oben aufgeführte VARIABLE LABELS-Kommando haben wir in zwei und das zuletzt angegebene FREQUENCIES-Kommando in drei Kommandozeilen eingetragen. Bei dieser Fortsetzung dürfen die Spezifikationswerte wie Namen, Werte und Schlüsselwörter *niemals* über ein Zeilenende hinweg *getrennt* werden.
In SPSS-Kommandos werden Spezifikationen zu *Subkommandos* zusammengefaßt. Jedes Subkommando (siehe das oben angegebene Subkommando VARIABLES innerhalb des FREQUENCIES-Kommandos) wird durch den *Schrägstrich* "*/*" eingeleitet. Diesem Zeichen folgt ein Schlüsselwort als *Subkommandoname*, dem ein Gleichheitszeichen "=" mit dahinter aufgeführten Spezifikationswerten folgen kann. Ist allein der Subkommandoname angegeben, so wird die jeweilige Voreinstellung abgerufen. Als Subkommandos, die nicht durch einen Schrägstrich eingeleitet werden dürfen, sind etwa das Subkommando FILE innerhalb des DATA LIST-Kommandos (siehe das oben angegebene Beispiel) und das BY-Subkommando innerhalb des SORT CASES-Kommandos (siehe Abschnitt 4.3) zu nennen.

Kapitel 3

Vereinbarung, Beschreibung und Veränderung des SPSS-files

3.1 Beschreibung der Dateneingabe (DATA LIST, BEGIN DATA, END DATA)

3.1.1 Syntax des DATA LIST-Kommandos

Bevor die Daten der Datenmatrix, die in unserem Fall in der Daten-Datei "DATEN.TXT" erfaßt sind, vom SPSS-System verarbeitet werden können, müssen sie zunächst als SPSS-file gespeichert werden. Die Herkunft und die Struktur der Daten wird durch das Kommando *DATA LIST* beschrieben, das gemäß der folgenden Syntax *zu Beginn* eines SPSS-Programms anzugeben ist:

```
DATA LIST [ FILE = 'dateiname' ] / varname_1 zpn_1 [ - zpn_2 ]
          [ varname_2 zpn_3 [ - zpn_4 ] ]... .
```

Bei der Darstellung der Syntax geben wir *Schlüsselwörter* stets in Großbuchstaben an. An der Position für vom Anwender frei wählbare Bezeichnungen tragen wir *Platzhalter* mit klein geschriebenen Namen ein. Bei der Eingabe von SPSS-Kommandos dürfen wir innerhalb von Schlüsselwörtern und Variablennamen auch *Kleinbuchstaben* verwenden, weil nicht zwischen Klein- und Großschreibung unterschieden wird.

Innerhalb unseres Beispielprogramms im Abschnitt 2.1.1 haben wir als spezielles DATA LIST-Kommando das Kommando

```
DATA LIST FILE='DATEN.TXT'/ABSCHALT 9 LEISTUNG 10.
```

angegeben, das sich als der Spezialfall

```
DATA LIST FILE='dateiname'/varname_1 zpn_1 varname_2 zpn_2.
```

aus der oben angegebenen Form des DATA LIST-Kommandos ableitet. Die *Platzhalter* "varname_1" und "varname_2" sind durch die Namen ABSCHALT und LEISTUNG ersetzt. Hinter diesen Namen sind für die Platzhalter "zpn_1" und "zpn_2" die jeweiligen Zeichenpositionen mit den konkreten Positionswerten 9 und 10 eingetragen.

3.1.2 Variablennamen

Allgemein dürfen die *Variablennamen*, die für die Platzhalter "varname_1", "varname_2" usw. eingesetzt werden können, aus bis zu *acht* Zeichen bestehen. Grundsätzlich muß ein Variablenname mit einem Buchstaben oder dem Klammeraffen-Zeichen "@" *eingeleitet* werden. Zwischen dem ersten und letzten Zeichen dürfen auch das Unterstreichungszeichen "_", das Dollar-Zeichen "$", der Dezimalpunkt "." und das Klammeraffen-Zeichen "@" aufgeführt sein. Die folgenden Schlüsselwörter haben eine feststehende Bedeutung für das SPSS-System und dürfen daher *nicht* verwendet werden:

```
ALL, AND, BY, EQ, GE, GT, LE, LT,
NE, NOT, OR, THRU, TO und WITH.
```

Anstelle der von uns gewählten Namen ABSCHALT und LEISTUNG hätten wir beispielsweise auch die Namen ITEM9 und ITEM10 bzw. VAR009 und V10 angeben können.

Werden in die Variablen bei der Dateneingabe – so wie es bei unserer Untersuchung der Fall ist – numerische Werte (Zahlen) übertragen, so wird von *numerischen Variablen* gesprochen.

Der erste im DATA LIST-Kommando angegebene Variablenname bezeichnet die erste Variable des SPSS-files, der zweite Variablenname die zweite Variable usw., so daß jedes SPSS-file die folgende Struktur besitzt:

3.1 Beschreibung der Dateneingabe

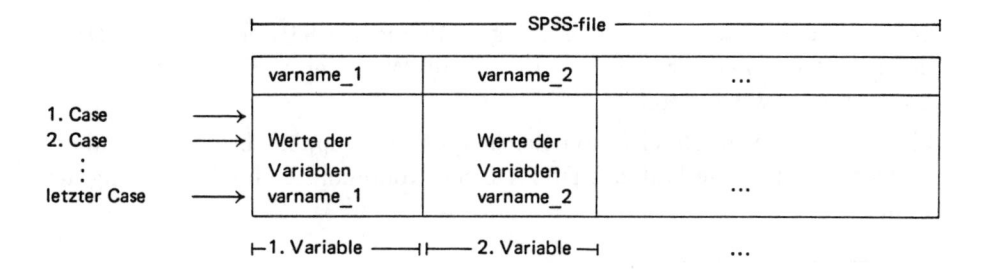

	SPSS-file		
	varname_1	varname_2	...
1. Case →			
2. Case →	Werte der	Werte der	
⋮	Variablen	Variablen	...
letzter Case →	varname_1	varname_2	
	⊢ 1. Variable ⊣	⊢ 2. Variable ⊣	...

Durch das Kommando DATA LIST werden folglich die Anzahl, die Reihenfolge und die Namen der Variablen des SPSS-files vereinbart.

Im SPSS-file sind zusätzlich die vom SPSS-System *automatisch* eingerichteten *Systemvariablen $DATE, $CASENUM* und *$WEIGHT* eingetragen. Jeder Case erhält für diese Variablen die folgenden Werte:

- $DATE: Datum der Dateneingabe

- $CASENUM: Reihenfolgenummer des Cases bei der Dateneingabe

- $WEIGHT: den Wert 1,0 als Gewichtungsfaktor für die Auswertung bei Datenanalysen (siehe Abschnitt 6.5).

Es ist zu beachten, daß sich die Werte von $CASENUM *nicht* ändern lassen und auch zu keinem Zeitpunkt vom SPSS-System geändert werden – auch nicht bei der Ausführung der Kommandos SORT CASES, SELECT IF, SAVE und GET.

3.1.3 Eingabe ganzzahliger Werte

Welche Daten in welche Variable übertragen werden sollen, wird durch die Angabe der Variablennamen und der Zeichenbereiche bzw. der einzelnen Zeichenpositionen im DATA LIST-Kommando in der Form

```
varname zpn_1 [ - zpn_2 ]
```

beschrieben. Soll hinter dem Variablennamen "varname" kein Zeichenbereich, sondern nur eine einzige Zeichenposition angeben werden, so ist die Form

```
varname zpn_1
```

zu verwenden. Dadurch wird festgelegt, daß aus den Sätzen der Daten-Datei der Inhalt der Zeichenposition "zpn_1" als Wert der Variablen "varname" übernommen werden soll.

Sind die Werte im Bereich von Zeichenposition "zpn_1" bis "zpn_2" abgespeichert, so ist innerhalb des DATA LIST-Kommandos eine Eintragung der Form

```
varname zpn_1 - zpn_2
```

zu wählen.

Folglich wird durch das Kommando

```
DATA LIST FILE='DATEN.TXT'/
              V3 6-7 V4 8 LEISTUNG 10 BEGABUNG 11.
```

festgelegt, daß der Variablen V3 bei der Dateneingabe diejenigen Werte zugewiesen werden sollen, die satzweise innerhalb der Daten-Datei in den Zeichenpositionen 6 und 7 eingetragen sind. Die Werte in den Zeichenpositionen 8, 10 und 11 werden den Variablen V4, LEISTUNG und BEGABUNG – in dieser Reihenfolge – zugeordnet.

Hinweis:

Für die Dateneingabe besteht die Möglichkeit, auf die Angabe von Zeichenpositionen zu verzichten. Bei dieser "formatfreien" Dateneingabe wird die Zuordnung der Werte zu den Variablen über die Reihenfolge festgelegt, in der die Variablen vereinbart und die Werte angegeben werden (siehe Anhang A.6).

3.1.4 Eingabe von Leerzeichen

Sind an einer Zeichenposition oder in einem Zeichenbereich *Leerzeichen* eingetragen, so werden diese Zeichen bei der Zuweisung an *numerische* Variable dann als 0 interpretiert, wenn vor dem DATA LIST-Kommando das *SET*-Kommando mit dem *BLANKS*-Subkommando in der Form

```
SET / BLANKS = 0 .
```

angegeben wurde. Ohne dieses SET-Kommando wird dem betreffenden Case für die jeweilige Variable der *system-missing value* (siehe Abschnitt 3.3.2) zugeordnet, falls der *gesamte* Zeichenbereich aus Leerzeichen besteht oder aber der einzulesende Wert *nicht* rechtsbündig im Zeichenbereich erfaßt wurde.

3.1.5 Variablenliste

Sind die zu übertragenden Werte in gleichlangen und benachbarten Zeichenbereichen eingetragen, so läßt sich abkürzend der Gesamtbereich und davor die Liste der zu vereinbarenden Variablennamen in der Form

```
varname_1 [ varname_2 ]... zpn_1 - zpn_2
```

wie z.B.

```
JAHRGANG GESCHL 4-5
```

angeben. Im folgenden nennen wir eine derartige Reihung von Variablennamen eine *Variablenliste*, und wir schreiben abkürzend:

```
varliste zpn_1 - zpn_2
```

So können wir etwa durch das Kommando

```
DATA LIST FILE='DATEN.TXT'
         /V1 4 V2 5 V3 6-7 V4 8 V5 9 V6 10 V7 11 V8 12.
```

ein SPSS-file mit acht Variablen aufbauen, wobei die Zuordnung so erfolgt:

Variablennamen im SPSS-file:	V1	V2	V3	V4	V5	V6	V7	V8
Korrespondierende Zeichenpositionen in den Sätzen der Daten-Datei:	4	5	6–7	8	9	10	11	12

3.1.6 Inklusive Variablenlisten

Diese Variablenvereinbarung läßt sich durch das Kommando

```
DATA LIST FILE='DATEN.TXT'/
         V1 TO V2 4-5 V3 6-7 V4 TO V8 8-12.
```

abkürzen, indem wir *inklusive Variablenlisten* der Form

```
varname_1 TO varname_2
```

wie etwa "V1 TO V2" und "V4 TO V8" verwenden.

Bei einer inklusiven Variablenliste muß das Ende des ersten Variablennamens "varname_1" *nur aus Ziffern* bestehen. Der hinter dem Schlüsselwort *TO* angegebene Variablenname "varname_2" muß mit *derselben* Zeichenfolge beginnen, die den Namen "varname_1" einleitet, und wieder mit einer Ziffernfolge enden, deren numerischer Wert *größer* als derjenige Wert der Ziffernfolge im Variablennamen "varname_1" ist. Von den durch eine derartige inklusive Variablenliste vereinbarten Variablen erhält die erste Variable den Namen "varname_1" und die letzte den Namen "varname_2". Alle anderen tragen Variablennamen, die mit der (charakteristischen) Zeichenfolge beginnen und mit einer Ziffernfolge enden, deren numerischer Wert zwischen den festgelegten Anfangs- und Endwerten liegt.

Hinweis:

Das Schlüsselwort TO läßt sich auch einsetzen, wenn mehrere – in der Ablage – aufeinanderfolgende Variablen des SPSS-files innerhalb eines Kommandos aufzuführen sind (siehe Abschnitt 3.2.1).

Die Ziffernfolgen von Anfangs- und Endwert brauchen nicht stets die gleiche Länge zu besitzen. So ist es z.B. erlaubt, die Variablen ITEM4, ITEM5, ITEM6, ITEM7 und ITEM8 wie folgt zu definieren:

```
ITEM4 TO ITEM08
```

Grundsätzlich darf jeder Variablenname *nur einmal* im Kommando DATA LIST aufgeführt werden, unabhängig davon, ob er explizit oder durch eine inklusive Variablenliste implizit vereinbart ist.

3.1.7 Eingabe nicht ganzzahliger Werte

Ist die Ziffernfolge eines Zeichenbereichs als Dezimalzahl mit *Nachkommastellen* zu interpretieren, so ist eine entsprechende Angabe im DATA LIST-Kommando zu machen. Dazu muß festgelegt werden, wie viele der am weitesten rechts im Zeichenbereich gespeicherten Ziffern als Nachkommastellen aufgefaßt werden sollen. Bezeichnen wir diese Anzahl durch den Platzhalter "dezzahl", so ist eine derartige Vereinbarung in der Form

```
varliste zpn_1 [ - zpn_2 ] ( dezzahl )
```

vorzunehmen. Ist ein nicht ganzzahliger Wert mit Dezimalpunkt im Zeichenbereich erfaßt worden, so braucht die Nachkommastellenzahl nicht angegeben zu werden, da die erforderliche Interpretation *automatisch* erfolgt.

3.1 Beschreibung der Dateneingabe

Wäre etwa das wöchentliche Taschengeld erhoben und in den Zeichenpositionen 13 bis 17 eingetragen worden, so daß die beiden letzten Ziffern die Nachkommastellen darstellen, so müßte dies durch die Angabe von

```
TASCHENG 13-17(2)
```

beschrieben werden. Dann würde etwa für die im Zeichenbereich 13 bis 17 eingetragene Ziffernfolge "00750" die Zahl 7,50 als Wert interpretiert und in die Variable TASCHENG eingetragen werden.

3.1.8 Mehrere Datensätze pro Case

Bei unserer Untersuchung reicht ein Datensatz aus, um die Werte eines Cases aufzunehmen. In vielen Fällen werden jedoch mehr als 80 Zeichenpositionen benötigt, um die Werte einer Datenmatrix-Zeile abzuspeichern. In dieser Situation ist in jedem Datensatz neben einer Identifikationsnummer für den Case auch eine entsprechende *Satznummer* als Kennung einzutragen. Dadurch läßt sich nach dem Einlesen der Daten überprüfen, ob für jeden Case alle Sätze in der richtigen Reihenfolge erfaßt wurden.

Wieviele Datensätze pro Case eingelesen werden sollen, ist im Kommando DATA LIST – hinter dem Subkommando *FILE* – durch den wiederholten Einsatz des *Schrägstrichs* "/" festzulegen. Damit ergibt sich als *allgemeine* Form des *DATA LIST*-Kommandos das folgende Schema:

```
DATA LIST [ FILE = 'dateiname' ] [ TABLE ]
   / varliste_1 zpn_1 [ - zpn_2 ] [ ( dezzahl_1 ) ]
   [ varliste_2 zpn_3 [ - zpn_4 ] [ ( dezzahl_2 ) ] ]...
  [ / varliste_3 zpn_5 [ - zpn_6 ] [ ( dezzahl_3 ) ]
    [ varliste_4 zpn_7 [ - zpn_8 ] [ ( dezzahl_4 ) ] ]... ]... .
```

Alle Angaben für die Übertragung der Werte eines Datensatzes müssen *vor* denen des darauffolgenden Satzes gemacht werden, so daß die Ablage der Daten im 1. Satz eines Cases zuerst beschrieben wird, die Ablage im 2. Satz daran anschließend, usw. Soll die Zuordnung der Variablen zu den jeweiligen Zeichenpositionen ausgegeben werden, so ist das Schlüsselwort TABLE aufzuführen. Werden pro Case mehrere Datensätze eingelesen, so muß die Gesamtzahl der Sätze *ohne Rest* durch die Anzahl der Cases teilbar sein, da sonst die Dateneingabe mit einer Fehlermeldung abgebrochen wird (zur Prüfung der Satzfolge siehe Abschnitt 6.6.2).

3.1.9 Alphanumerische Variable und alphanumerische Werte

Bislang haben wir die Dateneingabe von numerischen Werten beschrieben. Mit dem SPSS-System lassen sich auch Texte – *"alphanumerische Werte"* genannt – verarbeiten. Dazu muß im DATA LIST-Kommando hinter der zugehörigen Längenangabe für den Zeichenbereich der betreffenden Variable die Zeichenfolge "(A)" eingetragen werden. Eine derart gekennzeichnete Variable enthält nach der Dateneingabe Texte als alphanumerische Werte und wird daher *alphanumerische Variable* oder auch *String-Variable* genannt.

Nach dem Einlesen alphanumerischer Werte dürfen mit diesen Werten keine numerischen Berechnungen wie etwa eine Summenbildung durchgeführt werden. Allerdings ist es z.B. sinnvoll, die Häufigkeitsverteilung einer alphanumerischen Variablen ermitteln zu lassen.

Hätten wir etwa das Merkmal "Geschlecht" (Item 2 des Fragebogens) nicht mit den numerischen Werten 1 und 2, sondern mit den alphanumerischen Werten "M" (für "männlich") und "W" (für "weiblich") verschlüsselt, so müßten wir das SPSS-file mit dem Kommando

```
DATA LIST FILE='DATEN.TXT'/JAHRGANG 4 GESCHL 5(A).
```

aufbauen, falls wir Häufigkeitsauszählungen für die Merkmale "Jahrgangsstufe" und "Geschlecht" abrufen wollten.

3.1.10 Dateneingabe ohne Daten-Datei (BEGIN DATA, END DATA)

Sollen die Daten mit den Werten der Datenmatrix nicht in einer eigenständigen Datei erfaßt, sondern zusammen mit den SPSS-Kommandos *innerhalb* des SPSS-Programms (als Bestandteil einer Kommando-Datei) eingegeben werden, so ist der folgende Programmaufbau zu wählen:

```
DATA LIST / spezifikation .
BEGIN DATA .

| Datenzeilen mit den Werten der Datenmatrix

END DATA .

| Kommandos zur Datenanalyse
```

3.1 Beschreibung der Dateneingabe

Fehlt das *FILE*-Subkommando innerhalb des DATA LIST-Kommandos, so bedeutet dies, daß die Datensätze nicht aus einer Daten-Datei gelesen werden sollen, sondern daß sie zwischen den Kommandos BEGIN DATA und END DATA gespeichert sind. Unmittelbar vor dem ersten Datensatz muß das *BEGIN DATA*-Kommando in der Form

```
BEGIN DATA .
```

(abkürzbar durch "BEG.") und direkt hinter der letzten Datenzeile das *END DATA*-Kommando (nicht abkürzbar!) wie folgt eingegeben werden:

```
END DATA .
```

Die durch die Kommandos BEGIN DATA und END DATA eingeklammerten Datenzeilen sind innerhalb des SPSS-Programms unmittelbar *vor* der ersten Aufgabenstellung für eine Datenanalyse zu plazieren.

Hinweis: Alternativ zum Einsatz der Kommandos BEGIN DATA und END DATA besteht die Möglichkeit, die Daten mit dem *"Quick-Editor"* innerhalb eines "Spreadsheets" zu erfassen. Die hierzu benötigten Kenntnisse werden im Anhang unter A.7 dargestellt.

Es besteht ferner die Möglichkeit, Daten mit Hilfe des *INCLUDE*-Kommandos (siehe Anhang A.5) aus einer Daten-Datei zu lesen, die zuvor in eine Kommando-Datei umzuformen ist. Dazu muß *vor* der ersten Datenzeile das BEGIN DATA-Kommando und *hinter* der letzten Datenzeile das END DATA-Kommando in der Daten-Datei eingefügt werden.

3.1.11 Kompakte Datenhaltung (SET/COMPRESS)

Soll aus Gründen der Speicherplatzoptimierung für das SPSS-file möglichst wenig Speicherraum benötigt werden, so ist hierzu das *SET*-Kommando mit dem *COMPRESS*-Subkommando in der Form

```
SET / COMPRESS = ON .
```

vor dem Aufbau des SPSS-files durch das DATA LIST-Kommando einzugeben. In diesem Fall werden ganzzahlige Variablenwerte zwischen -99 und 155 in *platzsparender* Weise abgespeichert. Allerdings hat dies zur Folge, daß die Ausführungszeit von nachfolgenden Datenanalysen verlängert wird.

3.2 Variablen- und Werteetiketten

3.2.1 Etikettierung von Variablen (VARIABLE LABELS)

Die Lesbarkeit der Analyseergebnisse wie etwa die der Häufigkeitstabellen kann durch den Einsatz des Kommandos *VARIABLE LABELS* verbessert werden. Dieses Kommando ist in der folgenden Form einzugeben:

```
VARIABLE LABELS / varliste_1 'etikett_1'
              [ / varliste_2 'etikett_2' ]... .
```

Dadurch läßt sich jedem Variablennamen ein maximal 40 Zeichen langes *Variablenetikett* (für einen späteren Einsatz des von der Firma SPSS GmbH angebotenen Tabellenprogramms TABLES sind auch 60 Zeichen zugelassen) zuordnen, das im SPSS-file abgespeichert und bei der Auswertung zusammen mit dem Variablennamen angezeigt wird. Durch die Möglichkeit, eine *Variablenliste* vor einem Etikett aufzuführen, kann verschiedenen Variablen das gleiche Etikett zugewiesen werden.

Jede Variablenliste kann aus einer oder mehreren Variablen bestehen, die gegebenenfalls durch reflexive Variablenlisten vereinbart sind. Dabei wird unter einer *reflexiven Variablenliste* eine Angabe der Form

```
varname_1 TO varname_2
```

mit dem Schlüsselwort *TO* und den Variablennamen "varname_1" und "varname_2" verstanden. Durch diese Schreibweise werden abkürzend alle diejenigen Variablen benannt, die im SPSS-file zwischen den Variablen "varname_1" und "varname_2" abgespeichert sind.

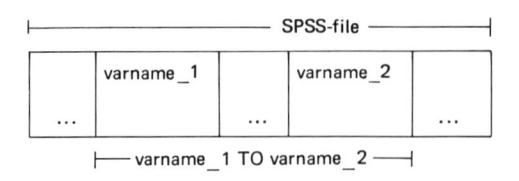

```
|——————————— SPSS-file ———————————|
        | varname_1 |         | varname_2 |
  ...   |    ...    |   ...   |    ...    |
        |— varname_1 TO varname_2 —|
```

Als Abkürzung für die Angabe der reflexiven Variablenliste *aller* im SPSS-file abgespeicherten Variablen darf das Schlüsselwort *ALL* verwendet werden.

3.2 Variablen- und Werteetiketten

In unserem zweiten Beispielprogramm (vgl. Abschnitt 2.3.1) haben wir die Etikettierung durch das Kommando

```
VARIABLE LABELS/ABSCHALT 'Abschalten im Unterricht'
        /LEISTUNG 'Einschaetzung der eigenen Leistung'.
```

vorgenommen. Diese Vereinbarung hätten wir auch – aufwendiger – durch die Angabe von zwei VARIABLE LABELS-Kommandos in der Form

```
VARIABLE LABELS/ABSCHALT 'Abschalten im Unterricht'.
VARIABLE LABELS/LEISTUNG
        'Einschaetzung der eigenen Leistung'.
```

durchführen können.

3.2.2 Etikettierung von Werten (VALUE LABELS)

Nicht nur bei der Ausgabe von Variablennamen, sondern auch bei der Ausgabe von Werten (siehe die vom FREQUENCIES-Kommando erzeugte Tabellenausgabe im Abschnitt 2.1.3) ist es wichtig, die Lesbarkeit der Analyseergebnisse zu verbessern. Die durch den Kodeplan erzwungene Umwandlung der meist "sprechenden" Merkmalsausprägungen des Fragebogens in nichtssagende numerische Werte sollte bei der Ergebnispräsentation wieder *rückgängig* gemacht werden, indem nicht die Werte, sondern diesen Werten zugeordnete Texte ausgegeben werden. Dazu läßt sich das Kommando *VALUE LABELS* in der Form

```
VALUE LABELS / varliste_1 wert_1 'etikett_1'
              [ wert_2 'etikett_2']...
      [ / varliste_2 wert_3 'etikett_3'
              [ wert_4 'etikett_4']... ]... .
```

einsetzen.

Die innerhalb eines VALUE LABELS-Kommandos hinter einer Variablenliste aufgeführten Eintragungen der Form

```
wert_1 'etikett_1' [ wert_2 'etikett_2' ]...
```

gelten für *alle* in der Variablenliste explizit oder implizit enthaltenen Variablen. Dabei ist zu beachten, daß alphanumerische Variablenwerte stets durch *Hochkommata* (') eingeschlossen werden müssen.

Jedes *Werteetikett* (Groß- und Kleinschreibung ist erlaubt) darf aus maximal 20 Zeichen bestehen (für den Einsatz des von der Firma SPSS GmbH angebotenen Tabellenprogramms TABLES sind bis zu 60 Zeichen zugelassen). Es wird zusammen mit dem davor angegebenen Wert im SPSS-file abgespeichert und bei der Ausgabe des Variablenwerts zusammen mit oder stellvertretend für diesen Wert angezeigt.

Für jede Variablenliste dürfen beliebig viele Zuordnungen getroffen werden. Die Vereinbarungen für verschiedene Variablenlisten sind durch das spezielle Trennzeichen "/" voneinander abzugrenzen.

In unserem Beispielprogramm (vgl. Abschnitt 2.3.1) haben wir die Etiketten für die Werte der Variablen ABSCHALT und LEISTUNG durch die folgenden Kommandos vereinbart:

```
VALUE LABELS/ABSCHALT 1 'stimmt' 2 'stimmt nicht'.
VALUE LABELS/LEISTUNG 1 'sehr schlecht'
                      5 'durchschnittlich'
                      9 'sehr gut'.
```

Diese beiden VALUE LABELS-Kommandos hätten wir auch in der Form

```
VALUE LABELS/ABSCHALT 1 'stimmt' 2 'stimmt nicht'/LEISTUNG
    1 'sehr schlecht' 5 'durchschnittlich' 9 'sehr gut'.
```

zusammenfassen können — mit dem Nachteil der Unübersichtlichkeit.

Wird für eine Variable in einem SPSS-Programm mehr als ein VALUE LABELS-Kommando angegeben, so werden durch jedes Kommando *alle* in einem vorausgehenden Kommando vereinbarten Zuordnungen der Werte zu den Werteetiketten *überschrieben*.

Sollen gegenüber einer Erstdefinition nur einzelne Werteetiketten verändert werden (etwa weil einige Variablenwerte zu einem einzigen Variablenwert zusammengefaßt wurden), so müssen beim Einsatz des VALUE LABELS-Kommandos sämtliche anderen Werteetiketten erneut aufgeführt werden.

Dieser Vorgang läßt sich *vereinfachen*, wenn anstelle des VALUE LABELS-Kommandos das *ADD VALUE LABELS*-Kommando in der folgenden Form eingesetzt wird:

3.3 Vereinbarung von missing values (MISSING VALUE)

```
ADD VALUE LABELS / varliste_1 wert_1 'etikett_1'
                            [ wert_2 'etikett_2 ]...
                 [ / varliste_2 wert_3 'etikett_3
                            [ wert_4 'etikett_4 ]... ]... .
```

In diesem Fall werden *nur* die in diesem Kommando angegebenen Werteetiketten neu zugeordnet. Die übrigen ursprünglichen Zuordnungen zu Werten, die nicht aufgeführt sind, bleiben *ohne Änderungen erhalten*.

Das ADD VALUE LABELS-Kommando darf auch anstelle des VALUE LABELS-Kommandos zur *erstmaligen* Vereinbarung von Werteetiketten eingesetzt werden.

3.3 Vereinbarung von missing values (MISSING VALUE)

3.3.1 Syntax des MISSING VALUE-Kommandos

Für unseren Fragebogen haben wir festgelegt, daß für eine nicht beantwortete Frage der Wert 0 kodiert wird. Sollen bei einer Auswertung diejenigen Cases, für welche die zu analysierenden Variablen diesen gesonderten Wert besitzen, *nicht* berücksichtigt werden, so ist dieser Wert als *missing value* zu kennzeichnen. Dazu sind entsprechende Angaben in einem *MISSING VALUE*-Kommando in der Form

```
MISSING VALUE / varliste_1 ( [ wert_1 ] )
             [ / varliste_2 ( [ wert_2 ] ) ]... .
```

zu machen. Jede Variablenliste kann aus einer oder mehreren Variablen bestehen. Die durch "(" und ")" eingeklammerte Wertangabe legt den missing value für *alle* in der vorausgehenden Variablenliste explizit oder implizit aufgeführten Variablen fest. Sollen in einem MISSING VALUE-Kommando missing values für mehrere Variablenlisten vereinbart werden, so sind sie durch den Schrägstrich "/" voneinander zu trennen.

In unserem SPSS-Programm (vgl. Abschnitt 2.3.1) haben wir durch die Angabe von

```
MISSING VALUE/ABSCHALT(0).
```

festgelegt, daß der Wert 0 bei der Variablen ABSCHALT in der nachfolgenden Datenanalyse als missing value behandelt werden soll.

Jede Festlegung von missing values kann zu einem späteren Zeitpunkt durch ein weiteres MISSING VALUE-Kommando verändert oder durch die Angabe der *leeren Werteliste* "()" auch wieder gänzlich *aufgehoben* werden.

3.3.2 Der system-missing value

Neben der *benutzerseitigen* Festlegung eines missing values mit Hilfe des Kommandos MISSING VALUE besteht die Möglichkeit, daß ein Case auch *systemseitig* von einer Auswertung ausgeschlossen wird. Dies ist dann der Fall, wenn der zugehörige Variablenwert mit dem *system-missing value*, dessen internen Wert der Anwender nicht zu kennen braucht, übereinstimmt. Dieser system-missing value wird einem Case in den folgenden Sonderfällen zugewiesen:

- falls bei der Dateneingabe der für eine numerische Variable eingelesene Wert ein nicht erlaubtes Zeichen enthält (z.B. einen Buchstaben),

- falls bei der Dateneingabe für eine numerische Variable der gesamte Zeichenbereich mit dem einzulesenden Wert nur aus Leerzeichen besteht bzw. der einzulesende Wert nicht rechtsbündig im Zeichenbereich eingetragen ist, oder

- falls bei der Konstruktion einer neuen Variablen (siehe Abschnitt 3.4.2) ein Variablenwert nicht gebildet werden kann (etwa bei der Division durch Null) oder aber falls ein zu verrechnender Variablenwert ungültig ist (es handelt sich um einen benutzerseitig festgelegten missing value oder um den system-missing value) und die Verrechnungsvorschrift in dieser Situation keinen Wert ermitteln kann.

Im Fall der Dateneingabe mit unerlaubten Leerzeichen kann die Zuweisung des system-missing values dadurch *verhindert* werden, daß vor dem DATA LIST-Kommando ein *SET*-Kommando mit dem *BLANKS*-Subkommando in der Form

```
SET / BLANKS = wert .
```

angegeben wird. In diesem Fall wird anstelle des system-missing values der im Subkommando BLANKS angegebene numerische Wert zugewiesen – etwa der Wert 0 durch das folgende Kommando:

3.4 Veränderung des SPSS-files (COMPUTE, RECODE)

```
SET/BLANKS=0.
```

Grundsätzlich wird ein Case dann von einer Auswertung *ausgeschlossen*, wenn er bei einer der in die Analyse einbezogenen Variablen den system-missing value enthält. Allerdings wird ein derartiger Case bei bestimmten Aufgabenstellungen (z.B. bei einer Häufigkeitsauszählung) in der Ergebnistabelle aufgeführt, indem der system-missing value als *Dezimalpunkt* "." angezeigt wird.

Soll einem Case während des Programmlaufs anstelle des ihm zugewiesenen system-missing values ein anderer Wert zugeordnet werden, so ist ein geeignetes RECODE-Kommando (vgl. die Erläuterung im Abschnitt 6.2) innerhalb des SPSS-Programms aufzuführen.

3.4 Veränderung und Ergänzung des SPSS-files (COMPUTE, RECODE)

3.4.1 Beispiel für eine Werteänderung

Wollen wir im Hinblick auf spätere Analysen – wie z.B. die Untersuchung, ob zwischen den Merkmalen "Schulleistung" und "Lehrerurteil" ein statistischer Zusammenhang besteht – aus der Variablen LEISTUNG ("Schulleistung") eine *neue* Variable R_LEIS bilden, bei der die alten Werte von LEISTUNG gemäß der Vorschrift

alte Werte:	1 2 3	4 5 6	7 8 9
neue Werte:	1	2	3

rekodiert werden, so können wir die beiden Kommandos

```
COMPUTE R_LEIS=LEISTUNG.
RECODE/R_LEIS(1 2 3=1)(4 5 6=2)(7 8 9=3).
```

angeben und damit R_LEIS als neue Variable (mit den Werten 1, 2 und 3) im SPSS-file einrichten lassen.

3.4.2 Das Kommando COMPUTE

Durch das oben angegebene Kommando *COMPUTE* wird eine neue Variable namens R_LEIS im SPSS-file – hinter allen vorhandenen Variablen – eingetragen und case-weise mit den Werten von LEISTUNG gefüllt. Die Variable LEISTUNG wird dabei nicht verändert.

Allgemein läßt sich mit dem COMPUTE-Kommando eine neue Variable einrichten oder es können die Werte einer bereits vorhandenen Variablen verändert werden. In beiden Fällen muß der Name der betreffenden Variablen auf der linken Seite des Gleichheitszeichens "=" als Ergebnisvariable angegeben werden. Wie die Variablenwerte, die den Cases zugeordnet werden sollen, zu berechnen sind, wird durch den rechts vom Gleichheitszeichen "=" angegebenen Ausdruck beschrieben (weitere Angaben enthält der Abschnitt 6.1).

In unserem Fall wird durch

```
COMPUTE R_LEIS=LEISTUNG.
```

für jeden Case der Variablenwert von LEISTUNG ermittelt und unverändert als Wert der Variablen R_LEIS in das SPSS-file eingetragen.

3.4.3 Die Kommandos RECODE und AUTORECODE

3.4.3.1 Rekodierungsvorschrift

Wie eine *Rekodierung*, d.h. eine Veränderung der ursprünglichen Werte, von R_LEIS im einzelnen durchgeführt werden soll, geben wir in einem RECODE-Kommando an. Dazu führen wir hinter dem Namen der zu verändernden Variablen die einzelnen Vorschriften für die Modifikationen auf. Diese *Rekodierungsvorschriften*, die jeweils durch "(" und ")" eingeklammert werden müssen, besitzen die Form:

```
( werteliste = wert_neu )
```

Diese Angabe besagt, daß jeder in der Werteliste enthaltene Wert durch "wert_neu" zu ersetzen ist. Bei der Ausführung des Kommandos RECODE überprüft das SPSS-System diese Angaben für jeden einzelnen Case. Dabei werden die durch die Klammern "(" und ")" begrenzten Vorschriften stets *von links nach rechts* untersucht.

Trifft eine Rekodierungsvorschrift für einen alten Wert zu, so wird die Überprüfung für den aktuellen Case *abgebrochen*. Alle evtl. zusätzlich vorhandenen Rekodierungsangaben bleiben unbeachtet.

Im oben angegebenen RECODE-Kommando legt die erste Vorschrift

3.4 Veränderung des SPSS-files (COMPUTE, RECODE) 59

(1 2 3=1)

fest, daß die alten Werte 1, 2 und 3 in den neuen Wert 1 umgeändert werden sollen. Ist der Wert des gerade untersuchten Cases weder 1, 2 oder 3, so wird als nächstes die Angabe

(4 5 6=2)

überprüft. Hierdurch ist bestimmt, daß die ursprünglichen Werte 4, 5 und 6 in den neuen Wert 2 umzuwandeln sind. Trifft diese Vorschrift für den gerade untersuchten Case zu, so ist der neue Wert bestimmt, und es wird für den nächsten Case wieder mit der Überprüfung der ersten Vorschrift begonnen. Andernfalls wird die letzte Angabe

(7 8 9=3)

untersucht und entsprechend verfahren. Trifft auch diese Rekodierungsvorschrift nicht zu, so bleibt der ursprüngliche Wert von R_LEIS erhalten.

3.4.3.2 Die Schlüsselwörter ELSE, THRU, LOWEST und HIGHEST

Anders ist es z.B. bei der Angabe von:

RECODE/R_LEIS(0=0)(1 2 3=1)(4 5 6=2)(ELSE=3).

In diesem Fall bewirkt das Schlüsselwort *ELSE*, daß jeder alte Wert dann durch den neuen Wert 3 überschrieben wird, falls keine der drei vorausgehenden Rekodierungsvorschriften ausgeführt werden kann.
Als weitere Form dieses RECODE-Kommandos ist z.B. auch die Angabe von

RECODE/R_LEIS(1 THRU 3=1)(4 THRU 6=2)(7 THRU 9=3).

möglich, da zusammenhängende Bereiche von Werten, die rekodiert werden sollen, durch das Schlüsselwort *THRU* - eingetragen zwischen Anfangs- und Endpunkt - beschrieben werden können. Darüberhinaus darf der kleinste Variablenwert durch das Schlüsselwort *LOWEST* und der größte Wert durch *HIGHEST* benannt werden, so daß wir auch

RECODE/R_LEIS(LOWEST THRU 3=1)
            (4 THRU 6=2)(7 THRU HIGHEST=3).

schreiben dürfen.

3.4.3.3 Automatische Umwandlung mit AUTORECODE

Sollen die Werte von numerischen bzw. alphanumerischen Variablen *automatisch* in ganzzahlige Werte umgewandelt werden, die in eine neu zu bildende numerische Variable zu übertragen sind, so läßt sich dazu das *AUTORECODE*-Kommando in der Form

```
AUTORECODE / VARIABLES = varliste_1 / INTO varliste_2
            [ / DESCENDING ] [ / PRINT ] .
```

einsetzen. Aus den Werten jeder in "varliste_1" enthaltenen Variablen wird eine neue Variable eingerichtet. Der Name dieser Variablen ist – entsprechend der Position der jeweils zu wandelnden Variablen innerhalb von "varliste_1" – an der innerhalb von "varliste_2" korrespondierenden Position aufzuführen (unter diesem Namen darf noch *keine* Variable innerhalb des aktuellen SPSS-files eingerichtet sein). Bei der Rekodierung wird standardmäßig dem numerisch kleinsten bzw. dem gemäß der "Telefonbuchordnung" kleinsten alphanumerischen Wert die Zahl 1 zugewiesen, dem jeweils nächst größeren Wert die Zahl 2, usw. Sollen die ganzen Zahlen in *fallender* Reihenfolge (dem größten Wert die Zahl 1, dem nächstkleineren Wert die Zahl 2, usw.) zugeordnet werden, so ist das Subkommando *DESCENDING* in der Form

```
/ DESCENDING
```

innerhalb des AUTORECODE-Kommandos anzugeben.

Für die neu eingerichteten Variablen (mit den ganzzahligen Werten) werden *automatisch* Werteetiketten aufgebaut, wobei jedem ganzzahligen Wert der jeweils ursprüngliche Wert zugeordnet ist.

Sollen sowohl die alten Werte, die zugeordneten neuen (ganzzahligen) Werte sowie die eingerichteten Werteetiketten angezeigt werden, so ist das Subkommando *PRINT* in der Form

```
/ PRINT
```

innerhalb des AUTORECODE-Kommandos aufzuführen.

Haben wir z.B. die Werte von GESCHL ("Geschlecht") durch das Zeichen "M" (für "Männlich") und "W" (für "Weiblich") kodiert und das diesbezügliche DATA LIST-Kommando in der Form

DATA LIST FILE='DATEN.TXT'/GESCHL 5(A) LEISTUNG 10.

eingegeben, so wird durch das AUTORECODE-Kommando

AUTORECODE/VARIABLES=GESCHL/INTO GESCHL_N.

zu der alphanumerischen Variablen GESCHL eine neue numerische Variable mit dem Namen GESCHL_N eingerichtet. Diese Variable erhält die Werte 1 und 2, wobei dem Wert 1 das Etikett "M" und dem Wert 2 das Etikett "W" zugeordnet wird.

3.5 Überprüfung der Eingabedaten

3.5.1 Eingabefehler

Da Fehler bei der Datenerfassung nicht auszuschließen sind, können wir nicht davon ausgehen, daß die in den Datensätzen der *Daten-Datei* erfaßten Werte alle korrekt sind. Deshalb sollte vor Beginn der Datenanalysen zur Untersuchung der Fragestellungen zunächst eine Datenprüfung durchgeführt werden.

Bei der Dateneingabe kontrolliert das SPSS-System, ob die in numerische Variable zu übertragenden Werte tatsächlich nur aus Ziffern (evtl. inklusive Dezimalpunkt und einleitendem Vorzeichen) bestehen.

Ist etwa versehentlich für einen Case in der Zeichenposition 10 der Buchstabe "A" erfaßt worden, so wird dies bei der Dateneingabe vom SPSS-System durch die folgende Fehlermeldung angezeigt:

```
WARNING    153, TEXT: A
INVALID DIGIT READ WITH F FORMAT--Check your data.
```

In diesem Fall sind die Kodierungen der Ausprägungen von Item 5 ("Schulleistung") zu überprüfen und entsprechende Korrekturen innerhalb der Daten-Datei vorzunehmen.

3.5.2 Überprüfung von Werten

Werden keine Meldungen über fehlerhafte Eingabewerte angezeigt, so sollten zunächst die Häufigkeitsverteilungen aller zu analysierenden Variablen abgerufen werden. Dadurch läßt sich feststellen, ob etwa infolge von Kodier- oder Erfassungsfehlern *unzulässige* Werte auftreten. Sollte dies der Fall sein, so müssen wir uns die zugehörigen Identifikationsnummern der betreffenden Cases anzeigen lassen.

Nehmen wir z.B. an, daß wir für AUFGABEN (Item 4) dreimal den unzulässigen Wert 9 und für LEISTUNG (Item 6) zweimal den unzulässigen Wert 0 festgestellt hätten, so könnten wir uns die betreffenden Fragebogennummern und die relative Lage der gesuchten Cases im SPSS-file etwa so ausgeben lassen (zum PROCESS IF-Kommando siehe Abschnitt 3.5.3):

```
DATA LIST FILE='DATEN.TXT'/IDNR 1-3 AUFGABEN 8 LEISTUNG 10.
PROCESS IF (AUFGABEN=9).
LIST/VARIABLES=AUFGABEN IDNR/CASES=3.
PROCESS IF (LEISTUNG=0).
LIST/VARIABLES=LEISTUNG IDNR/CASES=2.
FINISH.
```

Mit dem Kommando *LIST* (nähere Angaben siehe unten) lassen wir uns die Werte der Variablen AUFGABEN und IDNR bzw. LEISTUNG und IDNR für die jeweils ersten drei (CASES=3) bzw. jeweils ersten zwei Cases (CASES=2) ausgeben. Über die angezeigten Werte können wir auf die zugehörigen Fragebögen zugreifen und anschließend die erforderlichen Korrekturen für die Variablenwerte von AUFGABEN und LEISTUNG innerhalb der Daten-Datei (mit Hilfe des REVIEW-Editors) vornehmen.

3.5.3 Temporäre Datenauswahl (PROCESS IF)

Durch den Einsatz des Kommandos *PROCESS IF* bestimmen wir diejenigen Cases, die *temporär*, d.h. für die jeweils unmittelbar nachfolgende Datenanalyse, ausgewählt werden sollen.

So wird durch die Angabe von

```
PROCESS IF (AUFGABEN=9).
```

festgelegt, daß nur diejenigen Cases für die nachfolgende Auswertung zu berücksichtigen sind, für welche die Variable AUFGABEN den Wert 9 besitzt. Dagegen werden durch das Kommando

```
PROCESS IF (LEISTUNG=0).
```

3.5 Überprüfung der Eingabedaten 63

nur diejenigen Cases für die unmittelbar nachfolgende Auswertung zugelassen, für welche die Variable LEISTUNG den Wert 0 hat.
Es ist zu beachten, daß unmittelbar vor einer Datenanalyse *nur ein* PROCESS IF-Kommando aufgeführt werden sollte − andernfalls wird *nur* das jeweils *letzte* PROCESS IF-Kommando ausgewertet.

3.5.4 Datenausgabe in die Listing-Datei (LIST)

Wir haben in dem oben angegebenen SPSS-Programm das *LIST*-Kommando zur Ausgabe von Variablenwerten eingesetzt. Dabei ist die folgende Syntax berücksichtigt worden:

```
LIST [ / VARIABLES = varliste ]
     [ / CASES = [ FROM anfangswert TO { endwert | EOF } ]
                 [ BY schrittweite ] ]
     [ / FORMAT = [ NUMBERED ] [ SINGLE ] [ WEIGHT ] ] .
```

Bei der Ausführung des LIST-Kommandos werden für jeden Case die Werte derjenigen Variablen in die Listing-Datei ausgegeben und am Bildschirm angezeigt, deren Namen explizit oder implizit in der innerhalb des Subkommandos *VARIABLES* angegebenen Variablenliste enthalten sind. Ohne die Aufführung des VARIABLES-Subkommandos werden die Werte sämtlicher Variablen des SPSS-files ausgegeben.

Durch das Subkommando *CASES* wird die maximale Anzahl der Cases festgelegt, für die Variablenwerte angezeigt werden sollen. Ohne die explizite Angabe von "anfangswert" bzw. "schrittweite" ist der Wert 1 für beide Größen voreingestellt. Die Eintragung "TO endwert" darf durch die Angabe "endwert" abgekürzt werden, so daß wir etwa anstelle des Subkommandos

```
/CASES=FROM 1 TO 25 BY 1
```

die Kurzform

```
/CASES=25
```

schreiben dürfen. Ohne die Angabe eines CASES-Subkommandos werden die Werte *aller* Cases angezeigt.
Sofern das *FORMAT*-Subkommando mit dem Spezifikationswert *NUMBERED* angegeben ist, wird für jeden angezeigten Variablenwert zusätzlich die

Reihenfolgenummer des zugehörigen Cases, d.h. als wievielter Case er ins SPSS-file eingetragen wurde, mitgeteilt. Bei der Angabe des Schlüsselworts *SINGLE* wird nur dann eine Ausgabe der angeforderten Werte vorgenommen, wenn die Werte eines Cases nicht mehr als 80 Zeichenpositionen einnehmen. Wird für die Werte eines Cases mehr als eine Zeile gebraucht, so wird mit einer Fehlermeldung abgebrochen. Wird das Schlüsselwort *WEIGHT* aufgeführt, so werden neben den angeforderten Werten zusätzlich die jeweiligen Gewichtungsfaktoren (siehe dazu die Angaben im Abschnitt 6.5) angezeigt.

3.6 Inhalt des SPSS-files (DISPLAY, MODIFY VARS)

Um sich einen Überblick über die im SPSS-file abgespeicherten Informationen zu verschaffen, kann das Kommando *DISPLAY* in der folgenden Form eingesetzt werden:

```
DISPLAY [ { varliste | ALL } ] .
```

Ohne Spezifikationswert werden die Namen und die evtl. zugehörigen Variablenetiketten *aller* im SPSS-file enthaltenen Variablen angezeigt. Bei der Angabe einer Variablenliste oder des Schlüsselworts *ALL* werden für die durch die Liste gekennzeichneten bzw. alle Variablen (bei "ALL") zusätzlich die Variablentypen (numerisch bzw. alphanumerisch) und die Formate für die Datenausgabe (siehe Abschnitt 8.3) sowie evtl. vorhandene missing values und Werteetiketten ausgegeben.

In Anknüpfung an das Beispiel im Abschnitt 2.3.1 erhalten wir durch die Ausführung des Kommandos

```
DISPLAY.
```

die folgende Ausgabe:

```
        ABSCHALT -         Abschalten im Unterricht
        LEISTUNG -         Einschaetzung der eigenen Leistung
```

Sollen Variable umbenannt oder aus dem SPSS-file gelöscht bzw. ihre Reihenfolge innerhalb des SPSS-files geändert werden, so läßt sich hierzu das

3.6 Inhalt des SPSS-files (DISPLAY, MODIFY VARS)

MODIFY VARS-Kommando in der folgenden Form einsetzen:

```
MODIFY VARS
      [ / REORDER = [ BACKWARD ] [ ALPHA ][ ( varliste_1 ) ]
                [ [ BACKWARD ] [ ALPHA ] [ ( varliste_2 ) ] ]... ]
      [ / DROP = varliste_3 ]
      [ / KEEP = varliste_4 ]
      [ / RENAME = ( varliste_alt_1 = varliste_neu_1 )
                 [ ( varliste_alt_2 = varliste_neu_2 ) ]... ]
      [ / MAP ] .
```

Eine Veränderung der Reihenfolge der Variablen innerhalb des SPSS-files wird durch das Subkommando *REORDER* bewirkt. Ohne Angabe einer Variablenliste sind alle Variablen betroffen, ansonsten wird nur die Reihenfolge der in den Variablenlisten aufgeführten Variablen verändert. Dabei werden evtl. von der Veränderung nicht betroffene Variablen in der aktuellen Reihenfolge angefügt.

Das Schlüsselwort *ALPHA* fordert eine alphabetische Sortierung. Wird zusätzlich das Schlüsselwort *BACKWARD* angegeben, so ist in absteigender Richtung zu sortieren. Fehlt das Schlüsselwort ALPHA, so fordert die Eingabe von BACKWARD eine Veränderung in gegenläufiger Reihenfolge gegenüber der aktuellen Ablage. Ohne BACKWARD und ALPHA werden die gekennzeichneten Variablen – in der angegebenen Reihenfolge – an den Anfang des SPSS-files gestellt.

Zum Löschen von Variablen sind entweder die Namen der betroffenen Variablen im Subkommando *DROP* anzugeben oder aber alle zu erhaltenden Variablen im Subkommando *KEEP* aufzuführen.

Durch das *RENAME*-Subkommando können alte Variablennamen durch neu gewählte Namen ausgetauscht werden. Dabei korrespondieren die neuen mit den alten Namen in der Reihenfolge, in der sich die Namen aufgrund ihrer Listenpositionen zugeordnet sind.

Wird das Schlüsselwort *MAP* im Kommando MODIFY VARS aufgeführt, so werden die Variablennamen des SPSS-files vor und nach der Veränderung angezeigt.

Kapitel 4

Beschreibung von Merkmalen

4.1 Häufigkeitsverteilungen und Statistiken (FREQUENCIES, DESCRIPTIVES)

4.1.1 Ausgabe von Häufigkeitsverteilungen (FREQUENCIES)

Bei der Auswertung einer empirischen Untersuchung steht zunächst die Beschreibung der Merkmale im Vordergrund. Zur Durchführung einer Häufigkeitsauszählung ist das Kommando *FREQUENCIES* mit dem Subkommando *VARIABLES* in der folgenden Form anzugeben:

```
FREQUENCIES / [ VARIABLES = ] varliste .
```

Die Variablenliste kann aus einer oder mehreren Variablen bestehen, die gegebenenfalls in Form reflexiver Variablenlisten der Form "varname_1 TO varname_2" vereinbart sind. Für alle explizit oder implizit aufgeführten Variablen wird eine Häufigkeitsverteilung ausgegeben.
Zur Ermittlung der Häufigkeitsverteilungen der Merkmale "Unterrichtsstunden" (STUNZAHL), "Abschalten" (ABSCHALT) und "Schulleistung" (LEISTUNG) geben wir das folgende SPSS-Programm ein:

4.1 Häufigkeitsverteilungen und Statistiken

```
DATA LIST FILE='DATEN.TXT'/
         STUNZAHL 6-7 ABSCHALT 9 LEISTUNG 10.
VARIABLE LABELS/STUNZAHL 'Anzahl der Unterrichtsstunden'
         /ABSCHALT 'Abschalten im Unterricht'
         /LEISTUNG 'Einschaetzung der eigenen Leistung'.
VALUE LABELS/ABSCHALT 1 'stimmt' 2 'stimmt nicht'.
VALUE LABELS/LEISTUNG 1 'sehr schlecht'
                      5 'durchschnittlich' 9 'sehr gut'.
MISSING VALUE/ABSCHALT(0).
FREQUENCIES/VARIABLES=STUNZAHL ABSCHALT LEISTUNG.
FINISH.
```

Durch die Ausführung dieses SPSS-Programms erhalten wir die Häufigkeitstabellen der drei Variablen STUNZAHL, ABSCHALT und LEISTUNG, deren Form wir uns am Beispiel von LEISTUNG und ABSCHALT noch einmal verdeutlichen wollen. Zunächst betrachten wir die Ausgabe für die Variable LEISTUNG:

LEISTUNG Einschaetzung der eigenen Leistung

Value Label	Value	Frequency	Percent	Valid Percent	Cum Percent
sehr schlecht	1	1	.4	.4	.4
	2	5	2.0	2.0	2.4
	3	11	4.4	4.4	6.8
	4	23	9.2	9.2	16.0
durchschnittlich	5	100	40.0	40.0	56.0
	6	49	19.6	19.6	75.6
	7	43	17.2	17.2	92.8
	8	16	6.4	6.4	99.2
sehr gut	9	2	.8	.8	100.0
	TOTAL	250	100.0	100.0	

Valid Cases   250   Missing Cases   0

Die Eintragungen in der Kolumne "Value" sind aufsteigend nach den Variablenwerten geordnet. Z.B. haben 100 Cases, d.h. 40% aller Cases, als Ausprägung von LEISTUNG den Wert 5 mit dem Werteetikett "durchschnittlich". Da LEISTUNG keine als missing values vereinbarten Werte besitzt, stimmen die Kolumnen der angepaßten prozentualen Häufigkeiten und der prozentualen Häufigkeiten überein. Somit sagt z.B. die kumulierte prozentuale Häufigkeit von 56,0 aus, daß 56% aller Cases einen Wert haben, der kleiner oder gleich der Zahl 5 ist.

In dem folgenden Ausdruck der Häufigkeitsverteilung von ABSCHALT werden 4 Cases, d.h. 1,6%, mit dem als missing value vereinbarten Wert 0 ausgewiesen. Dadurch unterscheiden sich die Werte der angepaßten prozentualen Häufigkeiten von denen der prozentualen Häufigkeiten:

```
ABSCHALT   Abschalten im Unterricht

                                          Valid      Cum
    Value Label         Value  Frequency  Percent  Percent  Percent
    stimmt                 1      138      55.2      56.1    56.1
    stimmt nicht           2      108      43.2      43.9   100.0
                           0        4       1.6    MISSING
                                 -------  -------  -------
                     TOTAL       250      100.0    100.0

Valid Cases     246   Missing Cases    4
```

4.1.2 Steuerung der Ausgabe (FORMAT, MISSING)

Soll das oben abgebildete Standardformat einer Häufigkeitsverteilung abgeändert werden, so ist das Subkommando *FORMAT* (Formatierung) innerhalb des FREQUENCIES-Kommandos anzugeben.

Z.B. fordern wir mit dem Kommando

```
FREQUENCIES/VARIABLES=STUNZAHL ABSCHALT LEISTUNG
          /FORMAT=CONDENSE.
```

durch das *FORMAT*-Subkommando mit dem Schlüsselwort *CONDENSE* in der Form

```
/ FORMAT = CONDENSE
```

eine verdichtete Ausgabe an, so daß wir etwa für STUNZAHL die folgende Tabelle erhalten:

4.1 Häufigkeitsverteilungen und Statistiken

STUNZAHL   Anzahl der Unterrichtsstunden

VALUE	FREQ	PCT	CUM PCT	VALUE	FREQ	PCT	CUM PCT	VALUE	FREQ	PCT	CUM PCT
18	1	0	0	29	2	1	7	36	56	22	89
20	1	0	1	30	16	6	13	37	7	3	92
22	3	1	2	31	10	4	17	38	7	3	95
23	5	2	4	32	15	6	23	39	9	4	98
24	2	1	5	33	61	24	48	40	3	1	100
26	1	0	5	34	22	9	56	42	1	0	100
27	2	1	6	35	26	10	67				

Valid Cases   250   Missing Cases   0

Wollen wir die (zeilenweisen) Eintragungen in einer verdichteten Tabelle absteigend nach den Häufigkeiten ausgeben lassen, so müssen wir innerhalb des FORMAT-Subkommandos zusätzlich das Schlüsselwort *DFREQ* eintragen. Somit erhalten wir z.B. durch die Ausführung des Kommandos

FREQUENCIES/VARIABLES=LEISTUNG/FORMAT=CONDENSE DFREQ.

die folgende Ausgabe:

LEISTUNG   Einschaetzung der eigenen Leistung

VALUE	FREQ	PCT	CUM PCT	VALUE	FREQ	PCT	CUM PCT	VALUE	FREQ	PCT	CUM PCT
5	100	40	40	4	23	9	86	2	5	2	99
6	49	20	60	8	16	6	92	9	2	1	100
7	43	17	77	3	11	4	97	1	1	0	100

Valid Cases   250   Missing Cases   0

Allgemein kann die Auswertung, die mit dem Kommando FREQUENCIES abgerufen wird, und die Form der Tabellenausgabe durch die Subkommandos *FORMAT* und *MISSING* in der folgenden Form beeinflußt werden:

```
FREQUENCIES / [ VARIABLES = ] varliste
          [ / MISSING = INCLUDE ]
          [ / FORMAT = [ NOLABELS ]
                      [ { CONDENSE | ONEPAGE } ]
                      [ { NOTABLE | LIMIT(n) } ]
                      [ { DVALUE | DFREQ | AFREQ } ]
                      [ DOUBLE ] [ NEWPAGE ] ] .
```

Über die aufgeführten Schlüsselwörter lassen sich die folgenden Leistungen abrufen:

- INCLUDE : Einschluß von benutzerseitig festgelegten missing values, d.h. die durch ein MISSING VALUE-Kommando vereinbarten Variablenwerte werden nicht lediglich angezeigt, sondern in die Auswertung einbezogen

- NOLABELS : durch VALUE LABELS vereinbarte Werteetiketten werden nicht angezeigt

- CONDENSE : die Tabellen werden in verdichteter Form mit ganzzahlig gerundeten Prozentsätzen ausgegeben

- ONEPAGE : die Ausgabe erfolgt nur für diejenigen Tabellen verdichtet, für die in der Standardform mehr als eine Seite benötigt würde

- NOTABLE : es wird nur die Anzahl der gültigen Cases angezeigt

- LIMIT(n) : die Ausgabe erfolgt nur für diejenigen Tabellen, die höchstens "n" Merkmalsausprägungen enthalten

- DVALUE : die Einträge in der Tabelle sind absteigend nach Variablenwerten geordnet

- DFREQ : die Einträge in der Tabelle sind absteigend nach den Häufigkeiten der Variablenwerte geordnet

- AFREQ : die Einträge in der Tabelle sind aufsteigend nach den Häufigkeiten der Variablenwerte geordnet

- DOUBLE : im Anschluß an die Ausgabe einer Tabellenzeile wird eine Leerzeile erzeugt

- NEWPAGE : jede Tabelle wird mit Beginn einer neuen Seite ausgegeben.

4.1.3 Ausgabe von Histogrammen (HISTOGRAM)

Neben der tabellarischen Ausgabe kann die Häufigkeitsverteilung einer Variablen auch graphisch als *Histogramm* dargestellt werden. Dazu muß das Subkommando *HISTOGRAM* innerhalb des Kommandos *FREQUENCIES* in der Form

```
/ HISTOGRAM = [ MINIMUM ( wert_1 ) ] [ MAXIMUM ( wert_2 ) ]
              [ { FREQ ( wert_3 ) | PERCENT [ ( wert_4 ) ] } ]
              [ INCREMENT ( wert_5 ) ] [ NORMAL ]
```

angegeben werden, wobei die aufgeführten Schlüsselwörter die folgende Bedeutung besitzen:

- MINIMUM (wert_1) : Ausschluß von Werten, die kleiner sind als "wert_1"

- MAXIMUM (wert_2) : Ausschluß von Werten, die größer sind als "wert_2"

- FREQ (wert_3) : die Ordinatenachse, die standardmäßig mit den Häufigkeiten beschriftet ist, wird auf der Basis des Werts "wert_3" skaliert, der größer oder gleich der größten absoluten Häufigkeit sein muß

- PERCENT [(wert_4)] : entgegen dem Standardfall wird die Ordinatenachse mit Prozentwerten beschriftet; bei der Angabe von "(wert_4)" wird die Achse auf der Basis von "wert_4" skaliert, wobei dieser Wert größer oder gleich dem größten Prozentsatz sein muß

- INCREMENT (wert_5) : die standardmäßig vorgenommene Klasseneinteilung von maximal 21 Klassen wird aufgehoben, wobei die aktuelle Klassenbreite durch den Wert "wert_5" bestimmt wird

- NORMAL : zusammen mit dem Histogramm wird (zum Vergleich) die zugehörige Häufigkeitsverteilung unter der Annahme der Normalverteilung ausgegeben.

Wollen wir etwa neben der Ausgabe der Häufigkeitstabelle die Verteilung der Variablen LEISTUNG durch ein Histogramm graphisch darstellen und dabei zum Vergleich die zugehörige Normalverteilung – dies ist die theoretische Verteilung einer normalverteilten Zufallsvariablen mit den aus den beobachteten Werten von LEISTUNG ermittelten Kenndaten "Mittelwert" und "Standardabweichung" – anzeigen lassen, so geben wir das Kommando

FREQUENCIES/VARIABLES=LEISTUNG/HISTOGRAM=NORMAL.

ein und erhalten das Ergebnis:

```
COUNT     VALUE
    1     1.00 |X
    5     2.00 |:XX
   11     3.00 |XXXXX.
   23     4.00 |XXXXXXXXXXX          .
  100     5.00 |XXXXXXXXXXXXXXXXXXXXXXXXXXXXXX:XXXXXXXXXXXXXXX
   49     6.00 |XXXXXXXXXXXXXXXXXXXXXXX      .
   43     7.00 |XXXXXXXXXXXXXXXXXX:XX
   16     8.00 |XXXXX:X
    2     9.00 |X.
               I.........I.........I.........I.........I.........I
               0        20        40        60        80       100
                              Histogram Frequency

Valid Cases    250     Missing Cases    0
```

4.1.4 Ausgabe von Balkendiagrammen (BARCHART)

Als weitere mögliche graphische Darstellung für eine Verteilung kann mit Hilfe des Subkommandos *BARCHART* in der Form

```
/ BARCHART = [ MINIMUM ( wert_1 ) ] [ MAXIMUM ( wert_2 ) ]
      [ { FREQ ( wert_3 ) | PERCENT [ ( wert_4 ) ] } ]
```

ein *Balkendiagramm* abgerufen werden, wobei die aufgeführten Schlüsselwörter die folgende Bedeutung haben:

- MINIMUM (wert_1) : Ausschluß von Werten, die kleiner sind als "wert_1"

- MAXIMUM (wert_2) : Ausschluß von Werten, die größer sind als "wert_2"

- FREQ (wert_3) : die Ordinatenachse, die standardmäßig mit den Häufigkeiten beschriftet ist, wird auf der Basis des Werts "wert_3" skaliert, der größer oder gleich der größten absoluten Häufigkeit sein muß

- PERCENT [(wert_4)] : entgegen dem Standardfall wird die Ordinatenachse mit Prozentwerten beschriftet; bei der Angabe von "(wert_4)" wird die Achse auf der Basis von "wert_4" skaliert, wobei dieser Wert größer oder gleich dem größten Prozentsatz sein muß.

So fordern wir z.B. durch das Kommando

```
FREQUENCIES/VARIABLES=LEISTUNG/FORMAT=NOTABLE
             /BARCHART=FREQ(100).
```

ein Balkendiagramm (ohne Ausgabe einer Häufigkeitstabelle) für die Variable LEISTUNG an, wobei die Skalierung der Ordinatenachse auf der Basis des Werts 100 vorgenommen werden soll. Als Ergebnis erhalten wir:

```
LEISTUNG  Einschaetzung der eigenen Leistung

      sehr schlecht XX 1
                  2 XXXX 5
                  3 XXXXXXX 11
                  4 XXXXXXXXXXXX 23
      durchschnittlich XXXXXXXXXXXXXXXXXXXXXXXXXXXXXXXXXXXXXXXXXXXXXXXXXX 100
                  6 XXXXXXXXXXXXXXXXXXXXXXXXX 49
                  7 XXXXXXXXXXXXXXXXXXXXXX 43
                  8 XXXXXXXXX 16
           sehr gut XX 2
Valid Cases     250    Missing Cases     0
```

4.1.5 Berechnung von Statistiken

Sollen die Verteilungen durch *statistische Kennziffern* wie z.B. die zentrale Tendenz und die Variabilität (Unterschiedlichkeit der Merkmalsträger) beschrieben werden, so stehen hierzu die Subkommandos PERCENTILES, NTILES, STATISTICS und GROUPED zur Verfügung.

4.1.5.1 Die Subkommandos PERCENTILES und NTILES

Interessieren wir uns für die kumulierte Häufigkeitsverteilung eines Merkmals und möchten wir wissen, an welcher Stelle ein vorgegebener Prozentsatz (zwischen 0% und 100%) erreicht wird, so können wir dazu das Subkommando *PERCENTILES* in der folgenden Form angeben:

```
/ PERCENTILES = p_1 [ p_2 ]...
```

Zu jedem hinter dem Gleichheitszeichen aufgeführten Prozentwert (größer als 0 und kleiner als 100) wird der zugehörige *Percentilwert* ausgegeben. Dabei handelt es sich bei einem Percentilwert von p% um denjenigen Wert, unterhalb dem p% aller beobachteten Merkmalsausprägungen liegen.

So teilt etwa der Percentilwert von 50% (Median) die Verteilung in zwei Teile, wobei unterhalb dieses Percentilwertes 50% der beobachteten Werte angesiedelt sind.

Z.B. ergibt sich durch die Ausführung des Kommandos

```
FREQUENCIES/VARIABLES=LEISTUNG/PERCENTILES=50.
```

die Ausgabe:

```
Percentile    Value

  50.00       5.000

Valid Cases   250    Missing Cases    0
```

In diesem Fall ist der 50%-Percentilwert gleich dem Wert 5. Zum gleichen Ergebnis gelangen wir auch durch das Kommando:

```
FREQUENCIES/VARIABLES=LEISTUNG/NTILES=2.
```

Eine Percentil-Angabe durch das Subkommando PERCENTILES läßt sich nämlich, falls der Bereich von 0% bis 100% in "n" Teile mit jeweils annähernd gleichen Ausprägungshäufigkeiten gegliedert werden soll, durch die Angabe eines *NTILES*-Subkommandos in der Form

```
/ NTILES = n
```

abkürzen.

So ist etwa das Subkommando

```
/NTILES=4
```

gleichbedeutend mit der Angabe:

4.1 Häufigkeitsverteilungen und Statistiken

```
/PERCENTILES=25,50,75
```

Die Ausführung des Kommandos

```
FREQUENCIES/VARIABLES=LEISTUNG/NTILES=4.
```

führt zu folgendem Ergebnis:

Percentile	Value	Percentile	Value	Percentile	Value
25.00	5.000	50.00	5.000	75.00	6.000

Valid Cases	250	Missing Cases	0

4.1.5.2 Das Subkommando STATISTICS

Maße der zentralen Tendenz

Um den typischen, d.h. den zentralen bzw. durchschnittlichen Wert einer Verteilung zu beschreiben, werden die Maße der *zentralen Tendenz* verwendet. Bei *nominalskalierten* Merkmalen, bei denen die Merkmalsausprägungen eine Gruppenzugehörigkeit festlegen, wird der *Modus* (mode), d.h. der Wert mit der größten Häufigkeit, ermittelt. Gibt es mehrere Modi, die nicht benachbart sind, so ist die Verteilung des Merkmals mehrgipflig.

Für *ordinalskalierte* Merkmale, bei denen die Merkmalsträger bezüglich einer Ordnung der Merkmalsausprägungen vergleichbar sind, wird der *Median* (median) als Maß für die zentrale Tendenz verwendet. Bei diesem Wert handelt es sich um den Percentilwert von 50%.

Für *intervallskalierte* Merkmale, bei denen aus den Differenzen der Merkmalsausprägungen auf die Unterschiede zwischen den Merkmalsträgern geschlossen werden kann, ist das *arithmetische Mittel* (mean) ein geeignetes Maß für die zentrale Tendenz. Es ist definiert als die Summe aller Werte, geteilt durch die Anzahl der Cases. Dabei ist zu beachten, daß alle Merkmalsausprägungen – auch die evtl. vorhandenen statistischen Ausreißer – gleichgewichtig in die Berechnung mit eingehen, so daß es unter Umständen zu Verfälschungen kommen kann. Vorsicht ist auch geboten, falls die Verteilung mehrgipflig oder ausgeprägt asymmetrisch ist – in diesen Fällen sollte der Median zur Beschreibung der zentralen Tendenz benutzt werden.

Zur Berechnung der Statistiken Modus, Median und arithmetisches Mittel läßt sich das Subkommando *STATISTICS* innerhalb des Kommandos *FREQUENCIES* in der folgenden Form verwenden:

```
FREQUENCIES / [ VARIABLES = ] varliste
         / STATISTICS = schlüsselwort_1 [ schlüsselwort_2 ]... .
```

Jeder Statistik, die vom SPSS-System errechnet werden kann, ist ein spezielles Schlüsselwort zugeordnet. Die Statistiken für die zentrale Tendenz lassen sich durch die folgenden Schlüsselwörter abrufen:

- MEAN : arithmetisches Mittel

- MEDIAN : Median

- MODE : Modus

Wollen wir uns diese drei Statistiken für das intervallskalierte Merkmal "Unterrichtsstunden" (STUNZAHL) errechnen lassen, so geben wir das Kommando

```
FREQUENCIES/VARIABLES=STUNZAHL/FORMAT=NOTABLE
       /STATISTICS=MEAN MEDIAN MODE.
```

ein und erhalten als Ergebnis:

```
STUNZAHL   Anzahl der Unterrichtsstunden

Mean          33.600     Median       34.000     Mode        33.000

Valid Cases    250       Missing Cases    0
```

Diese Werte weichen nur wenig voneinander ab, so daß die zentrale Tendenz bei etwa 33 Unterrichtsstunden liegt.

Maße der Variabilität

Sollen Aussagen über die *Homogenität* (Gleichartigkeit) bzw. *Heterogenität* (Unterschiedlichkeit) der Merkmalsträger gemacht werden, so ist die *Variabilität*, d.h. die Unterschiedlichkeit der Cases im Hinblick auf ihre Merkmalsausprägungen, durch geeignete Maßzahlen zu beschreiben. Dazu können wir uns vom SPSS-System die folgenden Statistiken berechnen lassen:

- STDDEV : Standardabweichung

- VARIANCE : Varianz

4.1 Häufigkeitsverteilungen und Statistiken

- RANGE : Spannweite
- MINIMUM : minimaler Wert
- MAXIMUM : maximaler Wert

Als geeignete Statistiken zur Beschreibung der Variablilität lassen sich für *ordinalskalierte* Merkmale der *minimale* Wert (minimum), der *maximale* Wert (maximum) und die *Spannweite* (range) als Differenz dieser beiden Werte berechnen.

Für *intervallskalierte* Merkmale kann die Variabilität durch die *Varianz* (variance) gekennzeichnet werden. Zur Berechnung dieses Werts werden die quadrierten Abweichungen der einzelnen Ausprägungen vom arithmetischen Mittel über alle Cases summiert und anschließend durch die um 1 verminderte Anzahl der Cases geteilt. In vielen Fällen wird anstelle der Varianz die *Standardabweichung* (standard deviation) verwendet. Diese Größe ist als die positive Quadratwurzel aus der Varianz definiert. Durch diese Statistik wird die Unterschiedlichkeit der Merkmalsträger in der Maßeinheit des Merkmals (und nicht in deren Quadrat) beschrieben.

Durch das Kommando

```
FREQUENCIES/VARIABLES=STUNZAHL/FORMAT=NOTABLE
             /STATISTICS=STDDEV VARIANCE.
```

werden die folgenden Werte ausgegeben:

```
STUNZAHL   Anzahl der Unterrichtsstunden

Std Dev        3.557     Variance       12.651

Valid Cases     250      Missing Cases      0
```

Die Ausprägungen von STUNZAHL streuen also durchschnittlich um 3,6 Stunden um das arithmetische Mittel von 33,6 Stunden, d.h. die Werte aller Cases sind relativ eng um den Wert der zentralen Tendenz angeordnet.

Maße der Wölbung und der Schiefe

Zusätzlich zu den Statistiken, welche die zentrale Tendenz und die Variabilität beschreiben, können die folgenden Statistiken bei der Ausführung des Kommandos FREQUENCIES abgerufen werden:

- SUM : Summe aller Werte

- SKEWNESS : Schiefe

- SESKEW : Standardabweichung der Schätzfunktion für die Schiefe

- KURTOSIS : Wölbung

- SEKURT : Standardabweichung der Schätzfunktion für die Wölbung

- SEMEAN : Standardfehler (der Schätzung)

Grundsätzlich sollten diese Statistiken *nur* für *intervallskalierte* Merkmale berechnet werden. Durch das Schlüsselwort *SUM* wird die Summe aller Merkmalsausprägungen ausgegeben. Durch die *Schiefe (SKEWNESS)* wird angezeigt, in wieweit die Verteilung von einer symmetrischen Verteilung abweicht. Symmetrie liegt beim Wert 0 vor, Rechtsschiefe bei einem positiven und Linksschiefe bei einem negativen Wert. Ist eine Verteilung genauso gewölbt wie eine Normalverteilung, so ist die Maßzahl für die *Wölbung (KURTOSIS)* gleich 0. Bei einem positiven Wert ist die Verteilung zentrierter als eine Normalverteilung mit diesbezüglich gleichem Mittelwert und gleicher Varianz. Bei einem negativen Wert verläuft die Verteilung vergleichsweise flacher.

So ermitteln wir z.B. durch das Kommando

```
FREQUENCIES/VARIABLES=STUNZAHL/FORMAT=NOTABLE
        /STATISTICS=KURTOSIS SKEWNESS.
```

die folgenden Werte:

```
STUNZAHL   Anzahl der Unterrichtsstunden

Kurtosis      3.707      Skewness       -1.476

Valid Cases    250       Missing Cases    0
```

Daraus ist abzulesen, daß die Verteilung des Merkmals "Unterrichtsstunden" (STUNZAHL) leicht linksschief und zentrierter als eine entsprechende Normalverteilung ist.

Zur Beurteilung, ob die beobachtete Linksschiefe in der Grundgesamtheit, aus der die Merkmalsträger als Stichprobe ermittelt wurden, *signifikant*, d.h. statistisch bedeutsam ist, kann die Standardabweichung der zugehörigen

4.1 Häufigkeitsverteilungen und Statistiken

Schätzfunktion durch die Angabe des Schlüsselworts *SESKEW* abgerufen werden. Gleichfalls läßt sich das Schlüsselwort *SEKURT* im STATISTICS-Subkommando angeben, um eine Aussage über die Signifikanz des beobachteten Ergebnisses zu erhalten, d.h. ob die beobachtete Verteilung zentrierter als eine entsprechende Normalverteilung ist.

Maß für die Schätzgüte

Ist die Gesamtheit der Cases eine *Zufallsstichprobe* und wird das arithmetische Mittel als Schätzung für die zentrale Tendenz in der Grundgesamtheit (Erwartungswert) verwendet, so ist der *Standardfehler der Schätzung* (standard error) ein Maß für die Güte dieser Schätzung. Der Standardfehler berechnet sich als Quotient aus der Standardabweichung und der aus der Anzahl der Cases gezogenen positiven Quadratwurzel. Er wird in erster Linie zur Bestimmung von *Konfidenzintervallen* benutzt.

So ist z.B. bei einer großen Zufallsstichprobe ein 95%-Konfidenzintervall für die zentrale Tendenz dasjenige Intervall, das das arithmetische Mittel als Mittelpunkt enthält und dessen halbe Breite der Größe entspricht, die sich aus der Multiplikation des Standardfehlers mit dem Faktor 1,96 ergibt.

So erhalten wir für die Variable STUNZAHL durch das Kommando

```
FREQUENCIES/VARIABLES=STUNZAHL/FORMAT=NOTABLE
         /STATISTICS=MEAN SEMEAN.
```

das arithmetisches Mittel und den Standardfehler wie folgt ausgegeben:

```
STUNZAHL   Anzahl der Unterrichtsstunden

Mean          33.600     Std Err        .225


Valid Cases   250        Missing Cases   0
```

Dadurch ergibt sich das 95%-Konfidenzintervall zu:

[33,6 - 1,96*0,225; 33,6 + 1,96*0,225], d.h.:   [33,2; 34,0]

Bei wiederholter Stichprobenziehung und entsprechend ermittelten Konfidenzintervallen, von denen das soeben berechnete eines ist, enthalten somit 95% der so bestimmten Intervalle den unbekannten Erwartungswert der Grundgesamtheit. Unser 95%-Konfidenzintervall ist somit eine gute Schätzung für die Lage der zentralen Tendenz in der Grundgesamtheit.

Zusammenfassung

Wir geben abschließend eine Übersicht über die innerhalb eines *STATISTICS*-Subkommandos möglichen Schlüsselwörter durch die folgende Syntaxdarstellung:

```
/ STATISTICS = [ MEAN ] [ MEDIAN ] [ MODE ]
    [ STDDEV ] [ VARIANCE ] [ RANGE ]
    [ MINIMUM ] [ MAXIMUM ] [ SUM ]
    [ SKEWNESS ] [ SESKEW ] [ KURTOSIS ] [ SEKURT ] [ SEMEAN ]
```

Wird hinter dem Gleichheitszeichen kein Schlüsselwort angegeben, so werden das arithmetische Mittel (MEAN), die Standardabweichung (STDDEV), der minimale Wert (MINIMUM) und der maximaler Wert (MAXIMUM) ermittelt.

Das Subkommando GROUPED

Sind bei einem *intervallskalierten* Merkmal die erhobenen Werte jeweils zu Werten rekodiert worden, die sich als Klassenmitten interpretieren lassen, bzw. sind bereits Werte erhoben worden, die derartig interpretierbar sind, so ist es ratsam, diese Werte als *"gruppierte Daten"* bei der Errechnung des *Medians* sowie jeweils interessierender *Percentilwerte* aufzufassen. In diesem Fall lassen sich besondere Verfahren zur Berechnung von statistischen Kennwerten auf der Basis gruppierten Daten über das Subkommando *GROUPED* in der Form

```
/ GROUPED = varliste [ { ( klassenbreite ) |
              ( werteliste_aus_klassengrenzen ) } ]
```

abrufen. Die aufgeführten Variablennamen müssen bereits im VARIABLES-Subkommando enthalten sein. Für jede dieser Variablen werden die Werte als gruppierte Daten aufgefaßt bzw. intern gruppiert, sofern die Berechnung eines Medians (über das STATISTICS-Subkommando) bzw. von Percentilen (über ein NTILES- bzw. ein PERCENTILES-Subkommdo) innerhalb des FREQUENCIES-Kommandos angefordert wird.
Folgen der Variablenliste *keine* Angaben, so werden die Werte der Variablen als *Klassenmittelpunkte* interpretiert. Andernfalls werden die Werte gemäß der jeweils vorgegebenen *Klassenbreite* bzw. der *Klassengrenzen* – vor der

Berechnung der statistischen Kennwerte – intern klassifiziert.

4.1.6 Berechnung von Statistiken für kontinuierliche Merkmale (DESCRIPTIVES)

Bei (intervallskalierten) *kontinuierlichen* Merkmalen, bei denen nicht nur diskrete Werte, sondern theoretisch jeder Wert eines Intervalls als Meßwert auftreten kann, ist eine Ausgabe von Häufigkeitstabellen nicht sinnvoll. In diesem Fall sollte die Häufigkeitsverteilung durch geeignete Statistiken wie etwa das arithmetische Mittel, die Varianz, die Schiefe und die Wölbung beschrieben werden. Dazu läßt sich das Kommando *DESCRIPTIVES* in der folgenden Form einsetzen:

```
DESCRIPTIVES / [ VARIABLES = ] varliste
     [ / OPTIONS = kennzahl_1 [ kennzahl_2 ]... ]
     [ / STATISTICS = kennzahl_3 [ kennzahl_4 ]... ] .
```

Für alle in der Variablenliste aufgeführten Variablen lassen sich durch das *STATISTICS*-Subkommando die folgenden Statistiken berechnen:

- 1 : arithmetisches Mittel

- 2 : Standardfehler (der Schätzung)

- 5 : Standardabweichung

- 6 : Varianz

- 7 : Wölbung und zugehöriger Standardfehler

- 8 : Schiefe und zugehöriger Standardfehler

- 9 : Spannweite

- 10 : minimaler Wert

- 11 : maximaler Wert

- 12 : Summe aller Werte

- 13 : Statistiken der Kennzahlen 1, 5, 10 und 11

Mit Ausnahme der Kennzahlen für den Median und den Modus (die konzeptionell innerhalb des DESCRIPTIVES-Kommandos nicht sinnvoll sind) sind alle Angaben möglich, die auch durch das FREQUENCIES-Kommando mit Hilfe des dortigen STATISTICS-Subkommandos gemacht werden können. Wollen wir z.B. für die Variable STUNZAHL ("Unterrichtsstunden") das arithmetische Mittel, die Standardabweichung und die Summe aller Werte ausgeben lassen, so fordern wir dies durch das DESCRIPTIVES-Kommando

```
DESCRIPTIVES/STUNZAHL/STATISTICS=1 5 12.
```

an und erhalten dadurch das Ergebnis:

Number of Valid Observations (Listwise) =			250.00		
Variable	Mean	Std Dev	Sum	N	Label
STUNZAHL	33.60	3.56	8400.00	250	Anzahl der Unterrichtsstunden

Ebenso wie beim FREQUENCIES-Kommando (dort mit dem Subkommando FORMAT) kann auch beim DESCRIPTIVES-Kommando Einfluß auf die Form der Ausgabe genommen werden. Dabei lassen sich die Standardausgabe und die Berechnungsvorschrift für die Statistiken durch die folgenden Kennzahlen innerhalb eines *OPTIONS*-Subkommandos verändern:

- 1 : Einschluß von benutzerseitig festgelegten missing values, d.h. alle durch vorausgehende MISSING VALUE-Kommandos als missing values vereinbarten Werte werden in die Datenanalyse einbezogen

- 2 : durch das Kommando VARIABLE LABELS vereinbarte Variablenetiketten werden nicht ausgegeben

- 5 : es erfolgt ein durch benutzerseitig festgelegte missing values bedingter *listenweiser* Ausschluß von Cases, d.h. in die Auswertung werden nur diejenigen Cases einbezogen, die für sämtliche innerhalb des DESCRIPTIVES-Kommandos aufgeführten Variablen einen gültigen Wert haben – kein einbezogener Case besitzt somit bei einer Variablen einen durch ein MISSING VALUE-Kommando vereinbarten missing value oder aber den system-missing value

- 6 : für jede Variable erfolgt die Ausgabe der abgerufenen Statistiken getrennt

- 7 : pro Zeile werden maximal 79 Zeichen angezeigt
- 8 : die Ausgabe des Variablennamens entfällt, falls ein Variablenetikett vereinbart wurde.

Standardisierung

Sollen einzelne Merkmalsträger bzgl. verschiedener Merkmale, bei denen sich z.B. die Meßeinheiten unterscheiden, miteinander verglichen werden, so ist eine Standardisierung vorzunehmen. Dazu ist für die betroffene Variable das SPSS-file durch die zugehörigen standardisierten Variablenwerte, die sog. z-scores, zu ergänzen. Bei dieser *Standardisierung* wird für jede Variable von jedem Variablenwert das arithmetische Mittel subtrahiert und diese Differenz durch die Standardabweichung geteilt. Die Berechnung dieser *z-scores* wird durch die Kennzahl 3 innerhalb eines *OPTIONS*-Subkommandos abgerufen:

- 3 : für jede Variable werden die standardisierten Werte errechnet und in eine Variable eingetragen, deren Variablennamen durch das Vorsetzen des Buchstabens "Z" aus dem alten Variablennamen gebildet wird; besteht der ursprüngliche Variablenname aus 8 Zeichen, so entfällt das letzte Zeichen.

Der Vorteil der Standardisierung besteht darin, daß zunächst unterschiedliche Verteilungen nach der Transformation gleiche Verteilungskennwerte bzgl. der zentralen Tendenz und der Variabilität haben, da sich jeweils das arithmetische Mittel zu 0 und die Standardabweichung zu 1 errechnen.

Als Alternative zur Angabe eines OPTIONS-Subkommandos mit der Kennzahl 3, bei der alle Variablen standardisiert und die Variablennamen für die resultierenden Variablen (mit den standardisierten Werten) durch die ursprünglichen Namen mit einleitendem Buchstaben "Z" gebildet werden, gibt es eine weitere Möglichkeit zum Abruf der Standardisierung. Dabei werden diejenigen Variablen, für die eine Standardisierung durchgeführt werden soll, innerhalb der hinter dem Kommandonamen DESCRIPTIVES aufgeführten Variablenliste dadurch markiert, daß ihnen ein in Klammern eingeschlossener Variablenname folgt, der zur Benennung der zugehörigen Variablen mit den standardisierten Werten dienen soll.

Obwohl es inhaltlich äußerst fragwürdig ist, wollen wir – zur Demonstration – einen Index namens INDEX für die gesamte Selbsteinschätzung der eigenen Leistung durch Summenbildung aus den standardisierten Werten der Variablen LEISTUNG, BEGABUNG und URTEIL konstruieren. Dazu lassen wir das folgende SPSS-Programm ausführen:

```
DATA LIST FILE='DATEN.TXT'/LEISTUNG BEGABUNG URTEIL 10-12.
DESCRIPTIVES/LEISTUNG(Z_LEIS)
           BEGABUNG(Z_BEGAB) URTEIL(Z_URTEIL).
COMPUTE INDEX=Z_LEIS + Z_BEGAB + Z_URTEIL.
DESCRIPTIVES/VARIABLES=INDEX/STATISTICS=1 6.
FINISH.
```

Das erste DESCRIPTIVES-Kommando liefert das folgende Ergebnis:

```
Number of Valid Observations (Listwise) =    250.00

Variable       Mean     Std Dev   Minimum   Maximum     N  Label

LEISTUNG       5.51      1.36       1         9        250
BEGABUNG       6.27      1.24       3         9        250
URTEIL         5.65      1.37       1         9        250
```

Aus der Ausführung des zweiten DESCRIPTIVES-Kommandos resultiert die Ausgabe:

```
Number of Valid Observations (Listwise) =    250.00

Variable       Mean     Variance      N  Label

INDEX           .00      6.11        250
```

4.2 Beschreibung von Merkmalen durch einen Report (REPORT)

4.2.1 Beispiel

Sollen Statistiken für die Gesamtheit oder einzelne Gruppen der Befragten kompakt und übersichtlich in einem *Report*, d.h. einem tabellarischen Bericht, zusammengefaßt werden, so läßt sich dazu das Kommando *REPORT* einsetzen.

Um etwa einen Überblick über die Anzahl der gültigen Cases und der Modi der Variablen LEISTUNG ("Schulleistung"), BEGABUNG ("Begabung") und URTEIL ("Lehrerurteil") bezüglich jeder einzelnen Jahrgangsstufe zu erhalten, geben wir das REPORT-Kommando

4.2 Beschreibung von Merkmalen durch einen Report (REPORT)

```
REPORT/VARIABLES=LEISTUNG BEGABUNG URTEIL
      /BREAK=JAHRGANG
      /SUMMARY=VALIDN
      /SUMMARY=MODE(1 9).
```

ein. Dabei setzen wir voraus, daß das SPSS-file wie folgt gegliedert ist:

Gesamtgruppe:	Gruppen:	charakterisiert durch:
NGO-Schüler	Jahrgangsstufe 11	JAHRGANG = 1
	Jahrgangsstufe 12	JAHRGANG = 2
	Jahrgangsstufe 13	JAHRGANG = 3

Die Cases sind nach den Werten von JAHRGANG *sortiert*, so daß das SPSS-file aus drei Gruppen aufgebaut ist. Jeder *Gruppenwechsel*, d.h. der Übergang von einer Gruppe zur nächsten, wird durch eine Werteänderung von JAHRGANG festgelegt. Die Variable JAHRGANG, die den Gruppenwechsel bestimmt, wird *Break-Variable* genannt. Innerhalb des REPORT-Kommandos ist die Break-Variable im *BREAK*-Subkommando in der Form

```
/BREAK=JAHRGANG
```

angegeben.

Wären die Cases des SPSS-files nicht nach den Werten von JAHRGANG sortiert gewesen, so hätten wir – vor der Eingabe des REPORT-Kommandos – die Sortierung durch das *SORT*-Kommando

```
SORT CASES BY JAHRGANG.
```

vornehmen müssen (siehe Abschnitt 4.3).
Als Resultat des oben angegebenen REPORT-Kommandos erhalten wir die folgende Reportausgabe:

```
   JAHRGANG      LEISTUNG       BEGABUNG        URTEIL    ⎤ Kolumnen-Überschriften
       1
       N            100           100            100      ⎤ Statistik-Informationen
      Mode           5             5              5       ⎦ für die Jahrgangsstufe 11
       2
       N            100           100            100      ⎤ Statistik-Informationen
      Mode           5             7              5       ⎦ für die Jahrgangsstufe 12
       3
       N             50            50             50      ⎤ Statistik-Informationen
      Mode           5             7              5       ⎦ für die Jahrgangsstufe 13
```

Kolumne der   Kolumnen, die durch die Kolumnen-Variablen LEISTUNG, BEGABUNG
Break-Variable   und URTEIL gekennzeichnet sind
JAHRGANG

Dieser Report gliedert sich in 4 *Kolumnen* (Tabellenspalten). In der ersten Kolumne, die durch den Namen der Break-Variablen JAHRGANG überschrieben ist, sind die Werte von JAHRGANG als Gruppenkennungen aufgeführt. Die drei weiteren Kolumnen enthalten die für diese Gruppen angeforderten Statistiken. Die Anzahl und die Reihenfolge dieser Kolumnen ist durch das innerhalb des REPORT-Kommandos enthaltene *VARIABLES*-Subkommando

    /VARIABLES=LEISTUNG BEGABUNG URTEIL

bestimmt. Jede hier angegebene Variable legt eine Kolumne fest und wird daher *Kolumnen-Variable* genannt.

Die innerhalb der Kolumnen angezeigten Statistiken werden durch die beiden *SUMMARY*-Subkommandos

    /SUMMARY=VALIDN
    /SUMMARY=MODE(1 9)

angefordert. Die errechneten Werte sind durch die Texte "N" (Anzahl der gültigen Cases) und "Mode" innerhalb des Reports gekennzeichnet.

Dem resultierenden Report entnehmen wir, daß in allen Jahrgangsstufen jeweils alle Schüler auf die Items "Schulleistung" (LEISTUNG), "Begabung" (BEGABUNG) und "Lehrerurteil" (URTEIL) eine gültige Antwort gegeben haben. Bei den Variablen LEISTUNG und URTEIL gibt es im Hinblick auf die jeweils häufigste Antwort keine jahrgangsstufen-spezifischen Unterschiede. Dagegen differieren die Jahrgangsstufen bei der Variablen BEGABUNG, wobei die Jahrgangsstufen 12 und 13 mit dem Wert 7 einen höheren Wert als die Jahrgangsstufe 11 aufweisen.

4.2.2 Das Kommando REPORT

Nachdem wir an einem Beispiel kennengelernt haben, wie ein REPORT-Kommando aufgebaut sein muß, erläutern wir nachfolgend die Syntax und die Leistungen des *REPORT*-Kommandos, das wie folgt zu strukturieren ist:

```
REPORT [ / FORMAT = format-spezifikation ]
       [ / OUTFILE = 'dateiname' ]
       [ / STRING = text_spezifikation ]
         / VARIABLES = kolumnen-variablen-spezifikation
       [ / MISSING = auswertungsart ]
       [ / TITLE = überschriftstext ]
       [ / FOOTNOTE = fußnotentext ]
         / BREAK = break-variablen-spezifikation
         / SUMMARY = summary-angaben_1
       [ / SUMMARY = summary-angaben_2 ]... .
```

Innerhalb des REPORT-Kommandos muß immer das *VARIABLES*-Subkommando zur Bestimmung der Kolumnen-Variablen angegeben werden. Sind gruppenspezifische Statistiken auszugeben, so müssen die Subkommandos *BREAK* und *SUMMARY* – in dieser Reihenfolge – aufgeführt sein. Den Sonderfall, daß das REPORT-Kommando nur aus dem VARIABLES-Subkommando und dem FORMAT-Subkommando besteht, erläutern wir im Abschnitt 4.2.8.

Neben den *obligaten* Subkommandos VARIABLES, BREAK und SUMMARY können *optionale* Subkommandos wie z.B. FORMAT, TITLE, FOOTNOTE und MISSING im REPORT-Kommando aufgeführt werden. So läßt sich z.B. der standardmäßig eingestellte Reportaufbau mit dem Subkommando *FORMAT* verändern. Sind bei der Berechnung von Statistiken diejenigen Cases, die benutzerseitig festgelegte missing values besitzen, gesondert zu behandeln, so ist dies durch das Subkommando *MISSING* festzulegen. Sind am Anfang oder am Ende des Reports erläuternde Texte in einen Kopf- bzw. Fußzeilenbereich einzutragen, so läßt sich dies mit Hilfe der Subkommandos *TITLE* und *FOOTNOTE* anfordern.

Ist der durch das REPORT-Kommando erzeugte Report nicht in die Listing-Datei, sondern stattdessen gesondert in eine andere Datei auszugeben, so ist das Subkommando *OUTFILE* in der Form

```
/ OUTFILE = 'dateiname'
```

anzugeben. Nach der Ausführung eines mit diesem Subkommando versehenen REPORT-Kommandos läßt sich der Inhalt der erstellten Datei z.B. mit dem *DOS-Kommando PRINT* auf einen Drucker ausgeben.

Wir stellen im folgenden zunächst die obligaten Subkommandos SUMMARY, VARIABLES und BREAK dar und erläutern anschließend die optionalen Subkommandos. Als erstes beschreiben wir, welche Statistiken sich in den Kolumnen eines Reports ausgeben lassen.

4.2.3 Ausgabe von Statistiken (SUMMARY)

4.2.3.1 Einfache Statistiken

Wir setzen für die folgende Beschreibung voraus, daß die Variablen JAHRGANG, AUFGABEN, ABSCHALT und LEISTUNG im SPSS-file enthalten sind und daß das SPSS-file nach den Werten von JAHRGANG sortiert ist. Somit können wir uns in den nachfolgenden Beispielen auf das Kommando-Gerüst

```
REPORT/VARIABLES=AUFGABEN ABSCHALT LEISTUNG
     /BREAK=JAHRGANG
     / SUMMARY = summary-angabe_1
   [ / SUMMARY = summary-angabe_2 ]... .
```

beziehen. Welche Statistiken in den Kolumnen des Reports angezeigt werden sollen, muß im Subkommando *SUMMARY* in der folgenden Form – wir beschränken uns zunächst auf den einfachsten Fall – als *Summary-Angabe* festgelegt werden:

```
/ SUMMARY = statistik
      ( kolumnen-variable_1 [ kolumnen-variable_2 ]... )
```

4.2 Beschreibung von Merkmalen durch einen Report (REPORT)

Für den Platzhalter "statistik" können die folgenden Schlüsselwörter eingesetzt werden:

- FREQUENCY(n_1 n_2) : absolute Häufigkeiten der Werte zwischen "n_1" und "n_2" (Total)
- KURTOSIS : Wölbung (Kurtosis)
- MAX : größter Wert (Maximum)
- MEAN : arithmetisches Mittel (Mean)
- MEDIAN(n_1 n_2) : Median der Werte zwischen "n_1" und "n_2" (Median)
- MIN : kleinster Wert (Minimum)
- MODE(n_1 n_2) : Modus der Werte zwischen "n_1" und "n_2" (Mode)
- PCGT(n) : Prozentsatz der Cases, deren Werte größer als "n" sind (>n)
- PCIN(n_1 n_2) : Prozentsatz der Cases, deren Werte nicht größer als "n_2" und nicht kleiner als n_1 sind (In n1 to n2)
- PCLT(n) : Prozentsatz der Cases, deren Werte kleiner als "n" sind (<n)
- PERCENT(n_1 n_2) : prozentuale Häufigkeiten der Werte zwischen "n_1" und "n_2" (Total)
- SKEWNESS : Schiefe (Skewness)
- STDDEV : Standardabweichung (StdDev)
- SUM : Summe (Sum)
- VALIDN : Anzahl der gültigen Cases (N)
- VARIANCE : Varianz (Variance)

Jedes in dieser Tabelle aufgeführte Schlüsselwort bezeichnet eine *einfache Statistik* – im Gegensatz zu den zusammengesetzen Statistiken, die wir im Abschnitt 4.2.3.2 kennenlernen werden. Die jeweils abgerufene Statistik wird für jede in der Summary-Angabe (siehe die oben angegebene

Syntaxdarstellung des SUMMARY-Subkommandos) aufgeführte Kolumnen-Variable berechnet und in der jeweiligen Kolumne ausgegeben. Sind mehrere Kolumnen-Variablen aufgeführt, so werden die Statistiken nebeneinander angezeigt. Kann eine Statistik nicht ermittelt werden, weil z.B. nur *missing values* vorliegen, so wird der *Dezimalpunkt* ".." ausgegeben.

Wollen wir z.B. für die Variablen AUFGABEN und LEISTUNG die Anzahl der gültigen Cases ermitteln lassen, so müssen wir das SUMMARY-Subkommando

```
/SUMMARY=VALIDN(AUFGABEN LEISTUNG)
```

eingeben. Dadurch erhalten wir für die Jahrgangsstufe 11 die folgende Ausgabe am Reportanfang:

JAHRGANG	AUFGABEN	ABSCHALT	LEISTUNG
1			
N	99		100

Soll die Anzahl der gültigen Cases aller drei Kolumnen-Variablen angezeigt werden, so verwenden wir das folgende Subkommando:

```
/SUMMARY=VALIDN(AUFGABEN ABSCHALT LEISTUNG)
```

Dieses Subkommando können wir durch

```
/SUMMARY=VALIDN
```

abkürzen, da die geforderten Statistiken für alle im VARIABLES-Subkommando vereinbarten Kolumnen-Variablen berechnet werden sollen. Wollen wir die Anzahl der gültigen Cases nur für AUFGABEN und LEISTUNG und zusätzlich für AUFGABEN und ABSCHALT jeweils den Modus anzeigen lassen, so müssen wir die Summary-Angaben "VALIDN(AUFGABEN, LEISTUNG)" und "MODE(1,7)(AUFGABEN, ABSCHALT)" in zwei untereinander aufgeführten SUMMARY-Subkommandos der Form

```
/SUMMARY=VALIDN(AUFGABEN LEISTUNG)
/SUMMARY=MODE(1 7)(AUFGABEN ABSCHALT)
```

4.2 Beschreibung von Merkmalen durch einen Report (REPORT)

eintragen. Dadurch werden – das SUMMARY-Subkommando mit dem Schlüsselwort VALIDN ist zuerst angegeben – zunächst für AUFGABEN und LEISTUNG die jeweilige Anzahl der gültigen Cases ermittelt und in den zu AUFGABEN und LEISTUNG gehörigen Kolumnen eingetragen. In der nächsten Zeile werden – abgerufen durch das Schlüsselwort MODE im zweiten SUMMARY-Subkommando – die Modi von AUFGABEN und AB-SCHALT in den zugehörigen Kolumnen ausgegeben, so daß die folgenden Werte am Reportanfang angezeigt werden:

JAHRGANG	AUFGABEN	ABSCHALT	LEISTUNG
1			
N	99		100
Mode	3	1	

4.2.3.2 Zusammengesetzte Statistiken

Als besondere Anwendung können mit einem SUMMARY-Subkommando nicht nur eine, sondern auch *mehrere* Statistiken abgerufen werden. Dazu ist dieses Subkommando in der folgenden Form zu verwenden:

```
/ SUMMARY =
  / statistik_1
      ( kolumnen-variable_1 [ kolumnen-variable_2 ]... )
  [ statistik_2
      ( kolumnen-variable_3 [ kolumnen-variable_4 ]... ) ]...
```

Sollen – zum Vergleich der Jahrgangsstufen – etwa die Werte der Merkmale "Begabung" (BEGABUNG) bzw. "Lehrerurteil" (URTEIL) auf der Basis der Werte von "Schulleistung" (LEISTUNG) prozentuiert werden, so sind die Werte jeder einzelnen Variablen über die Cases der jeweiligen Jahrgangsstufe zu summieren, der Quotient der beiden Summenwerte zu bilden und dieser mit dem Faktor 100 zu multiplizieren. Nach unserer bisherigen Kenntnis erhalten wir die zu dieser Division erforderlichen Summenwerte durch das Kommando:

```
REPORT/VARIABLES=LEISTUNG BEGABUNG URTEIL
      /BREAK=JAHRGANG
      /SUMMARY=SUM.
```

Mit den aus dem resultierenden Report

JAHRGANG	LEISTUNG	BEGABUNG	URTEIL
1			
Sum	543	609	551
2			
Sum	553	648	572
3			
Sum	281	310	290

entnommenen Summenwerten errechnen wir die gewünschten Indexwerte wie folgt:

Jahrgangsstufe	1. Indexwert	2. Indexwert
11	(609/543) * 100 = 112.15	(551/543) * 100 = 101.47
12	(648/553) * 100 = 117.18	(572/553) * 100 = 103.44
13	(310/281) * 100 = 110.32	(290/281) * 100 = 103.20

Unter Berücksichtigung, daß in einem SUMMARY-Subkommando nicht nur eine, sondern auch *mehrere* Summary-Angaben gemäß der oben angegebenen Syntax aufgeführt werden dürfen, können wir diese Indexwerte mit Hilfe von *zusammengesetzten Statistiken* auch unmittelbar abrufen. Dazu müssen wir im oben angegebenen REPORT-Kommando das alte SUMMARY-Subkommando wie folgt *ersetzen*:

    /SUMMARY=PCT(SUM(BEGABUNG) SUM(LEISTUNG))(BEGABUNG)
             PCT(SUM(URTEIL) SUM(LEISTUNG))(URTEIL)

Durch das Schlüsselwort *PCT* wird eine zusammengesetzte Statistik abgerufen und festgelegt, daß der Prozentsatz des jeweils ersten Arguments auf das jeweils zweite Argument berechnet werden soll.

Während einfache Statistiken stets in die Kolumne der zugehörigen Kolumnen-Variablen eingetragen werden, lassen sich zusammengesetzte Statistiken in ausgewählten Kolumnen anzeigen. Dazu ist die gewünschte Kolumne durch den Namen der zugehörigen Kolumnen-Variablen (hier "BEGABUNG" bzw. "URTEIL") zu spezifizieren.

4.2 Beschreibung von Merkmalen durch einen Report (REPORT)

Durch die Ausführung des *geänderten* REPORT-Kommandos werden für die erste Gruppe, d.h. die Jahrgangsstufe 11, die Werte

```
JAHRGANG    LEISTUNG    BEGABUNG    URTEIL
   1
   Pct                 112.15%     101.47%
```

ausgegeben.

Übersicht über alle abrufbaren zusammengesetzten Statistiken:

- ADD(arg_1 ... arg_n) : Summe aller Argumente
- AVERAGE(arg_1 ... arg_n) : arithmetisches Mittel aller Argumente
- DIVIDE(arg_1 arg_2 [faktor]) : Wert der Division von "arg_1" durch "arg_2", multipliziert mit "faktor"
- GREAT(arg_1 ... arg_n) : größtes Argument
- LEAST(arg_1 ... arg_n) : kleinstes Argument
- MULTIPLY(arg_1 ... arg_n) : Produkt aller Argumente
- PCT(arg_1 arg_2) : Prozentsatz von "arg_1", bezogen auf "arg_2"
- SUBTRACT(arg_1 arg_2) : Differenz beider Argumente

Jedes Argument einer zusammengesetzten Statistik ist entweder ein konstanter Wert bzw. eine Variable oder aber muß in der Form

```
einfache_statistik ( varname )
```

aufgebaut sein, wobei für den Platzhalter "einfache_statistik" die folgenden *Schlüsselwörter* eingesetzt werden dürfen:

```
KURTOSIS, MAX, MEAN, MIN, SKEWNESS,
STDDEV, SUM, VALIDN, VARIANCE
```

Somit können wir etwa durch

```
/SUMMARY=AVERAGE(SUM(LEISTUNG)
         SUM(BEGABUNG) SUM(URTEIL))(URTEIL)
```

das arithmetische Mittel der Summenwerte von LEISTUNG, BEGABUNG und URTEIL gruppenweise berechnen und in die durch URTEIL bestimmte Kolumne ausgeben lassen.

4.2.3.3 Gestaltung der Ausgabe von Statistiken

Standardmäßig werden die oben (in der Tabelle der einfachen Statistiken) angegebenen Texte, die den zum Abruf der Statistiken zur Verfügung stehenden Schlüsselwörtern zugeordnet sind, in der Kolumne der Break-Variablen eingetragen. Soll stattdessen ein *eigener Text* angezeigt werden, so ist dieser Text in der folgenden Weise innerhalb einer *Summary-Angabe* aufzuführen:

```
statistik [ 'text' ]
     ( kolumnen-variable_1 [ kolumnen-variable_2 ]... )
```

So erhalten wir z.B. durch das Kommando

```
REPORT/VARIABLES=LEISTUNG BEGABUNG URTEIL
      /BREAK=JAHRGANG
      /SUMMARY=VALIDN 'Fallzahl'
      /SUMMARY=ABFREQ(1 9) 'absolut'
      /SUMMARY=RELFREQ(1 9) 'relativ'
      /SUMMARY=PCT(SUM(BEGABUNG) SUM(LEISTUNG))
              'Index' (BEGABUNG)
              PCT(SUM(URTEIL) SUM(LEISTUNG))(URTEIL).
```

für die erste Gruppe (Jahrgangsstufe 11) den folgenden Ausdruck:

JAHRGANG	LEISTUNG	BEGABUNG	URTEIL
1			
Fallzahl	100	100	100
absolut	100	100	100
1	1	0	1
2	2	0	1

4.2 Beschreibung von Merkmalen durch einen Report (REPORT)

3	6	1	3
4	8	3	6
5	40	36	45
6	21	24	27
7	15	21	9
8	6	12	7
9	1	3	1
relativ	100.0%	100.0%	100.0%
1	1.0	0.0	1.0
2	2.0	0.0	1.0
3	6.0	1.0	3.0
4	8.0	3.0	6.0
5	40.0	36.0	45.0
6	21.0	24.0	27.0
7	15.0	21.0	9.0
8	6.0	12.0	7.0
9	1.0	3.0	1.0
Index		112.15%	101.47%

Ist die Kolumnenbreite für die Ausgabe des ganzzahligen Anteils zu klein, so wird dies durch das *Sternzeichen* "*" gekennzeichnet. Bei der Ausgabe der Statistiken werden jeweils die folgenden Anzahlen von *Nachkommastellen* angezeigt:

- FREQUENCY, VALIDN : 0

- PERCENT, PCIN, PCGT, PCLT : 1

- KURTOSIS, PCT, SKEWNESS : 2

- ADD, AVERAGE, DIVIDE, GREAT, LEAST, MULTIPLY, SUBTRACT : 0

- MAX, MIN, SUM, VARIANCE, MEDIAN, MODE, MEAN, STDDEV : die durch das DATA LIST- bzw. FORMATS-Kommando (siehe Abschnitt 8.3) bestimmte Anzahl

Reicht die Kolumnenbreite nicht für die Ausgabe aller signifikanten Nachkommastellen aus, so wird *gerundet*. Soll die standardmäßig eingestellte Dezimalstellenzahl bei der Ausgabe von Statistiken verändert werden, so läßt sich dies mit Hilfe der wie folgt erweiterten Syntax für eine Summary-Angabe festlegen:

```
statistik [ 'text' ]
  ( kolumnen-variable_1 [ (dezimalstellenzahl_1) ]
  [ kolumnen-variable_2 [ (dezimalstellenzahl_2) ] ]... )
```

Wollen wir z.B. in dem zuletzt abgerufenen Report die Indexwerte mit nur einer Dezimalstelle anzeigen lassen, so müssen wir das folgende SUMMARY-Subkommando eingeben:

```
/SUMMARY=PCT(SUM(BEGABUNG) SUM(LEISTUNG))
          'Index' (BEGABUNG(1))
          PCT(SUM(URTEIL) SUM(LEISTUNG)) (URTEIL(1))
```

Standardmäßig werden die durch mehrere SUMMARY-Subkommandos angeforderten Statistiken in entsprechend vielen Zeilen – ohne Zwischenraum – untereinander ausgegeben. Sollen jedoch jeweils eine oder mehrere *Leerzeilen* zwischen zwei Zeilen *eingefügt* werden, so ist dies durch die Angabe von

```
SKIP ( leerzeilenzahl )
```

innerhalb des SUMMARY-Subkommandos zu kennzeichnen. Damit läßt sich die Syntax-Struktur eines *SUMMARY*-Subkommandos wie folgt beschreiben:

```
/ SUMMARY = statistik_1 [ 'text' ]
    ( kolumnen-variable_1 [ (dezimalstellenzahl_1) ]
    [ kolumnen-variable_2 [ (dezimalstellenzahl_2) ] ]... )
          [ statistik_2
    ( kolumnen-variable_3 [ (dezimalstellenzahl_3) ]
    [ kolumnen-variable_4 [ (dezimalstellenzahl_4) ] ]... ) ]...
          [ SKIP ( leerzeilenzahl ) ]
```

4.2.4 Vereinbarung der Kolumnen-Variablen (VARIABLES)

Die Kolumnen-Variablen und die Reihenfolge der zugehörigen Kolumnen werden durch das *VARIABLES*-Subkommando in der Form

```
/ VARIABLES = varliste
```

4.2 Beschreibung von Merkmalen durch einen Report (REPORT)

festgelegt. Anschließend lassen sich die vereinbarten Variablennamen innerhalb des SUMMARY-Subkommandos zur Kennzeichnung der jeweiligen Kolumne verwenden.

Sollen in eine Kolumne *keine* Werte eingetragen werden, sondern ist diese Kolumne allein als Zwischenraum zur Trennung zweier anderer Kolumnen zu vereinbaren, so kennzeichnen wir diesen Leerbereich durch einen gesonderten Kolumnennamen mit Hilfe des Schlüsselworts *DUMMY* in der Form:

```
kolumnenname ( DUMMY )
```

Soll die jeweils implizit vom SPSS-System festgelegte *Kolumnenbreite* durch eine explizite Angabe bestimmt werden, so muß dies in der Form

```
varname ( kolumnenbreite )
```

geschehen. Ist eine so angegebene Kolumnenbreite für die Ausgabe von Nachkommastellen *nicht ausreichend*, so werden die Werte gerundet und (rechtsbündig) abgeschnitten. Reicht die Kolumnenbreite für die Ausgabe des ganzzahligen Anteils nicht aus, so werden ersatzweise *Sternzeichen* "*" ausgegeben.

Legen wir z.B. die Kolumnenbreiten durch das Kommando

```
REPORT/VARIABLES=LEISTUNG(8) BEGABUNG(8) URTEIL(8)
      /BREAK=JAHRGANG
      /SUMMARY=SUM.
```

auf jeweils acht Zeichenpositionen fest, so erhalten wir den folgenden Reportausdruck:

JAHRGANG	LEISTUNG	BEGABUNG	URTEIL
1			
Sum	543	609	551
2			
Sum	553	648	572
3			
Sum	281	310	290

In diesem Report sind die Variablennamen "LEISTUNG", "BEGABUNG" und "URTEIL" als *Kolumnenüberschriften* enthalten. Sollen stattdessen erläuternde Texte als Überschriften (rechtsbündig in den Kolumnenspalten) ausgegeben werden, so gibt es zwei Möglichkeiten. Einerseits lassen sich diese Texte (mit dem VARIABLE LABELS-Kommando) *vor* der Eingabe des REPORT-Kommandos als Variablenetiketten vereinbaren. Andererseits besteht die Möglichkeit, einen Überschriftstext in der Form

```
varname 'text_1' [ 'text_2' ]...
```

innerhalb des VARIABLES-Subkommandos anzugeben. Ist mehr als ein Text aufgeführt, so werden die Texte *untereinander* ausgegeben. Ein Hochkomma innerhalb eines Textes ist ersatzweise durch zwei aufeinanderfolgende Hochkommata zu kennzeichnen. Jeder Text, der länger als die eingestellte Kolumnenbreite ist, wird (linksbündig) abgeschnitten. Dagegen werden überlange Variablennamen bzw. Variablenetiketten aufgebrochen und in Folgezeilen fortgesetzt. Eine Überschrift läßt sich auch *unterdrücken*, indem der *Leertext* ('') hinter dem Namen einer Kolumnen-Variablen angegeben wird. So erhalten wir z.B. durch das Kommando

```
REPORT/VARIABLES=LEISTUNG 'Schul-  ' 'leistung'
                 BEGABUNG 'Begabung'
                 URTEIL 'Lehrer- ' 'urteil  '
       /BREAK=JAHRGANG
       /SUMMARY=SUM.
```

zu Beginn des Reports für die erste Gruppe, d.h. die Jahrgangsstufe 11, den Ausdruck:

JAHRGANG	Schul-leistung	Begabung	Lehrer-urteil
1			
Sum	543	609	551

Angaben zur Kolumnenbreite und zur Kolumnenüberschrift dürfen auch *gemeinsam* in der Form

```
varname [ 'text_1' [ 'text_2' ]... ] [ ( kolumnenbreite ) ]
```

4.2 Beschreibung von Merkmalen durch einen Report (REPORT)

aufgeführt werden. Somit läßt sich das im oben angegebenen REPORT-Kommando enthaltene VARIABLES-Subkommando in der Form

```
/VARIABLES=LEISTUNG 'Schulleistung'(13)
           BEGABUNG 'Begabung'(8)
           URTEIL   'Begabung      '
                    'eingeschaetzt' 'durch Lehrer'(13)
```

abändern, was zu den folgenden Kolumnenüberschriften führt:

```
JAHRGANG    Schulleistung    Begabung    Begabung
                                         eingeschaetzt
                                         durch Lehrer
```

Sollen Kolumnenüberschriften *unterstrichen* werden, so ist ein FORMAT-Subkommando mit dem Schlüsselwort *UNDERSCORE* anzugeben (siehe Abschnitt 4.2.6).

4.2.5 Vereinbarung einer Break-Variablen (BREAK)

Vor der Ausführung des REPORT-Kommandos zur Ausgabe von gruppenspezifischen Statistiken muß sichergestellt sein, daß die Cases des SPSS-files nach den Werten einer oder mehrerer (Break-) Variablen in Gruppen untergliedert (sortiert) sind. Diese Variablen sind im BREAK-Subkommando einzutragen (siehe auch Abschnitt 4.2.10). Für den Fall *nur einer Break-Variablen* hat das *BREAK*-Subkommando die Form:

```
/ BREAK = varname
```

Für jede durch die Break-Variable bestimmte Gruppe werden diejenigen Statistiken ausgegeben, die nachfolgend durch ein oder mehrere *SUMMARY*-Subkommandos angefordert sind. Dabei werden die Zeilen mit den Statistiken standardmäßig – ohne Unterbrechung – untereinander ausgegeben. Diese Voreinstellung kann durch die Angabe des Schlüsselworts *SKIP* in der Form

```
( SKIP ( leerzeilenanzahl ) )
```

innerhalb des BREAK-Subkommandos verändert werden, so daß nach der für eine Gruppe durchgeführten Ausgabe jeweils die angegebene Anzahl von

Leerzeilen erzeugt wird. Alternativ läßt sich festlegen, daß nach der Ausgabe der für eine Gruppe angeforderten Statistiken auf eine neue Ausgabeseite positioniert wird. Dazu ist das Schlüsselwort *PAGE* in der Form

```
( PAGE )
```

innerhalb des BREAK-Subkommandos aufzuführen.

Genau wie beim Subkommando VARIABLES läßt sich die Breite der durch die Break-Variable bestimmten Kolumne explizit vorgeben und die Ausgabe einer vom Namen der Break-Variablen verschiedenen Überschrift anfordern. Die Syntax des Subkommandos BREAK stellt sich in diesem Fall wie folgt dar:

```
/ BREAK = varname
    [ 'text_1' [ 'text_2' ]... ] [ ( kolumnenbreite ) ]
    [ { PAGE | SKIP ( leerzeilenzahl ) } ]
```

So erhalten wir z.B. durch die Ausführung des Kommandos

```
REPORT/VARIABLES=LEISTUNG 'Schul-   ' 'leistung'
                 BEGABUNG 'Begabung'
                 URTEIL   'Lehrer-  ' 'urteil   '
        /BREAK=JAHRGANG 'Jahr ' 'gangs' 'stufe' (5) (SKIP(0))
        /SUMMARY=SUM.
```

den folgenden Report:

Jahr gangs stufe	Schul- leistung	Begabung	Lehrer- urteil
1			
Sum	543	609	551
2			
Sum	553	648	572
3			
Sum	281	310	290

Dabei haben wir durch die Angabe von "(SKIP(0))" erreicht, daß die Werte 2 und 3 als Indikatoren für die Jahrgangsstufen 12 und 13 jeweils unmittel-

4.2 Beschreibung von Merkmalen durch einen Report (REPORT)

bar im Anschluß an die Statistiken der vorausgehenden Gruppe angezeigt werden.

Ist in der Kolumne der Break-Variablen anstelle eines Variablenwerts ein geeigneter *Text* auszugeben, so muß dieser Text (durch das VALUE LABELS-Kommando) als Variablenetikett vereinbart und innerhalb des *BREAK*-Subkommandos das Schlüsselwort *LABEL* in der Form

```
( LABEL )
```

angegeben sein. Für den Fall, daß neben den Werten bzw. Werteetiketten der Break-Variablen zusätzlich der *Name* der Break-Variablen angezeigt werden soll, ist das Schlüsselwort *NAME* in der Form

```
( NAME )
```

innerhalb des BREAK-Subkommandos aufzuführen.

Soll die Überschrift innerhalb der Kolumne der Break-Variablen *unterstrichen* werden, so ist dazu das Schlüsselwort *UNDERSCORE* in der Form

```
( UNDERSCORE )
```

anzugeben.

Sind die Statistiken nicht nur für die durch die Break-Variable spezifizierten Gruppen, sondern zusätzlich auch für die *Gesamtheit* der Cases anzuzeigen, so ist das Schlüsselwort *TOTAL* innerhalb des BREAK-Subkommandos in der Form

```
( TOTAL )
```

im Anschluß an die Vereinbarung der Break-Variablen aufzuführen. Dadurch werden die angeforderten Statistiken auch für die Gesamtgruppe berechnet und hinter den Ausgaben für die letzte Gruppe im Report angezeigt.

So erhalten wir z.B. durch das Kommando

```
REPORT/VARIABLES=LEISTUNG BEGABUNG URTEIL
      /BREAK=JAHRGANG(TOTAL)
      /SUMMARY=MODE(1 9).
```

am Ende des Reportausdrucks für die letzte Gruppe, d.h. für die 13. Jahrgangsstufe, die folgenden Angaben:

```
      3
   Mode      5       7       5
   TOTAL
   Mode      5       5       5
```

Ein Report muß *nicht* notwendigerweise nach Gruppen *gegliedert* sein, sondern es können auch Statistiken *allein* für die *Gesamtgruppe* angezeigt werden. Dazu ist anstelle einer Break-Variablen das Schlüsselwort *TOTAL* in der Form

```
( TOTAL )
```

innerhalb des BREAK-Subkommandos anzugeben.
So erhalten wir z.B. durch das Kommando

```
REPORT/VARIABLES=LEISTUNG BEGABUNG URTEIL
      /BREAK=(TOTAL)
      /SUMMARY=SUM.
```

die folgende Reportausgabe:

```
LEISTUNG    BEGABUNG    URTEIL
Sum
   1377       1567       1413
```

Die möglichen Angaben innerhalb eines BREAK-Subkommandos fassen wir abschließend wie folgt zusammen:

```
/ BREAK = [ varname ] [ 'text_1' [ 'text_2' ]... ]
          [ ( kolumnenbreite ) ]
          [ ( LABEL ) ] [ { PAGE | SKIP ( leerzeilenzahl ) } ]
          [ ( TOTAL ) ] [ ( NAME ) ] [ ( UNDERSCORE ) ]
```

4.2.6 Gestaltung der Reportausgabe (FORMAT)

Die Reportausgabe erfolgt auf einer oder mehreren Ausgabeseiten, deren jeweilige Größe durch die Seitenlänge von 24 Zeilen und die Seitenbreite von 79 Zeichenpositionen voreingestellt bzw. durch das *SET*-Kommando mit den Subkommandos *WIDTH* und *LENGTH* in der Form

```
SET / WIDTH = seitenbreite / LENGTH = seitenlänge .
```

geeignet verändert worden ist. Innerhalb einer Ausgabeseite wird ein Report gemäß dem folgenden Schema eingepaßt:

Seitenanfang

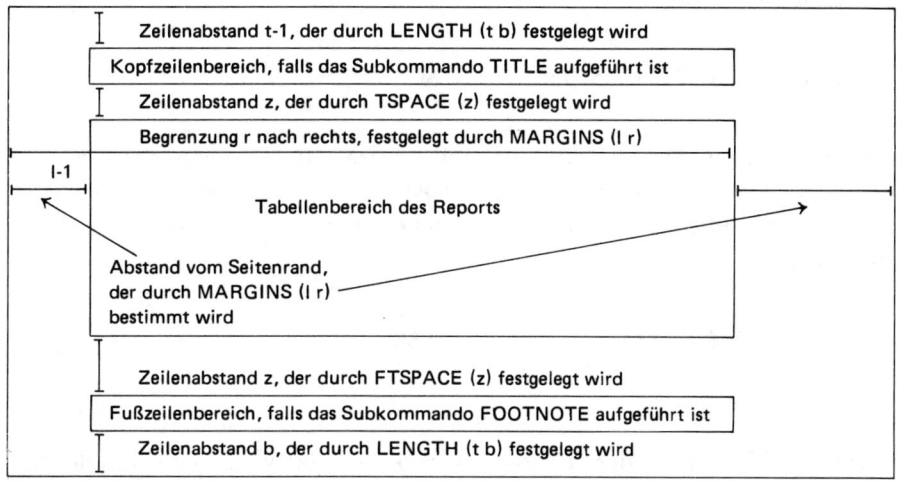

```
     I    Zeilenabstand t-1, der durch LENGTH (t b) festgelegt wird
          Kopfzeilenbereich, falls das Subkommando TITLE aufgeführt ist
     I    Zeilenabstand z, der durch TSPACE (z) festgelegt wird
          Begrenzung r nach rechts, festgelegt durch MARGINS (l r)
 l-1
          Tabellenbereich des Reports

          Abstand vom Seitenrand,
          der durch MARGINS (l r)
          bestimmt wird

     I    Zeilenabstand z, der durch FTSPACE (z) festgelegt wird
          Fußzeilenbereich, falls das Subkommando FOOTNOTE aufgeführt ist
     I    Zeilenabstand b, der durch LENGTH (t b) festgelegt wird
```

Seitenende

Das jeweils gewünschte *Layout* läßt sich durch Angaben zu den Schlüsselwörtern *MARGINS, LENGTH, TSPACE* und *FTSPACE* festlegen, die in der folgenden Weise voreingestellt sind:

- MARGINS(1 79) : die Reportbreite reicht von Zeichenposition 1 bis Zeichenposition 79

- LENGTH(1 24) : die Reportausgabe (auf den Bildschirm) beginnt unmittelbar in der ersten Zeile der Ausgabeseite und endet unmittelbar am Seitenende mit der 24. Zeile

- TSPACE(1) : das Ende des Bereichs für mögliche Kopfzeileneintragungen und die 1. Reportzeile wird durch 1 Leerzeile getrennt

- FTSPACE(1) : hinter der letzten Zeile mit den Statistiken folgt vor Beginn einer möglichen Eintragung eines Fußzeilenbereichs mindestens eine Leerzeile.

Diese Voreinstellungen lassen sich durch ein *FORMAT*-Subkommando in der Form

```
/ FORMAT = spezifikation_1 [ spezifikation_2 ]...
```

ändern, indem die erforderlichen Schlüsselwörter mit den gewünschten Werten aufgeführt werden.
Z.B. fordern wir mit

```
/FORMAT=MARGINS(1 50)
```

eine Reportausgabe an, für die zeilenweise 50 Zeichenpositionen zur Verfügung stehen. Soll zusätzlich der Abstand des Reportausdrucks vom Seitenanfang auf die Zeilenzahl 4 festgesetzt werden, so müssen wir das Subkommando

```
/FORMAT=MARGINS(1 50) LENGTH(5 59)
```

eingeben.
Standardmäßig wird der Reportausdruck – relativ zu den durch das Schlüsselwort *MARGINS* festgelegten Begrenzungen – *linksbündig* auf einer Seite ausgegeben. Durch die Angabe der Schlüsselwörter *"ALIGN(RIGHT)"* und *"ALIGN(CENTER)"* in der Form

```
/ FORMAT = { ALIGN(RIGHT) | ALIGN(CENTER) }
```

läßt sich eine *rechtsbündige* bzw. *zentrierte* Ausgabe abrufen.
Während die oben angegebenen Schlüsselwörter die Plazierung des Reportausdrucks auf einer Seite und die Abstände des Tabellenbereichs von den Seitengrenzen und von evtl. angeforderten Kopf- und Fußzeilenbereichen festlegen, wird die *Struktur* des Tabellenbereichs selbst durch die Schlüsselwörter *CHDSPACE, BRKSPACE, LIST, SUMSPACE* und *SKIP* bestimmt. Dabei wird die folgende Strukturierung zugrundegelegt:

4.2 Beschreibung von Merkmalen durch einen Report (REPORT)

	Kolumnenüberschriften für die Kolumnen der Break- und Kolumnen-Variablen	
	Zeilenabstand z, der durch CHDSPACE (z) festgelegt wird	
1. Wert der Break-Variablen		
	Zeilenabstand z, der durch BRKSPACE (z) festgelegt wird	
	Bereich für die Werte der Kolumnen-Variablen, falls im Subkommando FORMAT das Schlüsselwort LIST aufgeführt ist, wobei der Abstand zur nachfolgenden Ausgabe durch das Schlüsselwort SUMSPACE festgelegt wird	
	Ausgaben für den 1. Wert der Break-Variablen	
	Zeilenabstand z, der durch SKIP (z) beim Subkommando BREAK festgelegt wird	
2. Wert der Break-Variablen		
	Ausgaben für den letzten Wert der Break-Variablen	
Druckbereich für die Ausgaben der Gesamtgruppe, falls das Schlüsselwort TOTAL im Subkommando BREAK aufgeführt ist		

Für die Schlüsselwörter *CHDSPACE* und *BRKSPACE* sind die folgenden Werte voreingestellt:

- CHDSPACE(1) : hinter der letzten Überschriftszeile folgt eine Leerzeile

- BRKSPACE(1) : auf jede Zeile, in die ein Wert der Break-Variablen eingetragen ist, folgt eine Leerzeile.

So erhalten wir z.B. den kompakten Reportausdruck

Jahrgangsstufe	Schulleistung	Begabung	Lehrerurteil
1			
Sum	543	609	551
2			
Sum	553	648	572
3			
Sum	281	310	290

durch das Kommando:

```
REPORT/FORMAT=MARGINS(1 50)
              TSPACE(0) FTSPACE(0) CHDSPACE(0) BRKSPACE(0)
       /VARIABLES=LEISTUNG 'Schul-  ''Leistung'
                  BEGABUNG 'Begabung'
                  URTEIL 'Lehrer- ' 'urteil  '
       /BREAK=JAHRGANG 'Jahr ' 'gangs' 'stufe'(5)(SKIP(0))
       /SUMMARY=SUM.
```

Sollen die hinter den Kolumnen-Variablen aufgeführten Überschriften bei der Ausgabe *unterstrichen* werden, so muß das Schlüsselwort *UNDERSCORE* in der Form

```
UNDERSCORE ( ON )
```

innerhalb des FORMAT-Subkommandos angegeben werden.

Ist die Reportausgabe durch den Einsatz von BREAK- und SUMMARY-Subkommandos gegliedert, so wird im Anschluß an die Ausgabe des letzten Cases einer Gruppe standardmäßig eine Leerzeile *vor* der nachfolgenden Ausgabe erzeugt. Sollen an dieser Stelle "anzahl" *Leerzeilen* ausgegeben werden, so ist das Schlüsselwort *SUMSPACE* in der Form

```
SUMSPACE ( anzahl )
```

innerhalb des FORMAT-Subkommandos aufzuführen.

4.2.7 Textausgabe in Kopf- und Fußzeilenbereiche (TITLE, FOOTNOTE)

Zur Einrichtung eines *Kopfzeilenbereichs* läßt sich das Subkommando *TITLE* in der folgenden Weise einsetzen:

```
/ TITLE = { LEFT | RIGHT | CENTER } 'text_1' [ 'text_2' ]...
```

Jeder Text wird in eine Zeile eingetragen. Dabei werden durch *LEFT (RIGHT)* spezifizierte Texte *linksbündig (rechtsbündig)* und die durch *CENTER* gekennzeichneten Texte *zentriert* ausgegeben. Bei den im TITLE-Subkommando aufgeführten Texten ist zu beachten, daß die für den Report pro Zeile festgelegte Zeichenzahl *nicht* überschritten werden darf.

4.2 Beschreibung von Merkmalen durch einen Report (REPORT)

So wird z.B. durch das Kommando

```
REPORT/VARIABLES=LEISTUNG BEGABUNG URTEIL
       /TITLE= 'Jahrgangsstufenvergleich'
               '- Leistungs- und Begabungsselbstbild'
               '- Leistungserklaerungen der Schueler'
       /BREAK=JAHRGANG
       /SUMMARY=SUM.
```

in der ersten Zeile des Reportausdrucks ab Zeichenposition 1 der Text "Jahrgangsstufenvergleich", direkt darunter der Text "- Leistungs- und Begabungsselbstbild" und in die 3. Zeile der Text "- Leistungserklaerungen der Schueler" eingetragen.

Analog zur Ausgabe von Texten in einen Kopfzeilenbereich (TITLE-Kommando) lassen sich auch Ausgaben in einen *Fußzeilenbereich* vornehmen. Dazu ist das Subkommando *FOOTNOTE* in der folgenden Form zu verwenden:

```
/ FOOTNOTE = { LEFT | RIGHT | CENTER }
              'text_1' [ 'text_2' ]...
```

Für die Textangaben gilt ebenfalls die oben für das TITLE-Kommando beschriebene Einschränkung.

Bei der durch das REPORT-Kommando abgerufenen Reportausgabe wird – in Abhängigkeit von der durch das Schlüsselwort MARGINS bestimmten Zeilenlänge – zu Beginn jeder neuen Ausgabeseite *automatisch* eine reportspezifische *Seitennumerierung* in der jeweils ersten Zeile ausgegeben. Soll bei eigener Gestaltung des Kopfzeilenbereichs (mit dem TITLE-Kommando) die *Seitennummer* an einer *selbstgewählten* Position eingetragen werden, so ist das Textelement

```
)PAGE
```

im Text des Kopfzeilenbereichs aufzuführen. Dies bewirkt, daß zu Beginn jeder neuen Seite an der durch ")PAGE" bestimmten Stelle die 5-stellige Seitennummer angezeigt wird. Gleichfalls kann mit dem Textelement

```
)DATE
```

diejenige Stelle im Text des Kopfzeilenbereichs markiert werden, an der das *Tagesdatum* in der Form "Tag/Monat/Jahr" (mit jeweils zwei Ziffern) ausgegeben werden soll. Entsprechende Möglichkeiten gibt es auch für die Ausgabe von Seitennummer und Datum in einen Fußzeilenbereich. Allerdings dürfen die Textelemente ")PAGE" und ")DATE" jeweils *nur einmal* in einem REPORT-Kommando vorkommen.
So erhalten wir z.B. durch die Ausführung des Kommandos

```
REPORT/FORMAT=MARGINS(1 55) TSPACE(2) LENGTH(1 23)
              CHDSPACE(1) BRKSPACE(1)
       /VARIABLES=LEISTUNG BEGABUNG URTEIL
       /TITLE=LEFT
         'Jahrgangsstufen-                        Seite:)PAGE'
         'Vergleich'
         '- Auswertungslauf vom: )DATE'
         '- Leistungs- und Begabungsselbstbild'
         '- Leistungserklaerungen der Schueler'
       /FOOTNOTE=CENTER 'Tabelle zu:'
         'Die Selbsteinschaetzung von Schuelern der NGO'
         'bezueglich ihrer Leistungsfaehigkeit'
       /BREAK=JAHRGANG 'Jahrgangsstufe'(16)(SKIP(0))
       /SUMMARY=SUM.
```

den folgenden Reportausdruck:

```
Jahrgangsstufen-           Seite:    1
Vergleich
- Auswertungslauf vom: 12 Dec 92
- Leistungs- und Begabungsselbstbild
- Leistungserklaerungen der Schueler


        Jahrgangsstufe    LEISTUNG     BEGABUNG        URTEIL

              1

              Sum           543          609            551
              2
```

Sum 3	553	648	572
Sum	281	310	290

```
        Tabelle zu:
Die Selbsteinschaetzung von Schuelern der NGO
      bezueglich ihrer Leistungsfaehigkeit
```

4.2.8 Ausgabe von Variablenwerten (LIST, SUMSPACE)

Sollen *keine* Statistiken, sondern das *gesamte* Datenmaterial tabellarisch ausgegeben werden, so läßt sich dazu das *FORMAT*-Subkommando mit dem Schlüsselwort *LIST* in der Form

```
/ FORMAT = LIST [ ( anzahl ) ]
```

einsetzen. Dadurch werden für jeden Case alle Werte der Kolumnen-Variablen in den zugehörigen Kolumnen angezeigt. Ohne Angabe von "(anzahl)" werden die Werte – ohne Unterbrechung – *untereinander* ausgegeben. Ansonsten wird nach jeweils "anzahl" Zeilen, die mit Variablenwerten besetzt sind, *eine Leerzeile* erzeugt.

So ergibt sich z.B. durch das Kommando

```
REPORT/FORMAT=LIST(3)
       /VARIABLES=LEISTUNG BEGABUNG URTEIL.
```

für die ersten 5 Cases der folgende Ausdruck:

LEISTUNG	BEGABUNG	URTEIL
7	6	6
2	4	5
6	5	6
6	5	5
5	6	6

Für den Fall, daß nicht die Werte selbst, sondern die (durch das VALUE LABELS-Kommando) für die Werte vereinbarten *Werteetiketten* zu tabellieren sind, muß neben der Angabe des Schlüsselworts *LIST* innerhalb des

FORMAT-Subkommandos zusätzlich das Schlüsselwort *LABEL* innerhalb des *VARIABLES*-Subkommandos (siehe Abschnitt 4.2.4) in der Form

```
varname ( LABEL )
        [ 'text_1' [ 'text_2' ]... ] [ ( kolumnenbreite ) ]
```

aufgeführt werden.
Wollen wir z.B. für jeden Case die Werteetiketten der Variablen LEISTUNG, BEGABUNG und URTEIL anzeigen lassen, so geben wir dazu das Kommando

```
REPORT/FORMAT=LIST
    /VARIABLES=LEISTUNG(LABEL)
            BEGABUNG(LABEL) URTEIL(LABEL).
```

ein.

4.2.9 Verrechnung von missing values (MISSING)

Bei der Berechnung von Statistiken werden standardmäßig alle diejenigen Cases ausgeschlossen, für welche die jeweilige Kolumnen-Variable einen *missing value* besitzt. Kann eine Statistik nicht ermittelt werden, weil *alle* Werte als missing values gekennzeichnet sind, so wird der *Dezimalpunkt* ".“ in der zugehörigen Kolumne eingetragen. Soll nicht der Dezimalpunkt, sondern ein anderes Zeichen als *Kennung* ausgegeben werden, so ist innerhalb des Subkommandos *FORMAT* die Angabe

```
MISSING ( 'zeichen ' )
```

zu machen.
Sollen alle benutzerseitig durch MISSING VALUE-Kommandos vereinbarten missing values (nicht die system-missing values!) in die Berechnung mit einbezogen werden, so muß das *MISSING*-Subkommando in der Form

```
/ MISSING = NONE
```

innerhalb des REPORT-Kommandos aufgeführt werden. Ist andererseits ein Case dann von der Auswertung auszuschließen, wenn er in *mindestens* einer

4.2 Beschreibung von Merkmalen durch einen Report (REPORT)

der Kolumnen-Variablen einen missing value besitzt, so ist das *MISSING*-Subkommando in der Form

```
/ MISSING = LIST
```

anzugeben. Soll das Kriterium für einen Ausschluß *nicht* auf alle, sondern nur auf bestimmte Kolumnen-Variablen bezogen werden, so sind die diesbezüglich ausgewählten Variablen wie folgt innerhalb des *MISSING*-Subkommandos zu kennzeichnen:

```
/ MISSING = LIST ( varname_1 [ varname_2 ]... )
```

So werden z.B. durch das Kommando

```
REPORT/VARIABLES=AUFGABEN ABSCHALT LEISTUNG
     /MISSING=LIST(ABSCHALT)
     /BREAK=JAHRGANG
     /SUMMARY=VALIDN
     /SUMMARY=MODE(1 9).
```

bei der Berechnung der angeforderten Statistiken diejenigen Cases ausgeschlossen, die bei der Kolumnen-Variablen ABSCHALT den als missing value vereinbarten Wert 0 besitzen.

Bislang haben wir die Behandlung von missing values bei den Kolumnen-Variablen beschrieben. Falls auch die *Break-Variable* als *missing values* vereinbarte Werte besitzt, so spezifizieren diese missing values zusätzliche Gruppen, für welche die jeweils angeforderten Statistiken ebenfalls berechnet und ausgegeben werden.

4.2.10 Report-Struktur bei mehreren Break-Variablen

In den vorigen Abschnitten haben wir dargestellt, wie ein Report gestaltet werden kann, bei dem die Untergliederung der Gesamtgruppe in Untergruppen durch eine *einzige* Break-Variable beschrieben wird.

Betrachten wir den unserer Untersuchung zugrundeliegenden Erhebungsplan, so können wir z.B. an einer getrennten Beschreibung der folgenden sechs Gruppen interessiert sein:

- Schüler der Jahrgangsstufe 11 (JAHRGANG = 1, GESCHL = 1)
- Schülerinnen der Jahrgangsstufe 11 (JAHRGANG = 1, GESCHL = 2)
- Schüler der Jahrgangsstufe 12 (JAHRGANG = 2, GESCHL = 1)
- Schülerinnen der Jahrgangsstufe 12 (JAHRGANG = 2, GESCHL = 2)
- Schüler der Jahrgangsstufe 13 (JAHRGANG = 3, GESCHL = 1)
- Schülerinnen der Jahrgangsstufe 13 (JAHRGANG = 3, GESCHL = 2)

Wir gehen davon aus, daß unser SPSS-file die Variablen JAHRGANG, GESCHL, LEISTUNG, BEGABUNG und URTEIL enthält und die Cases in der soeben angegebenen Reihenfolge im SPSS-file eingetragen sind (andernfalls ist zunächst das Kommando

```
SORT CASES BY JAHRGANG GESCHL.
```

auszuführen, siehe Abschnitt 4.3). Jeder *Gruppenwechsel* ist dadurch charakterisiert, daß *mindestens* eine der Variablen JAHRGANG und GESCHL ihren Wert ändert. Dabei beschreiben die Werte von GESCHL eine Unterteilung, die der durch die Werte von JAHRGANG festgelegten Gruppierung *untergeordnet* ist. Eine entsprechende Strukturierung des Reports erreichen wir dadurch, daß wir im Subkommando BREAK sowohl JAHRGANG als auch GESCHL als Break-Variable spezifizieren. Die Abfolge der Break-Variablen legt dabei fest, in welcher *Reihenfolge* die Statistiken für die Gruppen errechnet und ausgegeben werden sollen.

Im Hinblick auf diese zusätzlichen Möglichkeiten wird die im Abschnitt 4.2.5 beschriebene Syntax des Subkommandos *BREAK* in folgender Weise erweitert:

```
/ BREAK = varname_1 [ varname_2 ]...
       [ 'text_1' [ 'text_2' ]... ]
       [ ( kolumnenbreite ) ]
       [ ( LABEL ) ] [ { PAGE | SKIP ( leerzeilenzahl ) } ]
       [ ( TOTAL ) ] [ ( NAME ) ] [ ( UNDERSCORE ) ]
```

Wollen wir z.B. die oben angegebene Reihenfolge der sechs Gruppen für die Ermittlung der Anzahl der gültigen Cases und der Modi festlegen, so müssen wir das REPORT-Kommando in der Form

4.2 Beschreibung von Merkmalen durch einen Report (REPORT)

```
REPORT/VARIABLES=LEISTUNG BEGABUNG URTEIL
       /BREAK=JAHRGANG GESCHL
       /SUMMARY=VALIDN
       /SUMMARY=MODE(1 9).
```

eingeben. Wir erhalten zu Beginn des Reports für die ersten beiden Gruppen, d.h. für die Cases mit "JAHRGANG=1", den Ausdruck:

JAHRGANG		LEISTUNG	BEGABUNG	URTEIL
1				
1				
N		50	50	50
Mode		5	5	5
1				
2				
N		50	50	50
Mode		5	5	5

In diesem Report ist nur eine Kolumne für beide Break-Variablen enthalten. Eine *zusätzliche* Kolumne für die zweite Break-Variable wird erst dann eingerichtet, wenn wir jede Break-Variable in einem *eigenständigen* BREAK-Subkommando angeben – in unserem Fall etwa in der folgenden Form:

```
REPORT/VARIABLES=LEISTUNG BEGABUNG URTEIL
       /BREAK=JAHRGANG/SUMMARY=VALIDN/SUMMARY=MODE(1 9)
       /BREAK=GESCHL/SUMMARY=VALIDN/SUMMARY=MODE(1 9).
```

In diesem Fall werden am Reportanfang für die ersten beiden Gruppen die folgenden Werte ausgegeben:

JAHRGANG	GESCHL	LEISTUNG	BEGABUNG	URTEIL
1	1			
	N	50	50	50
	Mode	5	5	5
	2			
	N	50	50	50
	Mode	5	5	5

Der Vergleich der beiden letzten Reportausgaben zeigt, daß mit *jedem* Subkommando BREAK eine *eigenständige* Kolumne spezifiziert wird. Bei mehreren Break-Variablen bleibt somit die gewohnte Report-Struktur mit der Änderung gültig, daß der Kolumnenbereich der Break-Variablen *weiter untergliedert* wird.

Innerhalb eines REPORT-Kommandos *muß* dem Subkommando SUMMARY stets mindestens ein BREAK-Subkommando vorausgehen, und im Anschluß an ein BREAK-Subkommando *dürfen* weitere BREAK-Subkommandos folgen.

Zur Abkürzung der Schreibweise ist es erlaubt, sich bei einem SUMMARY-Subkommando auf die Angaben innerhalb eines vorausgehenden SUMMARY-Subkommandos zu beziehen. Dazu ist das jeweils nachfolgende Subkommando in der Form

```
/ SUMMARY = PREVIOUS ( nummer )
```

anzugeben. Dadurch werden diejenigen Summary-Angaben übernommen, die in einem oder mehreren SUMMARY-Subkommandos aufgeführt sind, die unmittelbar dem "nummer"-ten BREAK-Subkommando folgen.

So können wir etwa das oben angegebene REPORT-Kommando durch

```
REPORT/VARIABLES=LEISTUNG BEGABUNG URTEIL
      /BREAK=JAHRGANG
      /SUMMARY=VALIDN
      /SUMMARY=MODE(1 9)
      /BREAK=GESCHL
      /SUMMARY=PREVIOUS(1).
```

abkürzen.

Abschließend geben wir ein weiteres Beispiel für einen Report mit zwei Break-Variablen. Durch die Ausführung des Programms (bezüglich des SORT CASES-Kommandos siehe Abschnitt 4.3)

```
DATA LIST FILE='DATEN.TXT'/
      JAHRGANG GESCHL 4-5 LEISTUNG BEGABUNG URTEIL 10-12.
VALUE LABELS/JAHRGANG 1 '11' 2 '12' 3 '13'.
VALUE LABELS/GESCHL 1 'maennl.' 2 'weiblich'.
SORT CASES BY JAHRGANG GESCHL.
REPORT/FORMAT=MARGINS(1 52) FTSPACE(0)
```

4.2 Beschreibung von Merkmalen durch einen Report (REPORT)   115

```
              CHDSPACE(0) BRKSPACE(0)
   /VARIABLES=LEISTUNG 'Schul-  ' 'leistung'
              BEGABUNG 'Begabung'
              URTEIL 'Lehrer- ' 'urteil  '
   /BREAK=JAHRGANG 'Jahrgangsstufe'(14)
                (LABEL)(SKIP(0))(TOTAL)
   /BREAK=GESCHL 'Geschlecht'(10)
                (LABEL)(SKIP(0))(TOTAL)
   /SUMMARY=SUM.
```

erhalten wir die folgende Reportausgabe:

Jahrgangsstufe	Geschlecht	Schul-leistung	Begabung	Lehrer-urteil
11	maennl.			
	Sum	271	317	285
	weiblich			
	Sum	272	292	266
	TOTAL			
	Sum	543	609	551
12	maennl.			
	Sum	271	328	290
	weiblich			
	Sum	282	320	282
	TOTAL			
	Sum	553	648	572
13	maennl.			
	Sum	140	158	149
	weiblich			
	Sum	141	152	141
	TOTAL			
	Sum	281	310	290

4.2.11   Ausgabe von Strings (STRING)

Soll für die Ausgabe in eine durch Break- oder Kolumnen-Variable gekennzeichnete Report-Kolumne *Textinformation* aufgebaut werden, so kann dazu das Subkommando *STRING* in der Form

```
/ STRING = stringname_1 ( varname_1 [ ( kolumnenbreite_1 ) ]
                [ BLANK ] [ 'text_1' ]
                [ varname_2 [ ( kolumnenbreite_2 ) ]
                [ BLANK ] [ 'text_2' ] ]... )
          [ stringname_2 ( varname_3 [ ( kolumnenbreite_3 ) ]
                [ BLANK ] [ 'text_3' ]
                [ varname_4 [ ( kolumnenbreite_4 ) ]
                [ BLANK ] [ 'text_4' ] ]... ) ]...
```

eingesetzt werden.

Wollen wir etwa die Werte von LEISTUNG, BEGABUNG und URTEIL zusammen in eine Kolumne eintragen und dabei die einzelnen Werte durch den Schrägstrich "/" voneinander trennen, so können wir die folgende Vorschrift für die auszugebende Textinformation angeben:

/STRING=TEXT(LEISTUNG(1) '/' BEGABUNG(1) '/' URTEIL(1))

Dabei kennzeichnet der *Stringname* TEXT die *Regel*, nach der die einzelnen Textbausteine aneinandergereiht werden sollen, so daß sich z.B. für den 1. Case der aus 5 Zeichen bestehende Text "7/6/6" ergibt (siehe das Beispiel zum Schlüsselwort LIST im Abschnitt 4.2.8).

Auf die im STRING-Subkommando vereinbarten Stringnamen läßt sich im VARIABLES- bzw. BREAK-Subkommando genauso Bezug nehmen wie auf die Variablennamen des SPSS-files. Somit führt das Kommando

```
REPORT/FORMAT=LIST
       /STRING=TEXT(LEISTUNG(1) '/' BEGABUNG(1)
                            '/' URTEIL(1))
       /VARIABLES=TEXT 'Einschaetzung'.
```

zur folgenden Reportausgabe für die ersten 5 Cases:

Einschaetzung

7/6/6
2/4/5
6/5/6
6/5/5
5/6/6

Grundsätzlich gelten die durch das STRING-Subkommando vereinbarten Stringnamen nur für dasjenige REPORT-Kommando, in dem sie definiert sind. Wird im *STRING*-Subkommando innerhalb der Vorschrift

```
varname [ ( kolumnenbreite ) ] [ BLANK ] [ 'text' ]
```

für den Aufbau der Textinformation die Kolumnenbreite angegeben, so wird das durch das DATA LIST- bzw. das FORMATS-Kommando (siehe Abschnitt 8.3) vereinbarte Datenformat für die Ausgabe der Variablenwerte von "varname" gewählt. Bei *zu kleiner* Kolumnenbreite werden Texte von alphanumerischen Variablen rechts abgeschnitten, und anstelle der Werte von numerischen Variablen werden *Sternzeichen* "*" ausgegeben. Ist die Kolumnenbreite zu groß gewählt, so werden Texte rechtsbündig mit Leerzeichen aufgefüllt und numerische Werte durch führende Nullen eingeleitet – es sei denn, es ist durch die Angabe des Schlüsselworts *BLANK* festgelegt, daß anstelle von Nullen führende Leerzeichen ausgegeben werden sollen.

4.3 Sortierung des SPSS-files (SORT CASES)

Das REPORT-Kommando setzt voraus, daß die Cases des SPSS-files nach *Satzgruppen* gegliedert sind. Ist diese Voraussetzung nicht erfüllt, so können die Cases mit Hilfe des Kommandos SORT CASES geeignet *sortiert* werden. So läßt sich z.B. durch das Kommando

```
SORT CASES BY JAHRGANG(A).
```

festlegen, daß die Cases unseres SPSS-files nach Jahrgangsstufen gemäß der Werte von JAHRGANG (dies sind 1, 2 und 3) geordnet werden sollen. Die Angabe von "(A)" hinter der *Sortiervariablen* JAHRGANG besagt, daß die Werte der Cases aufsteigend zu sortieren sind. Diese Angabe ist *optional*, da die *aufsteigende* Sortierrichtung voreingestellt ist, so daß wir das Kommando durch

```
SORT CASES BY JAHRGANG.
```

abkürzen können. Wollen wir das SPSS-file nicht nur nach Jahrgangsstufen gliedern, sondern darüberhinaus die Satzgruppen-Struktur

```
| Schueler der Jahrgangsstufe 11      |
|                                     |
| Schuelerinnen der Jahrgangsstufe 11 |
|                                     |
| Schueler der Jahrgangsstufe 12      | SPSS-file
|                                     |
| Schuelerinnen der Jahrgangsstufe 12 |
|                                     |
| Schueler der Jahrgangsstufe 13      |
|                                     |
| Schuelerinnen der Jahrgangsstufe 13 |
```

erzeugen, so müssen wir die Cases nach dem Schema

```
| Cases mit: JAHRGANG = 1 und GESCHL = 1 |
|                                        |
| Cases mit: JAHRGANG = 1 und GESCHL = 2 |
|                                        |
| Cases mit: JAHRGANG = 2 und GESCHL = 1 | SPSS-file
|                                        |
| Cases mit: JAHRGANG = 2 und GESCHL = 2 |
|                                        |
| Cases mit: JAHRGANG = 3 und GESCHL = 1 |
|                                        |
| Cases mit: JAHRGANG = 3 und GESCHL = 2 |
```

gruppieren. Bei diesem Beispiel wird die Struktur durch die Wertekombination zweier Variablen bestimmt. Die Cases müssen daher zunächst nach den Werten von JAHRGANG sortiert und anschließend innerhalb der daraus resultierenden drei Satzgruppen nach den Werten von GESCHL geordnet werden. Dazu geben wir das SORT CASES-Kommando

SORT CASES BY JAHRGANG GESCHL.

ein. Hinter dem Schlüsselwort *BY* haben wir *zuerst* den Namen JAHRGANG aufgeführt, da nach den Werten von JAHRGANG zuerst sortiert werden soll. Hinter dem Variablennamen JAHRGANG ist der Name GESCHL angegeben, damit innerhalb der Satzgruppen gleicher Variablenwerte von JAHRGANG nach den Variablenwerten von GESCHL sortiert wird.

Allgemein muß das Kommando *SORT CASES* in der folgenden Form eingegeben werden (maximal 10 Sortiervariablen sind erlaubt):

4.3 Sortierung des SPSS-files (SORT CASES)

```
SORT CASES BY sortiervarname_1 [ ( { A | D } ) ]
              [ sortiervarname_2 [ ( { A | D } ) ]... .
```

Die Cases werden zunächst nach den Werten der zuerst aufgeführten Sortiervariablen geordnet. Sind weitere Sortiervariablen angegeben, so werden die Cases anschließend innerhalb jeder Gruppierung gleicher Werte nach den Variablenwerten der zweiten Sortiervariablen geordnet usw. Dabei wird eine *aufsteigende* ("ascending") Sortierung durch die Angabe von "(A)" und eine *absteigende* ("descending") Sortierung durch den Indikator "(D)" festgelegt. Auf die explizite Angabe der *Sortierschlüssel* in der Form "(A)" bzw. "(D)" kann gegebenenfalls auch verzichtet werden, da sich ein Sortierschlüssel stets auf *alle* vorher aufgeführten Sortiervariablen bezieht. Ist in einem SORT CASES-Kommando überhaupt kein Sortierschlüssel angegeben, so wird stets aufsteigend sortiert. Es ist zu beachten, daß ein vor dem SORT CASES-Kommando aufgeführtes PROCESS IF-Kommando *wirkungslos* ist. Wollen wir folglich die Cases in der Form

```
1. Satzgruppe --->  | Schuelerinnen der Jahrgangsstufe 11 |
                    |
2. Satzgruppe --->  | Schuelerinnen der Jahrgangsstufe 12 |
                    |
3. Satzgruppe --->  | Schuelerinnen der Jahrgangsstufe 13 | SPSS-file
                    |
4. Satzgruppe --->  | Schueler der Jahrgangsstufe 11      |
                    |
5. Satzgruppe --->  | Schueler der Jahrgangsstufe 12      |
                    |
6. Satzgruppe --->  | Schueler der Jahrgangsstufe 13      |
```

zusammenfassen, so müssen wir das Kommando

```
SORT CASES BY GESCHL(D) JAHRGANG.
```

eingeben. Dadurch werden die Cases zuerst nach den Werten von GESCHL absteigend – gekennzeichnet durch "(D)" im Anschluß an den Variablennamen GESCHL – und daran anschließend nach den Werten von JAHRGANG aufsteigend sortiert.

4.4 Vereinfachte Reportausgabe für intervallskalierte Merkmale (MEANS)

Im Abschnitt 4.2 haben wir dargestellt, wie wir mit dem Kommando RE-PORT einen Report abrufen können, in dem Statistiken jeweils für die einzelnen Satzgruppen einer Gesamtgruppe tabelliert sind. Soll auf die Gestaltung der Ausgabe, die durch das REPORT-Kommando ermöglicht wird, verzichtet werden und sind für *intervallskalierte* Merkmale *nur* die Statistiken Summe, arithmetisches Mittel, Standardabweichung, Varianz und Anzahl der gültigen Cases zu ermitteln, so läßt sich eine *komprimierte* Reportausgabe durch das Kommando *MEANS* abrufen.

Wollen wir z.B. die Schüler nach Jahrgangsstufen gruppieren und einen Report für das Merkmal "Unterrichtsstunden" erstellen, so geben wir das Kommando

```
MEANS/TABLES=STUNZAHL BY JAHRGANG.
```

ein und erhalten die folgende Ausgabe:

```
Summaries of    STUNZAHL
By levels of    JAHRGANG

Variable        Value  Label                      Mean     Std Dev    Cases

For Entire Population                           33.6000    3.5568      250

JAHRGANG          1                             34.5000    2.1766      100
JAHRGANG          2                             34.1400    2.6705      100
JAHRGANG          3                             30.7200    5.4400       50

  Total Cases =      250
```

Bei diesem Report werden neben den Statistiken für die Satzgruppen auch diejenigen für die Gesamtgruppe (For Entire Population) dargestellt. So entnehmen wir diesem Report, daß die Variabilität der Jahrgangsstufe 13 (Standardabweichung: 5,4) größer als die der Jahrgangsstufe 11 (Standardabweichung: 2,2) bzw. die der Jahrgangsstufe 12 (Standardabweichung: 2,7) ist.

Beim *MEANS*-Kommando kann die Einteilung in *Satzgruppen* von den Werten einer oder mehrerer Variablen abhängig gemacht und gemäß der folgenden Form festgelegt werden:

4.4 Vereinfachte Reportausgabe für intervallskalierte Merkmale

```
MEANS / [ TABLES = ] varliste_1 BY varliste_2
              [ BY varliste_3 ]...
        [ / [ TABLES = ] varliste_4 BY varliste_5
              [ BY varliste_6 ]... ]...
        [ / OPTIONS = kennzahl_1 [ kennzahl_2 ]... ] .
```

In einem MEANS-Kommando darf das Schlüsselwort *BY* bis zu fünfmal auftreten, so daß die Gliederung in Gruppen maximal fünffach gestuft sein kann. Jede Variablenliste kann aus einer oder mehreren Variablen bestehen. Die explizit oder implizit aufgeführten Variablen, die vor dem ersten Schlüsselwort BY angegeben sind, treten bei der Reportausgabe als *Kolumnen-Variable* und alle anschließend aufgeführten Variablen als *Break-Variablen* auf. Im Gegensatz zum REPORT-Kommando brauchen die Cases des SPSS-files beim Kommando MEANS *nicht* nach den Werten der Break-Variablen *sortiert* zu sein.

Für jede mögliche Variablen-Kombination der durch das Schlüsselwort BY getrennten Variablenlisten wird jeweils ein Report ausgegeben. Unterschiedliche Report-Strukturen lassen sich dadurch abrufen, daß innerhalb entsprechend aufgebauter TABLES-Subkommandos geeignete Beschreibungen mit neuen Kolumnen- und Break-Variablen spezifiziert werden.

So erhalten wir z.B. durch die Ausführung des Kommandos

MEANS/TABLES=STUNZAHL BY JAHRGANG GESCHL.

zwei Reportausgaben, in denen die Variable STUNZAHL als Kolumnen-Variable auftritt. Die Funktion der Break-Variablen wird im ersten Report von JAHRGANG und im zweiten Report von GESCHL übernommen.

Die Auswertung und die Form des Reports lassen sich durch ein *OPTIONS*-Subkommando beeinflussen, in dem die gewünschte Leistung durch die Angabe einer oder mehrerer der folgenden Kennzahlen festgelegt wird:

- 1: Einschluß von benutzerseitig durch das MISSING VALUE-Kommando vereinbarten missing values

- 2: unabhängig von den jeweiligen Werten der Break-Variablen werden nur diejenigen Cases von der Verarbeitung ausgeschlossen, deren Werte bei der jeweiligen Kolumnen-Variablen als missing values vereinbart sind

- 3: die durch die Kommandos VARIABLE LABELS bzw. VALUE LABELS definierten Etiketten werden nicht ausgegeben

- 5: Angaben über die Größe einer Satzgruppe werden unterdrückt
- 6: für die Kolumnen-Variable wird der Summenwert ausgegeben
- 7: die Ausgabe der Standardabweichung wird unterdrückt
- 8: Variablenetiketten werden nicht angezeigt
- 9: der Name der Break-Variablen wird nicht ausgegeben
- 10: die Werte der Break-Variablen werden nicht angezeigt
- 11: die Ausgabe des arithmetischen Mittels wird unterdrückt
- 12: die Varianzen werden ausgegeben.

So erhalten wir z.B. durch das Kommando

```
MEANS/TABLES=STUNZAHL BY JAHRGANG BY GESCHL/OPTIONS=7 12.
```

für die Gesamtgruppe und die Jahrgangsstufe 11 die folgende Ausgabe:

```
Summaries of    STUNZAHL
By levels of    JAHRGANG
                GESCHL
```

Variable	Value	Label	Mean	Variance	Cases
For Entire Population			33.6000	12.6506	250
JAHRGANG	1		34.5000	4.7374	100
GESCHL	1		34.2800	5.9608	50
GESCHL	2		34.7200	3.5118	50

4.5 Untersuchung von Merkmalen (EXAMINE)

4.5.1 Beschreibung von Verteilungen durch Histogramme

Zur Darstellung der Verteilung eines Merkmals haben wir bislang das FREQUENCIES-Kommando mit dem Subkommando BARCHART bzw. HISTOGRAM verwendet (siehe die Abschnitte 4.1.3 und 4.1.4). Um einen vertieften Einblick in eine Verteilung zu erhalten, ist es unter

4.5 Untersuchung von Merkmalen (EXAMINE)

Umständen sinnvoll, die *Klasseneinteilung* nicht gleichmäßig über alle Merkmalsausprägungen vornehmen zu lassen. Vielmehr ist es empfehlenswert, nur die im *Zentrum* und die in dessen Nähe liegenden Werte in die Klassenbildung einzubeziehen und alle weit außerhalb auftretenden Werte als *Extremwerte* anzeigen zu lassen. Dazu kann das *EXAMINE*-Kommando mit den Subkommandos *VARIABLES, PLOT* und *STATISTICS* in der Form

```
EXAMINE / VARIABLES = varliste / PLOT = HISTOGRAM
     [ / STATISTICS = [ DESCRIPTIVES ]
         [ EXTREME [ ( anzahl ) ] ] [ NONE ] ] .
```

eingesetzt werden. Durch die Ausführung dieses Kommandos werden für alle innerhalb der Variablenliste aufgeführten Variablen Histogramme angezeigt. Wird das *STATISTICS*-Subkommando mit dem Schlüsselwort *DESCRIPTIVES* aufgeführt, so werden ergänzend dazu die folgenden beschreibenden Statistiken ermittelt: das arithmetische Mittel, der Median, der Modus, das um 5% getrimmte arithmetische Mittel (die 5% kleinsten und 5% größten Werte werden bei der Mittelwertsberechnung nicht berücksichtigt), der Standardfehler (der Schätzung), die Varianz, die Standardabweichung, das Minimum, das Maximum, die Schiefe, die Kurtosis und die Standardfehler der Schätzfunktionen für die Kurtosis und die Schiefe. Diese durch *DESCRIPTIVES* abrufbaren Statistiken werden auch dann ausgegeben, wenn *kein* STATISTICS-Subkommando innerhalb des EXAMINE-Kommandos aufgeführt ist bzw. hinter "STATISTICS =" keine Angaben gemacht werden. Soll *keine* Ausgabe von Statistiken vorgenommen werden, so ist das Schlüsselwort *NONE* innerhalb des STATISTICS-Subkommandos anzugeben.

Um die Cases mit den *Extremwerten* zu ermitteln, läßt sich innerhalb des STATISTICS-Subkommandos die Angabe "EXTREME [(anzahl)]" machen. Dadurch werden die Cases mit den "anzahl" kleinsten und den "anzahl" größten Werten angezeigt. Ohne Angabe von "(anzahl)" werden jeweils 5 Cases bei der Ausgabe berücksichtigt. Als Kennung für die Extremwerte wird der Inhalt der Variablen *$CASENUM* (mit den Reihefolgenummern der Cases) angezeigt. Sollen stattdessen selbst gewählte Bezeichnungen der Cases verwendet werden, so ist das *ID*-Subkommando in der Form

```
/ ID = varname
```

anzugeben, so daß die jeweiligen Werte von "varname" zur Kennzeichnung der Extremwerte ausgegeben werden.

Bei der Überprüfung auf vorhandene Extremwerte erhalten wir z.B. für das Merkmal "Unterrichtsstunden" durch das Kommando

```
EXAMINE/VARIABLES=STUNZAHL/PLOT=HISTOGRAM
       /STATISTICS=EXTREME(10).
```

die folgende Ausgabe:

STUNZAHL

Valid cases: 250.0   Missing cases: .0   Percent missing: .0

```
Frequency   Bin Center

   15.00    Extremes    *******
    2.00      29.5      *
   16.00      30.5      ********
   10.00      31.5      *****
   15.00      32.5      *******
   61.00      33.5      ******************************
   22.00      34.5      ***********
   26.00      35.5      *************
   56.00      36.5      ****************************
    7.00      37.5      ***
    7.00      38.5      ***
    9.00      39.5      ****
    3.00      40.5      *
    1.00    Extremes

Bin width :   1.00
Each star:     2 case(s)
```

Extreme Values
------- ------

10	Highest	Case #	10	Lowest	Case #
	42	CASE153		18	CASE224
	40	CASE184		20	CASE234
	40	CASE46		22	CASE227
	40	CASE110		22	CASE246
	39	CASE25		22	CASE226

4.5 Untersuchung von Merkmalen (EXAMINE)

39	CASE221	23	CASE248
39	CASE169	23	CASE250
39	CASE145	23	CASE114
39	CASE12	23	CASE242
39	CASE120	23	CASE243

Dem angezeigten Histogramm ist zu entnehmen, daß eine Gliederung in 12 *Bins* ("Kästen") vorgenommen wurde. In der Spalte "Frequency" wird die Häufigkeit der Merkmalsausprägungen sowie – am Anfang und am Ende dieser Spalte – die Anzahl der Extremwerte angezeigt (in unserem Fall sind dies 15 am unteren und einer am oberen Ende der Verteilung).

Soll auf der Basis der angezeigten Verteilung eine *individuelle* Festlegung der Bins vorgenommen werden, so läßt sich dazu das *FREQUENCIES*-Subkommando in der Form

```
/ FREQUENCIES = FROM ( unterer_wert ) BY ( zuwachs )
```

einsetzen. Dadurch werden – ausgehend vom Wert "unterer_wert" – jeweils "zuwachs" breite Bins eingerichtet und die Häufigkeit der in diesen Bins auftretenden Merkmalsausprägungen gezählt sowie deren relative Häufigkeiten – auf der Basis der in diese Darstellung einbezogenen Werte – ermittelt.

Um bei der Angabe des FREQUENCIES-Subkommandos weitere Ausgaben zu *unterdrücken*, ist ein *PLOT*-Subkommando mit dem Schlüsselwort *NONE* in der Form

```
/ PLOT = NONE
```

innerhalb des EXAMINE-Kommandos anzugeben.

Wollen wir in unserem Fall – ausgehend vom unteren Wert 30 – eine Gliederung in Bins vornehmen, welche aus jeweils 3 aufeinanderfolgenden ganzen Zahlen bestehen, so müssen wir das Kommando

```
EXAMINE/VARIABLES=STUNZAHL
        /FREQUENCIES=FROM(30) BY (3)/PLOT=NONE.
```

eingeben. Dadurch erhalten wir die folgende Häufigkeitstabelle angezeigt:

```
              Frequency Table
              ---------  -----

      Bin                       Valid    Cum
    Center      Freq     Pct     Pct     Pct

     <30       17.00    6.80    6.80    6.80
      32      41.00   16.40   16.40   23.20
      35     109.00   43.60   43.60   66.80
      38      70.00   28.00   28.00   94.80
      41      12.00    4.80    4.80   99.60
      44       1.00     .40     .40  100.00
```

4.5.2 Beschreibung von Verteilungen durch "Stem-and-leaf"-Plots

In den oben angegebenen Häufigkeitsdiagrammen wurden die Bins und die zugehörigen Häufigkeiten angezeigt. Soll darüberhinaus dargestellt werden, in welcher *Häufung* unterschiedliche Werte in den einzelnen Bins auftreten, so bietet sich die Ausgabe eines *"Stem-and-leaf"-Plots* an. Dazu ist das Schlüsselwort *STEMLEAF* innerhalb eines *PLOT*-Subkommandos in der Form

```
/ PLOT = STEMLEAF
```

aufzuführen.
Für unser Beispiel erhalten wir durch

```
EXAMINE/VARIABLES=STUNZAHL
       /PLOT=STEMLEAF
       /STATISTICS=NONE.
```

die folgende Ausgabe:

4.5 Untersuchung von Merkmalen (EXAMINE)

```
 Frequency    Stem &  Leaf

    15.00  Extremes    (18), (20), (22), (23), (24), (26), (27)
     2.00         2 .  9
   124.00         3 *  0000011122222333333333333333333334444444
   105.00         3 .  555555555666666666666666666667788999
     3.00         4 *  0
     1.00  Extremes    (42)

 Stem width:     10
 Each leaf:       3 case(s)
```

Gegenüber der Histogrammausgabe sind die einzelnen Werte in jeweils zwei Komponenten gegliedert – in den *Stamm* (stem) mit den führenden Ziffern und in das *Blatt* (leaf) mit der letzten Ziffer. Zu jedem Stamm werden zeilenweise die zugehörigen Blätter angezeigt. Zudem werden die Extremwerte nicht nur anzahlmäßig, sondern auch wertmäßig ausgegeben.

Im Fall der Variablen STUNZAHL ergibt der oben angezeigte "Stem-and-leaf"-Plot keinen tieferen Einblick in die Verteilungsstruktur als das oben angegebene Histogramm, weil nur ganzzahlige Werte bei STUNZAHL auftreten.

4.5.3 Boxplots

Um eine Einschätzung über die Symmetrie einer Verteilung, die Lage der zentralen Tendenz, die Variabilität und die Werte an den Enden einer Verteilung zu erhalten, können wir das Schlüsselwort *BOXPLOT* innerhalb des *PLOT*-Subkommandos in der Form

```
/ PLOT = BOXPLOT
```

angeben. Dadurch wird für die betreffenden Merkmale ein *Boxplot* (auch "Box-and-whisker"-Plot genannt) angezeigt, der gemäß der folgenden Anleitung zu interpretieren ist:

```
                    (E): Extremwerte (mehr als 3 Box-Laengen oberhalb
                                     des 3. Quartilwerts)

                    (O): Outlier-Werte (zwischen 1.5 und 3 Box-Laengen
                                        oberhalb des 3. Quartilwerts

                    - groesster Wert, der nicht zu den
                    | Outlier-Werten zaehlt
                    |
                    |
                    |
        -           --- 3. Quartilwert
        |           | |
  Box-Laenge        | |
  (Abstand          | |
  zwischen dem     |*| Median
  1. und 3.         | |
  Quartilwert)      | |
        |           | |
        -           --- 1. Quartilwert
                    |
                    |
                    |
                    - kleinster Wert, der nicht zu den
                      Outlier-Werten zaehlt

                    (O): Outlier-Werte (zwischen 1.5 und 3 Box-Laengen
                                        unterhalb des 1. Quartilwerts

                    (E): Extremwerte (mehr als 3 Box-Laengen unterhalb
                                     des 1. Quartilwerts)
```

Dabei gliedert der Median die Verteilung in zwei Hälften (unterhalb des Medians liegen 50% der Merkmalsausprägungen). Unterhalb des 1. Quartilwerts liegen 25% und unterhalb des 3. Quartilwerts liegen 75% der Verteilung.

Die *Box-Länge* charakterisiert die Variabilität des Merkmals, und die Lage des *Medians* gibt einen Eindruck von der Lage der zentralen Tendenz innerhalb der Box und damit auch von der Symmetrie der Verteilung. Durch die Angaben von "E" und "O" werden die Werte an den Rändern der Verteilung gekennzeichnet.

Um etwa für das Merkmal "Stundenzahlen" einen Boxplot abzurufen, geben wir das folgende Kommando ein:

EXAMINE/VARIABLES=STUNZAHL/PLOT=BOXPLOT/STATISTICS=NONE.

Daraufhin erhalten wir die Ausgabe:

4.5 Untersuchung von Merkmalen (EXAMINE)

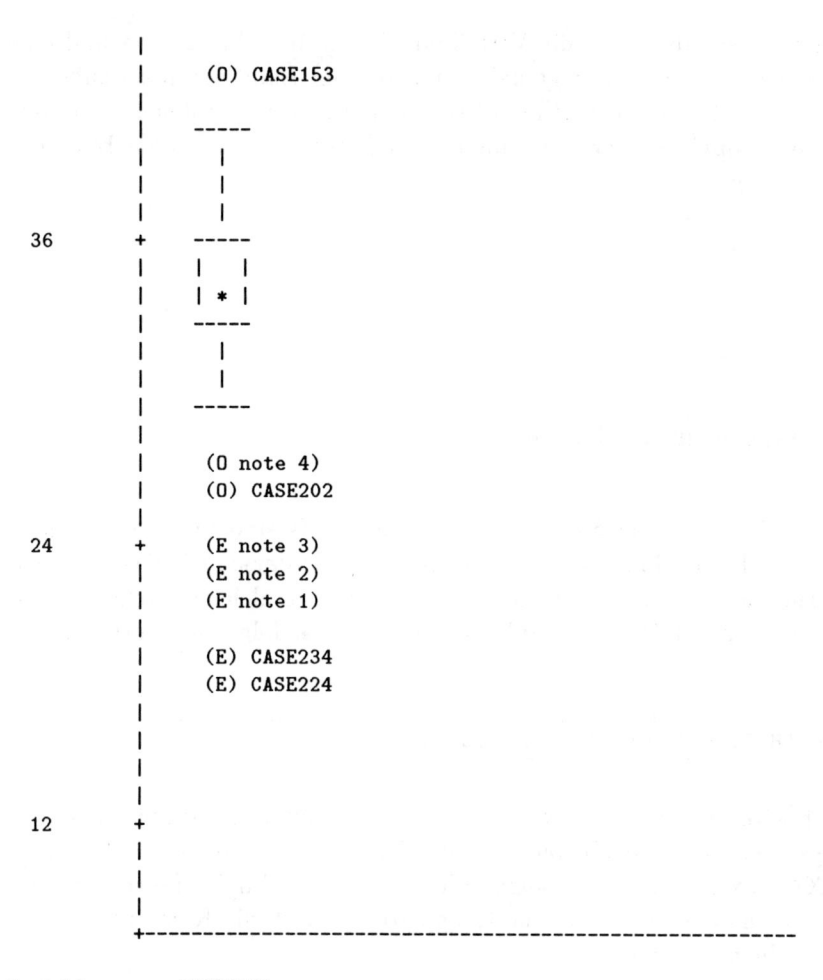

```
            |
            |       (O) CASE153
            |
            |     -----
            |       |
            |       |
            |       |
     36    +     -----
            |     |   |
            |     | * |
            |     -----
            |       |
            |       |
            |       |
            |     -----
            |
            |       (O note 4)
            |       (O) CASE202
            |
     24    +       (E note 3)
            |       (E note 2)
            |       (E note 1)
            |
            |       (E) CASE234
            |       (E) CASE224
            |
            |
            |
     12    +
            |
            |
            |
            +-----------------------------------------------------------
```

Variables   STUNZAHL

N of Cases   250.00

    Symbol Key: *   - Median   (O) - Outlier   (E) - Extreme

Boxplot footnotes denote the following:

1)   CASE226, CASE227, CASE246

2)   CASE114, CASE242, CASE243, CASE248, CASE250

3)   CASE203, CASE214

4)   CASE241, CASE244

Hieraus ist erkennbar, daß die Verteilung eine geringe Variablität und eine Linksschiefe (der Median liegt näher am unteren Ende der Box) aufweist, und daß 4 Werte zu den Outlier-Werten und 12 Werte zu den Extremwerten zählen, wobei nur der Case mit der Nummer 153 am oberen Ende der Verteilung liegt.

4.5.4 Gruppenvergleiche

Boxplots, Histogramme und "Stem-and-leaf"-Plots sind insbesondere hilfreich bei der Beurteilung, ob Merkmale innerhalb *unterschiedlicher* Gruppen annähernd *gleichartig verteilt* sind. Um derartige Vergleiche durchführen zu können, ist das *VARIABLES*-Subkommando in der folgenden Form zu verwenden:

```
/ VARIABLES = varliste_1 BY varliste_2
```

Dadurch wird jede innerhalb von "varliste_2" aufgeführte Variable als *Gruppierungsmerkmal* aufgefaßt und für jede Variable aus "varliste_1" die durch das EXAMINE-Kommando angeforderte Analyse durchgeführt. Es ist darüberhinaus auch erlaubt, eine Gruppierung durch die Kombination von zwei Variablen in der Form

```
/ VARIABLES = varliste_1 BY varliste_2 BY varname
```

festzulegen. In diesem Fall wird für jede Variable aus "varliste_1" eine Analyse durchgeführt. Als Gruppenvariablen werden alle in "varliste_2" enthaltenen Variablen – mit Ausnahme der letzten Variablen – verwendet. Die *letzte* innerhalb von "varliste_2" aufgeführte Variable wird in Kombination mit "varname" zur Beschreibung einer Gruppierung eingesetzt, bei der jede Teilgruppe durch eine Wertekombination aus zwei Variablen bestimmt ist.
Sind mehrere Variablen innerhalb der Variablenliste vor dem Schlüsselwort *BY* aufgeführt, so wird ein Boxplot für jede einzelne Variable *gruppenweise* angezeigt.

4.5 Untersuchung von Merkmalen (EXAMINE)

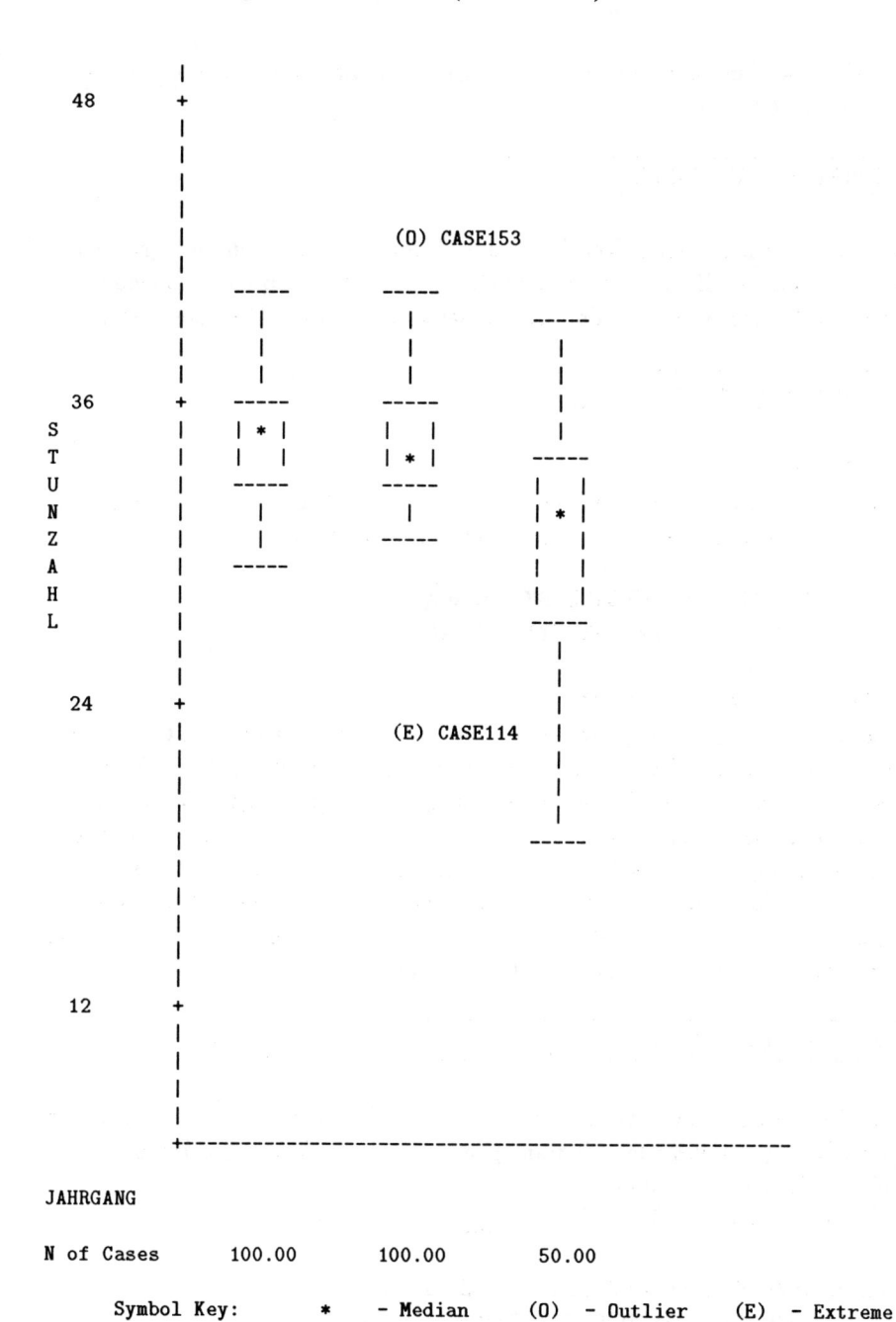

```
       |
  48   +
       |
       |
       |
       |                    (O) CASE153
       |           -----         -----
       |           |   |         |   |
       |           |   |         |   |                -----
  36   +           -----         -----                |   |
S      |           | * |         |   |                |   |
T      |           |   |         | * |                -----
U      |           -----         -----                |   |
N      |           |   |         |   |                | * |
Z      |           |   |         -----                |   |
A      |           -----                              |   |
H      |                                              -----
L      |
       |
       |
  24   +                                              |
       |                    (E) CASE114               |
       |                                              |
       |                                              |
       |                                              -----
       |
       |
       |
       |
       |
  12   +
       |
       |
       |
       |
       +--------------------------------------------------------
        JAHRGANG

N of Cases      100.00       100.00          50.00

      Symbol Key:    *  - Median    (O)  - Outlier    (E)  - Extreme
```

Sollen dagegen die Boxplots so ausgegeben werden, daß für jede einzelne Gruppe *sämtliche* Boxplots der aufgeführten Variablen als Ausgaben zusammengefaßt werden, so ist das *COMPARE*-Subkommando mit dem Schlüsselwort *VARIABLE* in der Form

```
/ COMPARE = VARIABLE
```

anzugeben. Sollen beim Vergleich über mehrere Gruppen die grafischen Ausgaben auf der Basis *derselben* Skalierung erfolgen, so ist ergänzend das *SCALE*-Subkommando mit dem Schlüsselwort *UNIFORM* in der Form

```
/ SCALE = UNIFORM
```

zu verwenden.
Wollen wir z.B. die Verteilung der Stundenzahlen über die drei Jahrgangsstufen vergleichen, so erhalten wir durch das Kommando

```
EXAMINE/VARIABLES=STUNZAHL BY JAHRGANG
       /PLOT=BOXPLOT/STATISTICS=NONE.
```

die oben angegebene Ausgabe.
Hieraus ist zu entnehmen, daß – entgegen der oben angegebenen Gesamtbeschreibung über alle Cases – nur noch zwei Cases innerhalb der Jahrgangsstufe 12 auffällig sind, und daß die jahrgangsstufen-spezifischen Verteilungen verschiedenartige Schiefe besitzen. Der Anzeige ist außerdem zu entnehmen, daß gruppenspezifische Unterschiede bzgl. der Variabilität des Merkmals "Unterrichtsstunden" bestehen. Dies läßt sich differenzierter durch die Ausgabe eines *"Spread-and-level"-Plots* untersuchen, der durch die Angabe des Schlüsselworts *SPREADLEVEL* in der Form

```
/ PLOT = SPREADLEVEL [ ( p ) ]
```

abgerufen werden kann. Ohne Angabe von "(p)" wird für jede Gruppe der *natürliche Logarithmus* des Medians gegen den *natürlichen Logarithmus* der jeweiligen Box-Länge tabelliert.
So erhalten wir z.B. durch das Kommando

```
EXAMINE/VARIABLES=URTEIL BY JAHRGANG
       /PLOT=SPREADLEVEL/STATISTICS=NONE.
```

die folgende Ausgabe:

4.5 Untersuchung von Merkmalen (EXAMINE)

```
Dependent variable:   URTEIL
Factor variables:     JAHRGANG

      1.0 +------------------------------------------------+
          |                                                |
          |                                                |
       .8 +                                                |
          |2                      3                        |
    S     |                                                |
    p     |                                                |
    r  .5 +                                                |
    e     |                                                |
    a     |                                                |
    d     |                                                |
       .3 +                                                |
          |                                                |
          |                                                |
       .0 +1--------------+---------------+---------------+
           1.60          1.68          1.76          1.84          1.92

                               Level
---------------------------------------------------------------------
* Plot of LN of Spread vs LN of Level.

Slope =   1.901       Power for transformation =    -.901

Test of homogeneity of variance          df1      df2    Significance
Levene Statistic              1.7394      2       247        .1778
---------------------------------------------------------------------
```

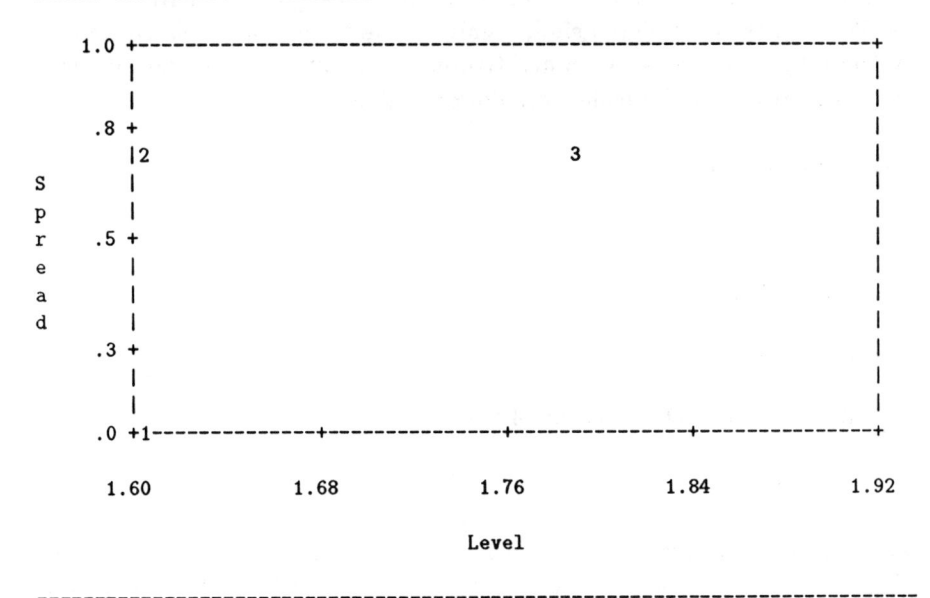

Mit den unten angezeigten Werten läßt sich ein statistischer Test durchführen, mit dem abgeprüft werden kann, ob das Merkmal in sämtlichen Gruppen (bis auf zufallsbedingte Einflüsse) die gleiche Varianz besitzt. Bei Vorgabe eines Testniveaus von z.B. 5% ist die Nullhypothese der Varianzhomogenität dann beizubehalten, wenn das Signifikanzniveau (Significance) größer oder gleich 0,05 ist.

Die angezeigte *Power* (Power of transformation) ergibt sich als Differenz aus dem Wert "Slope" und der Zahl 1. Diese Größe gibt einen Hinweis, wie die Werte zu transformieren sind, damit für die transformierten Werte eine annähernd gleiche Variation in den Gruppen vorliegt. Beispiele für mögliche Transformationen und zugehöriger Power sind etwa:

- 3. Potenz : 3
- Quadrat : 2
- keine Änderung : 1
- Logarithmus : 0
- Reziproke der Quadratwurzel : -1/2
- Reziproke : -1

Ob die jeweils vorgeschlagene Transformation zur *erfolgreichen Anpassung* führt, läßt sich durch eine erneute Ausführung des EXAMINE-Kommandos feststellen, wobei innerhalb des Subkommandos *PLOT* hinter dem Schlüsselwort *SPREADLEVEL* die Angabe der Power in der Form "(p)" vorgenommen werden muß.

4.5.5 Überprüfung auf Normalverteilung

Zur Beurteilung, ob ein Merkmal annähernd normalverteilt ist, läßt sich das *PLOT*-Subkommando mit dem Schlüsselwort *NPPLOT* in der Form

```
/ PLOT = NPPLOT
```

einsetzen. Dadurch wird ein *"Normal plot"* angezeigt, in dem die ursprünglichen Werte zu denjenigen Werten in Beziehung gesetzt werden, die unter der Annahme der Normalverteilung zu erwarten sind. Ist das Merkmal *normalverteilt*, so liegen die diesbezüglichen Wertepaare auf einer *Geraden*. In diesem Fall müssen die im zusätzlich ausgegebenen *"Detrended normal plot"* eingetragenen Punkte als *richtungslose Punktwolke* um die Waagerechte durch den Nullpunkt verteilt sein.
Zur Überprüfung, ob das Merkmal "Unterrichtsstunden" normalverteilt ist, geben wir das Kommando

4.5 Untersuchung von Merkmalen (EXAMINE)

```
EXAMINE/VARIABLES=STUNZAHL/PLOT=NPPLOT/STATISTICS=NONE.
```

ein. Dadurch erhalten wir die folgende Ausgabe:

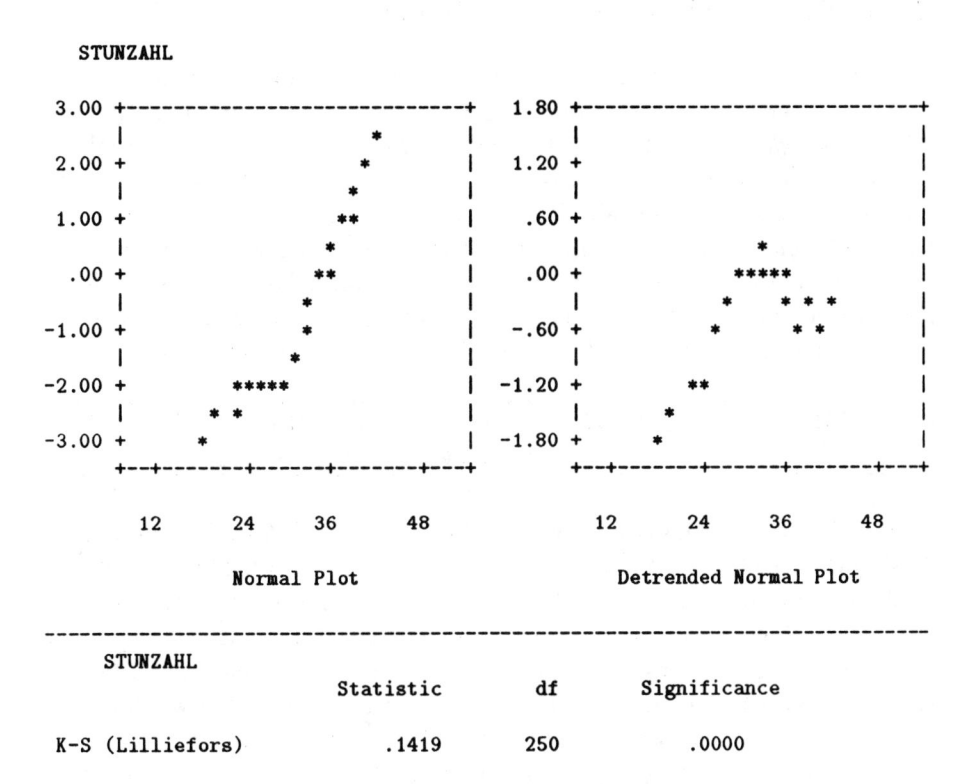

```
STUNZAHL

  3.00 +------------------------+     1.80 +------------------------+
       |                *       |          |                        |
  2.00 +               *        |     1.20 +                        |
       |              *         |          |                        |
  1.00 +             **         |      .60 +                        |
       |             *          |          |             *          |
   .00 +            **          |      .00 +           *****        |
       |           *            |          |          *   * *  *    |
 -1.00 +          *             |     -.60 +         *     *  *     |
       |          *             |          |                        |
 -2.00 +     *****              |    -1.20 +       **               |
       |      * *               |          |       *                |
 -3.00 +    *                   |    -1.80 +      *                 |
       +--+--------+------+--------+--+    +--+--------+------+--------+--+
            12    24    36    48                12    24    36    48

             Normal Plot                      Detrended Normal Plot
```

STUNZAHL	Statistic	df	Significance
K-S (Lilliefors)	.1419	250	.0000

Da die Punkte im "Normal plot" nicht auf einer Geraden liegen und die Punkte im "Detrended normal plot" ein *Muster* aufweisen, ist die Annahme der Normalverteilung *nicht* haltbar.

Dieser Eindruck wird unterstrichen durch die im Anschluß an die beiden Plots ausgegebene Kolmogorov-Smirnov-Statistik mit dem zugeordneten Lilliefors-Signifikanzniveau, mit dem die Annahme der Normalverteilung teststatistisch überprüft werden kann. So ist den angezeigten Werten zu entnehmen, daß bei Vorgabe eines Testniveaus von z.B. 5% die Annahme der Normalverteilung nicht akzeptiert werden kann, da das ausgegebene Signifikanzniveau kleiner als 0,05 ist.

Hinweis:
Für den Fall, daß höchstens 50 Cases vorliegen, wird zusätzlich der Wert der Shapiro-Wilks-Statistik angezeigt.

4.5.6 Schätzung der zentralen Tendenz

Für intervallskalierte Merkmale läßt sich das arithmetische Mittel als Schätzung der zentralen Tendenz ermitteln (siehe Abschnitt 4.1.5.2). Da alle Werte *gleichberechtigt* in die Berechnung dieser Statistik eingehen, können *Extremwerte* diese Statistik stark beeinflussen. Daher ist es oftmals zweckmäßig, die zentrale Tendenz durch sog. *M-Schätzer* zu ermitteln. Dies sind *robuste* Statistiken, d.h. Statistiken, die auf schwachen Verteilungsannahmen beruhen und zudem relativ unempfindlich bei Verletzung dieser Annahmen sind. Liegt eine annähernd symmetrische Verteilung vor, so ist es sinnvoll, durch das *MESTIMATOR*-Subkommando in der Form

```
/ MESTIMATOR = [ [ HUBER [ ( c1 ) ] ] [ ANDREW [ ( c2 ) ] ]
    [ TUKEY [ ( c3 ) ] ] [ HAMPEL [ ( a b c4 ) ] ] ]
```

die vier durch die Schlüsselwörter *HUBER, ANDREWS, TUKEY* und *HAMPEL* gekennzeichneten M-Schätzer abzurufen. Diese M-Schätzer sind dadurch gekennzeichnet, daß ein gewichtetes arithmetisches Mittel errechnet wird, bei dem die relativ zentral auftretenden Merkmalsausprägungen mit dem Gewichtungsfaktor 1 und die weiter entfernt liegenden Werte mit (nach außen hin) abnehmenden Gewichtsfaktoren berücksichtigt werden. Wo die Grenze zwischen nahen und entfernt liegenden Werten zu ziehen ist, läßt sich durch die Angabe von Parametern hinter den Schlüsselwörtern beeinflussen. Dabei sind die folgenden Parameterwerte voreingestellt: $c1=1,339$, $c2=1,339*\pi$, $c3=4,685$, $a=1,7$, $b=3,4$, $c4=8,5$. Ohne Angabe von Schlüsselwörtern innerhalb des MESTIMATORS-Subkommandos werden alle 4 M-Schätzer mit den voreingestellten Parameterwerten ermittelt. So erhalten wir z.B. für das Merkmal "Stundenzahlen" durch das Kommando

```
EXAMINE/VARIABLES=STUNZAHL/MESTIMATOR=
    /STATISTICS=DESCRIPTIVES/PLOT=NONE.
```

die folgende Ausgabe:

4.5 Untersuchung von Merkmalen (EXAMINE)

```
Valid cases:      250.0   Missing cases:    .0   Percent missing:    .0

Mean      33.6000  Std Err      .2249  Min       18.0000  Skewness  -1.4765
Median    34.0000  Variance   12.6506  Max       42.0000  S E Skew    .1540
5% Trim   33.8956  Std Dev     3.5568  Range     24.0000  Kurtosis   3.7069
                                       IQR        3.0000  S E Kurt    .3068

                         M-Estimators
                         ------------

Huber   (1.339)                34.0208   Tukey  (4.685)           34.1645
Hampel  (1.700,3.400,8.500)    34.0662   Andrew (1.340 * pi)      34.1651
```

Hieraus entnehmen wir, daß das arithmetische Mittel geringfügig kleiner ist als die ermittelten M-Schätzer.

4.5.7 Berechnung von Percentilwerten

Als Ergänzung zu den innerhalb des FREQUENCIES-Kommandos möglichen Anforderungen zur Berechnung von Percentilwerten (siehe Abschnitt 4.1.5.1) steht innerhalb des EXAMINE-Kommandos das Subkommando *PERCENTILES* in der folgenden Form zur Verfügung:

```
/ PERCENTILES [ ( p_1 [ , p_2 ]... ) ] =
    [ { HAVERAGE | WAVERAGE |
        ROUND | AEMPIRICAL | EMPIRICAL } ]
```

Hinter dem Schlüsselwort *PERCENTILES* lassen sich die Prozentwerte angeben, zu denen die Percentilwerte ermittelt werden sollen. Ohne Angabe von Prozentwerten erfolgt die Berechnung für die Prozentwerte 5, 10, 25, 50, 75, 90 und 95.

Bei Angabe des Schlüsselworts *HAVERAGE* wird für jeden Prozentwert p das Produkt "(W + 1)*(p/100)" (W ist die Summe aller Gewichte, summiert über alle Cases, die keine missing values besitzen) gebildet und in einen ganzzahligen Anteil I und in einen Nachkommastellenanteil F zerlegt. Als zugehöriger Percentilwert wird der gewichtete Durchschnitt "(1-F)*X[I] + F*X[I+1]" ermittelt, wobei X[I] der in der Rangreihe aller Werte X an der I-ten Stelle plazierte Wert ist (für den Fall "I = 0" wird I gleich dem Wert 1 gesetzt).

Soll nicht das Produkt "(W + 1)*(p/100)", sondern "W*(p/100)" für die zuvor angegebene Berechnung zugrundegelegt werden, so ist das Schlüsselwort

WAVERAGE zu verwenden.

Ist dagegen das Produkt "W*(p/100) + 0,5" zu bilden und für den zugehörigen ganzzahligen Anteil I dem Prozentwert p der Wert X[I] als Percentilwert zuzuordnen, so ist das Schlüsselwort *ROUND* einzugeben.

Durch das Schlüsselwort *EMPIRICAL* ist folgendes festgelegt: Es ist das Produkt "W*(p/100)" zu berechnen und der zugehörige ganzzahlige Anteil I und der Nachkommastellenanteil F zu ermitteln. Ist F gleich 0, so ergibt sich der Percentilwert zu X[I], ansonsten zu X[I+1]. Die Angabe des Schlüsselworts *AEMPIRICAL* führt zu folgender Änderung: Ist F gleich 0, so ergibt sich der Percentilwert zu "(X[I]+X[I+1])/2", ansonsten wiederum zu X[I+1].

Ohne Angabe eines Schlüsselworts innerhalb des PERCENTILES-Subkommandos werden die Percentilwerte so ermittelt, wie es bei Angabe von *HAVERAGE* durchgeführt wird. Ergänzend zur jeweiligen Ausgabe der ermittelten Percentilwerte werden "Tukey's hinges" als Näherungswerte für den 25%-, den 50%- und den 75%- Percentilwert angezeigt.

4.5.8 Zusammenfassung

Abschließend fassen wir die oben angegebenen Möglichkeiten zur Eingabe des *EXAMINE*-Kommandos in einer gemeinsamen Syntax-Darstellung zusammen:

```
EXAMINE / VARIABLES = varliste_1
             [ BY varliste_2 [ BY varname_1 ] ]
 [ / COMPARE = VARIABLE ]
 [ / SCALE = UNIFORM ]
 [ / ID = varname_2 ]
 [ / FREQUENCIES = FROM ( unterer_wert ) BY ( zuwachs ) ]
 [ / PERCENTILES [ ( p_1 [ , p_2 ]... ) ] = [ { HAVERAGE |
     WAVERAGE | ROUND | AEMPIRICAL | EMPIRICAL } ] ]
 [ / PLOT = [ STEMLEAF ] [ BOXPLOT ] [ NPPLOT ]
            [ SPREADLEVEL [ ( P ) ] ] [ HISTOGRAM ] [ NONE ] ]
 [ / STATISTICS = [ [ DESCRIPTIVES ]
            [ EXTREME [ ( anzahl ) ] ] [ NONE ] ] ]
 [ / MESTIMATOR = [ [ HUBER [ ( c1 ) ] ] [ ANDREW [ ( c2 ) ] ]
            [ TUKEY [ ( c3 ) ] ] [ HAMPEL [ ( a b c4 ) ] ] ] ]
 [ / MISSING = { LISTWISE | REPORT | PAIRWISE } [ INCLUDE ] ] .
```

4.5 Untersuchung von Merkmalen (EXAMINE)

Aus der Struktur des PLOT-Subkommandos ist erkennbar, daß nicht nur jeweils ein Plot, sondern verschiedene Plots *gemeinsam* abgerufen werden können. Soll *kein* Plot angezeigt werden, so ist das Schlüsselwort *NONE* aufzuführen. *Ohne* PLOT-Subkommando werden *automatisch* Boxplots und "Stem-and-leaf"-Plots ausgegeben.

Standardmäßig werden die Cases mit missing values *listenweise (LISTWISE)* ausgeschlossen, d.h. alle Cases, die in mindestens einer der innerhalb des VARIABLES-Subkommandos aufgeführten Variablen einen benutzerseitig festgelegten missing value oder einen system-missing value besitzen, werden bei der Auswertung *nicht* berücksichtigt. Soll dagegen ein Ausschluß *nur* wirksam sein, falls das jeweils aktuelle Merkmal oder eine zugehörige Gruppierungsvariable einen missing value besitzt, so ist das Schlüsselwort *PAIRWISE* innerhalb des MISSING-Subkommandos anzugeben.

Soll sich der Ausschluß von Cases mit missing values *nur* auf die statistischen Berechnungen und *nicht* auf die tabellarischen Ausgaben beziehen, so ist das Schlüsselwort *REPORT* zu verwenden.

Sind *sämtliche* Cases mit benutzerseitig vereinbarten missing values in die Auswertungen einzubeziehen, so muß das Schlüsselwort *INCLUDE* innerhalb des MISSING-Subkommandos aufgeführt werden.

Kapitel 5

Beschreibung der Beziehung von Merkmalen

5.1 Analyse von Kontingenz-Tabellen (CROSSTABS)

5.1.1 Die gemeinsame Häufigkeitsverteilung zweier Merkmale

Bislang haben wir *univariate* Analysen durchgeführt, indem wir die Häufigkeitsverteilungen der einzelnen Merkmale ermittelt und durch geeignete Statistiken beschrieben haben. Jetzt wollen wir in einem zweiten Schritt analysieren, ob die Merkmale zueinander in *Beziehung* stehen. Dazu stellen wir die Frage, ob zwischen zwei Merkmalen innerhalb der Gruppe der untersuchten Merkmalsträger ein *statistischer Zusammenhang* (Beziehung, Assoziation, Kontingenz, Korrelation, Abhängigkeit) besteht, wie die *Stärke* eines Zusammenhangs beschreibbar ist und ob eine derartige Beziehung gegebenenfalls auch für die *Grundgesamtheit*, aus der die Merkmalsträger ausgewählt wurden, angenommen werden kann.

Es geht dabei *nicht* um Kausalitätsuntersuchungen, d.h. ob ein Merkmal ein anderes verursacht. Dies läßt sich nur mit Hilfe von sachlogischen Argumenten diskutieren. Statistisch belegte Zusammenhänge können nämlich auch bei Merkmalen auftreten, für die keine begründbare Kausalbeziehung existiert. Insofern ist hervorzuheben, daß eine *statistische Beziehung* zwischen Merkmalen nur besagt, daß die Merkmale *gemeinsam miteinander variieren*. Zur Überprüfung des statistischen Zusammenhangs muß folglich die

5.1 Analyse von Kontingenz-Tabellen (CROSSTABS)

gemeinsame Häufigkeitsverteilung der Merkmale untersucht werden.

Als Beispiel geben wir die bivariate Häufigkeitsverteilung der Merkmale "Abschalten" (ABSCHALT) und "Geschlecht" (GESCHL) in Form einer *Kontingenz-Tabelle* (Kreuztabelle) an, wobei die relativen Häufigkeiten spaltenweise berechnet sind (wie sich diese Tabelle mit dem SPSS-System ermitteln läßt, stellen wir unten dar):

```
ABSCHALT    Abschalten im Unterricht   by  GESCHL   Geschlecht

                         GESCHL            Page 1 of 1
              Count    |
              Col Pct  |maennl.  weiblich
                       |                      Row
                       |    1   |    2   |  Total
ABSCHALT      ---------+--------+--------+
                   1   |   60   |   78   |  138
           stimmt     |  48.8  |  63.4  | 56.1
                      +--------+--------+
                   2   |   63   |   45   |  108
      stimmt nicht    |  51.2  |  36.6  | 43.9
                      +--------+--------+
              Column     123      123      246
              Total      50.0     50.0    100.0
Number of Missing Observations:  4
```

Die erste (zweite) Tabellenspalte enthält Angaben über die *bedingte Verteilung* (*Konditionalverteilung*) des Merkmals "Abschalten" bzgl. der Ausprägung "männlich" ("weiblich") des Merkmals "Geschlecht".

Ein *statistischer Zusammenhang* zweier Merkmale ist dann gegeben, wenn sich die Konditionalverteilungen eines Merkmals voneinander unterscheiden. Stimmen dagegen die Konditionalverteilungen überein, so sind beide Merkmale *statistisch unabhängig*.

Um eine Aussage über die statistische Beziehung von ABSCHALT und GESCHL zu machen, vergleichen wir die angegebenen Prozentsätze zeilenweise. Da sich die Konditionalverteilungen ziemlich unterscheiden, können wir auf einen statistischen Zusammenhang zwischen den Merkmalen "Abschalten" und "Geschlecht" schließen. Es sind somit geschlechts-spezifische Unterschiede zwischen beiden Merkmalen in der Gruppe der 246 Merkmalsträger zu beobachten (bei 4 Fragebögen blieb die Frage nach dem "Abschalten" unbeantwortet). Dabei geben weitaus mehr Schülerinnen als Schüler an, daß sie beim Unterricht oftmals abschalten.

5.1.2 Ausgabe von Kontingenz-Tabellen

Um eine tabellarische Beschreibung der gemeinsamen Häufigkeitsverteilung zweier Merkmale in Form einer *bivariaten Kontingenz-Tabelle* zu erhalten, muß das Kommando *CROSSTABS* in der folgenden Form eingegeben werden:

```
CROSSTABS / [ TABLES = ] varliste_1 BY varliste_2
                        [ BY varliste_3 ]...
         [ / [ TABLES = ] varliste_4 BY varliste_5
                        [ BY varliste_6 ]... ]... .
```

Jede Variablenliste kann aus nur einer oder auch aus mehreren Variablen bestehen. Die in "varliste_1" (bzw. "varliste_4") aufgeführten Variablen übernehmen innerhalb der Kontingenz-Tabellen die Funktion der *Zeilenvariable*. Die in "varliste_2" (bzw. "varliste_5") angegebenen Variablen werden jeweils als *Spaltenvariable* aufgefaßt. Dabei wird für jede mögliche Variablen-Kombination dieser beiden Variablenlisten jeweils eine Kontingenz-Tabelle ausgegeben, wobei die Position der Variablen in ihren Listen die Reihenfolge der einzelnen Tabellen bei der Ausgabe bestimmt.

Mit verschiedenen *TABLES*-Subkommandos können mehrere Arten von Kontingenz-Tabellen abgerufen werden, indem für jede neue Tabellenform eine geeignete Tabellenbeschreibung mit neuen Zeilen- und Spaltenvariablen aufgeführt wird. Sollen die durch Zeilen- und Spaltenvariablen gekennzeichneten Tabellen für einzelne Werte einer dritten Variablen oder für Wertekombinationen von zwei oder mehr Variablen ermittelt werden, so ist das Schlüsselwort *BY* mehr als einmal aufzuführen (maximal 9 Angaben sind erlaubt). Für jede Wertekonstellation jeder Variablen-Kombination der hinter "varliste_1 BY varliste_2" angegebenen Variablenlisten wird eine Kontingenz-Tabelle ausgegeben.

So werden z.B. durch das Kommando

```
CROSSTABS/TABLES=AUFGABEN BY ABSCHALT BY JAHRGANG GESCHL.
```

fünf Kontingenz-Tabellen mit der Zeilenvariablen AUFGABEN und der Spaltenvariablen ABSCHALT abgerufen, wobei für jeden Wert der Variablen JAHRGANG und GESCHL eine zugehörige Kontingenz-Tabelle ausgegeben wird. Dabei enthält die erste Tabelle die Angaben für die Befragten der Jahrgangsstufe 11, die nächste diejenigen für die Befragten der Jahrgangsstufe 12 usw. Die letzte Tabelle enthält die Angaben für alle Schülerinnen.

5.1 Analyse von Kontingenz-Tabellen (CROSSTABS)

Anders ist es z.B. beim folgenden Kommando:

```
CROSSTABS/TABLES=AUFGABEN BY ABSCHALT
                 BY JAHRGANG BY GESCHL.
```

In diesem Fall werden sechs Kontingenz-Tabellen mit der Zeilenvariablen AUFGABEN und der Spaltenvariablen ABSCHALT ausgegeben. Zuerst wird die Kontingenz-Tabelle für die Schüler der Jahrgangsstufe 11, dann diejenige für die Schüler der Jahrgangsstufe 12 usw. und zuletzt diejenige für die Schülerinnen der Jahrgangsstufe 13 angezeigt.

Z.B. erhalten wir durch die Ausführung des SPSS-Programms (zur näheren Erläuterung des innerhalb eines CROSSTABS-Kommandos angegebenen CELLS-Subkommandos siehe unten)

```
DATA LIST FILE='DATEN.TXT'/JAHRGANG GESCHL 4-5 ABSCHALT 9.
VARIABLE LABELS/JAHRGANG 'Jahrgangsstufe'/GESCHL 'Geschlecht'
               /ABSCHALT 'Abschalten im Unterricht'.
VALUE LABELS/JAHRGANG 1 '11' 2 '12' 3 '13'.
VALUE LABELS/GESCHL 1 'maennl.' 2 'weiblich'.
VALUE LABELS/ABSCHALT 1 'stimmt' 2 'stimmt nicht'.
MISSING VALUE ABSCHALT(0).
CROSSTABS/TABLES=ABSCHALT BY GESCHL JAHRGANG/CELLS=.
FINISH.
```

zwei Kontingenz-Tabellen, in denen ABSCHALT als Zeilenvariable auftritt. Die Funktion der Spaltenvariablen wird in der ersten Tabelle von GESCHL und in der zweiten Tabelle von JAHRGANG übernommen. Als erste Tabelle erhalten wir die auf der nächsten Seite angegebene Kontingenz-Tabelle.

In jeder *Zelle* dieser Tabelle sind vier Werte angezeigt. Der oberste Wert gibt die absolute Häufigkeit (Count) und der folgende die zugehörige (angepaßte) prozentuale Zeilenhäufigkeit (Row Pct) an, die auf die jeweiligen Zeilensummenwerte (Row Total) bezogen ist. Anschließend folgt die zugehörige (angepaßte) prozentuale Spaltenhäufigkeit (Col Pct), d.h. die Prozentuierung auf den jeweiligen Spaltensummenwert (Column Total). Abschließend wird die (angepaßte) prozentuale Gesamthäufigkeit (Tot Pct) angezeigt, bei der auf die Gesamtzahl der gültigen Cases (in der Tabelle ist dies der Wert 246) prozentuiert wird. Alle prozentualen Häufigkeiten werden als (gerundete) Prozentsätze mit *einer* Nachkommastelle ausgegeben.

```
ABSCHALT  Abschalten im Unterricht  by  GESCHL  Geschlecht

                    GESCHL        Page 1 of 1
           Count   |
           Row Pct |maennl. weiblich
           Col Pct |                      Row
           Tot Pct |    1   |    2   |  Total
ABSCHALT   --------+--------+--------+
              1   |   60   |   78   |   138
 stimmt           |  43.5  |  56.5  |  56.1
                  |  48.8  |  63.4  |
                  |  24.4  |  31.7  |
                  +--------+--------+
              2   |   63   |   45   |   108
 stimmt nicht     |  58.3  |  41.7  |  43.9
                  |  51.2  |  36.6  |
                  |  25.6  |  18.3  |
                  +--------+--------+
         Column      123      123      246
          Total     50.0     50.0    100.0
Number of Missing Observations:  4
```

Zur Gestaltung der Tabellenausgabe läßt sich das Kommando VALUE LABELS einsetzen. Dabei ist zu beachten, daß nur maximal 16 Zeichen der vereinbarten Werteetiketten ausgegeben und die Werteetiketten der Spaltenvariablen nach den ersten 8 Zeichen aufgebrochen werden. Diese Restriktion sollte schon bei der Eingabe des VALUE LABELS-Kommandos berücksichtigt werden, damit die Ausprägungen der Spaltenvariablen in der Kontingenz-Tabelle vernünftig beschriftet werden.

5.1.3 Steuerung der Tabellenausgabe

Standardmäßig werden diejenigen Cases von der Analyse ausgeschlossen, die für mindestens eine der beiden an der Tabellenbildung beteiligten Variablen einen *missing value* besitzen. Soll auf die Verrechnung von missing values eingewirkt werden, so ist das Subkommando *MISSING* in der folgenden Form zu verwenden:

```
/ MISSING = INCLUDE
```

In diesem Fall werden alle missing values, die benutzerseitig für die beteiligten Variablen festgelegt wurden, in die Analyse einbezogen.

5.1 Analyse von Kontingenz-Tabellen (CROSSTABS)

Soll die oben angegebene Standardausgabeform der Kontingenz-Tabelle abgeändert werden, so läßt sich dies durch den Einsatz des FORMAT- und des CELLS-Subkommandos ändern.

Ein *FORMAT*-Subkommando ist innerhalb des CROSSTABS-Kommandos in der folgenden Form aufzuführen:

```
/ FORMAT = [ NOLABELS ] [ NOVALLABS ] [ DVALUE ]
           [ NOTABLES ] [ NOBOX ] [ INDEX ]
```

Die Schlüsselwörter haben die folgende Bedeutung:

- NOLABELS : die durch die Kommandos VARIABLE LABELS und VALUE LABELS vereinbarten Etiketten werden nicht ausgegeben

- NOVALLABS : keine Ausgabe von Werteetiketten

- DVALUE : die Werte der Zeilenvariablen werden in fallender Sortierfolgeordnung angezeigt

- NOTABLES : keine Ausgabe der Kontingenz-Tabelle

- NOBOX : die Werte innerhalb der Zellen werden nicht durch waagerechte und senkrechte Umgrenzungslinien eingeschlossen

- INDEX : hinter allen ermittelten Tabellen wird ein Inhaltsverzeichnis ausgegeben, in dem für jede Tabelle die zugehörige Seitenzahl eingetragen ist.

Standardmäßig werden innerhalb einer Kontingenz-Tabelle die absoluten Häufigkeiten eingetragen. Um zusätzliche Werte anzeigen zu lassen, muß das Subkommando *CELLS* in der folgenden Form eingesetzt werden:

```
/ CELLS = [ COUNT ] [ ROW ] [ COLUMN ] [ TOTAL ] [ ALL ]
          [ EXPECTED ] [ RESID ] [ SRESID ] [ ASRESID ]
```

Die Schlüsselwörter haben die folgende Bedeutung:

- COUNT : Ausgabe der absoluten Häufigkeiten (erforderlich, sofern die generelle Voreinstellung durch die Angabe eines CELLS-Subkommandos außer Kraft gesetzt wird)

- ROW : Ausgabe der (angepaßten) prozentualen Zeilenhäufigkeiten (Row Pct)

- COLUMN : Ausgabe der (angepaßten) prozentualen Spaltenhäufigkeiten (Col Pct)

- TOTAL : Ausgabe der (angepaßten) prozentualen Gesamthäufigkeiten (Tot Pct)

- EXPECTED : Ausgabe der erwarteten Häufigkeiten unter der Annahme der statistischen Unabhängigkeit von Zeilen- und Spaltenvariable

- RESID : Anzeige der Residuen, d.h. der Differenzen zwischen beobachteten und erwarteten Häufigkeiten unter der Annahme der statistischen Unabhängigkeit von Zeilen- und Spaltenvariable

- SRESID : Ausgabe der standardisierten Residuen, d.h. der durch die Quadratwurzel aus der erwarteten Häufigkeit dividierten Residualwerte unter der Annahme der statistischen Unabhängigkeit von Zeilen- und Spaltenvariable

- ASRESID : Ausgabe der angepaßten standardisierten Residuen unter der Annahme der statistischen Unabhängigkeit von Zeilen- und Spaltenvariable; dazu wird innerhalb der Berechnungsvorschrift zur Ermittlung der standardisierten Residuen die erwartete Häufigkeit zuvor mit einem Produkt aus zwei Faktoren multipliziert, wobei sich der erste (zweite) Faktor als Differenz von 1 zum Quotienten aus der zugehörigen Zeilenhäufigkeit (Spaltenhäufigkeit) zur Gesamthäufigkeit darstellt

- ALL : Ausgabe aller abrufbaren Werte

Wird das CELLS-Subkommando *ohne* Schüsselwörter verwendet, so ist dies gleichbedeutend mit der Angabe von COUNT, ROW, COLUMN und TOTAL.

Wollen wir für die Analyse der statistischen Beziehung von ABSCHALT und GESCHL die Übersichtlichkeit der Kontingenz-Tabelle erhöhen, so geben wir z.B. das Kommando

```
CROSSTABS/TABLES=ABSCHALT BY GESCHL/CELLS=COUNT COLUMN.
```

ein und erhalten dadurch die folgende Tabelle:

5.1 Analyse von Kontingenz-Tabellen (CROSSTABS)

```
ABSCHALT  Abschalten im Unterricht  by  GESCHL  Geschlecht

                   GESCHL        Page 1 of 1
            Count |
           Col Pct|maennl.  weiblich
                  |                        Row
                  |      1  |      2  |  Total
ABSCHALT  --------+---------+---------+
               1  |     60  |     78  |    138
 stimmt           |   48.8  |   63.4  |   56.1
          --------+---------+---------+
               2  |     63  |     45  |    108
 stimmt nicht     |   51.2  |   36.6  |   43.9
          --------+---------+---------+
           Column      123       123       246
           Total      50.0      50.0     100.0
Number of Missing Observations:   4
```

Mit Hilfe des *SET*-Kommandos lassen sich die standardmäßig festgelegten Zeichen für die Kennzeichnung der waagerechten und senkrechten Begrenzungslinien innerhalb der Kontingenz-Tabellen ändern. Dazu ist das *SET*-Kommando mit dem Subkommando *BOXSTRING* in der Form

> SET / BOXSTRING = 11-elementige-zeichenkette .

vor einem CROSSTABS-Kommando einzugeben. Das erste Zeichen dieser Zeichenkette wird zur Darstellung aller Waagerechten, das zweite Zeichen zur Kennzeichnung aller Senkrechten und das dritte Zeichen zur Markierung der Schnittpunkte von horizontalen und vertikalen Linien verwendet. Die weiteren Zeichen markieren (in dieser Reihenfolge) die linke untere Ecke, die linke obere Ecke, die rechte untere Ecke, die rechte obere Ecke und die linken, rechten, oberen und unteren Schnittpunkte der Begrenzungslinien mit den Trennlinien für die Zellen.

So ergibt sich etwa durch die Ausführung der Kommandos

```
SET/BOXSTRING='**++++++++++'.
CROSSTABS/TABLES=ABSCHALT BY GESCHL/CELLS=COLUMN.
```

eine Tabelle, bei der die senkrechten und waagerechten Begrenzungslinien durch das Zeichen "*" und die Schnittpunkte dieser Linien durch das Zeichen "+" markiert sind.

Sollen die für die Zellen ermittelten Werte durch andere Programme weiterverarbeitet werden, so besteht die Möglichkeit, sie durch ein *WRITE-*

Subkommando in eine Datei auszugeben. Dazu ist dieses Subkommando in der Form

```
/ WRITE = CELLS
```

innerhalb des CROSSTABS-Kommandos aufzuführen. Standardmäßig erfolgt die Ausgabe in eine Datei namens "*SPSS.PRC*". Diese Voreinstellung kann durch den Einsatz des SET-Kommandos mit dem Subkommando RESULTS geändert werden (siehe Abschnitt 8.2).

5.1.4 Statistischer Zusammenhang zwischen nominalskalierten Merkmalen

Bislang haben wir nur untersucht, ob zwischen zwei Merkmalen ein statistischer Zusammenhang besteht. So stellten wir z.B. im Abschnitt 5.1.1 fest, daß zwischen den beiden nominalskalierten Merkmalen "Abschalten" (ABSCHALT) und "Geschlecht" (GESCHL) eine statistische Beziehung besteht, weil sich die beiden Konditionalverteilungen unterscheiden. Im folgenden wollen wir darstellen, wie sich die *Stärke* bzw. die *Schwäche* derartiger Beziehungen durch geeignete Maßzahlen beschreiben läßt. Dabei beschränken wir uns in diesem Abschnitt zunächst auf die Diskussion von nominalskalierten Merkmalen.

Innerhalb des CROSSTABS-Kommandos lassen sich Maßzahlen zur Beschreibung der statistischen Beziehung zwischen zwei *nominalskalierten* Merkmalen durch ein *STATISTICS*-Subkommando in der Form

```
/ STATISTICS = [ CHISQ ] [ PHI ] [ CC ]
               [ LAMBDA ] [ KAPPA ] [ UC ] [ RISK ]
```

abrufen. Die Schlüsselwörter besitzen die folgende Bedeutung:

- CHISQ : außer bei 2x2-Kontingenz-Tabellen mit einer Zelle, die eine erwartete Zellhäufigkeit von weniger als 5 Cases besitzt, werden der Chi-Quadrat-Koeffizient nach Pearson, der Likelihood-Quotienten-Chi-Quadrat-Koeffizient sowie der Mantel-Haenszel-Koeffizient (nur interpretierbar bei intervallskalierten Merkmalen!) ausgegeben

- PHI : der Phi-Koeffizient und der Koeffizient Cramer's V werden angezeigt

5.1 Analyse von Kontingenz-Tabellen (CROSSTABS)

- CC : es wird der Kontingenz-Koeffizient C ausgegeben
- LAMBDA : es werden die beiden asymmetrischen und der symmetrische Lambda-Koeffizient (von Goodman und Kruskal) sowie der Tau-Koeffizient von Goodman und Kruskal ermittelt
- KAPPA : es wird Cohen's Kappa angezeigt
- UC : es wird der symmetrische und die beiden asymmetrischen Unsicherheits-Koeffizienten ausgegeben
- RISK : das relative Risiko wird für 2x2-Tabellen errechnet.

Wird innerhalb des STATISTICS-Subkommandos *kein* Schlüsselwort angegeben, so werden die Werte angezeigt, die sich über das Schlüsselwort *CHISQ* abrufen lassen.
So erhalten wir z.B. durch das Kommando

```
CROSSTABS/TABLES=ABSCHALT BY GESCHL
        /CELLS= COUNT EXPECTED COLUMN RESID
        /STATISTICS=CHISQ PHI CC LAMBDA.
```

die folgenden Ergebnisse:

```
ABSCHALT   Abschalten im Unterricht  by  GESCHL   Geschlecht

                        GESCHL         Page 1 of 1
                 Count   |
                 Exp Val |maennl.  weiblich
                 Col Pct |                      Row
                 Residual|    1   |    2    | Total
ABSCHALT         --------+--------+---------+
                    1 |    60  |   78    |  138
   stimmt            |  69.0  | 69.0    | 56.1%
                     |  48.8% | 63.4%   |
                     |  -9.0  |  9.0    |
                     +--------+---------+
                    2 |    63  |   45    |  108
   stimmt nicht      |  54.0  | 54.0    | 43.9%
                     |  51.2% | 36.6%   |
                     |   9.0  | -9.0    |
                     +--------+---------+
                 Column     123      123       246
                  Total    50.0%    50.0%    100.0%
```

```
Chi-Square                          Value         DF        Significance
--------------------             -----------     ----       ------------

Pearson                             5.34783        1          .02075
Continuity Correction               4.77013        1          .02896
Likelihood Ratio                    5.36856        1          .02050
Mantel-Haenszel test for            5.32609        1          .02101
    linear association
Minimum Expected Frequency -       54.000


                                                                 Approximate
    Statistic                   Value       ASE1     T-value    Significance
--------------------          ---------   --------   -------    ------------

Phi                             .14744                             .02075 *1
Cramer's V                      .14744                             .02075 *1
Contingency Coefficient         .14586                             .02075 *1


Lambda :
   symmetric                    .09091     .08191    1.07840
   with ABSCHALT dependent      .02778     .10125     .27054
   with GESCHL    dependent     .14634     .08824    1.53963
Goodman & Kruskal Tau :
   with ABSCHALT dependent      .02174     .01859                  .02101 *2
   with GESCHL    dependent     .02174     .01858                  .02101 *2

*1 Pearson chi-square probability
*2 Based on chi-square approximation
Number of Missing Observations:  4
```

Neben der Ausgabe der angeforderten Koeffizienten werden auch die kleinste erwartete Häufigkeit ("Minimum Expected Frequency"), die Freiheitsgrade ("DF") und die Signifikanzniveaus ("(Approximate) Significance") angezeigt (zu den daraus resultierenden inferenzstatistischen Aussagen siehe Abschnitt 5.1.7). Unter Umständen wird zudem eine Angabe über die Anzahl der Zellen gemacht, deren erwartete Häufigkeit kleiner als 5 ist ("Cells with Expected Frequency < 5").

5.1.4.1 Chi-Quadrat

Um beurteilen zu können, inwieweit die Beziehung zweier Merkmale von der statistischen Unabhängigkeit abweicht, kann die beobachtete Kontingenz-Tabelle mit der zugehörigen *Indifferenz-Tabelle* verglichen werden. Diese Ta-

5.1 Analyse von Kontingenz-Tabellen (CROSSTABS)

belle enthält die erwartete Häufigkeitsverteilung für den Fall der *statistischen Unabhängigkeit*.

Zum Vergleich der Kontingenz-Tabelle mit den beobachteten Häufigkeiten "h" und den unter der Annahme der statistischen Unabhängigkeit zu *erwartenden Zellenhäufigkeiten* "e" der Indifferenz-Tabelle wird als Maß für die Abweichung dieser beiden Tabellen der *Pearson' sche Chi-Quadrat-Koeffizient* verwendet. Die Berechnung dieses Koeffizienten ist durch die folgende Formel festgelegt:

$$\text{Chi-Qudrat} = \sum \frac{(h-e)^2}{e}$$

Dabei wird über alle Zellen der Kontingenz-Tabelle summiert.

Bei totaler statistischer Unabhängigkeit sind alle beobachteten Häufigkeiten gleich ihren erwarteten Häufigkeiten und daher ergibt sich für Chi-Quadrat der Wert 0. Je mehr sich die beobachtete Kontingenz-Tabelle von der Indifferenz-Tabelle unterscheidet, desto größer wird Chi-Quadrat. Demzufolge ist Chi-Quadrat ein Maß für die *statistische Abhängigkeit*.

Für unseren Fall erhalten wir:

$$Chi - Quadrat = \frac{(60-69)^2}{69} + \frac{(78-69)^2}{69} + \frac{(63-54)^2}{54} + \frac{(45-54)^2}{54}$$

Damit ergibt sich für Chi-Quadrat näherungsweise der Wert 5,35.

Es stellt sich die Frage, ob wir aufgrund dieses Ergebnisses auf eine starke oder nur auf eine schwache statistische Beziehung schließen können.

5.1.4.2 Phi-Koeffizient

Bei ungleichen Konditionalverteilungen ist der jeweils maximale Chi-Quadrat-Wert abhängig von der Tabellengröße und den jeweiligen Zellenhäufigkeiten. Demzufolge kann die totale statistische Abhängigkeit durch keinen Wert einheitlich charakterisiert werden. Deshalb wird aus der Maßzahl Chi-Quadrat der Koeffizient *Phi* in der Form

$$\text{Phi} = +\sqrt{\frac{\text{Chi-Quadrat}}{N}}$$

abgeleitet, wobei "N" die Anzahl der gültigen Cases bezeichnet.
Bei statistischer Unabhängigkeit nimmt Phi den Wert 0 an, und bei totaler statistischer Abhängigkeit errechnet sich der Phi-Koeffizient einer 2x2-Tabelle zu 1.
Für unseren Fall erhalten wir den Wert:

$$\text{Phi} = +\sqrt{\frac{5.35}{246}} \quad \text{näherungsweise gleich } 0{,}15$$

Demzufolge haben wir es mit einer schwachen statistischen Beziehung zwischen den Merkmalen "Abschalten" (ABSCHALT) und "Geschlecht" (GESCHL) zu tun.

5.1.4.3 Cramer's V

Da der Koeffizient Phi für größere als 2x2-Tabellen auch höhere Werte als 1 annehmen kann, sollte dessen Berechnung auf 2x2-Kontingenz-Tabellen beschränkt und bei größeren Tabellen auf den Koeffizienten *Cramer's V* zurückgegriffen werden. Dieser Koeffizient ist durch

$$\boxed{\text{Cramer's V} = +\sqrt{\frac{\text{Chi-Quadrat}}{N * \min(r-1, c-1)}}}$$

definiert. Dabei ist "min(r-1,c-1)" gleich dem kleineren Wert der um 1 verminderten Zeilen- (r) bzw. Spaltenzahl (c).

5.1.4.4 Kontingenzkoeffizient C

Als Maß für die statistische Abhängigkeit kann ferner der *Kontingenzkoeffizient C* in der Form

$$\boxed{C = +\sqrt{\frac{\text{Chi-Quadrat}}{\text{Chi-Quadrat} + N}}}$$

berechnet werden. C nimmt ebenfalls bei totaler statistischer Unabhängigkeit den Wert 0 an.

5.1 Analyse von Kontingenz-Tabellen (CROSSTABS)

Für unseren Fall errechnen wir:

$$C = +\sqrt{\frac{5.35}{5.35 + 246}} \qquad \text{näherungsweise gleich } 0.15.$$

Bei statistischer Abhängigkeit ist der Wert von C nach oben durch die Zahl 1 begrenzt – allerdings wird dieser Wert bei totaler statistischer Abhängigkeit nicht angenommen.

5.1.4.5 Der Likelihood-Quotienten-Chi-Quadrat-Wert

Als Alternative zum Pearson'schen Chi-Quadrat-Wert wird oftmals der *Likelihood-Quotienten-Chi-Quadrat-Wert* verwendet, um die Abweichung der Kontingenz- von der Indifferenz-Tabelle zu beschreiben. Dieser Wert errechnet sich nach der folgenden Formel, wobei "ln" den natürlichen Logarithmus bezeichnet und über alle Zellen zu summieren ist:

$$\boxed{\text{Chi-Quadrat} = 2 * \Sigma\, h * \ln\left(\frac{h}{e}\right)}$$

Der Einsatz dieses Koeffizienten ist insbesondere dann von Vorteil, wenn Modellanpassungen zu diskutieren sind. In diesem Fall besitzt er gegenüber dem Pearson'schen Chi-Quadrat-Wert rechentechnische Vorteile, so daß die daraus resultierenden statistischen Eigenschaften ihn – bei Fragestellungen zur Anpassungsgüte – in den Vordergrund des Interesses rücken.

5.1.4.6 Das PRE-Maß Lambda

Der größte Nachteil bei den auf Chi-Quadrat basierenden Maßzahlen besteht darin, daß sie *nicht* geeignet interpretierbar sind, d.h. es gibt keine statistischen Modelle, in denen diese Maßzahlen eine entsprechende Aussagekraft besitzen. Anders ist dies bei den sog. *PRE-Maßen* (proportional reduction in error measures), die eine bedeutende Rolle im Hinblick auf das Prinzip der *proportionalen Fehlerreduktion* im folgenden Sinn spielen:

Soll unter alleiniger Kenntnis der Häufigkeitsverteilung der Zeilenvariablen ein charakteristischer Wert vorhergesagt werden, so wird der *Modus* als Wert der zentralen Tendenz prognostiziert. In diesem Fall ist die Wahrscheinlichkeit, einen *Prognosefehler* zu begehen, am geringsten.

Als *Fehlermaß* E1 wird die Anzahl der Cases definiert, die einen vom Modus verschiedenen Wert besitzen.
Beziehen wir uns auf unser oben angegebenes Beispiel, so sagen wir den Wert 1 von ABSCHALT (1 ist der Modus) vorher und errechnen für den Fehler:

```
E1  =   108    ( = 246 - 138 )
```

Wird bei der Vorhersage die Kenntnis der *gemeinsamen Verteilung* beider Merkmale mit *einbezogen,* so wird in Abhängigkeit von der Ausprägung der Spaltenvariablen der Modus der zugehörigen Konditionalverteilung als typischer Wert vorhergesagt. Dadurch verringert sich i. allg. der Prognosefehler.
Als *Fehlermaß* E2 wird die Summe derjenigen Cases festgelegt, die in jeder Konditionalverteilung einen vom jeweiligen Modus verschiedenen Wert besitzen.
Da in unserem Beispiel der Modus in der ersten Konditionalverteilung den Wert 63 und in der zweiten Konditionalverteilung den Wert 78 besitzt, erhalten wir als Fehler:

```
E2  =   105    ( = 60 + 45  =  123 - 63 + 123 - 78 )
```

Generell ist E2 stets kleiner oder gleich E1, und daher ergibt die Differenz "E1 − E2" einen nicht negativen Wert.
Als *PRE-Maß Lambda* wird die von Goodman und Kruskal angegebene Größe

```
Lambda  =  ( E1 - E2 ) / E1
```

.

bezeichnet. Dieser Quotient gibt die *relative Verbesserung der Vorhersage* an, falls die Prognose auf der Basis der gemeinsamen bivariaten Verteilung erfolgt. Trägt dieser Informationszuwachs nichts zur Prognoseverbesserung bei – für Lambda ergibt sich der Wert 0 – so hat die Spaltenvariable im Sinne der proportionalen Fehlerreduktion *keinen* Einfluß auf die Zeilenvariable.
Für unser Beispiel ergibt sich der Wert

```
Lambda  =  ( 108 - 105 ) / 108
           naeherungsweise gleich 0,03
```

5.1 Analyse von Kontingenz-Tabellen (CROSSTABS)

und somit ist der statistische Zusammenhang im Sinne dieses PRE-Modells zwischen der Zeilenvariable ABSCHALT und der Spaltenvariable GESCHL sehr schwach, d.h. die Kenntnis des jeweiligen Geschlechts hat nur geringen Einfluß auf die Vorhersagegüte des Merkmals "Abschalten". Bei der Vorhersage von ABSCHALT wird gegenüber der auf dieser abhängigen Variable allein basierenden Prognose eine Fehlerreduktion von nur 3% erzielt, falls die Information über die gemeinsame Verteilung von ABSCHALT und GESCHL zusätzlich ausgewertet wird.

Die Funktion von Zeilen- und Spaltenvariable läßt sich bei der Berechnung des Lambda-Koeffizienten vertauschen, indem die Zeilenvariable als unabhängige und die Spaltenvariable als abhängige Variable aufgefaßt wird. Da Lambda kein symmetrisches, sondern ein *asymmetrisches Maß* ist, ergibt sich im allgemeinen ein anderer Lambda-Wert.

In unserem Beispiel errechnen wir in diesem Fall:

```
Lambda = ( 123 - ( 60 + 45 ) ) / 123
         naeherungsweise gleich 0,15
```

Zusätzlich gibt es noch eine dritte, symmetrische Version des PRE-Maßes Lambda. Bei dieser ist die Definition der Fehler E1 und E2 dadurch abgeändert, daß gleichzeitig für Zeilen- und Spaltenvariable ein typischer Wert prognostiziert wird.

Für unser Beispiel errechnen sich die Fehler E1 und E2 in diesem Fall zu

```
E1 = 108 + 123 = 231

E2 = 60 + 45 + 60 + 45 = 210
```

und somit ergibt sich:

```
Lambda = ( E1 - E2 ) / E1 = ( 231 - 210 ) / 231
         naeherungsweise gleich 0,09
```

Ein Lambda-Koeffizient muß stets im Sinn der proportionalen Fehlerreduktion interpretiert werden. In bestimmten Fällen kann es nämlich vorkommen, daß Lambda den Wert 0 annimmt, obwohl sich die Konditionalverteilungen *unterscheiden*.

5.1.4.7 Der Tau-Koeffizient von Goodman und Kruskal

Ein weiteres PRE-Maß zur Beschreibung der Beziehung zwischen zwei nominalskalierten Merkmalen stellt der *Tau-Koeffizient* von *Goodman und Kruskal* dar. Bei diesem Ansatz wird nicht der Modus als Vorhersagewert verwendet, sondern die Zuordnung wird *zufällig* gemäß dem Verhältnis der prozentualen Häufigkeiten innerhalb der Marginalverteilung bzw. der bivariaten Verteilung vorgenommen.

Bezogen auf die im Abschnitt 5.1.2 angegebene Kontingenz-Tabelle zwischen ABSCHALT und GESCHL wird der Tau-Koeffizient wie folgt ermittelt:

Zunächst wird eine Aussage über die Zahl der Cases gemacht, die sich insgesamt richtig zuordnen läßt, sofern allein die Marginalverteilung von ABSCHALT bekannt ist. Diese Anzahl errechnet sich zu:

```
138 * 56,1% + 108 * 43,9%   naeherungsweise gleich 125 Cases
```

Anschließend wird diejenige Casezahl ermittelt, für die eine richtige Zuordnung unter der Kenntnis der bivariaten Verteilung zu erwarten ist. Diese Anzahl errechnet sich wie folgt:

```
60 * 48,8% + 78 * 63,4% + 63 * 51,2% + 45 * 36,6%
              naeherungsweise gleich 127 Cases
```

Somit werden – auf der Basis von insgesamt 246 Cases – im ersten Fall ungefähr 121 Cases (dies entspricht annähernd 49%) und im zweiten Fall ungefähr 119 Cases (dies entspricht annähernd 48%) fehlerhaft zugeordnet. Dies bedeutet, daß sich der Prozentsatz der falschen Vorhersage annähernd um den Wert

```
( 0,49 - 0,48 ) / 0,49
```

reduziert. Wie der oben (im Abschnitt 5.1.4) angegebenen Ausgabe zu entnehmen ist, ergibt sich bei genauerer Rechnung der Tau-Koeffizient von Goodman und Kruskal in diesem Fall zu 0,02174. Im Sinne dieses PRE-Modells ist somit ebenfalls nur eine äußerst schwache Beziehung auszumachen.

5.1.4.8 Cohen's Kappa

Der Koeffizient *Cohen's Kappa* zählt zu den Maßzahlen, mit denen der *Grad der Übereinstimmung* zwischen zwei Beobachtern gekennzeichnet werden kann. Dazu sind die folgenden Werte zu ermitteln:

5.1 Analyse von Kontingenz-Tabellen (CROSSTABS)

- h1 : relative Häufigkeit der Cases, in deren Zuordnung die Beobachter übereinstimmen, sofern die Beobachtungen zugrundegelegt werden.

- h2 : relative Häufigkeit der Cases, in deren Zuordnung die Beobachter übereinstimmen, sofern die statistische Unabhängigkeit der beiden Beurteilungen unterstellt wird.

Cohen's Kappa errechnet sich anschließend wie folgt:

```
kappa = ( h1 - h2 ) / ( 1 - h2 )
```

Z.B. errechnen wir auf der Basis der Kontingenz-Tabelle

```
                  Urteil2
          Count  |
          Tot Pct|
                 |                   Row
                 |    1|     2|    Total
Urteil1   -------+-----+------+
              1  |  10 |    2 |     12
                 | 20.0|  4.0 |   24.0
                 +-----+------+
              2  |   8 |   30 |     38
                 | 16.0| 60.0 |   76.0
                 +-----+------+
          Column    18     32       50
          Total   36.0   64.0    100.0
```

den folgenden Kappa-Koeffizienten:

```
kappa = ( 0,8 - 0,5728 ) / ( 1 - 0,5728 ) = 0,2272/0,4272
                           naeherungsweise gleich 0,5318
```

5.1.4.9 Das relative Risiko

Soll diskutiert werden, ob *Ereignisse* mit *Eigenschaften* in Beziehung stehen, so läßt sich bei 2x2-Tabellen das *relative Risiko* für den Fall von *prospektiven* bzw. *retrospektiven* Studien in der Form von *Kohorten-* bzw. *Case-Kontroll-Studien* ermitteln.

Bei *Kohorten-Studien* wird für zwei Gruppen mit unterschiedlichen Eigenschaften geprüft, für welche Cases ein bestimmtes Ereignis eingetreten ist. Als Kohorten lassen sich z.B. zwei Gruppen von öffentlich Bediensteten ansehen, bei denen die eine Gruppe ihre Schreibtischarbeiten in klimatisierten

und die andere Gruppe in nicht klimatisierten Räumen aufnimmt. Für die Mitglieder beider Gruppen wurden zu Beginn der Studie keine Auffälligkeiten im Nasen-Rachen-Bereich und an der Lunge festgestellt. Zu einem bestimmten Zeitpunkt wird geprüft, ob sich nachträglich derartige Auffälligkeiten eingestellt haben. Auf der Basis der ermittelten Fallzahlen läßt sich das relative Risiko als der Quotient der beiden *Inzidenzraten* berechnen.
Z.B. ergibt sich für die Kontingenz-Tabelle

```
                        Diagnose
              Count   |
                      |auff.
                      |    1|    2|
Kohorte       --------+-----+-----+
                   1  |  10 |   2 |
   Klima              |     |     |
                      +-----+-----+
                   2  |   8 |  30 |
   kein Klima         |     |     |
                      +-----+-----+
```

als Inzidenzrate für die Gruppe, die klimatisiert arbeitet, der Wert "10 / (10 + 2)". Als Inzidenzrate für die andere Gruppe wird der Wert "8 / (8 + 30)" und damit insgesamt das relative Risiko zu "(10/12)/(8/38)", d.h. zu annähernd "4" errechnet.
Läßt sich eine derartige Kohorten-Studie nicht durchführen, so bietet sich eine *Case-Kontroll-Studie* an, bei der als relatives Risiko der *Quotient der Verhältniszahlen* ("odds ratio") für die Gruppe der Cases und für die Gruppe der Kontroll-Cases ermittelt wird.
Z.B. ergibt sich für zwei Gruppen aus jeweils 16 Cases auf der Basis der Kontingenz-Tabelle

```
                     Raum
           Count   |
                   |Klima n. kl.
                   |    1|    2|
Diagnose   --------+-----+-----+
                1  |   9 |   7 |  Gruppe der Cases
   auff.           |     |     |
                   +-----+-----+
                2  |   1 |  15 |
   n. auff.        |     |     |  Gruppe der Kontroll-Cases
                   +-----+-----+
```

der Wert "9/7" als Verhältniszahl für die Gruppe der Cases. Als Verhältniszahl für die Gruppe der Kontroll-Cases erhalten wir den Wert "1/15".

5.1 Analyse von Kontingenz-Tabellen (CROSSTABS)

Somit errechnet sich der "odds ratio" zu "(9/7) / (1/15)", d.h. zu annähernd "19,3".

5.1.5 Statistischer Zusammenhang zwischen ordinalskalierten Merkmalen

Innerhalb des CROSSTABS-Kommandos lassen sich Maßzahlen zur Beschreibung der Beziehung zwischen zwei *ordinalskalierten* Merkmalen durch ein *STATISTICS*-Subkommando der folgenden Form abrufen:

| / STATISTICS = [BTAU] [CTAU] [GAMMA] [D] |

Die aufgeführten Schlüsselwörter haben die folgende Bedeutung:

- BTAU : Kendall's Tau-B

- CTAU : Kendall's Tau-C

- GAMMA : Gamma-Koeffizient von Goodman und Kruskal

- D : symmetrischer und asymmetrische Somers' d-Koeffizienten

So erhalten wir z.B. durch das SPSS-Programm

```
DATA LIST FILE='DATEN.TXT'/LEISTUNG 10 URTEIL 12.
COMPUTE R_LEIS = LEISTUNG.
COMPUTE R_URTEIL = URTEIL.
RECODE R_LEIS R_URTEIL(1 2 3=1)(4 5 6=2)(7 8 9=3).
VARIABLE LABELS/R_LEIS 'Einschaetzung der eigenen Leistung'
               /R_URTEIL 'Einschaetzung des Lehrerurteils'.
VALUE LABELS/R_URTEIL 1 'schlecht' 3 'gut'
            /R_LEIS 2 'durchschn.'.
CROSSTABS/TABLES=R_LEIS BY R_URTEIL
         /STATISTICS=BTAU CTAU GAMMA D.
FINISH.
```

die folgende Ausgabe:

```
R_LEIS  Einschaetzung der eigenen Leistung
by R_URTEIL  Einschaetzung des Lehrerurteils
                    R_URTEIL               Page 1 of 1
            Count |
                  |schlecht        gut
                  |                                Row
                  |     1.00|     2.00|     3.00| Total
R_LEIS     -------+--------+--------+--------+
              1.00|     4  |    11  |     2  |    17
                  |        |        |        |   6.8
           -------+--------+--------+--------+
              2.00|     6  |   146  |    20  |   172
        durchschn.|        |        |        |  68.8
           -------+--------+--------+--------+
              3.00|        |    22  |    39  |    61
                  |        |        |        |  24.4
           -------+--------+--------+--------+
           Column      10       179       61      250
            Total      4.0      71.6     24.4    100.0


                                                              Approximate
       Statistic                 Value     ASE1     T-value   Significance
       -------------------      -------   -------   -------   ------------

Kendall's Tau-b                  .48744    .05867   7.06311
Kendall's Tau-c                  .32462    .04596   7.06311
Gamma                            .79837    .06580   7.06311
Somers' D :
   symmetric                     .48704    .05862   7.06311
   with R_LEIS   dependent       .50777    .06232   7.06311
   with R_URTEIL dependent       .46793    .06011   7.06311

Number of Missing Observations:  0
```

5.1.5.1 Konkordante und diskordante Paare

Bei den angezeigten Maßzahlen wird die Zahl der *konkordanten* (gleichgerichteten) und der *diskordanten* (entgegengesetzt gerichteten) Paare von Merkmalsträgern ins Verhältnis gesetzt. Dabei heißt ein Paar von Merkmalsträgern konkordant (diskordant), falls beide Merkmalsträger bzgl. der beiden Merkmale dieselbe (die entgegengesetzte) Rangordnung besitzen.

So sind in der oben angegebenen Kontingenz-Tabelle z.B. diejenigen Paare *konkordant*, bei denen der eine Merkmalsträger sowohl bei R_LEIS als auch

5.1 Analyse von Kontingenz-Tabellen (CROSSTABS)

bei R_URTEIL den Wert 1 und der andere Merkmalsträger bei diesen beiden Variablen den Wert 2 besitzt. In diesem Fall besteht zwischen den beiden Merkmalsträgern für jedes Merkmal dieselbe Rangfolge. Die Anzahl derartiger Paare von Merkmalsträgern ist gleich 584 (= 4 * 146). Insgesamt enthält die oben angegebene 3x3-Kontingenz-Tabelle die folgende Anzahl "c" von konkordanten Paaren:

$$c = 4*(146 + 20 + 22 + 39) + 11*(20 + 39)$$
$$+ 6*(22 + 39) + 146*(39) = 7617$$

Als Beispiele für *diskordante* Paare sind unter anderem diejenigen Paare zu nennen, für die der eine Merkmalsträger die Werte "R_LEIS = 2" und "R_URTEIL = 1" und der andere die Werte "R_LEIS = 1" und "R_URTEIL = 2" hat, da die Ordnungsbeziehungen in diesem Fall gegenläufig sind. Von derartigen Paaren gibt es insgesamt 11 * 6 = 66 Stück. Als Gesamtzahl "d" der diskordanten Paare in der oben angegebenen Kontingenz-Tabelle erhalten wir:

$$d = 11*(6 + 0) + 2*(6 + 146 + 0 + 22)$$
$$+ 146*(0) + 20*(0 + 22) = 854$$

5.1.5.2 Positive und negative Beziehungen

Aus den Größen "c" (= 7617) und "d" (= 854) ergibt sich, daß die konkordanten Paare überwiegen, was auf eine *positive* Beziehung zwischen R_LEIS und R_URTEIL hindeutet. Es gibt offensichtlich mehr Paare, bei denen die Rangordnung im Hinblick auf die Werte von R_LEIS und R_URTEIL *gleichgerichtet* ist. Wäre "d" größer als "c", so würde die Anzahl der *gegensinnigen* Rangordnungen überwiegen und damit eine *negative* Beziehung vorliegen.

Die absolute Differenz zwischen der Anzahl der konkordanten und diskordanten Paare sagt nichts über die Stärke der statistischen Beziehung aus, da diese Differenz noch auf eine Normgröße bezogen werden muß.

5.1.5.3 Der Gamma-Koeffizient

Mit Hilfe der Größen "c" und "d" ist der *Gamma-Koeffizient* (nach Goodman und Kruskal) in der Form

$$\boxed{\text{Gamma} = \frac{c - d}{c + d}}$$

definiert, der Werte zwischen -1 (totaler negativer Zusammenhang) und +1 (totaler positiver Zusammenhang) annehmen und in der folgenden Weise im Sinne eines PRE-Modells interpretiert werden kann:

Soll für ein beliebiges Paar von Merkmalsträgern – ohne die Kenntnis der gemeinsamen Verteilung beider Merkmale – die vermeintliche Rangordnung der Merkmalsträger bzgl. eines Merkmals vorausgesagt werden, so läßt sich jeweils eine *Zufallsentscheidung* über die erwartete Rangordnung treffen oder aber z.B. für den jeweils zuerst genannten Merkmalsträger *standardmäßig* die größere Merkmalsausprägung prognostizieren. Dabei ergibt sich ein Prognosefehler, der sich um den Absolutbetrag von "Gamma * 100" Prozent reduzieren läßt, falls die jeweilige Vorhersage auf die Kenntnis der bivariaten Häufigkeitsverteilung gestützt und dabei folgendermaßen vorgegangen wird:

Ist "c" *größer* als "d", so wird für das jeweilige Merkmal die *gleiche* Rangordnung für die beiden Merkmalsträger prognostiziert, wie sie für dieses Paar beim anderen Merkmal vorliegt. Anderenfalls ("c" ist *kleiner oder gleich* "d") wird die *gegenläufige* Rangordnung vorhergesagt.

Es ist zu beachten, daß das Paar von Merkmalsträgern, für das die Prognose durchgeführt werden soll, *keine Bindungen* (ties) besitzen darf. Dies bedeutet, daß die Ausprägungen der beiden Merkmalsträger für beide Merkmale *verschieden* sein müssen.

So ist z.B. ein Paar, dessen erster Merkmalsträger die Werte "R_LEIS = 1" und "R_URTEIL = 1" und dessen zweiter die Werte "R_LEIS = 2" und "R_URTEIL = 1" besitzt, im Merkmal R_URTEIL gebunden und daher nicht Gegenstand der oben angegebenen Erörterungen.

Sind *keine* diskordanten Paare vorhanden, so hat Gamma den Wert 1 und es besteht ein *totaler positiver* statistischer Zusammenhang. Liegt dagegen ein *totaler negativer* statistischer Zusammenhang vor, so existieren *keine* konkordanten Paare und folglich hat Gamma den Wert -1.

Für unser oben angegebenes Beispiel errechnen wir:

```
Gamma = ( 7617 - 854 ) / ( 7617 + 854 ) = 6763 / 8471
        naeherungsweise gleich 0,798
```

Es besteht somit eine starke positive Beziehung zwischen den Merkmalen "Schulleistung" und "Lehrerurteil". Wissen wir also, daß für zwei Merkmalsträger bzgl. des Merkmals "Schulleistung" eine positive oder negative Rangordnung besteht, so prognostizieren wir für dieses Paar die gleiche Beziehung auch für das Merkmal "Lehrerurteil". Diese auf alle nicht verknüpften Paare von Schülern angewandte Vorhersageregel reduziert folglich die Fehler, die wir bei einer Vorhersage begehen, die sich nicht auf die zusätzliche Kenntnis der vorliegenden Ausprägungen von "Schulleistung" stützt, um ungefähr 80%.

5.1.5.4 Der Koeffizient Somers' d

Da bei der Berechnung und Interpretation von Gamma kein Merkmal gegenüber dem anderen als abhängig ausgezeichnet ist, handelt es sich bei Gamma um ein *symmetrisches Maß*. Wird in die Nennersumme von Gamma die Anzahl der Bindungen einbezogen, so ergibt sich der folgende asymmetrische *Somers' d-Koeffizient*:

$$\boxed{\text{Somer's d} = \frac{c - d}{c + d + t}}$$

Dabei bezeichnet "t" die Anzahl der Bindungen bzgl. des als abhängig ausgezeichneten Merkmals.

Fassen wir im oben angegebenen Beispiel R_LEIS als abhängiges und R_URTEIL als unabhängiges Merkmal auf, so erhalten wir für "t" den Wert:

```
t = 4*(11 + 2) + 11*(2) + 6*(146 + 20) + 146*(20)
      + 0*(22 + 39) + 22 * (39) = 4848
```

Somit ergibt sich:

```
Somers' d = (7617 - 854)/(7617 + 854 + 4848) = 6763/13319
            naeherungsweise gleich 0,508
```

Unter den Paaren, die in dem unabhängigen Merkmal R_URTEIL nicht gebunden sind, überwiegt die Anzahl der konkordanten Paare die der diskordanten Paare, so daß die Schüler, die eine hohe Einschätzung im Merkmal "Lehrerurteil" angeben, auch zu einer hohen Einschätzung im Merkmal "Schulleistung" tendieren.

Betrachten wir umgekehrt R_URTEIL als abhängig und R_LEIS als unabhängig, so errechnen wir für die Anzahl "t" der Bindungen in R_URTEIL den Wert

```
t = 4*(6 + 0) + 6*(0) + 11*(146 + 22)
  + 146*(22) + 2*(20 + 39) + 20*(39) = 5982
```

und damit als Maß für die Stärke der Beziehung:

```
Somers' d = (7617 - 854)/(7617 + 854 + 5982) = 6763/14453
            naeherungsweise gleich 0,468
```

Wird in die Nennersumme von Somers' d die halbierte Summe der Bindungen bzgl. beider Merkmale einbezogen, so ergibt sich der *symmetrische Somers' d-Koeffizient*, der im Rahmen des oben angegebenen Beispiels folgendermaßen errechnet wird:

```
Somers' d = (7617 - 854)/(7617 + 854 + 0,5*(4848 + 5982))
          = 6763/13886
            naeherungsweise gleich 0,487
```

5.1.5.5 Kendall's Tau-B und Tau-C

Eine weitere Möglichkeit zur Beschreibung der Stärke einer statistischen Beziehung zwischen zwei ordinalskalierten Merkmalen X und Y besteht darin, die Symmetrisierung der Beziehung durch folgende Normierung der Differenz "c − d" vorzunehmen:

$$\text{Tau-B} = \frac{c - d}{+\sqrt{(c + d + t_x) * (c + d + t_y)}}$$

Dabei bezeichnen "t_x" und "t_y" die Anzahl der Paare mit Bindungen, die nur in X (t_x) bzw. nur in Y (t_y) vorliegen.

Für unser oben angegebenes Beispiel erhalten wir:

$$\text{Tau-B} = \frac{(7617 - 854)}{+\sqrt{(7617 + 854 + 4848) * (7617 + 854 + 5982)}}$$

näherungsweise gleich 0,487

Der Einsatz von *Tau-B* sollte auf *quadratische* Tabellen beschränkt bleiben. Bei *nicht quadratischen* Tabellen ist der Koeffizient *Tau-C* zu wählen, der in der folgenden Weise vereinbart ist:

$$\text{Tau-C} = \frac{c - d}{0.5 * N^2 * \frac{m-1}{m}}$$

Dabei bezeichnet "N" die Anzahl der Merkmalsträger und "m" das Minimum aus Zeilen- und Spaltenzahl der Kontingenz-Tabelle.
Für unser oben angegebenes Beispiel errechnen wir den Wert:

$$\text{Tau-C} = \frac{(7617 - 854)}{0.5 * 250^2 * (3 - 1)/3}$$

näherungsweise gleich 0,325

Abschließend weisen wir darauf hin, daß mit den Koeffizienten Tau-B und Tau-C *nur* die Stärke einer ordinalen Beziehung beschrieben, aber *keine* Interpretation im Rahmen eines geeigneten statistischen Modells vorgenommen werden kann, wie es etwa beim Koeffizienten Gamma möglich ist.

5.1.6 Statistischer Zusammenhang zwischen intervallskalierten Merkmalen

5.1.6.1 Korrelationskoeffizient r

Zur Beschreibung der Stärke einer *linearen* statistischen Beziehung zwischen zwei *intervallskalierten* Merkmalen X und Y wird der *(Bravais-)Pearson'sche Korrelationskoeffizient* r (Produktmomentkorrelation) in der folgenden Form berechnet:

$$r = \frac{\Sigma (x - \bar{x}) * (y - \bar{y})}{+\sqrt{\Sigma (x - \bar{x})^2} * +\sqrt{\Sigma (y - \bar{y})^2}}$$

Dabei wird über alle Ausprägungen x des Merkmals X und alle Ausprägungen y des Merkmals Y summiert. Der Absolutbetrag von r liegt zwischen den Werten 0 und 1. Er beschreibt die *Anpassungsgüte* der durch die x-y-Koordinaten beschriebenen Punkte an ihre zugehörige *Regressionsgerade*.
Dies läßt sich graphisch durch ein *Streudiagramm* (scattergram) in der folgenden Art skizzieren:

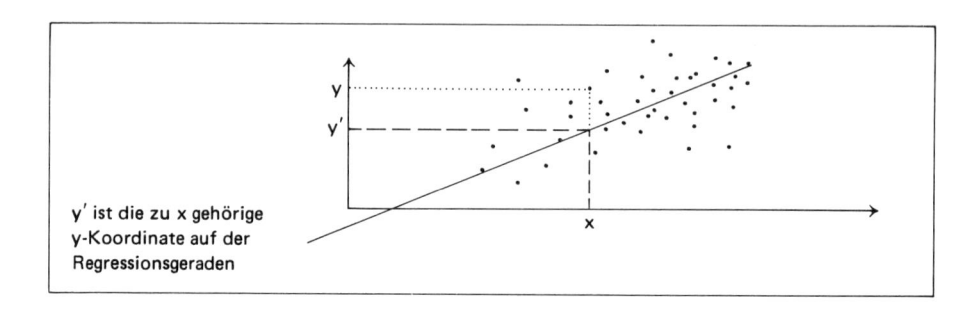

y' ist die zu x gehörige
y-Koordinate auf der
Regressionsgeraden

Die Regressionsgerade ist *eindeutig* bestimmt durch die Eigenschaft, daß sie unter allen denkbaren Geraden diejenige ist, von der die Gesamtheit der Punkte am geringsten abweicht. Dazu muß die Summe der vertikalen Abstände aller Punkte von dieser Geraden gleich 0 und die Summe der quadrierten vertikalen Abstände ein Minimum sein.

Liegen alle Punkte auf einer Geraden, so ist dies die Regressionsgerade und es gilt "r = +1" oder "r = -1", so daß es sich in diesen Fällen um eine *perfekte lineare* Beziehung handelt. Die Richtung dieser Beziehung wird durch die Lage der Regressionsgeraden beschrieben und durch das *Vorzeichen* des Koeffizienten r bestimmt. Dabei handelt es sich um eine *positive* Beziehung, falls r größer als 0 ist, oder aber um eine *negative* Beziehung, falls r kleiner als 0 ist. Errechnet sich der Wert von r zu 0, so besagt dies, daß die Punkte als *richtungslose* Punktwolke in der x-y-Ebene angeordnet sind, d.h. die Werte der Merkmalsträger sind gleichförmig um den Schwerpunkt des Streudiagramms verteilt, etwa in Form konzentrischer Kreise. In diesem Fall verläuft die Regressionsgerade *parallel* zur x-Achse, und folglich besteht zwischen den Merkmalen X und Y keine lineare Beziehung (es kann jedoch eine nichtlineare Beziehung vorliegen, siehe unten). Der Absolutbetrag von r gibt die Stärke des linearen Zusammenhangs an. Nachteilig ist, daß kein PRE-Modell existiert, in dem sich der Koeffizient r geeignet interpretieren läßt. Anders ist dies mit dem Quadrat von r, dem *Determinationskoeffizienten r^2*. Diesem kann im Sinne eines PRE-Modells die folgende Bedeutung zugemessen werden (wegen der Symmetrie des Koeffizienten r bzgl. der X- und Y-Werte gelten die folgenden Ausführungen auch, falls die Rollen von X und Y vertauscht werden):

Wird für beliebige Merkmalsträger das arithmetische Mittel ($\bar{y}$) von Y als deren zugehörige Ausprägung prognostiziert, so entspricht der Fehler E1 der *Variation* von Y:

5.1 Analyse von Kontingenz-Tabellen (CROSSTABS)

$$E1 = \sum (y - \bar{y})^2$$

Wird die Kenntnis der bivariaten Verteilung von X und Y in die Prognose einbezogen, so wird bei gegebener Ausprägung x als Prognosewert der zugehörige Wert y' *auf der Regressionsgeraden* vorhergesagt. In diesem Fall stimmt der Fehler mit der *Variation* der Regressionsgeraden überein:

$$E2 = \sum (y - y')^2$$

Die beiden Fehler E1 und E2 erfüllen die Gleichung:

$$r^2 = \frac{E1 - E2}{E1} = \frac{\sum (y - \bar{y})^2 - \sum (y - y')^2}{\sum (y - \bar{y})^2} = 1 - \frac{\sum (y - y')^2}{\sum (y - \bar{y})^2}$$

Folglich gibt r^2 den Anteil an der Gesamtvariation von Y an, der durch X *linear* erklärt werden kann. Die Differenz $1 - r^2$ kennzeichnet den Anteil an der Gesamtvariation von Y, der auf einen *nichtlinearen* (wie z.B. quadratischen oder kubischen) Einfluß von X oder anderer Merkmale zurückgeführt werden muß.

5.1.6.2 Spearman's Rho

Bei *ordinalskalierten* Merkmalen lassen sich die Merkmalsträger auf der Basis der jeweiligen Merkmalsausprägungen in eine *Rangreihe* bringen, die aus ganzzahligen Rangwerten besteht (siehe auch Abschnitt 10.1.1). Dabei wird der kleinsten Merkmalsausprägung der Rangwert 1 zugeordnet, der nächst größeren Merkmalsausprägung der Rangwert 2, usw. – also z.B.:

	1. Case	2. Case	3. Case	4. Case
Wert:	3	0	9	1
Rangwert:	3	1	4	2

Wird unterstellt, daß die Differenzen von Rangwerten empirisch bedeutsam sind und demzufolge für die zugehörigen Rangwert-Merkmale das Intervallskalenniveau unterstellt werden kann, so läßt sich die Stärke der linearen Beziehung zweier Rangwert-Merkmale durch den Korrelationskoeffizienten r beschreiben.

Wird dem i-ten Merkmalsträger bzgl. des einen Merkmals der Rangwert r_i und bzgl. eines zweiten Merkmals der Rangwert s_i zugeordnet, so läßt sich die Formel für den Korrelationskoeffizienten r in den folgenden Ausdruck "*Rho*" umformen:

$$\text{Rho} = 1 - \frac{6 \cdot \sum_{i=1}^{N} (r_i - s_i)^2}{N^3 - N}$$

Dieser Ausdruck wird "*Spearman'scher Rang-Korrelationskoeffizient*" genannt. Die Werte von Rho liegen zwischen -1 und +1. Stimmen die beiden Rangreihen überein, so besteht eine *totale positive* statistische Beziehung, und Rho nimmt den Wert 1 an. Verlaufen die Rangreihen genau entgegengesetzt, so besteht eine *totale negative* statistische Beziehung, und Rho errechnet sich zu -1. Der Wert von Rho wird am stärksten von denjenigen Merkmalsträgern beeinflußt, für welche die größten Rangplatz-Differenzen bestehen.

Für den Fall, daß bei der Bildung einer Rangreihe *gleiche* Rangplätze auftreten (es liegen "*Bindungen*" vor), wird das arithmetische Mittel dieser Rangplätze errechnet und den betroffenen Cases als Rangwert zugewiesen. In diesem Fall wird der Rho-Wert gemäß einer modifizierten Formel berechnet.

5.1.6.3 Der Koeffizient Eta-Quadrat

Ob überhaupt eine Beziehung zwischen den Merkmalen X und Y besteht – egal, ob sie linear oder nichtlinear ist – kann für ein *intervallskaliertes abhängiges* Merkmal Y und ein *nominalskaliertes unabhängiges* Merkmal X durch den Koeffizienten *Eta-Quadrat* beschrieben werden. Dieser Koeffizient ist wie folgt definiert:

$$\text{Eta-Quadrat} = \frac{\sum_{i=1}^{N} (y_i - \bar{y})^2 - \sum_{j=1}^{k} \sum_{i=1}^{n_j} (y_{ij} - \bar{y}_j)^2}{\sum_{i=1}^{N} (y_i - \bar{y})^2}$$

5.1 Analyse von Kontingenz-Tabellen (CROSSTABS)

Dabei beschreibt "k" die Anzahl der verschiedenen Merkmalsausprägungen von X. Bei der Doppelsumme wird zunächst über die Werte jeder einzelnen Gruppe und anschließend über die Summenwerte aller Gruppen summiert.
Der Koeffizient Eta-Quadrat kann folgendermaßen im Sinne eines PRE-Modells interpretiert werden:
Wird auf der Basis der Verteilung von Y das *arithmetische Mittel* ($\bar{y}$) als Merkmalsausprägung eines Merkmalsträgers vorhergesagt, so ist der *Prognosefehler* gleich der *Gesamtvariation*:

$$E1 = \sum_{i=1}^{N} (y_i - \bar{y})^2$$

Wird unter Kenntnis der gemeinsamen Verteilung von X und Y für einen Merkmalsträger, der bzgl. X die Ausprägung x_j besitzt, das arithmetische Mittel aller Y-Werte ($\bar{y}_j$) in der Gruppe aller Merkmalsträger, die für X den Wert x_j besitzen, vorausgesagt, so ergibt sich der Fehler E2 zu:

$$E2 = \sum_{j=1}^{k} \sum_{i=1}^{n_j} (y_{ij} - \bar{y}_j)^2$$

Folglich kennzeichnet

$$\text{Eta-Quadrat} = \frac{E1 - E2}{E1}$$

den Anteil an der Gesamtvariation, der dadurch erklärt wird, daß für jedes x_j das arithmetische Mittel ($\bar{y}_j$) der Y-Werte innerhalb der durch x_j bestimmten Gruppe vorhergesagt wird.
Allgemein gilt, daß Eta-Quadrat stets größer oder gleich dem Determinationskoeffizienten r^2 ist, so daß die Differenz "Eta-Quadrat $- r^2$" als ein Maß für die *Kurvilinearität*, d.h. für das Abweichen von einer linearen Beziehung, aufgefaßt werden kann.

5.1.6.4 Berechnung von r und Eta

Zur Anzeige der Koeffizienten Eta, r und Spearman's Rho ist das *STATISTICS*-Subkommando in der folgenden Form einzusetzen:

```
/ STATISTICS = [ ETA ] [ CORR ]
```

Mit den Schlüsselwörtern wird die folgende Ausgabe abgerufen:

- ETA : der Koeffizient Eta (nicht Eta-Quadrat!)
- CORR : der Korrelationskoeffizient r (nicht r^2 !) sowie Spearman's Rangkorrelationskoeffizient Rho

So erhalten wir etwa als Koeffizienten für die Stärke des statistischen Zusammenhangs zwischen den Merkmalen "Schulleistung" (LEISTUNG) und "Lehrerurteil" (URTEIL) durch das Kommando

```
CROSSTABS/TABLES=LEISTUNG BY URTEIL
         /FORMAT=NOTABLE/STATISTICS=ETA CORR.
```

die folgenden Werte ausgegeben:

```
LEISTUNG by URTEIL
Number of valid observations = 250
                                                        Approximate
         Statistic                Value    ASE1    T-value  Significance
         ---------                -----    ----    -------  ------------

Pearson's R                      .59273    .05464   11.58963    .00000
Spearman Correlation             .58900    .04667   11.47766    .00000
Eta :
    with LEISTUNG dependent      .60020
    with URTEIL   dependent      .65471

Number of Missing Observations: 0
```

Da das Vorzeichen von r ("Pearson's R") positiv ist, besteht zwischen LEISTUNG und URTEIL eine positive lineare Beziehung. Es werden ungefähr 35% ($0,59273^2 * 100\%$) der Variation von LEISTUNG durch die Variation von URTEIL linear erklärt. Für Eta-Quadrat ergibt sich der Wert 0,36 ($0,6002^2$) und folglich für die Differenz von Eta-Quadrat und r^2 näherungsweise das Resultat 0,0095, d.h. es liegen keine wesentlichen kurvilinearen Einflüsse vor.

5.1.7 Inferenzstatistisches Schließen

Bislang haben wir dargestellt, wie sich Unterschiede von Konditionalverteilungen feststellen und Aussagen über die Stärke bzw. Schwäche einer statistischen Beziehung in der Gruppe der Merkmalsträger machen lassen. Sind die

5.1 Analyse von Kontingenz-Tabellen (CROSSTABS)

Merkmalsträger *zufällig* aus einer bestimmten *Grundgesamtheit* ausgewählt, so können wir ergänzend die folgende Fragestellung untersuchen:
Sind die Unterschiede in den Verteilungen (z.B. in den Prozentsätzen der jeweiligen Häufigkeitsverteilungen) allein auf *Stichprobenfehler*, d.h. auf Fehler bei der Auswahl der Merkmalsträger, zurückzuführen oder aber spiegeln sie *signifikante*, d.h. statistisch bedeutsame Beziehungen zwischen den Merkmalen in der Grundgesamtheit wieder?
Im Hinblick auf diese Fragestellung lassen sich *Signifikanztests* bzgl. der folgenden *Nullhypothese* (Arbeitshypothese) durchführen:

- H0 : (es besteht
    kein statistischer Zusammenhang in der Grundgesamtheit)

Ein *statistischer Test* entscheidet, ob die mittels einer Stichprobe erhobenen Daten mit einer Hypothese über die Grundgesamtheit verträglich sind. In einem derartigen Test wird ein geeignetes *Testniveau* (von z.B. 5%) vorgegeben. Als Kriterium dafür, ob H0 beizubehalten oder abzulehnen ist, wird der *Prüfwert* (Realisierung) einer geeigneten *Teststatistik* aus den erhobenen Merkmalsausprägungen der Stichprobenelemente errechnet. In unserem Fall handelt es sich bei den Teststatistiken um Funktionen, bei denen der Definitionsbereich durch die theoretisch möglichen Ausprägungen der Grundgesamtheit und der Wertebereich durch die jeweils resultierende Realisierung der Koeffizienten bestimmt ist, welche die Stärke der Beziehung beschreiben.
Aus dem Prüfwert und der Verteilung der Teststatistik wird die Wahrscheinlichkeit dafür abgeleitet, daß die Teststatistik diesen Prüfwert oder einen bzgl. der Nullhypothese noch ungünstigeren Wert annimmt. Diese so ermittelte Wahrscheinlichkeit wird *Signifikanzniveau* (significance) genannt und mit dem vorgegebenen Testniveau verglichen. Ist das Signifikanzniveau kleiner als das Testniveau, so wird H0 *abgelehnt* und die *Alternativhypothese*

- H1 : (es besteht
    ein statistischer Zusammenhang in der Grundgesamtheit)

angenommen. Anderenfalls wird H0 beibehalten, weil das erhaltene Ergebnis dieser Hypothese nicht widerspricht.
Die Durchführung derartiger Signifikanztests wird vom SPSS-System für alle Skalenniveaus unterstützt.
Für *intervallskalierte* (normalverteilte) Merkmale kann ein Korrelationstest durchgeführt werden. Dazu wird bei Angabe des Schlüsselworts CORR im

STATISTICS-Subkommando das zugehörige Signifikanzniveau zusammen mit dem Korrelationskoeffizienten r angezeigt.

Für ordinalskalierte Merkmale läßt sich ein Test auf die Signifikanz von Tau-B, Tau-C und Spearman's Rho durchführen. Dazu sind die Schlüsselwörter BTAU, CTAU bzw. CORR im STATISTICS-Subkommando anzugeben.

Für nominalskalierte Merkmale wird bei Angabe des Schlüsselwortes CHISQ im STATISTICS-Subkommando folgendermaßen verfahren:

- Bei 2x2-Kontingenz-Tabellen mit einer Zelle, deren erwartete Zellhäufigkeit *kleiner als* 5 Cases ist, wird ein *exakter Fisher-Test* durchgeführt und die entsprechenden Signifikanzniveaus ausgegeben. Beim exakten Fisher-Test (auch *Fisher-Yates-Test* genannt) wird – unter Annahme der Unabhängigkeit der beiden Merkmale (Nullhypothese) und der Konstanz der beiden Randverteilungen – die Wahrscheinlichkeit dafür ermittelt, die aktuelle oder eine bzgl. der Nullhypothese noch ungünstigere (d.h. weniger wahrscheinliche) gemeinsame Häufigkeitsverteilung zu beobachten.

- Bei 2x2-Kontingenz-Tabellen, deren Zellen jeweils eine erwartete Zellhäufigkeit von mindestens 5 Cases besitzen, wird der Pearson'sche Chi-Quadrat-Wert ("Pearson") und der durch die *Yates-Korrektur* korrigierte Chi-Quadrat-Wert ("Continuity Correction") ausgegeben. Dabei wird eine Kontinuitäts-Korrektur vorgenommen, indem der Wert 0,5 von jeder positiven Abweichung "h – e" abgezogen und zu jeder negativen Abweichung "h – e" hinzuaddiert wird, d.h. es ergibt sich der Wert:

$$\sum \frac{(|h-e|-0.5)^2}{e}$$

Ferner werden die zugehörigen Signifikanzniveaus angezeigt. Unter der Annahme, daß die Daten zufällig und voneinander unabhängig erhoben und die Häufigkeiten der zugehörigen Indifferenz-Tabelle einen Wert größer oder gleich 5 haben, sind die zugehörigen Teststatistiken beide Chi-Quadrat-verteilt mit einem Freiheitsgrad, weil bei gegebenen Randverteilungen mit der Angabe nur einer Zellenhäufigkeit auch die drei restlichen Werte in der Kontingenz-Tabelle bestimmt sind. Da es sich bei den empirischen Häufigkeitsverteilungen um diskrete Verteilungen handelt, können sie nur unzulänglich durch die kontinuierliche theoretische Chi-Quadrat-Verteilung

5.1 Analyse von Kontingenz-Tabellen (CROSSTABS)

angenähert werden. Die Verbesserung der Anpassung wird im allgemeinen durch die Yates-Korrektur erreicht. Allerdings kann diese Art der Anpassung im Sonderfall auch schlechter ausfallen.

Für kleinere Casezahlen (kleiner oder gleich 100) sollte stets der korrigierte Chi-Quadrat-Wert benutzt werden. Für größere Casezahlen kann auch der unkorrigierte Chi-Quadrat-Wert verwendet werden.

- Für Kontingenz-Tabellen, deren Zeilen- bzw. Spaltenzahl größer als 2 ist, wird der Pearson'sche Chi-Quadrat-Wert ("Pearson") und das zugehörige Signifikanzniveau ausgegeben (die zugehörige Teststatistik ist Chi-Quadrat-verteilt, wobei sich die Anzahl der Freiheitsgrade als Produkt der um jeweils 1 verminderten Zeilen- und Spaltenzahl errechnet). Gleichzeitig wird die Anzahl der Zellen angezeigt, für welche die zugehörigen Häufigkeiten in der Indifferenz-Tabelle kleiner als 5 sind. Zusätzlich wird der kleinste in der Indifferenz-Tabelle enthaltene Wert ausgegeben. Für den Fall, daß nicht mehr als 20% der erwarteten Häufigkeiten in der Indifferenz-Tabelle kleiner als 5 und keiner dieser Werte kleiner als 1 ist, darf das Signifikanzniveau teststatistisch ausgewertet werden.

Ergänzend zum Pearson'schen Chi-Quadrat-Koeffizienten ("Pearson") werden der *Likelihood-Quotienten-Chi-Quadrat-Koeffizient* ("Likelihood Ratio") sowie der Wert der *Mantel-Haenszel-Teststatistik* angezeigt.

Der Wert der Mantel-Haenszel-Teststatistik errechnet sich als Produkt des Determinationskoeffizienten und der um 1 verminderten Anzahl der Cases. Mit dieser Teststatistik läßt sich die Hypothese über das Bestehen einer linearen statistischen Beziehung zwischen zwei intervallskalierten Merkmalen prüfen.

Um den statistischen Zusammenhang der Merkmale "Schulleistung" (LEISTUNG) und "Lehrerurteil" (URTEIL) (vgl. Abschnitt 5.1.5) zu untersuchen, können wir z.B. das Kommando

```
CROSSTABS/TABLES=LEISTUNG BY URTEIL
    /FORMAT=NOTABLE/STATISTICS=CHISQ CORR.
```

eingeben. Daraufhin werden die folgenden Werte angezeigt:

```
LEISTUNG by URTEIL
Number of valid observations = 250

     Chi-Square              Value        DF      Significance
     ----------              -----        --      ------------

Pearson                      365.51400    64      .00000
Likelihood Ratio             174.89920    64      .00000
Mantel-Haenszel test for      87.48064     1      .00000
   linear association
Minimum Expected Frequency -    .004
Cells with Expected Frequency < 5 -    67 OF    81 ( 82.7%)

                                                          Approximate
     Statistic               Value      ASE1    T-value   Significance
     ---------               -----      ----    -------   ------------

Pearson's R                  .59273     .05464  11.58963   .00000
Spearman Correlation         .58900     .04667  11.47766   .00000

Number of Missing Observations:  0
```

Da mehr als 20% – nämlich 82,7% – der Werte in der Indifferenz-Tabelle kleiner als 5 sind, darf für diese 9x9-Kontingenz-Tabelle kein Chi-Quadrat-Signifikanztest auf statistische Unabhängigkeit von LEISTUNG und URTEIL durchgeführt werden. Da beide Merkmale ordinalskaliert sind, können wir mit Hilfe des Spearman'schen Rangkorrelations-Koeffizienten Rho die Nullhypothese testen, daß beide Merkmale in der Grundgesamtheit voneinander statistisch unabhängig sind. Dazu geben wir uns ein *Testniveau* von z.B. 5% vor. Im Hinblick auf ein sauberes statistisches Vorgehen sollte das Testniveau stets *vor* der Durchführung der Datenanalyse vorgegeben werden. Dadurch wird festgelegt, welcher *Fehler 1. Art* in Kauf genommen wird, d.h. mit welcher Wahrscheinlichkeit wir bereit sind, eine Nullhypothese zu verwerfen, obgleich sie richtig ist. Zwar läßt sich durch eine Verkleinerung des Testniveaus das Risiko eines derartigen Fehlschlusses verringern, jedoch muß dabei bedacht werden, daß sich dadurch der *Fehler 2. Art* – die Wahrscheinlichkeit, eine falsche Hypothese beizubehalten – erhöht. Aus diesem Dilemma kommt man i. allg. nur dadurch heraus, indem von vornherein für eine möglichst große Stichprobe gesorgt wird. Ob jedoch die Unterschiede (Zusammenhänge), die bei großen Stichproben signifikant abgesichert werden können, auch von *theoretischer Relevanz* sind, sollte im Einzelfall sehr genau überlegt werden.

Da das Signifikanzniveau kleiner als 0,00001 (es ist nicht gleich 0!) und demzufolge kleiner als das vorgegebene Testniveau von 5% ist, lehnen wir

5.1 Analyse von Kontingenz-Tabellen (CROSSTABS)

die Nullhypothese der statistischen Unabhängigkeit ab. Es spricht alles dafür, daß in der Grundgesamtheit eine positive Beziehung zwischen LEISTUNG und URTEIL besteht, deren Stärke für die Stichprobe der 250 Schüler mit dem Rho-Wert von näherungsweise 0,589 ("Spearman Correlation") beschrieben wird.

5.1.8 CROSSTABS im Ganzzahl-Modus

Sollen missing values nicht nur gezählt und ihre Anzahl summarisch angegeben, sondern auch innerhalb der Kontingenz-Tabelle eingetragen werden, so muß das CROSSTABS-Kommando im *Ganzzahl-Modus* aufgerufen und im *MISSING*-Subkommando das Schlüsselwort *REPORT* aufgeführt werden. Dazu ist natürlich sicherzustellen, daß die beteiligten Variablen ganzzahlig sind.

Im Ganzzahl-Modus ist als *erstes* Subkommando das *VARIABLES*-Subkommando in der Form

```
/ VARIABLES = varliste_1 ( wert_1 wert_2 )
            [ varliste_2 ( wert_3 wert_4 ) ]...
```

aufzuführen. Die in den Klammern angegebenen Werte stellen die unteren und oberen Bereichsgrenzen für die betreffenden Variablen dar. Nur die in diesen Bereichen enthaltenen ganzzahligen Werte werden in die Analyse einbezogen. Die im TABLES-Subkommando genannten Variablen müssen im VARIABLES-Subkommando explizit oder implizit enthalten sein.

Im Ganzzahl-Modus läßt sich innerhalb des *WRITE*-Subkommandos das Schlüsselwort *ALL* angeben, so daß die Zellhäufigkeiten *aller* Zellen und nicht nur diejenigen, die zu *keinen missing values* gehören, ausgegeben werden.

5.2 Beschreibung der Beziehung von intervallskalierten Merkmalen

5.2.1 Graphische Beschreibung (PLOT)

5.2.1.1 Streudiagramm

Zur Ausgabe eines *Streudiagramms*, das die Beziehung zwischen zwei Merkmalen graphisch beschreibt, steht das Kommando *PLOT* zur Verfügung, das gemäß der folgenden Syntax einzugeben ist:

```
PLOT / PLOT = varliste_1 [ WITH varliste_2 ] [ ( PAIR ) ] .
```

Aus den Angaben der Spezifikationsliste innerhalb des *PLOT*-Subkommandos werden Variablenpaare gebildet. Für jedes Variablenpaar wird ein Streudiagramm ausgegeben. Jede Variablenliste darf eine oder mehrere Variablen enthalten. Ist das Schlüsselwort *WITH* angegeben, so wird ein Paar aus je einer der beiden vor und hinter WITH aufgeführten Variablenlisten gebildet. Sollen nicht alle Paare, sondern nur die an korrespondierender Position innerhalb ihrer Listen stehenden Variablen einander zugeordnet werden, so ist das Schlüsselwort *PAIR* aufzuführen. Ohne die Angabe von WITH werden alle Variablen der aufgeführten Variablenliste miteinander kombiniert. In diesem Fall muß die Variablenliste mindestens zwei Variable enthalten.

So werden z.B. durch das Kommando

```
PLOT/PLOT=LEISTUNG BEGABUNG WITH URTEIL.
```

zwei Streudiagramme ausgegeben. Für die Merkmale "Schulleistung" und "Lehrerurteil" erhalten wir das auf der nächsten Seite angegebene Resultat. Die Werte von LEISTUNG sind als Ordinaten- und diejenigen von URTEIL als Abzissenwerte in das Diagramm eingetragen. Dabei werden standardmäßig nur diejenigen Cases berücksichtigt, deren Werte für beide Merkmale nicht als missing values vereinbart sind. Jeder einzelne Punkt des Streudiagramms wird – im Rahmen der Darstellungsgenauigkeit – durch das Zeichen "1" markiert. Fallen bei der Anzeige mehrere Punkte zusammen, so wird die jeweilige Anzahl ausgegeben. Dabei charakterisiert der Buchstabe "A", daß an dieser Stelle 10 Punkte angesiedelt sind. Der Buchstabe "B" kennzeichnet 11 Punkte, der Buchstabe "C" 12 Punkte, usw. Sind 36 oder mehr Werte zu markieren, so wird das Sternzeichen "*" ausgegeben.

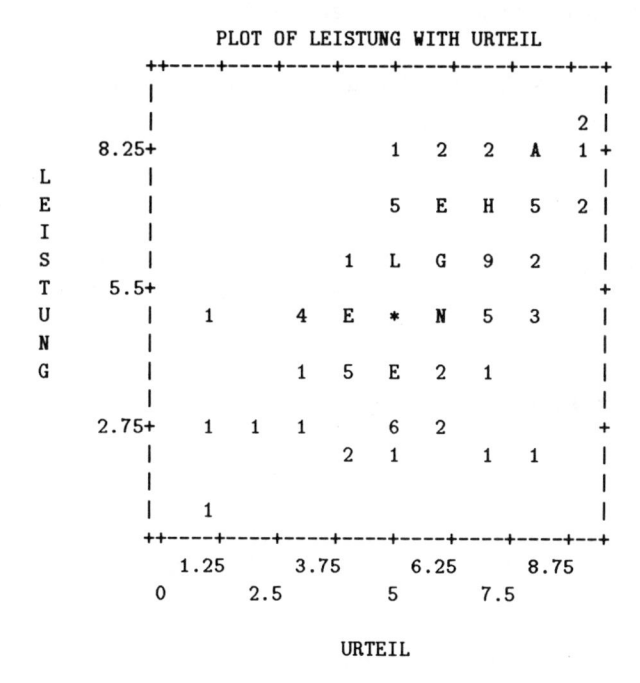

5.2 Beschreibung der Beziehung von intervallskalierten Merkmalen

```
            PLOT OF LEISTUNG WITH URTEIL
      ++----+----+----+----+----+----+----+--+
      |                                      |
      |                                    2 |
   8.25+              1    2    2    A    1  +
 L    |                                      |
 E    |              5    E    H    5    2  |
 I    |                                      |
 S    |              1    L    G    9    2  |
 T  5.5+                                      +
 U    |    1    4    E    *    N    5    3  |
 N    |                                      |
 G    |              1    5    E    2    1  |
      |                                      |
   2.75+  1    1    1         6    2         +
      |              2    1         1    1  |
      |                                      |
      |    1                                 |
      ++----+----+----+----+----+----+----+--+
         1.25     3.75      6.25      8.75
      0        2.5        5        7.5
                    URTEIL
```

Wir erkennen aus dem oben angegebenen Streudiagramm eine gewisse Punktekonzentration entlang der Diagonalen und schließen daher auf eine schwache positive lineare statistische Beziehung zwischen den beiden Merkmalen "Schulleistung" und "Lehrerurteil".

5.2.1.2 Regressionsgerade

Zur Beschreibung dieser Beziehung sind wir am Korrelationskoeffizienten r, am Determinationskoeffizienten r^2, an den beiden Parametern a (Niveaukoeffizient) und b (Steigungskoeffizient) der *Regressionsgeraden-Gleichung*

$$y = a + b * x$$

und an einem Maß interessiert, das die mittlere Abweichung der Punkte von der Regressionsgeraden beschreibt. Dieses Maß heißt *Standardfehler der Schätzung*. Es ist durch

$$+\sqrt{\frac{\Sigma (y-y')^2}{N-2}}$$

vereinbart und damit gleich der positiven Wurzel aus der durch "N − 2" geteilten Variation der Regressionsgeraden.

Die Ausgabe der gewünschten Kennwerte können wir durch das Subkommando *FORMAT* in der Form

```
/ FORMAT = REGRESSION
```

abrufen, das *vor* dem Subkommando PLOT innerhalb des PLOT-Kommandos aufzuführen ist.

Z.B. erhalten wir durch die Ausführung des Kommandos

```
PLOT/FORMAT=REGRESSION/PLOT=LEISTUNG WITH URTEIL.
```

im Anschluß an das Streudiagramm das folgende Ergebnis:

```
250 cases plotted. Regression statistics of LEISTUNG on URTEIL:
Correlation  .59273 R Squared  .35133 S.E. of Est   1.09747 Sig.   .0000
Intercept(S.E.)   2.17321(  .29599) Slope(S.E.)    .59002(   .05091)
```

Zwischen LEISTUNG und URTEIL besteht eine gewisse positive lineare statistische Beziehung, die (näherungsweise) durch die Regressionsgerade

$$y = 2{,}17 + 0{,}59 * x$$

beschrieben wird und die ungefähr 35% (r^2 ist näherungsweise gleich 0,35) der Varianz von LEISTUNG erklärt. Dabei schneidet diese Regressionsgerade die senkrechte Achse im Punkt 2,17 und besitzt einen Steigungswinkel von ungefähr 30 Grad (errechnet sich zu arctan(0,59)). Die Lage der Regressionsgeraden innerhalb des Streudiagramms wird durch die Ausgabe des Buchstabens "R" markiert. Dieses Zeichen wird an den Stellen angegeben, an denen die Regressionsgerade die Achse schneidet.

5.2.1.3 Gestaltung des Layouts

Jedes Streudiagramm enthält standardmäßig die Variablennamen bzw. die diesen Namen zugeordneten Etiketten als Achsenbeschriftung und die Diagrammstruktur als Überschrift. Sollen diese Angaben durch andere Texte ersetzt werden, so lassen sich die Subkommandos *TITLE, HORIZONTAL* und *VERTICAL* dazu wie folgt einsetzen:

5.2 Beschreibung der Beziehung von intervallskalierten Merkmalen

```
[ / TITLE = 'maximal_60_zeichen_langer_überschriftstext']
[ / HORIZONTAL =
        'maximal_40_zeichen_lange_abzissenbeschriftung' ]
[ / VERTICAL =
        'maximal_40_zeichen_lange_ordinatenbeschriftung' ]
```

Als weitere Angaben können in den Subkommandos HORIZONTAL und VERTICAL die folgenden Spezifikationswerte aufgeführt werden: MIN(minimum), MAX(maximum), STANDARDIZE, UNIFORM und REFERENCE(werteliste).

Durch "*MIN(minimum)*" wird der jeweils kleinste auszugebende Wert und durch "*MAX(maximum)*" der jeweils größte auszuwertende Wert gekennzeichnet. Sind die Variablenwerte vor ihrer Ausgabe ins Streudiagramm zu standardisieren (Mittelwert 0 und Standardabweichung 1), so ist das Schlüsselwort *STANDARDIZE* aufzuführen. Bei der Angabe von "*UNIFORM*" werden, sofern mit dem PLOT-Subkommando mehrere Diagramme angefordert sind, alle Diagramme einheitlich skaliert. Mit Hilfe von "*REFERENCE(werteliste)*" lassen sich (bis zu 10) Achsensenkrechte ausgeben. Der jeweilige Schnittpunkt mit der betreffenden Achse ist als Wert innerhalb von "werteliste" einzutragen, wobei jeweils zwei Werte durch Komma bzw. Leerzeichen voneinander zu trennen sind.

Soll die voreingestellte Größe eines Streudiagramms (normalerweise 16 Zeilen von jeweils 38 Zeichen) geändert werden, so sind dazu die Subkommandos *HSIZE* und *VSIZE* in der Form

```
[ / HSIZE = zeichenzahl_pro_zeile ]
[ / VSIZE = zeilenzahl ]
```

einzusetzen.

Wie oben angegeben werden die Punkte des Streudiagramms standardmäßig durch die Zeichen "1", "2",...,"9", "A", "B",..."Z" und "*" markiert. Sollen die Anzahlen von bis zu 9 Cases durch die Zeichen "1", "2",...,"9" und von mehr als 9 Cases durch das Zeichen "*" ausgewiesen werden, so ist das Subkommando *SYMBOLS* in der Form

```
/ SYMBOLS = NUMERIC
```

anzugeben. Sind entgegen dieser Markierungsform *individuelle* Kennzeichnungen zu wählen, so sind eine oder zwei Zeichenfolgen in der Form

```
/ SYMBOLS = 'zeichenfolge_1' [ 'zeichenfolge_2' ]
```

innerhalb des *SYMBOLS*-Subkommandos aufzuführen. Zur Kennzeichnung der Häufigkeit 1 wird das 1. Zeichen von "zeichenfolge_1" verwendet, zur Markierung der Häufigkeit 2 das 2. Zeichen, usw. Ist eine 2. Zeichenfolge im SYMBOLS-Subkommando aufgeführt, so wird – bei der Ausgabe auf einen Drucker – ergänzend zum jeweiligen Zeichen aus "zeichenfolge_1" das an der korrespondierenden Zeichenposition von "zeichenfolge_2" enthaltene Zeichen als *Überdruckzeichen* ausgegeben, so daß jeweils Kombinationen von 2 Zeichen zur Punktekennung verwendet werden können.
Z.B. können wir bei der Druckausgabe durch

```
/SYMBOLS='.XO',' X'
```

die Häufigkeit 1 durch ".", die Häufigkeit 2 durch "X" und die Häufigkeit 3 durch das Überdrucken von "O" und "X" markieren.
Normalerweise wird für jede Häufigkeit einer Wertekombination das zugeordnete Symbol im Streudiagramm ausgegeben. Sollen jedoch Häufigkeiten *vor* ihrer Ausgabe *klassifiziert* werden, so ist dazu das Subkommando *CUTPOINT* in der Form

```
/ CUTPOINT = { EVERY( anzahl ) | werteliste }
```

einzusetzen. Bei der Angabe von z.B.

```
/CUTPOINT=EVERY(3)
```

werden die Häufigkeiten 1, 2 und 3 durch das Zeichen "1" markiert, die Häufigkeiten 4, 5 und 6 durch das Zeichen "2", usw. Durch die Angabe von Trennstellen für Häufigkeiten in der Form von "werteliste" läßt sich diese Klassifizierung auch durch das Subkommando

```
/CUTPOINT=(3 6)
```

erreichen, wobei in diesem Fall alle Häufigkeiten größer als 6 durch das Zeichen "3" beschrieben werden.

5.2.1.4 Verarbeitung von missing values

Standardmäßig werden für jedes Streudiagramm nur diejenigen Cases berücksichtigt, für die jeweils beide Variablenwerte gültige Werte besitzen. Sind jedoch alle benutzerseitig durch das MISSING VALUE-Kommando festgelegten *missing values* in die Auswertung einzubeziehen, so ist das Subkommando *MISSING* in der Form

```
/ MISSING = INCLUDE
```

anzugeben. Werden mehrere Diagramme durch das PLOT-Kommando abgerufen und sollen alle die Cases von der Ausgabe *ausgeschlossen* werden, die in mindestens einer der innerhalb des PLOT-Subkommandos aufgeführten Variablen einen missing value besitzen, so ist im Subkommando MISSING das Schlüsselwort *LISTWISE* anzugeben, so daß sich die Syntax des *MISSING*-Subkommandos insgesamt in der Form

```
/ MISSING = { INCLUDE | LISTWISE }
```

darstellt.

5.2.1.5 Kontrollvariable

Sollen die Punkte eines Streudiagramms gemäß den Werten einer *Kontrollvariablen* markiert werden, so ist das Subkommando *PLOT* in der Form

```
/ PLOT = varliste_1 [ WITH varliste_2 ]
              BY kontrollvariable
```

einzusetzen. In diesem Fall werden die Häufigkeiten der Wertepaare für jeden Wert der Kontrollvariablen getrennt errechnet. Jeder Punkt wird im Streudiagramm durch die erste Ziffer des zugehörigen Wertes der Kontrollvariablen bzw. durch das erste Zeichen des zugehörigen Werteetiketts gekennzeichnet. Falls Punkte für verschiedene Werte der Kontrollvariablen zusammenfallen, so wird das Zeichen "$" ausgegeben.

Die oben angegebene Form des PLOT-Subkommandos kann auch dazu eingesetzt werden, einen sog. *Konturenplot* abzurufen. In diesem Fall muß die Kontrollvariable ein *kontinuierliches* Merkmal sein oder als solches aufgefaßt werden können. In dieser Situation ist ergänzend ein *FORMAT*-

Subkommando in der Form

```
/ FORMAT = CONTOUR [ ( anzahl ) ]
```

anzugeben. Hierdurch wird festgelegt, wie die Werte der Kontrollvariablen zu klassifizieren sind. Ohne Angabe von "(anzahl)" werden 10 gleich große Intervalle gebildet. Diese Voreinstellung läßt sich durch die Angabe von "anzahl" geeignet verändern (Maximalwert ist 35). Für jedes Punktepaar der beiden im PLOT-Subkommando spezifizierten Variablen wird die zugehörige Kennung der jeweiligen Klasse angezeigt. Fallen zwei verschiedene Kennungen auf eine Zeichenposition, so wird die Kennung für die Klasse mit den größeren Werten ausgegeben.

5.2.1.6 Überlagerung von Streudiagrammen

Sollen alle durch das PLOT-Subkommando abgerufenen Streudiagramme (sie dürfen durch *keine* Kontrollvariable spezifiziert sein) zusammengefaßt innerhalb eines *einzigen* Diagramms ausgegeben werden, so läßt sich dies durch das Schlüsselwort *OVERLAY* innerhalb des *FORMAT*-Subkommandos in der Form

```
/ FORMAT = OVERLAY
```

anfordern. Alle Punkte, die zum ersten Variablenpaar gehören, werden durch das Zeichen "1" gekennzeichnet, alle Punkte des 2. Variablenpaares durch das Zeichen "2" usw. Fallen Punkte von Variablenpaaren zusammen, so wird dies durch das Zeichen "$" markiert.

5.2.1.7 Aufbau des PLOT-Kommandos

Besteht das PLOT-Kommando nicht nur aus dem Subkommando PLOT, sondern ist es durch weitere Subkommandos zu ergänzen, so muß die Reihenfolge der Subkommandos beachtet werden. Alle Subkommandos, die für die Ausgabe aller durch das PLOT-Subkommando abgerufenen Streudiagramme wirksam sein sollen, sind *vor* dem PLOT-Subkommando anzugeben.

In einem PLOT-Kommando dürfen mehrere PLOT-Subkommandos enthalten sein. Die Subkommandos MISSING, HSIZE, VSIZE, CUTPOINT und SYMBOLS dürfen *nur einmal* – *vor* dem ersten PLOT-Subkommando – als *permanente* Spezifikationen angegeben werden. Alle anderen Subkom-

5.2 Beschreibung der Beziehung von intervallskalierten Merkmalen

mandos sind – als *temporäre* Spezifikationen – *vor* demjenigen PLOT-Subkommando einzutragen, für das sie wirksam sein sollen.

Einmalige Angaben, die durch Subkommandos vor nachfolgenden PLOT-Subkommandos nicht verändert werden, sind für alle nachfolgenden PLOT-Subkommandos gültig.

Somit läßt sich die Syntax des *PLOT*-Kommandos wie folgt darstellen:

```
PLOT [ permanente_spezifikationen]
     [ temporäre_spezifikationen_1 ]
     / PLOT = varliste_1 [ WITH varliste_2 ] [ ( PAIR ) ]
                  [ BY kontrollvariable_1 ]
   [ [ temporäre_spezifikationen_2 ]
     / PLOT = varliste_3 [ WITH varliste_4 ] [ ( PAIR ) ]
                  [ BY kontrollvariable_2 ] ]... .
```

Dabei werden die *permanenten* Spezifikationen durch die folgenden Subkommandos festgelegt:

```
[ / MISSING = { INCLUDE | LISTWISE } ]
[ / HSIZE = zeichenzahl_pro_zeile ]
[ / VSIZE = zeilenzahl ]
[ / CUTPOINT = { EVERY ( anzahl ) | werteliste } ]
[ / SYMBOLS = { NUMERIC |
                'zeichenfolge_1'[ 'zeichenfolge_2' ] } ]
```

Die *temporären* Spezifikationen lassen sich durch die folgenden Subkommandos bestimmen:

```
[ / TITEL = 'überschrift' ]
[ / HORIZONTAL = [ 'abzissenbeschriftung' ]
    [ MIN( minimum_1 ) ]
    [ MAX( maximum_1 ) ] [ STANDARDIZE ] [ UNIFORM ]
    [ REFERENCE( werteliste_1 ) ] ]
[ / VERTICAL = [ 'ordinatenbeschriftung' ]
    [ MIN( minimum_2 ) ]
    [ MAX( maximum_2 ) ] [ STANDARDIZE ] [ UNIFORM ]
    [ REFERENCE( werteliste_2 ) ] ]
[ / FORMAT = { OVERLAY | CONTOUR [ (anzahl) ] |
               REGRESSION } ]
```

5.2.2 Korrelationskoeffizient von Bravais-Pearson (CORRELATION)

Soll für mehrere *intervallskalierte* Merkmale paarweise der Korrelationskoeffizient r nach Bravais-Pearson (Produktmoment-Korrelation) ermittelt und tabellarisch in Matrixform ausgegeben werden, so läßt sich das Kommando *CORRELATION* in der folgenden Form einsetzen:

```
CORRELATION / [ VARIABLES = ] varliste_1 [ WITH varliste_2 ]
    [ / [ VARIABLES = ] varliste_3 [ WITH varliste_4 ] ]...
    [ / OPTIONS = kennzahl_1 [ kennzahl_2 ]... ]
    [ / STATISTICS = kennzahl_3 [ kennzahl_4 ]... ] .
```

Aus den Angaben jeder *Spezifikationsliste* "varliste_1 [WITH varliste_2]" werden Variablenpaare gebildet. Dabei darf jede Variablenliste aus einer oder mehreren Variablen bestehen. Enthält eine Spezifikationsliste nur eine Variablenliste, so müssen mindestens zwei Variablen in dieser Liste aufgeführt sein. Die jeweiligen Variablenpaare werden in der folgender Weise ermittelt:

Ist das Schlüsselwort *WITH* aufgeführt, so wird ein Paar aus je einer Variablen der beiden vor und hinter WITH angegebenen Variablenlisten gebildet. *Ohne* WITH werden alle Variablen der einen Variablenliste *paarweise* miteinander kombiniert.

Für jedes Variablenpaar, das durch die Spezifikationslisten bestimmt ist, wird der Korrelationskoeffizient r ermittelt und zusammen mit der Anzahl der gültigen Cases ausgegeben. Dabei werden standardmäßig alle diejenigen Cases in die Auswertung einbezogen, die bei keiner der innerhalb des

5.2 Beschreibung der Beziehung von intervallskalierten Merkmalen

VARIABLES- Subkommandos aufgeführten Variablen einen als missing value vereinbarten Wert besitzen. Zusätzlich wird für das zu einem *einseitigen Signifikanztest* bzgl. der Nullhypothese H0(r = 0) errechnete *Signifikanzniveau* angezeigt, ob es kleiner als 0,001 (Ausgabe von "**") ist oder zwischen 0,01 und 0,001 (Ausgabe von "*") liegt.
So erhalten wir z.B. durch das Kommando

```
CORRELATION/LEISTUNG BEGABUNG URTEIL.
```

die folgende Ausgabe:

```
Correlations:   LEISTUNG      BEGABUNG       URTEIL

   LEISTUNG     1.0000         .4678**       .5927**
   BEGABUNG      .4678**      1.0000         .4927**
   URTEIL        .5927**       .4927**      1.0000

N of cases:    250           2-tailed Signif:  * - .01  ** - .001
```

Auf die Form der Ausgabe und die Berechnung der Korrelationskoeffizienten und der zugehörigen Signifikanzniveaus läßt sich durch ein *OPTIONS*-Subkommando einwirken, in dem die folgenden Kennzahlen angegeben werden können:

- 1 : Einschluß von benutzerseitig durch das MISSING VALUE-Kommando vereinbarten missing values

- 2 : paarweiser Ausschluß von Cases mit missing values, d.h. es werden alle diejenigen Cases in die Auswertung einbezogen, die bei keiner der beiden an der Bildung des Korrelationskoeffizienten beteiligten Variablen einen missing value aufweisen

- 3 : das Signifikanzniveau bezieht sich auf einen einseitigen Test zur Überprüfung von H0(r = 0) anstelle eines (standardmäßig vorgenommenen) zweiseitigen Tests

- 5 : Signifikanzniveau und Anzahl der gültigen Cases werden zusätzlich angezeigt.

Sollen neben den Korrelationskoeffizienten auch die Werte der jeweiligen arithmetischen Mittel, der Standardabweichungen, der Kovariationen und Kovarianzen abgerufen werden, so sind die folgenden Kennzahlen in einem *STATISTICS*-Subkommando aufzuführen:

- 1 : vor den Korrelationskoeffizienten werden die arithmetischen Mittel (Mean) und die Standardabweichungen (Std Dev) in einer separaten Tabelle ausgegeben

- 2 : es erfolgt eine tabellarische Ausgabe der Kovariationen (Cross-Prod Dev) und der Kovarianzen (Variance-Covar) aller Variablenpaare.

Die *Kovariation* zweier Merkmale X und Y beschreibt die gemeinsame Variation dieser beiden Merkmale, d.h. es wird für alle Merkmalsausprägungen das Produkt der Abweichungen von den jeweiligen arithmetischen Mitteln gebildet und anschließend über alle diese Produkte summiert. Die *Kovarianz* ergibt sich aus der Division der Kovariation durch die um 1 verminderte Anzahl der Cases.

So erhalten wir z.B. durch das Kommando

```
CORRELATION/LEISTUNG BEGABUNG WITH URTEIL/STATISTICS=1 2.
```

die folgende Ausgabe:

Variable	Cases	Mean	Std Dev
LEISTUNG	250	5.5080	1.3599
BEGABUNG	250	6.2680	1.2371
URTEIL	250	5.6520	1.3661

Variables	Cases	Cross-Prod Dev	Variance-Covar
LEISTUNG URTEIL	250	274.1960	1.1012
BEGABUNG URTEIL	250	207.3160	.8326

Correlations: URTEIL

LEISTUNG	.5927**
BEGABUNG	.4927**

N of cases: 250   2-tailed Signif: * - .01   ** - .001

5.2.3 Vergleich von Mittelwerten (MEANS)

5.2.3.1 Das STATISTICS-Subkommando

Im Abschnitt 4.4 haben wir dargestellt, wie sich das Kommando MEANS zur vereinfachten Reportausgabe für quantitative Merkmale einsetzen läßt. An

5.2 Beschreibung der Beziehung von intervallskalierten Merkmalen

dieser Stelle tragen wir nach, daß wir mit diesem Kommando auch zusätzlich den Wert des im Abschnitt 5.1.6 beschriebenen Koeffizienten *Eta-Quadrat* zur Kennzeichnung der statistischen Beziehung zwischen einem intervallskalierten abhängigen und einem nominalskalierten unabhängigen Merkmal abrufen können. Dazu ist innerhalb des *MEANS*-Kommandos gemäß der Syntax

```
MEANS / [ TABLES = ] varliste_1 BY varliste_2
                    [ BY varliste_3 ]...
     [ / [ TABLES = ] varliste_4 BY varliste_5
                    [ BY varliste_6 ]... ]...
     [ / STATISTICS = kennzahl_1 [ kennzahl_2 ]... ] .
```

ein *STATISTICS*-Subkommando mit der Kennzahl 1 in der Form

```
/ STATISTICS = 1
```

anzugeben.
So erhalten wir z.B. durch das Kommando

```
MEANS/TABLES=LEISTUNG BY URTEIL/STATISTICS=1.
```

im Anschluß an die Reportausgabe die folgende *Varianzanalyse-Tafel* (Analysis of Variance):

Analysis of Variance

Source	Sum of Squares	D.F.	Mean Square	F	Sig.
Between Groups	165.8838	8	20.7355	16.9628	.0000
Within Groups	294.6002	241	1.2224		
	Eta = .6002	Eta Squared = .3602			

5.2.3.2 Varianzanalyse-Tafel

Neben dem Koeffizienten Eta-Quadrat (Eta Squared), der mit dem Wert von näherungsweise 0,36 auf eine mittelstarke statistische Beziehung hindeutet, enthält diese Tafel die erforderlichen Angaben für einen *Signifikanztest* zur Überprüfung von *gruppenspezifischen Mittelwertsunterschieden*. Dadurch läßt sich abtesten, ob die Mittelwerte des abhängigen Merkmals in den durch das unabhängige Merkmal bestimmten Teilgruppen signifikant voneinander abweichen. Zur Durchführung dieses Signifikanztests müssen wir voraussetzen, daß das abhängige Merkmal in den k Teilgruppen jeweils *normalverteilt* mit dem Erwartungswert m ist. Besteht *Varianzhomogenität*, d.h. sind alle Varianzen gleich, so können wir die Nullhypothese

- H0 ($m_1 = m_2 = ... = m_k$)

– sie ist äquivalent zu H0 (Eta = 0) – überprüfen. Bei vorgegebenem Testniveau lehnen wir H0 dann ab, falls zu dem ermittelten Wert der F-verteilten Teststatistik ein Signifikanzniveau gehört, das kleiner als das Testniveau ist. In unserem Fall erhalten wir – nach Vorgabe eines Testniveaus von z.B. 5% – den F-Wert 16,9628 und das zugehörige Signifikanzniveau (Sig.) 0,0000 (das Signifikanzniveau ist folglich kleiner als 0,0001), so daß wir H0 ablehnen müssen.

In der Varianzanalyse-Tafel finden wir neben dem F-Wert (F) und dem zugehörigen Signifikanzniveau (Sig.) noch die folgenden Größen angezeigt:

- die *gewichtete Variation* zwischen den Teilgruppen (Sum of Squares, Between Groups) gemäß der Formel:

$$SB = \sum_{j=1}^{k} n_j * (\overline{y}_j - \overline{y})^2$$

(ergibt in unserem Fall den Wert 165,8838).

- die *Variation innerhalb* der Teilgruppen (Sum of Squares, Within Groups) gemäß der Formel:

$$SW = \sum_{j=1}^{k} \sum_{i=1}^{n_j} (y_{ij} - \overline{y}_j)^2$$

(ergibt in unserem Fall den Wert 294,6002),

- die jeweilige Anzahl der *Freiheitsgrade* (D.F.), nämlich "k – 1" Freiheitsgrade für die Variation zwischen den Teilgruppen und – bei "N" Merkmalsträgern – "N – k" Freiheitsgrade für die Variation innerhalb der Teilgruppen (in unserem Fall ergeben sich 8 bzw. 241 Freiheitsgrade) und

5.2 Beschreibung der Beziehung von intervallskalierten Merkmalen 189

- die durch die Anzahl der jeweiligen Freiheitsgrade geteilten Variationen (Mean Square) in Form der *Treatment-Varianz*

    SB / (k - 1)

    und der *Fehlervarianz*

    SW / (N - k)

    (in unserem Fall ergeben sich die Werte 20,7355 bzw. 1,2224).

Aus diesen Größen errechnet sich der F-Wert als Quotient von Treatment- und Fehlervarianz, so daß die Nullhypothese H0 immer dann beizubehalten ist, falls dieser Quotient nicht viel größer als 1 ist. Überwiegt jedoch die Treatment-Varianz die Fehlervarianz stark, so spricht alles dafür, daß gruppenspezifische Unterschiede in den Mittelwerten vorliegen und demzufolge H0 nicht vertretbar ist.

5.2.3.3 Linearitäts-Test

Hat sich – wie in unserem Beispiel – durch den Signifikanztest gezeigt, daß die Nullhypothese H0 der Gleichheit der Mittelwerte in den Teilgruppen abgelehnt werden muß, so stellt sich im Falle eines *intervallskalierten unabhängigen* Merkmals die Frage, ob evtl. ein *linearer Trend* vorliegt. Diese Fragestellung läßt sich ebenfalls mit Hilfe des MEANS-Kommandos untersuchen. Dazu muß in einem *STATISTICS*-Subkommando die Kennzahl 2 in Form von

```
/ STATISTICS = 2
```

angegeben werden. Als Resultat erhalten wir eine Varianzanalyse-Tafel mit Zusatzinformationen, so daß ein *Linearitäts-Test* durchgeführt werden kann. In dieser Tafel ist neben dem Wert von Eta-Quadrat auch der Wert von r^2 eingetragen. Aus Abschnitt 5.1.6 wissen wir, daß die Differenz "Eta-Quadrat $- r^2$" ein Maß für die Kurvilinearität der Beziehung zweier Merkmale ist. Ist diese Differenz größer als 0, so stellt sich die Frage, ob dies ein Indikator für eine bestehende *Kurvilinearität* in der Grundgesamtheit ist. Dazu wird die durch die Regressionsgerade nicht erklärte Variation der Gruppenmittelwerte (Sum of Squares, Dev. from Linearity) in der Form

$$\sum_{j=1}^{k} n_j * (y'_j - \bar{y}_j)^2$$

durch die Anzahl der Freiheitsgrade "k − 2" geteilt und dieser Quotient wiederum zur *Fehlervarianz*

SW / (N - k)

in Beziehung gesetzt. Das Ergebnis dieser Division ergibt den F-Wert für den Signifikanztest. Ist H0 erfüllt, d.h. liegt eine Linearität in der Grundgesamtheit vor, so ist dieser F-Wert hinreichend klein. Die Signifikanz dieses F-Werts wird mit Hilfe des angezeigten Signifikanzniveaus (Sig.) überprüft, indem diese Größe mit dem vorgegebenen Testniveau verglichen wird. In unserem Fall erhalten wir durch das Kommando

MEANS/TABLES=LEISTUNG BY URTEIL/STATISTICS=2.

für den Linearitäts-Test die folgende Ausgabe:

Analysis of Variance

Source	Sum of Squares	D.F.	Mean Square	F	Sig.
Between Groups	165.8838	8	20.7355	16.9628	.0000
Linearity	161.7809	1	161.7809	132.3461	.0000
Dev. from Linearity	4.1030	7	.5861	.4795	.8490
	R = .5927		R Squared = .3513		
Within Groups	294.6002	241	1.2224		
	Eta = .6002		Eta Squared = .3602		

Dieser Tabelle entnehmen wir den F-Wert 0,4795 und das zugehörige Signifikanzniveau 0,8490, so daß wir H0 auf dem Testniveau von 5% beibehalten. Dadurch wird unterstrichen, daß 0,089 als Wert der Differenz von Eta-Quadrat und r^2 *kein* ausreichender Indikator für eine bestehende Kurvilinearität zwischen LEISTUNG und URTEIL ist.

5.2.4 Mittelwertsvergleich für zwei Gruppen (T-TEST)

Im vorigen Abschnitt haben wir beschrieben, wie sich mit Hilfe des Kommandos MEANS abtesten läßt, ob die Mittelwerte eines abhängigen intervallskalierten Merkmals in den durch ein unabhängiges Merkmal bestimmten Teilgruppen signifikant voneinander abweichen. Die in der angegebenen *Varianzanalyse-Tafel* enthaltenen Entscheidungskriterien für einen entsprechenden Signifikanztest (F-Wert und Signifikanzniveau) können jedoch nur dann sinnvoll interpretiert werden, wenn die *Varianzhomogenität* vorausgesetzt werden kann.

5.2.4.1 Der T-Test

Für den Spezialfall *zweier* Teilgruppen kann mit Hilfe des Kommandos *T-TEST* ein Test auf *Varianzhomogenität* durchgeführt werden (bei mehr als zwei Teilgruppen ist das Kommando ONEWAY einzusetzen, siehe Abschnitt 11.1). Dabei werden zusätzlich die Ergebnisse eines *T-Tests*, d.h. eines Signifikanztests auf *Mittelwertsunterschiede*, sowohl für den Fall der Varianzhomogenität als auch für den Fall unterschiedlicher Varianzen (Varianzheterogenität) angezeigt.

Das Kommando *T-TEST* ist in der folgenden Form einzugeben:

```
T-TEST / GROUPS = gruppenspezifikation
       / VARIABLES = varliste .
```

Die Variablenliste darf aus einer oder mehreren Variablen bestehen. Für jede Variable werden die Ergebnisse des *Varianzhomogenitäts-Tests* und der beiden T-Tests ausgegeben, die jeweils als zweiseitige Tests durchgeführt werden. Die zugehörigen Signifikanzniveaus für einseitige Tests ergeben sich, indem die jeweils angegebenen Signifikanzniveaus durch 2 geteilt werden. Bei der Durchführung eines einseitigen Tests muß auf das Vorzeichen des t-Werts geachtet werden, weil dadurch die Richtung der Hypothese gestützt oder bereits widerlegt wird.

Die Festlegung der beiden Teilgruppen erfolgt durch die Gruppenspezifikation mit dem Subkommando *GROUPS*, für das die folgenden zwei Formen möglich sind:

```
/ GROUPS = { varname_1 ( wert_1 ) |
             varname_2 ( wert_2 wert_3 ) }
```

Mit der zuerst aufgeführten Alternative ist die erste Teilgruppe dadurch bestimmt, daß die Variable "varname_1" den Wert "wert_1" oder einen größeren Wert annimmt. Die zweite Teilgruppe besteht aus allen anderen Cases des SPSS-files.

Bei der zweiten Alternative setzt sich die erste Teilgruppe aus den Cases zusammen, für die "varname_2" den Wert "wert_2" annimmt. Die zweite Teilgruppe enthält diejenigen Cases, für die "varname_2" den Wert "wert_3" besitzt.

Wollen wir z.B. überprüfen, ob sich in unserer Untersuchung Schüler und Schülerinnen im Hinblick auf die Mittelwerte des Merkmals "Schulleistung" (LEISTUNG) signifikant unterscheiden, so geben wir das Kommando

```
T-TEST/GROUPS=GESCHL(1 2)/VARIABLES=LEISTUNG.
```

ein und erhalten das Resultat:

```
                  Number
    Variable      of Cases    Mean        SD        SE of Mean
    ---------------------------------------------------------------
    LEISTUNG

    GESCHL 1       125       5.4560      1.440       .129
    GESCHL 2       125       5.5600      1.279       .114
    ---------------------------------------------------------------

    Mean Difference = -.1040

    Levene's Test for Equality of Variances: F= 1.420  P= .234

           t-test for Equality of Means                  95%
    Variances  t-value   df    2-Tail Sig   SE of Diff   CI for Diff
    ---------------------------------------------------------------
    Equal       -.60    248      .547         .172      (-.443, .235)
    Unequal     -.60    244.60   .547         .172      (-.443, .235)
```

Haben wir uns z.B. ein Testniveau von 5% vorgegeben, so behalten wir – als Ergebnis des Levene's Test – die Nullhypothese der Varianzhomogenität von LEISTUNG auf dem ermittelten Signifikanzniveau von 23,4% (P) bei. Daher führen wir einen zweiseitigen T-Test unter der Voraussetzung der Varianzhomogenität durch und müssen folglich die Testergebnisse aus der *ersten* Tabellenzeile mit der Markierung "Equal" entnehmen. Der ermittelte

5.2 Beschreibung der Beziehung von intervallskalierten Merkmalen

Wert der t-verteilten Teststatistik beträgt -0,60 (t-value), und das zugehörige Signifikanzniveau (2-Tail Sig) der t-Verteilung mit 248 Freiheitsgraden (df) errechnet sich zu 54,7%. Wir stellen somit keine signifikanten Mittelwertsunterschiede beim Merkmal "Schulleistung" zwischen den Schülern und Schülerinnen fest.

Hätten wir in dem oben angegebenen Ausdruck beim Test auf Varianzhomogenität ein signifikantes Ergebnis erhalten, so hätten wir den Mittelwertsvergleich mit den Werten der *zweiten* Tabellenzeile mit der Markierung "Unequal" durchführen müssen.

5.2.4.2 T-Test für abhängige Stichproben

Charakteristisch für unser bisheriges Vorgehen beim Einsatz des Kommandos T-TEST war es, daß wir ein Merkmal innerhalb zweier *unterschiedlicher* (unabhängiger) Stichproben studiert haben. In den vorausgehenden Abschnitten stellten wir dar, wie mit Hilfe der Kommandos CROSSTABS, PLOT und CORRELATION Aussagen über die statistische Abhängigkeit bzw. Unabhängigkeit je zweier intervallskalierter (normalverteilter) Merkmale erhalten werden können. Insbesondere stellt sich die Frage, ob bei statistischer Abhängigkeit bzw. Unabhängigkeit auch Mittelwertsunterschiede vorliegen oder nicht. Insofern ist es von Interesse, die Beziehung der Mittelwerte zweier Merkmale bzgl. *einer einzigen Stichprobe* zu untersuchen. Ein derartiger Test wird *T-Test* für *abhängige* (verbundene) Stichproben (paired sample t-test, correlated t-test) genannt – im Gegensatz zu dem von uns bisher durchgeführten T-Test für *unabhängige* Stichproben (independent sample t-test). Bei diesem Test sind die Voraussetzungen vergleichsweise schwächer, da nur noch gefordert wird, daß die Differenz beider Merkmale normalverteilt sein sollte. Zusätzlich ist hervorzuheben, daß die Fehlervariation – sie beeinflußt den Wert der Teststatistik – in der Regel reduziert wird, da die Variation zweier Merkmale *innerhalb* eines Merkmalsträgers normalerweise *kleiner* ist als diejenige *zwischen* zwei Merkmalsträgern bzgl. eines Merkmals.

Der T-Test für abhängige Stichproben kann in der folgenden Form mit dem Kommando *T-TEST* abgerufen werden:

```
T-TEST / PAIRS = varliste_1 [ WITH varliste_2 [ (PAIRED) ] ] .
```

Aus den Angaben der Spezifikationsliste "varliste_1 [WITH varliste_2]" werden Variablenpaare gebildet. Dabei darf jede Variablenliste aus einer oder mehreren Variablen bestehen. Enthält die Spezifikationsliste nur eine Variablenliste, so müssen in ihr mindestens zwei Variable aufgeführt sein. Ist das Schlüsselwort *WITH* in der Spezifikationsliste angegeben, so wird ein Paar aus je einer Variablen der beiden vor und hinter WITH aufgeführten Variablenlisten gebildet. Ist in dieser Situation das Schlüsselwort "(PAIRED)" aufgeführt, so erfolgt der T-Test für abhängige Stichproben für die jeweils ersten Variablen vor und hinter dem Wort WITH, anschließend für die jeweils zweiten Variablen, usw. *Ohne* Angabe von WITH werden alle Variablen der einen Variablenliste *paarweise* miteinander kombiniert. Für jedes Variablenpaar, das durch die Spezifikationsliste bestimmt ist, wird ein T-Test für abhängige Stichproben durchgeführt.

Wollen wir z.B. den Mittelwertsunterschied der Merkmale "Begabung" (BEGABUNG) und "Lehrerurteil" (URTEIL) in der Grundgesamtheit, aus der die Gruppe der Befragten eine Zufallsstichprobe darstellt, untersuchen, so können wir das Kommando

```
T-TEST/PAIRS=BEGABUNG WITH URTEIL.
```

eingeben. Daraufhin erhalten wir die folgende Ausgabe:

Variable	Number of pairs	Corr	2-tail Sig	Mean	SD	SE of Mean
BEGABUNG				6.2680	1.237	.078
	250	.493	.000			
URTEIL				5.6520	1.366	.086

Paired Differences			t-value	df	2-tail Sig
Mean	SD	SE of Mean			
.6160	1.316	.083	7.40	249	.000
95% CI (.452, .780)					

Bei einem vorgegebenen Testniveau von z.B. 5% lehnen wir die Nullhypothese, daß sich die beiden Merkmale im Mittelwert nicht signifikant voneinander unterscheiden, auf einem Signifikanzniveau von weniger als 0,001% (2-tail Sig) ab. Dieses Resultat ist in der vorletzten Tabellenzeile angezeigt. Darüber sind die Ergebnisse eines *Korrelations-Tests* auf statistische Unabhängigkeit eingetragen. Ergibt sich eine negative Beziehung, so sollte sorgsam überlegt werden, ob das Ergebnis des T-Tests überhaupt sinnvoll ausgewertet werden kann. Wir schließen hier, daß die Nullhypothese der statistischen Unabhängigkeit auf einem Signifikanzniveau von höchstens 0,001% (2-tail Sig) abzulehnen ist, wobei die Stärke der Korrelation in der Stichprobe durch den

5.2 Beschreibung der Beziehung von intervallskalierten Merkmalen

Korrelationskoeffizienten r (von Bravais-Pearson) mit dem Wert r = 0,493 (Corr) beschrieben wird.

5.2.4.3 Das Kommando T-TEST

Neben den oben angegebenen Möglichkeiten zum getrennten Aufruf der T-Tests lassen sich innerhalb des Kommandos T-TEST auch T-Tests für unabhängige und für abhängige Stichproben kombinieren, so daß sich die allgemeine Form des *T-TEST*-Kommandos folgendermaßen darstellt:

```
T-TEST / { GROUPS = gruppenspez_1 / VARIABLES = varliste_1
        | PAIRS = varliste_2 [ WITH varliste_3 [ ( PAIRED ) ] ]
        | GROUPS = gruppenspez_2 / VARIABLES = varliste_4
        / PAIRS = varliste_5 [ WITH varliste_6 [ ( PAIRED ) ] ] }
        [ / MISSING = { INCLUDE | LISTWISE } ]
        [ / FORMAT = NOLABELS ]
        [ / CRITERIA = CI (alpha) ] .
```

Standardmäßig werden alle diejenigen Cases in die Analyse einbezogen, deren Werte für das betreffende Merkmal (T-Test für unabhängige Stichproben) bzw. für die beiden beteiligten Merkmale (T-Test für abhängige Stichproben) *nicht* als missing values vereinbart sind. Auf die Ausgabeform und die Art der Behandlung von missing values kann durch die folgenden Subkommandos eingewirkt werden:

- MISSING = INCLUDE : Einschluß von benutzerseitig durch das MISSING VALUE-Kommando vereinbarten missing values

- MISSING = LISTWISE : listenweiser Ausschluß von Cases mit missing values, d.h. es wird ein Case dann von der Auswertung ausgeschlossen, falls er für irgendeine Variable, die im Subkommando VARIABLES bzw. PAIRS aufgeführt ist, einen als missing value vereinbarten Wert enthält

- FORMAT = NOLABELS : die durch das Kommando VARIABLE LABELS vereinbarten Variablenetiketten werden nicht ausgegeben

- CRITERIA = CI (alpha) : für den angegebenen Alpha-Wert ("0 < alpha < 1") werden Konfidenzintervalle errechnet.

Kapitel 6

Veränderung des SPSS-files

Im Abschnitt 3.4 haben wir beschrieben, wie das SPSS-file mit den Kommandos COMPUTE und RECODE verändert werden kann. Wir erweitern unsere Kenntnisse, indem wir die Darstellung dieser Kommandos vertiefen und weitere Kommandos zur Modifikation eines SPSS-files kennenlernen.

6.1 Berechnung von arithmetischen Ausdrücken (COMPUTE)

Mit dem *COMPUTE*-Kommando in der Form

```
COMPUTE varname = arithmetischer_ausdruck .
```

werden der *numerischen Ergebnisvariablen*, deren Name auf der linken Seite des Gleichheitszeichens "=" aufgeführt ist, Werte zugewiesen, die durch die rechts vom Gleichheitszeichen angegebene Berechnungsvorschrift ermittelt werden. Enthält das SPSS-file bereits die aufgeführte Ergebnisvariable, so werden ihre alten Werte überschrieben. Ist die Ergebnisvariable noch nicht Bestandteil des SPSS-files, so wird sie – hinter den bereits vorhandenen Variablen – in das SPSS-file als neue Variable eingetragen und *case-weise* mit den aus dem arithmetischen Ausdruck errechneten Werten gefüllt.

Arithmetische Ausdrücke bestehen aus einer Aneinanderreihung von Variablennamen und numerischen Konstanten, die durch arithmetische Operatoren verknüpft sind, wobei die folgenden Operatoren zugelassen sind:

6.1 Berechnung von arithmetischen Ausdrücken (COMPUTE)

- Addition: +
- Subtraktion: −
- Multiplikation: *
- Division: /
- Potenzierung: **

Bei der Ausführung des COMPUTE-Kommandos wird der arithmetische Ausdruck ausgewertet. Enthält eine Variable innerhalb des arithmetischen Ausdrucks für einen Case einen missing value − benutzerseitig durch das MISSING VALUE-Kommando oder aber als system-missing value festgelegt −, so wird der Ergebnisvariablen auf der linken Seite des Gleichheitszeichens für diesen Case der *system-missing value* als Wert zugewiesen. Dies gilt bis auf die folgenden Ausnahmefälle:

```
0 * missing value   = 0
0 / missing value   = 0
missing value ** 0  = 1
```

Die Wertzuweisung des system-missing values wird außerdem vorgenommen, falls das Ergebnis des arithmetischen Ausdrucks nicht ermittelt werden kann, weil z.B. eine Division durch 0 erfolgen soll.

Die Berechnung eines arithmetischen Ausdrucks erfolgt nach der Regel "Punktrechnung geht vor Strichrechnung". Diese Vorschrift läßt sich durch das Setzen von Klammern beeinflussen.

Wollen wir in unserer Untersuchung z.B. einen Indikator für die Einschätzung der eigenen Fähigkeiten ermitteln, so können wir durch

```
COMPUTE INDIK=(LEISTUNG+BEGABUNG+URTEIL)/3.
```

die jeweiligen Werte der Variablen LEISTUNG, BEGABUNG und URTEIL case-weise summieren und die durch 3 geteilte Summe dem jeweiligen Case als Wert der Variablen INDIK zuordnen.

Als Elemente von arithmetischen Ausdrücken dürfen auch *Funktionsaufrufe* der Form

```
funktionsname ( varname )
```

mit den folgenden Funktionsnamen auftreten:

- ABS : Absolutbetrag
- ARTAN : Arcustangensfunktion
- COS : Cosinusfunktion
- EXP : Exponentialfunktion
- LG10 : dekadischer Logarithmus (zur Basis 10)
- LN : natürlicher Logarithmus (zur Basis e)
- MOD10 : ganzzahliger Rest der Division durch 10
- RND : Rundung zur ganzen Zahl
- SIN : Sinusfunktion
- SQRT : positive Quadratwurzel
- TRUNC : Abschneiden der Nachkommastellen

Zur Ermittlung von Verteilungswerten und zur Verarbeitung von Datumsangaben stehen die folgenden Funktionsaufrufe zur Verfügung:

- NORMAL (sd) : Realisierung einer N(0,sd)-verteilten Zufallsvariablen
- UNIFORM (n) : Realisierung einer gleichverteilten Zufallsvariablen im offenen Intervall von 0 bis n
- YRMODA (j, m, t) : ermittelt aus der Jahresangabe "j", dem Monatswert "m" und der Tagesangabe "t" eine Tagesordnungsnummer, wobei dem 15.10.1582 (Beginn des Gregorianischen Kalenders) die Ordnungsnummer 1 zugewiesen wird

Desweiteren dürfen die folgenden Funktionsaufrufe verwendet werden:

- LAG (varname) : Variablenwert des Cases, der dem aktuellen Case im SPSS-file um eine Position vorausgeht; dem ersten Case wird der system-missing value zugewiesen
- VALUE (varname) : liefert den Wert von "varname" und wertet die Information, ob es sich um einen missing value handelt, nicht aus

- MISSING (varname) : ergibt den Wert 1, falls der Wert von "varname" ein missing value ist; andernfalls ist der Funktionswert gleich 0

- SYSMIS (varname) : ergibt den Wert 1, falls der Wert von "varname" gleich dem system-missing value ist; andernfalls ist der Funktionswert gleich 0

6.2 Rekodierung von Variablenwerten (RECODE)

Mit dem *RECODE*-Kommando (vgl. Abschnitt 3.4.3) in der Form

```
RECODE varliste ( werteliste_1 = wert-neu_1 )
                [ ( werteliste_2 = wert-neu_2 ) ]... .
```

lassen sich die Werte einer oder mehrerer numerischer oder alphanumerischer Variablen durch die angegebenen *Rekodierungsvorschriften* verändern. Dabei wird für jede Variable, die explizit oder implizit innerhalb der Variablenliste aufgeführt ist, und für jeden Case untersucht, ob der jeweilige Wert in einer der angegebenen Wertelisten enthalten ist. Dieser Suchvorgang wird case-weise mit der zuerst angegebenen Werteliste begonnen und in der Reihenfolge dieser Listen solange fortgesetzt, bis eine Übereinstimmung gefunden ist. In diesem Fall wird der angegebene neue Wert der betreffenden Variablen zugewiesen. Wird keine Übereinstimmung festgestellt, so bleibt der alte Wert erhalten.

Welche Arten von Wertelisten in den einzelnen Rekodierungsvorschriften angegeben werden dürfen, haben wir im Abschnitt 3.4.3 in einer ersten Form dargestellt.

So wird z.B. durch das Kommando

```
RECODE LEISTUNG BEGABUNG URTEIL
       (1 THRU 3=1)(4 5 6=2)(7 THRU HIGHEST=3).
```

festgelegt, daß bei den Variablen LEISTUNG, BEGABUNG und URTEIL die alten Werte zwischen 1 und 3 durch den neuen Wert 1 zu ersetzen sind. Ferner erhalten die Cases mit den alten Werten 4, 5 und 6 jeweils den neuen

Wert 2, und von 7 an aufwärts sind die alten Werte durch den neuen Wert 3 zu ersetzen.

Nachfolgend ergänzen wir die im Abschnitt 3.4.3 gegebene Darstellung um weitere Möglichkeiten der Datenmodifikation mit Hilfe des RECODE-Kommandos.

Sollen missing values ohne die konkrete Angabe ihrer Werte rekodiert werden, so läßt sich dies mit Hilfe der Schlüsselwörter MISSING und SYSMIS durchführen. Da durch das Schlüsselwort MISSING alle missing values bezeichnet werden, muß das Schlüsselwort *SYSMIS* zur Kennzeichnung des system-missing values *vor* dem Wort MISSING in der Form

```
RECODE varliste ( SYSMIS = wert_1 ) ( MISSING = wert_2 ) .
```

aufgeführt werden, sofern benutzerseitig (durch das MISSING VALUE-Kommando) vereinbarte missing values einen gegenüber dem system-missing value unterschiedlichen Wert erhalten sollen. Sind dagegen alle missing values in gleicher Weise zu rekodieren, so ist allein das Schlüsselwort *MISSING* anzugeben.

Wird für eine Variable durch die Rekodierungsvorschrift ein Wert nicht erfaßt, so bleibt der alte Variablenwert erhalten. Sollen bei einer Rekodierung alle bislang nicht berücksichtigten Werte *einheitlich* in einen einzigen Wert rekodiert werden, so ist innerhalb des RECODE-Kommandos abschließend die Vorschrift

```
( ELSE = neuer_wert )
```

mit dem Schlüsselwort *ELSE* anzugeben.

So können etwa durch das Kommando

```
RECODE LEISTUNG(1 2 3=1)(4 5 6=2)(ELSE=3).
```

die Werte 1, 2 und 3 in 1, die Werte 4, 5 und 6 in 2 und die Werte 7, 8 und 9 in 3 rekodiert werden.

6.3 Bedingte Zuweisung (IF)

Sollen einer *numerischen* Variablen in Abhängigkeit von einer Bedingung Werte zugewiesen werden, so ist dazu das *IF*-Kommando in der folgenden Form einzugeben:

```
IF ( bedingung ) varname = arithmetischer_ausdruck .
```

Ist die *Ergebnisvariable* "varname" bereits im SPSS-file vorhanden, so werden ihre alten Werte überschrieben. Enthält das SPSS-file diese Variable noch nicht, so wird sie als weitere Variable in das SPSS-file eingetragen und case-weise mit den errechneten Werten gefüllt.
Die angegebene Wertzuweisung an die Ergebnisvariable wird immer dann für einen Case vorgenommen, wenn die durch die Klammern "(" und ")" eingeschlossene Bedingung zutrifft ("true"). Falls diese Bedingung für einen Case nicht erfüllt ist oder aber in der Bedingung ein Variablenwert als missing value vereinbart oder gleich dem system-missing value ist, so bleibt der alte Wert erhalten. Sofern die Ergebnisvariable noch nicht im SPSS-file enthalten war, wird ihr in diesem Fall der system-missing value als Wert zugewiesen.
So können wir z.B. die Kommandos

```
COMPUTE R_LEIS=LEISTUNG.
RECODE R_LEIS(1 2 3=1)(4 5 6=2)(7 8 9=3).
```

durch die folgenden drei IF-Kommandos ersetzen, weil LEISTUNG nur ganzzahlige Werte zwischen 1 und 9 und keinen missing value besitzt:

```
IF (LEISTUNG LE 3)R_LEIS=1.
IF (LEISTUNG GT 3 AND LEISTUNG LT 7)R_LEIS=2.
IF (LEISTUNG GE 7)R_LEIS=3.
```

Durch das erste IF-Kommando wird eine neue Variable namens R_LEIS im SPSS-file eingerichtet. Diese Variable erhält für alle Cases, deren Variablenwert von LEISTUNG kleiner oder gleich (LE) 3 ist, den Wert 1. Mit dem zweiten IF-Kommando erhalten alle diejenigen Cases für R_LEIS den Wert 2, für die LEISTUNG einen Wert besitzt, der sowohl größer als (GT) 3 als auch (AND) kleiner als (LT) 7 ist. Mit dem dritten Kommando wird den Cases der Wert 3 zugewiesen, die für LEISTUNG einen Wert größer oder gleich (GE) 7 besitzen.

Die Bedingungen "LEISTUNG LE 3" und "LEISTUNG GE 7" sind Beispiele für *einfache Bedingungen* der Form:

```
arith_ausdruck_1 vergleichsoperator arith_ausdruck_2
```

wobei die folgenden Operatoren als *Vergleichsoperatoren* zugelassen sind:

- GT bzw. ">" :
  größer als (greater than)

- LT bzw. "<" :
  kleiner als (less than)

- NE bzw. "<>" :
  ungleich (not equal)

- GE bzw. ">=" :
  größer oder gleich (greater or equal)

- LE bzw. "<=" :
  kleiner oder gleich (less or equal)

- EQ bzw. "=" :
  gleich (equal)

Neben diesen einfachen Bedingungen dürfen auch *zusammengesetzte Bedingungen* gebildet werden, indem sie durch den logischen *Oder-Operator OR* (gleichbedeutend mit dem Zeichen "|"), dem *logischen Und-Operator AND* (gleichbedeutend mit dem Zeichen "&") und dem *logischen Negations-Operator NOT* verknüpft werden:

```
bedingung_1 AND bedingung_2      (+)
bedingung_3 OR  bedingung_4      (++)
NOT bedingung_5                  (+++)
```

Dabei ist die zusammengesetzte Bedingung (+) immer nur dann erfüllt, wenn *beide* Bedingungen "bedingung_1" und "bedingung_2" zutreffen – andernfalls ist sie nicht erfüllt. Dagegen ist die Bedingung (++) immer nur dann falsch, falls *beide* Bedingungen "bedingung_3" und "bedingung_4" *nicht* zutreffen – anderenfalls ist sie wahr. Die Bedingung (+++) ist immer dann erfüllt, falls "bedingung_5" falsch ist.

Somit trifft z.B. die zusammengesetzte Bedingung

```
LEISTUNG GT 3 AND LEISTUNG LT 7
```

für alle diejenigen Cases zu, für die der Wert von LEISTUNG größer als 3 *und gleichzeitig* kleiner als 7 ist.

Bei der Auswertung einer zusammengesetzten Bedingung wird die Reihenfolge entweder durch die gesetzten Klammern oder aber durch die *Prioritätenfolge* der einzelnen Operationen bestimmt. Dabei wird eine zusammengesetzte Bedingung stets von "links nach rechts" ausgewertet, wobei zuerst die arithmetischen Ausdrücke, dann die Vergleichsbedingungen und zuletzt die logischen Operatoren AND, OR und NOT abgearbeitet werden. Dabei sind die Operatoren AND und OR *gleichberechtigt*, und der Operator NOT wirkt *nur* auf die direkt folgende Vergleichsbedingung, so daß z.B. jede zu negierende zusammengesetzte Bedingung eingeklammert werden muß.

6.4 Auszählung von Werten (COUNT)

Die Häufigkeit, mit der bestimmte Werte in einer oder mehreren Variablen case-weise auftreten, kann einer numerischen Variablen mit Hilfe des Kommandos *COUNT* in der Form

```
COUNT varname = varliste_1 ( werteliste_1 )
       [ varliste_2 ( werteliste_2 ) ]... .
```

zugewiesen werden. Ist die *Ergebnisvariable* "varname" schon im SPSS-file enthalten, so werden ihre alten Werte überschrieben. Andernfalls wird sie als neue Variable in das SPSS-file eingetragen und case-weise mit den errechneten Werten gefüllt. Die Wertelisten müssen genauso wie im RECODE-Kommando aufgebaut sein.

Jede angegebene Werteliste kann aus nur einem oder mehreren Werten bestehen. Sind mehrere Werte in einer Werteliste aufgeführt, so wird gezählt, *wieviele* Variablen der vorausgehenden Variablenliste einen Wert besitzen, der in dieser Werteliste enthalten ist. Dabei wird – genauso wie beim RECODE-Kommando – die Untersuchung einer Werteliste abgebrochen, falls eine Übereinstimmung gefunden wurde. Dieses Verfahren wird auf jede Variablenliste mit nachfolgender Werteliste angewendet. Die Summe der jeweils ermittelten Häufigkeiten wird dem entsprechenden Case als Wert der Ergebnisvariablen zugewiesen.

So können wir etwa die Kommandos

```
COMPUTE R_LEIS=LEISTUNG.
RECODE R_LEIS(1 2 3=1)(4 5 6=2)(7 8 9=3).
```

durch das folgende COUNT-Kommando ersetzen (dieses COUNT-Kommando dient nur zur Demonstration, da aus Gründen einer besseren Übersicht stets das RECODE-Kommando eingegeben werden würde):

```
COUNT R_LEIS=LEISTUNG(1 2 3)LEISTUNG(4 5 6)LEISTUNG(4 5 6)
             LEISTUNG(7 8 9)LEISTUNG(7 8 9)LEISTUNG(7 8 9).
```

Hat nämlich LEISTUNG z.B. den Wert 4, so ergibt die Überprüfung mit der ersten Werteliste "1 2 3" den Wert 0, mit der zweiten Werteliste "4 5 6" den Wert 1, mit der dritten ebenfalls den Wert 1 und mit den folgenden jeweils den Wert 0, so daß sich als Summe der Wert 2 errechnet.

Genauso wie beim RECODE-Kommando darf innerhalb eines COUNT-Kommandos anstelle einer Werteliste das Schlüsselwort *MISSING* oder das Schlüsselwort *SYSMIS* aufgeführt werden. Dadurch lassen sich case-weise die Häufigkeiten von missing values durch die Angabe von

```
( MISSING )
```

bzw. vom system-missing value durch die Angabe von

```
( SYSMIS )
```

abfragen.

6.5 Gewichtung von Cases (WEIGHT)

Bei den Datenanalysen gehen die Werte eines Cases standardmäßig stets mit dem *Gewichtungsfaktor* 1 ein. Auf diese gleichgewichtige Behandlung aller Cases können wir mit Hilfe des Kommandos *WEIGHT* Einfluß nehmen. Dies ist z.B. dann erforderlich, falls bei geschichteten Stichproben die Größe von Teilstichproben verändert werden soll.

Eine *Gewichtung* läßt sich durch die Vereinbarung einer Gewichtungsvariablen in der Form

```
WEIGHT BY varname .
```

6.5 Gewichtung von Cases (WEIGHT)

vornehmen, wobei die Werte von "varname" positiv, jedoch nicht notwendig ganzzahlig sein müssen. Die Gewichtungsfaktoren werden der im SPSS-file enthaltenen *Systemvariablen $WEIGHT* zugewiesen (siehe Abschnitt 3.1.2). Dies bedeutet, daß WEIGHT-Kommandos *nicht* kumulativ wirken. Bei der Bearbeitung einer nachfolgenden Aufgabenstellung wird jeder Case sooft gezählt, wie es der zugehörige Wert der Gewichtungsvariablen vorschreibt. Hat die Gewichtungsvariable negative Werte oder missing values, so wird für die zugehörigen Cases der Wert 0 als Gewichtungsfaktor festgelegt.

Die Art, wie Gewichtungsfaktoren berücksichtigt werden, ist abhängig von der jeweiligen Datenanalyse. In der Regel wird der zu verarbeitende Variablenwert eines Cases mit dem Gewichtungsfaktor multipliziert. Bei der Ausführung des Kommandos CROSSTABS ergibt sich die einzelne Zellhäufigkeit als die Summe der Gewichtungswerte. Bei den durch das Kommando PLOT abgerufenen Aufgabenstellungen geht jeder Case mit derjenigen Häufigkeit in die Auswertung ein, die gleich dem ganzzahligen Anteil seines zugeordneten Gewichtungsfaktors ist. Bei nicht-ganzzahligem Gewichtungsfaktor geht der aktuelle Case dann ein weiteres Mal in die Analyse ein, wenn ein durch den internen Aufruf eines Pseudo-Zufallszahlen-Generators ermittelter Wert (liegt zwischen 0 und 1) kleiner als der Nachkommastellenanteil des Gewichtungsfaktors ist.

Die Gewichtung kann z.B. auch sinnvoll bei der Analyse von aggregierten Daten sein. Dazu betrachten wir die erste Kontingenz-Tabelle im Abschnitt 5.1.1. Wir nehmen an, daß wir keinen Zugriff auf die Rohdaten haben und neben den uns bereits bekannten Spaltenprozentsätzen zusätzlich an den Zeilenprozentsätzen sowie an der Gesamtprozentuierung interessiert sind. In diesem Fall können wir mit dem Programm

```
DATA LIST /GESCHL 1 ABSCHALT 2 ANZAHL 3-4.
WEIGHT BY ANZAHL.
BEGIN DATA.
1160
1263
2178
2245
END DATA.
CROSSTABS/TABLES=ABSCHALT BY GESCHL
        /CELLS=COUNT ROW TOTAL.
FINISH.
```

die folgende Ausgabe abrufen:

```
ABSCHALT  by  GESCHL

                    GESCHL      Page 1 of 1
            Count  |
            Row Pct |
            Tot Pct |                  Row
                    |    1|    2|   Total
ABSCHALT    --------+-----+-----+
              1  |   60|   78|    138
                 | 43.5| 56.5|   56.1
                 | 24.4| 31.7|
                 +-----+-----+
              2  |   63|   45|    108
                 | 58.3| 41.7|   43.9
                 | 25.6| 18.3|
                 +-----+-----+
            Column    123   123    246
            Total    50.0  50.0  100.0
```

Soll eine zuvor eingestellte Gewichtung für alle nachfolgenden Datenanalysen *rückgängig* gemacht werden, so ist das *WEIGHT*-Kommndo in der Form

```
WEIGHT OFF .
```

einzugeben.

6.6 Datenauswahl

6.6.1 Gezielte Auswahl von Cases (PROCESS IF, SELECT IF)

Im Abschnitt 3.5.3 haben wir angegeben, wie Cases mit Hilfe des Kommandos *PROCESS IF* in der Form

```
PROCESS IF ( varname vergleichsoperator wert ) .
```

temporär (für die unmittelbar folgende Datenanalyse) ausgewählt werden können. Es werden alle diejenigen Cases herausgefiltert, die durch die aufgeführte *einfache Bedingung* (nur *ein* Vergleichsoperator ist erlaubt!) charakterisiert sind. Soll die Auswahl nicht temporär, sondern für *alle nachfolgenden* Datenanalysen wirken, so ist anstelle des PROCESS IF-Kommandos das Kommando *SELECT IF* in der Form

6.6 Datenauswahl

```
SELECT IF ( bedingung ) .
```

einzugeben.

Wirken mehrere SELECT IF-Kommandos gleichzeitig, so werden für die betreffende Auswertung nur diejenigen Cases in die nachfolgende Datenanalyse einbezogen, deren Variablenwerte *sämtliche* aufgeführten Eigenschaften besitzen.

Wollen wir z.B. die Cases, für welche die Variable AUFGABEN den (unzulässigen) Wert 9 hat, und die Cases, für welche die Variable LEISTUNG den (unzulässigen) Wert 0 besitzt, anzeigen lassen, so führt z.B. das SPSS-Programm

```
DATA LIST FILE='DATEN.TXT'/IDNR 1-3 AUFGABEN 8 LEISTUNG 10.
SELECT IF (AUFGABEN=9).
SELECT IF (LEISTUNG=0).
LIST/VARIABLES=AUFGABEN LEISTUNG IDNR/CASES=5.
FINISH.
```

nicht zum Erfolg, da für die gesuchten Cases nicht notwendigerweise der Wert von AUFGABEN gleich 9 und gleichzeitig der Wert von LEISTUNG gleich 0 sein muß.

Fassen wir allerdings die beiden SELECT IF-Kommandos zu einem Kommando in der Form

```
SELECT IF (AUFGABEN=9 OR LEISTUNG=0).
```

zusammen, so werden die gesuchten Cases herausgefiltert, weil sie dadurch ausgezeichnet sind, daß sie entweder für AUFGABEN den Wert 9 oder (OR) für LEISTUNG den Wert 0 besitzen. Dabei haben wir von der Möglichkeit Gebrauch gemacht, daß die beiden Vergleichsbedingungen "AUFGABEN=9" und "LEISTUNG=0" durch den logischen Oder-Operator OR verbunden werden dürfen.

Durch den Einsatz des NOT-Operators können wir z.B. durch das Kommando

```
SELECT IF ( NOT (LEISTUNG GE 1 AND LEISTUNG LE 9)).
```

alle diejenigen Cases auswählen, für welche die Werte der Variablen LEISTUNG *nicht* zwischen 1 und 9 liegen, d.h. alle fehlerhaft kodierten Werte. Diese Auswahl können wir auch durch die folgende äquivalente Angabe erreichen:

```
SELECT IF (LEISTUNG LT 1 OR LEISTUNG GT 9).
```

Sollen etwa die Fragebogennummern aller Schülerinnen der Jahrgangsstufe 13 angezeigt werden, so können wir dazu das folgende SPSS-Programm ausführen lassen:

```
DATA LIST FILE='DATEN.TXT'/IDNR 1-3 JAHRGANG 4 GESCHL 5.
SELECT IF (JAHRGANG=3 AND GESCHL=2).
LIST/VARIABLES=IDNR.
FINISH.
```

SELECT IF- und PROCESS IF-Kommandos wirken *kumulativ*. So werden etwa bei der Ausführung des Programms

```
DATA LIST FILE='DATEN.TXT'/AUFGABEN 8 LEISTUNG 10.
SELECT IF (AUFGABEN GE 3).
PROCESS IF (LEISTUNG=5).
LIST/VARIABLES=$CASENUM.
LIST/VARIABLES=$CASENUM.
FINISH.
```

beim ersten LIST-Kommando nur diejenigen Reihenfolgenummern berücksichtigt, für deren zugehörige Cases sowohl AUFGABEN einen Wert größer oder gleich 3 als auch LEISTUNG den Wert 5 besitzen. Bei der Ausführung des zweiten LIST-Kommandos wertet das SPSS-System dagegen alle die Cases aus, die für AUFGABEN – unabhängig von den Werten der Variablen LEISTUNG – einen Wert größer oder gleich 3 besitzen.

Es ist zu beachten, daß immer nur diejenigen Cases ausgewählt werden können, die für alle in der Auswahlbedingung enthaltenen Variablen *keinen* missing value besitzen.

6.6.2 Überprüfung der Satzfolge

Neben den normalerweise üblichen Datenprüfungen ist in den Fällen, in denen *mehrere* Datensätze pro Case in der *Daten-Datei* eingetragen sind, auch die ordnungsgemäße Reihenfolge der Datensätze zu kontrollieren.

Haben wir etwa in der Daten-Datei BEISPIEL.TXT pro Case drei Datensätze eingerichtet und dabei die Identifikationsnummer in jedem Satz in den Zeichenpositionen "1 - 3" erfaßt und die jeweilige Satzart in der vierten Zeichenposition durch eine der Zahlen 1, 2 und 3 markiert, so können

6.6 Datenauswahl

wir z.B. Erfassungsfehler bei den Werten der Satzart bzw. Reihenfolgefehler bzgl. der Abspeicherung der Datensätze in der Daten-Datei durch das folgende SPSS-Programm feststellen lassen:

```
DATA LIST FILE='BEISPIEL.TXT'/VAR103 1-3 VAR104 4/
          VAR203 1-3 VAR204 4/VAR303 1-3 VAR304 4.
SELECT IF (( NOT (VAR103=VAR203 AND VAR203=VAR303))
       OR (VAR104 NE 1) OR (VAR204 NE 2) OR (VAR304 NE 3)).
LIST.
FINISH.
```

Innerhalb der verwendeten Variablennamen dokumentieren wir die *Satzart* (Satznummer) durch die jeweils erste Ziffer. Durch die folgenden Ziffern kennzeichnen wir das Ende des Zeichenbereichs, in dem die Identifikationsnummer erfaßt ist. Durch das SELECT IF-Kommando werden alle die Cases herausgefiltert, bei denen die Identifikationsnummern in den jeweils ersten drei Zeichenpositionen dreier aufeinanderfolgender Datensätze *nicht* übereinstimmen bzw. bei denen die 4. Zeichenposition *nicht* die erwartete Satznummer enthält. Da das Kommando LIST ohne Spezifikationswerte angegeben ist, werden für alle herausgefilterten Cases die Werte der Variablen VAR103, VAR104, VAR203, VAR204, VAR303 und VAR304 angezeigt. Die richtige Reihenfolge der Datensätze und die korrekte Kodierung der Satznummern ist dadurch erkennbar, daß die Ausführung des LIST-Kommandos zu *keiner* Ausgabe führt.

6.6.3 Auswahl der ersten Cases (N)

Sollen – unabhängig von einer Bedingung – die ersten "anzahl" Cases des SPSS-files in die Analyse einbezogen werden, so ist vor der betreffenden Aufgabenstellung das Kommando *N* in der Form

```
N anzahl .
```

einzugeben. Solange das SPSS-file nicht *permanent* verändert wird (z.B. durch eines oder mehrere der Kommandos COMPUTE, COUNT, IF, RECODE oder SELECT IF), ersetzt die Angabe eines N-Kommandos diejenige eines vorausgehenden N-Kommandos. Dagegen wirkt ein N-Kommando dann *kumulativ* bzgl. eines vorausgehenden N-Kommandos, wenn diesem vorausgehenden N-Kommando eine permanente Modifikation des SPSS-files folgt.

6.6.4 Zufällige Auswahl von Cases (SAMPLE, SET/SEED)

Soll für eine Auswertung eine *temporäre Zufallsauswahl* aus der Gesamtheit aller Cases des SPSS-files bereitgestellt werden, so ist das Kommando *SAMPLE* in der Form

```
SAMPLE { faktor | n1 FROM n2 } .
```

einzugeben. Der Wert "faktor" muß eine positive Dezimalzahl sein, die kleiner als 1 ist. Diese Größe legt den *Prozentsatz* der aus der Grundgesamtheit auszuwählenden Cases fest.

So werden etwa durch das Kommando

```
SAMPLE 0.2 .
```

ungefähr 20% der Cases des SPSS-files für die unmittelbar folgende Datenanalyse zufällig ausgewählt.

Ist anstelle eines Prozentsatzes eine feste Anzahl "n1" von "n2" der im SPSS-file enthaltenen Cases für die Analyse bereitzustellen, so muß "n1 FROM n2" als Spezifikationswert angegeben werden. Dabei ist hinter dem Schlüsselwort *FROM* die genaue Anzahl der Cases einzutragen, die für eine Auswertung zugelassen sind. Dies ist im allgemeinen die Gesamtzahl der Cases im SPSS-file, es sei denn, daß durch das SELECT IF- oder das N-Kommando eine Einschränkung getroffen wurde.

Sollen für unsere Untersuchung z.B. 30 Cases zufällig ausgewählt werden, so muß das Kommando

```
SAMPLE 30 FROM 250 .
```

eingegeben werden.

Die zufällige Auswahl der Cases wird durch einen im SPSS-System integrierten *Pseudo-Zufallszahlen-Generator* getroffen. Dieser verwendet den Wert der Systemuhr für die Berechnung des erforderlichen Startwerts. Um die erhaltenen Analyseergebnisse später reproduzieren zu können, ist es erforderlich, einen eigenen Startwert durch das *SET*-Kommando mit dem Subkommando *SEED* in der Form

```
SET / SEED = startwert .
```

vor dem SAMPLE-Kommando aufzuführen.

Kapitel 7

Protokollausgaben des SPSS-Systems

7.1 Ausgabe von Kommandos und Analyseergebnissen (SET, SHOW)

Standardmäßig werden die ausgeführten Kommandos und die dadurch abgerufenen Analyseergebnisse als *Protokollausgaben* auf dem Bildschirm angezeigt (SET/SCREEN=ON.) Die Anzahl der Bildschirmzeilen ist auf 24 (SET/LENGTH=24.) und die Anzahl der Zeichen pro Bildschirmzeile auf 79 (SET/WIDTH=79.) voreingestellt. Nach der Ausgabe einer Bildschirmseite muß die nächste Seite durch den Druck irgendeiner Taste abgerufen werden (SET/MORE=ON).

Neben der Bildschirmausgabe werden die Kommandos standardmäßig in die *Log-Datei* SPSS.LOG (SET/LOG='SPSS.LOG'.) und die Analyseergebnisse in die *Listing-Datei* SPSS.LIS (SET/LISTING='SPSS.LIS'.) ausgegeben, wobei der Inhalt je zweier Seiten durch eine gestrichelte Linie voneinander abgegrenzt wird (SET/EJECT=OFF.). Es erfolgt keine Druckausgabe (SET/PRINTER=OFF.).

Sollen diese Voreinstellungen geändert werden, so ist das *SET*-Kommando in der folgenden Form einzusetzen (die *Voreinstellungen* sind in Großbuchstaben bzw. in Ziffernform angegeben):

```
SET [ / SCREEN =  ON | off  ]
    [ / LISTING = { 'SPSS.LIS' | 'dateiname_1' } ]
    [ / PRINTER = { on | OFF } ]
    [ / LENGTH  = { 24 | ganzzahl_1 } ]
    [ / WIDTH   = { 79 | ganzzahl_2 } ]
    [ / MORE    = { ON | off } ]
    [ / EJECT   = { on | OFF } ]
    [ / LOG = { 'SPSS.LOG' | 'dateiname_2' } ] .
```

Soll z.B. die Bildschirmausgabe der Analyseergebnisse abgeschaltet und neben der Ausgabe in die Listing-Datei SPSS.LIS *zusätzlich* eine Druckausgabe erfolgen, wobei die Druckseite mit jeweils 60 Zeilen und 80 Zeichenpositionen pro Zeile eingestellt werden soll, so ist das SET-Kommando in der Form

```
SET/SCREEN=OFF/PRINTER=ON/LENGTH=60/WIDTH=80.
```

einzugeben. Durch den Wert von *LENGTH* wird die Zeilenzahl einer Druckseite bestimmt. Ohne Angabe von LENGTH ist eine Druckseite auf 59 Zeilen festgelegt – im Gegensatz zur standardmäßigen Voreinstellung einer Bildschirmseite auf 24 Zeilen. Nach der Druckausgabe einer Seite erfolgt ein automatischer Vorschub auf die nächste Seite – es sei denn, daß der Vorschub durch eine vorausgehende Eingabe des *SET*-Kommandos mit dem Subkommando *EJECT* in der Form

```
SET / EJECT = OFF .
```

unterbunden wurde. Die Breite einer Druckseite ist – genauso wie bei der Bildschirmausgabe – mit 79 Zeichen pro Zeile voreingestellt. Durch den Spezifikationswert von *WIDTH* ist sie geeignet an den jeweiligen Drucker anzupassen, wobei in der Regel 80 bzw. 132 Zeichenpositionen zu vereinbaren sind.
Um sich über die jeweilige Voreinstellung bzw. die durch das SET-Kommando getroffenen Zuordnungen informieren zu können, steht das *SHOW*-Kommando in der Form

```
SHOW .
```

zur Verfügung (siehe die Angaben im Anhang A.8).

7.2 Ausgabe von Seitenüberschriften (TITLE, SUBTITLE)

Zu Beginn jeder neuen Ausgabeseite mit Analyseergebnissen wird standardmäßig die Seitennummer, der Text "SPSS/PC+" und das Datum in der Form "Monat,Tag,Jahr" ("mm/tt/jj") angezeigt. Zur besseren Dokumentation der Analyseergebnisse kann zu Beginn jeder neuen Ausgabeseite ein individuell gewählter Text von maximal 58 Zeichen ausgegeben werden. Dazu ist das Kommando *TITLE* in der Form

```
TITLE 'text' .
```

einzugeben.

So wird z.B. durch

```
TITLE
   'Einschaetzung der Leistung und Begabung von Schuelern'.
```

am Seitenanfang stets der Text "Einschaetzung der Leistung und Begabung von Schuelern" angezeigt.

Unabhängig davon, ob ein TITLE-Kommando vorhanden ist oder nicht, enthält die zweite Zeile jeder Seite eine Leerzeile. Wollen wir in diese zweite Zeile einen Text eintragen lassen, der sich speziell auf die jeweilige Aufgabenstellung bezieht, so ist das Kommando *SUBTITLE* in der Form

```
SUBTITLE 'text' .
```

unmittelbar *vor* dem Kommando einzugeben, mit dem die Aufgabenstellung formuliert wird. Dabei darf der angegebene Text aus maximal 64 Zeichen bestehen.

So führt z.B. die Angabe von

```
SUBTITLE 'Leistungseinschaetzung'.
FREQUENCIES/VARIABLES=LEISTUNG.
```

dazu, daß mit Beginn der Ausgabe für die Häufigkeitsverteilung von LEISTUNG in jeder zweiten Zeile einer Ausgabeseite der Text "Leistungseinschaetzung" ausgegeben wird. Dieser Text wird auch bei den nachfolgenden

Aufgabenstellungen angezeigt, sofern er *nicht* durch geeignete Angaben innerhalb eines nachfolgenden SUBTITLE-Kommandos ersetzt wird.

7.3 Kommentierung von SPSS-Kommandos (*)

Vor jeder Aufgabenstellung können dokumentarische Angaben gemacht werden, indem der jeweilige Text innerhalb eines *-Kommandos in der Form

```
* text .
```

eingetragen wird. Am Textende ist der *Punkt* zur Kennzeichnung des *Kommandoendes* einzugeben. Reicht eine Programmzeile für die Eingabe des *Kommentars* nicht aus, so darf er in weiteren Programmzeilen fortgesetzt werden. In diesem Fall ist *nur* die letzte Kommentarzeile mit einem Punkt abzuschließen.

Kapitel 8

Datenausgabe

8.1 Ausgabe von Variablenwerten (LIST, WRITE)

Im Abschnitt 3.5.4 haben wir dargestellt, wie Variablenwerte durch den Einsatz des LIST-Kommandos in eine Listing-Datei und auf den Bildschirm ausgegeben werden können. Sollen Variablenwerte dagegen in eine *Ergebnis-Datei* übertragen werden, so ist anstelle des LIST-Kommandos ein *WRITE*-Kommando einzugeben. Dieses Kommando besitzt die gleichen Spezifikationen wie das LIST-Kommando, so daß wir die Syntax beider Kommandos wie folgt angeben können:

```
{ WRITE | LIST } [ / VARIABLES = varliste ]
        [ / CASES = [ FROM anfangswert TO { endwert | EOF } ]
                    [ BY schrittweite ] ]
        [ / FORMAT = [ NUMBERED ] [ SINGLE ] [ WEIGHT ] ] .
```

Bei der Ausführung des WRITE-Kommandos werden für jeden Case die Werte derjenigen Variablen in die standardmäßig eingestellte Ergebnis-Datei *SPSS.PRC* (dieser Dateiname läßt sich durch das SET-Kommando ändern, siehe unten) ausgegeben, deren Namen innerhalb der im Subkommando VARIABLES angegebenen Variablenliste enthalten sind. Ohne die Aufführung des VARIABLES-Subkommandos werden die Werte *sämtlicher* Variablen des SPSS-files ausgegeben.

Durch das Subkommando *CASES* wird die maximale Anzahl der Cases festgelegt, für die Variablenwerte ausgegeben werden sollen. Ohne die explizite Angabe von "anfangswert" bzw. "schrittweite" ist der Wert 1 für beide

Größen voreingestellt. Die Eintragung "TO endwert" darf durch die Angabe "endwert" abgekürzt werden, so daß wir etwa anstelle des Subkommandos

```
/CASES=FROM 1 TO 25 BY 1
```

die Kurzform

```
/CASES=25
```

schreiben dürfen. Ohne die Angabe eines CASES-Subkommandos werden die Werte *aller* Cases ausgegeben.
Sofern das *FORMAT*-Subkommando mit dem Spezifikationswert *NUMBERED* angegeben ist, wird für jeden angezeigten Variablenwert zusätzlich die Positionsnummer des zugehörigen Cases, d.h. als wievielter Case er ins SPSS-file eingetragen wurde, ausgegeben. Bei der Angabe des Schlüsselworts *SINGLE* wird nur dann eine Ausgabe der angeforderten Werte vorgenommen, wenn die Werte eines Cases maximal 80 Zeichenpositionen einnehmen. Wird das Schlüsselwort *WEIGHT* aufgeführt, so werden neben den angeforderten Werten zusätzlich die jeweiligen Gewichtungsfaktoren (siehe dazu die Angaben im Abschnitt 6.5) übertragen.

8.2 Bestimmung der Ergebnis-Datei (SET/RESULTS)

Normalerweise werden die durch das WRITE-Kommando abgerufenen Daten in der *Ergebnis-Datei* SPSS.PRC abgespeichert. Soll eine andere Datei als Ergebnis-Datei gewählt werden, so ist sie durch das *SET*-Kommando mit dem Subkommando *RESULTS* in der Form

```
SET / RESULTS = 'dateiname' .
```

als Ergebnis-Datei einzustellen. Dabei ist zu beachten, daß die Ergebnis-Datei "dateiname" im aktuellen Verzeichnis eingetragen wird, da dem angegebenen Dateinamen *kein* Pfadname vorausgehen darf. Ferner ist zu berücksichtigen, daß der Inhalt einer Ergebnis-Datei, in die durch die Ausführung eines Kommandos bereits Daten abgespeichert wurden, durch ein nachfolgendes Kommando *überschrieben* und nicht verlängert wird.

8.3 Ausgabeformate (FORMATS)

Bei der Ausgabe von Werten *numerischer* Variablen durch die Ausführung des LIST- bzw. des WRITE-Kommandos werden standardmäßig die innerhalb des DATA LIST-Kommandos festgelegten Dezimalstellenzahlen berücksichtigt. Dies gilt auch für Ausgaben von Variablenwerten bei der Datenanalyse wie z.B. bei der Ausführung des FREQUENCIES- und des REPORT-Kommandos.

Für numerische Variablen, die durch Datenmodifikationen gebildet werden, ist das Ausgabeformat stets auf einen Zeichenbereich von 8 Zeichen inklusive Dezimalpunkt und 2 Nachkommastellen eingestellt. Diesen Sachverhalt kennzeichnen wir abkürzend durch die *Formatangabe* "F8.2". Diese Voreinstellung kann durch ein *FORMATS*-Kommando in der Form

```
FORMATS varname_1 ( Fz_1.n_1 )
    [ / varname_2 ( Fz_2.n_2 ) ]... .
```

verändert werden. Durch "Fz.n" ist das Ausgabeformat festgelegt. Dabei kennzeichnet "z" die Gesamtlänge des Zeichenbereichs, und "n" legt die Anzahl der Nachkommastellen fest.

8.4 Datenausgabe bei den Auswertungsverfahren

Bei der Ausführung bestimmter Datenanalysen besteht die Möglichkeit, resultierende Daten in einer *Ergebnis-Datei* zwischenspeichern zu lassen, damit sie anschließend gesondert ausgegeben oder von einem anderen SPSS-Kommando weiterverarbeitet werden können. Diese speziellen Leistungen lassen sich durch geeignete Subkommandos abrufen, die innerhalb der Kommandos aufzuführen sind, durch welche die Auswertungsverfahren zur Ausführung gebracht werden. Die diesbezüglich vorhandenen Möglichkeiten fassen wir wie folgt zusammen:

- CLUSTER
    - /WRITE = DISTANCE :
      Distanz- bzw. Ähnlichkeitsmatrix
- CORRELATION
    - /OPTIONS = 4 :
      Fallzahlen und Korrelationskoeffizienten
- CROSSTABS
    - /WRITE = { CELLS | ALL } :
      Zellhäufigkeiten
- FACTOR
    - /WRITE = [CORRELATION] [FACTOR]:
      Korrelations- bzw. Faktor-Matrix
- ONEWAY
    - /OPTIONS = 4 :
      Fallzahlen, Mittelwerte und Standardabweichungen
- QUICK CLUSTER
    - /WRITE :
      Werte der "Final Cluster Centers"
- REGRESSION
    - /WRITE = namen :
      Fallzahlen, Mittelwerte, Standardabweichungen, Varianzen, Korrelationskoeffizienten und Kovariationen

Kapitel 9

Das Arbeiten mit SPSS-files und Datenaustausch

9.1 Sicherung des SPSS-files (SAVE, SYSFILE INFO)

Bislang haben wir alle unsere SPSS-Programme durch eine vollständige Beschreibung des einzurichtenden SPSS-files eingeleitet, d.h. wir haben in Verbindung mit dem DATA LIST-Kommando SPSS-Kommandos zur Etikettierung der Variablen und der Variablenwerte (VARIABLE LABELS, VALUE LABELS), zur Datenmodifikation (wie z.B. COMPUTE und RECODE), zur Datenauswahl (wie z.B. SELECT IF), zur Vereinbarung von missing values (MISSING VALUE) und zur Dateneingabe (BEGIN DATA und END DATA bzw. das Subkommando FILE innerhalb des DATA LIST-Kommandos) aufgeführt.

Sind nach geeigneten Datenüberprüfungen die Daten von Kodier- und Erfassungsfehlern bereinigt, die erforderlichen Modifikationen und eine geeignete Etikettierung eingegeben, so daß fortan die eigentlichen Datenanalysen durchgeführt werden können, so sollte der Inhalt des zu diesem Zeitpunkt aktuellen SPSS-files in eine *Sicherungs-Datei* (system file) übertragen werden. Dazu ist das Kommando *SAVE* in der folgenden Form einzugeben:

```
SAVE [ / OUTFILE = 'dateiname' ]
     [ / DROP = varliste_1 ]
     [ / KEEP = varliste_2 ]
     [ / RENAME = ( varliste-alt_1 = varliste-neu_1 )
                [ ( varliste-alt_2 = varliste-neu_2 ) ]... ]
     [ / { COMPRESSED | UNCOMPRESSED } ] .
```

Bei der Ausführung des SAVE-Kommandos wird der aktuelle Datenbestand des SPSS-files in einer Datei gesichert. Den Dateinamen legen wir innerhalb des Subkommandos *OUTFILE* fest. Ohne Angabe des Subkommandos OUTFILE wird die Datei *SPSS.SYS* als Sicherungs-Datei gewählt.

Sollen nicht alle Variablen gesichert werden, so lassen sich diesbezügliche Angaben mit Hilfe des Subkommandos *DROP* machen. Die hinter dem Gleichheitszeichen "=" aufgeführten Variablen werden von der Sicherung ausgeschlossen. Alle anderen Variablen werden in der Reihenfolge, in der sie im SPSS-file angeordnet sind, in der Sicherungs-Datei gespeichert.

Mit dem *KEEP*-Subkommando wird bestimmt, daß allein die in diesem Subkommando aufgeführten Variablen gesichert werden. Die Reihenfolge, in der die Übernahme in die Sicherungs-Datei erfolgt, wird durch die Position der Variablen innerhalb von "varliste_2" festgelegt. Durch den Einsatz des Subkommandos KEEP kann folglich die *Reihenfolge*, in der die Variablen innerhalb eines SPSS-Files gespeichert sind, verändert werden.

Durch den Einsatz des *RENAME*-Subkommandos lassen sich – während der Übertragung in die Sicherungs-Datei – alte Variablennamen durch neu gewählte Variablennamen ersetzen. Dazu müssen die jeweils einander zugeordneten Listen *dieselbe* Anzahl von Variablen aufweisen. Die neuen Variablennamen werden den alten Namen in der Reihenfolge zugeordnet, in der sie durch ihre jeweiligen Listenpositionen gekennzeichnet sind.

Normalerweise wird ein SPSS-file ohne Änderung der Speicherform in die Sicherungs-Datei übertragen. Wurde das SPSS-file standardmäßig eingerichtet – ohne das SET-Kommando mit dem COMPRESS-Subkommando (siehe Abschnitt 3.1.11) zu verwenden – und soll aus Gründen der Speicherplatzeinsparung für ganzzahlige Variablenwerte zwischen den Grenzen -99 und 155 eine verkürzte Speicherablage gewählt werden, so ist das Schlüsselwort *COMPRESSED* im SAVE-Kommando aufzuführen. Wurde dagegen für das SPSS-file eine verkürzte Speicherungsform gewählt und soll diese Reduktion bei der Übertragung in die Sicherungs-Datei wieder rückgängig gemacht werden, so ist das Schlüsselwort *UNCOMPRESSED* aufzuführen.

9.1 Sicherung des SPSS-files (SAVE, SYSFILE INFO)

Wollen wir z.B. unser SPSS-file mit den Fragebogendaten in der Datei "SAVE.SYS" abspeichern, so lassen wir die folgenden Kommandos ausführen:

```
DATA LIST FILE='DATEN.TXT'/
          JAHRGANG GESCHL 4-5 STUNZAHL 6-7
          AUFGABEN ABSCHALT LEISTUNG BEGABUNG URTEIL 8-12.
VARIABLE LABELS/JAHRGANG 'Jahrgangsstufe'.
    :
VALUE LABELS/JAHRGANG 1 '11' 2 '12' 3 '13'.
    :
MISSING VALUE ABSCHALT(0).
    :
SAVE/OUTFILE='SAVE.SYS'.
FINISH.
```

Nach der Übertragung der Daten des SPSS-files in die Datei "SAVE.SYS" werden die folgenden Meldungen angezeigt:

```
The SPSS/PC+ system file is written to
    file SAVE.SYS
       11 variables (including system variables) will be saved.
        0 variables have been dropped.

The system file consists of:

        432 Characters for the header record.
        352 Characters for variable definition.
        168 Characters for labels.
       6144 Characters for data.
       7096 Total file size.

    250 out of    250 cases have been saved.
```

Um sich den Inhalt einer durch das SAVE-Kommando erstellten Sicherungs-Datei anzeigen zu lassen, ist das *SYSFILE INFO*-Kommando in der Form

```
SYSFILE INFO / [ FILE = ] 'dateiname ' .
```

einzugeben.
In unserem Fall führt das Kommando

```
SYSFILE INFO/FILE='SAVE.SYS'.
```

zu folgendem Ergebnis:

```
SYSFILE INFO: SAVE.SYS

SPSS/PC+ System File

Creation Date: 12/10/92
Creation Time: 15:51:30

Title:                   SPSS/PC+

# of Cases: 250

Total # of Defined Variable Elements: 11
# of User-Defined Variables: 8

Data Are Not Weighted

Data Are Compressed

File Does Not Contain A DE Form
File Does Not Contain DE Cleaning Information

Variable Information:

JAHRGANG  Jahrgangsstufe
GESCHL    Geschlecht
STUNZAHL  * No label *
AUFGABEN  * No label *
ABSCHALT  Abschalten im Unterricht
LEISTUNG  * No label *
BEGABUNG  * No label *
URTEIL    * No label *
```

9.2 Wiederherstellung des SPSS-files (GET)

Ein SPSS-file, das durch die Ausführung des Kommandos SAVE in einer Datei gesichert worden ist, kann durch den Aufruf des Kommandos GET zur weiteren Verarbeitung wiederhergestellt werden. Die Bearbeitung der Daten durch das SPSS-System läßt sich somit an der Stelle fortsetzen, an der das SPSS-file zuvor durch die Ausführung eines SAVE-Kommandos gesichert wurde. Ein *GET*-Kommando muß in der Form

9.3 Zusammenfassung von SPSS-files (JOIN)

```
GET [ / FILE = 'dateiname' ]
    [ / DROP = varliste_1 ]
    [ / KEEP = varliste_2 ]
    [ / RENAME = ( varliste-alt_1 = varliste-neu_1 )
         [ ( varliste-alt_2 = varliste-neu_2 ) ]... ] .
```

eingegeben werden. *Ohne* Angabe des *FILE*-Subkommandos wird der Inhalt der Datei *SPSS.SYS* als SPSS-file übernommen. Ansonsten wird der Inhalt derjenigen *Sicherungs-Datei* gelesen, die durch die Angabe im FILE-Subkommando gekennzeichnet ist.

Sollen nicht alle gesicherten Variablen ins SPSS-file übertragen werden, so sind diesbezügliche Angaben im Subkommando *DROP* zu machen. In diesem Fall werden nur die nicht aufgeführten Variablen in das SPSS-file übertragen. Dabei wird die Reihenfolge der Ablage innerhalb des SPSS-files durch die Reihenfolge der Variablen in der Sicherungs-Datei bestimmt.

Wird das *KEEP*-Subkommando verwendet, so werden allein die innerhalb von "varliste_2" angegebenen Variablen in das SPSS-file übertragen. Die Reihenfolge bei der Ablage wird bestimmt durch die Abfolge der Namen innerhalb der Variablenliste, so daß hierdurch die *Reihenfolge* gegenüber der Ablage in der Sicherungs-Datei verändert werden kann.

Durch den Einsatz des *RENAME*-Subkommandos ist es möglich, alte Variablennamen durch neu gewählte Variablennamen auszutauschen. Dazu müssen die jeweils einander zugeordneten Listen *dieselbe* Anzahl von Variablen aufweisen. Dabei *korrespondieren* die neuen mit den alten Namen in der Reihenfolge, in der die Namen aufgrund ihrer Listenpositionen einander zugeordnet sind.

In Anknüpfung an unser im vorigen Abschnitt angegebenes Beispiel zur Sicherung eines SPSS-files können wir z.B. das folgende Programm zur Ermittlung der Häufigkeitsverteilung von LEISTUNG ausführen lassen:

```
GET/FILE='SAVE.SYS'.
FREQUENCIES/VARIABLES=LEISTUNG.
```

Der Einsatz des GET-Kommandos ist nicht nur vorteilhaft, um Schreibarbeit einzusparen, sondern der Aufbau des SPSS-files erfolgt in der Regel auch viel schneller als es bei der Ausführung der SPSS-Kommandos zur Eingabe von Rohdaten der Fall ist. Allerdings ist zu beachten, daß der für die Ablage des SPSS-files benötigte Speicherbereich in der Regel größer als der für die Datensätze (mit den Rohdaten) ist.

9.3 Zusammenfassung von SPSS-files (JOIN)

9.3.1 Zusammenführung paralleler SPSS-files

Besitzen zwei oder mehrere SPSS-files dieselben Cases – es handelt sich um sog. *parallele SPSS-files* –, so lassen sich alle bzw. eine Auswahl der in den verschiedenen SPSS-files abgespeicherten Variablen innerhalb eines neu eingerichteten SPSS-files für die weitere Datenanalyse bereitstellen. Dazu muß das *JOIN*-Kommando mit dem Schlüsselwort *MATCH* in der Form

```
JOIN MATCH / FILE = { * | 'dateiname_1' }
     [ / KEEP = varliste_1 ]
     [ / DROP = varliste_2 ]
     [ / RENAME = ( varliste-alt_1 = varliste-neu_1 )
            [ ( varliste-alt_2 = varliste-neu_2 ) ]... ]
     [ [ / FILE = { * | 'dateiname_2' }
     [ / KEEP = varliste_3 ]
     [ / DROP = varliste_4 ]
     [ / RENAME = ( varliste-alt_3 = varliste-neu_3 )
            [ ( varliste-alt_4 = varliste-neu_4 ) ]... ]...
     [ / MAP ] .
```

eingegeben werden. Es müssen *mindestens* zwei Subkommandos FILE aufgeführt sein, wobei höchstens einmal das *Sternzeichen* "*" zur Kennzeichnung des aktuellen SPSS-files verwendet werden darf. Bei der Ausführung des JOIN-Kommandos werden alle bzw. (durch den Einsatz der Subkommandos DROP und KEEP) nur ausgewählte Variablen, die in den durch die Subkommandos FILE spezifizierten Sicherungs-Dateien abgespeichert sind, eingelesen und als aktuelles SPSS-file für die folgenden Datenanalysen bereitgestellt. Existiert bei der Ausführung des JOIN-Kommandos bereits ein aktuelles SPSS-file, weil etwa bereits ein DATA LIST-Kommando bzw. ein GET-Kommando ausgeführt wurde, so läßt sich dieses SPSS-file innerhalb eines FILE-Subkommandos durch den *Spezifikationswert* "*" markieren. Die Reihenfolge der Variablen im erzeugten SPSS-file wird bestimmt durch die Abfolge, in der die FILE-Subkommandos aufgeführt sind.

JOIN MATCH/FILE='A'/FILE='B' ....

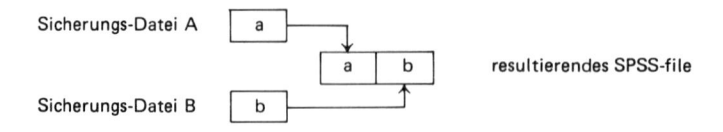

```
Sicherungs-Datei A   [ a ]
                            ↓
                         [ a | b ]   resultierendes SPSS-file
                            ↑
Sicherungs-Datei B   [ b ]
```

9.3 Zusammenfassung von SPSS-files (JOIN)

Ohne den Einsatz des DROP- und des KEEP-Subkommandos werden sämtliche Variablen aus den angegebenen SPSS-files in das aktuelle SPSS-file übernommen. Sollen Variablen von der Übertragung ausgeschlossen werden, so sind deren Namen im Subkommando *DROP* aufzuführen. Alternativ dazu können die Namen von ausgewählten Variablen, die allein in das aktuelle SPSS-file integriert werden sollen, innerhalb eines *KEEP*-Subkommandos angegeben werden.

Durch den Einsatz des *RENAME*-Subkommandos ist es möglich, alte Variablennamen durch neu gewählte Variablennamen auszutauschen. Dabei *korrespondieren* die neuen mit den alten Namen in der Reihenfolge, in der sich die Namen aufgrund ihrer Listenpositionen zugeordnet sind. Dieses Kommando ist insofern von Bedeutung, als bei gleichnamigen Variablen die Variablenwerte aus demjenigen SPSS-file übernommen werden, dessen zugehöriges FILE-Subkommando zuerst im JOIN-Kommando angegeben ist.

Wird das Subkommando *MAP* verwendet, so werden die Variablennamen des aktuellen SPSS-files angezeigt – in der Reihenfolge, in der diese Variablen innerhalb des SPSS-files plaziert sind.

Sind etwa die Werte der Variablen LEISTUNG in der Sicherungs-Datei LEISTUNG.SYS und die Werte von URTEIL in der Sicherungs-Datei URTEIL.SYS jeweils zusammen mit den Variablenwerten von JAHRGANG abgespeichert, so lassen sich diese beiden SPSS-files wie folgt zusammenführen und in die Sicherungs-Datei LEISTURT.SYS übertragen:

```
JOIN MATCH/FILE='LEISTUNG.SYS'/FILE='URTEIL.SYS'.
SAVE/OUTFILE='LEISTURT.SYS'.
FINISH.
```

9.3.2 Zusammenführung von nicht-parallelen SPSS-files

Enthalten die zusammenzuführenden SPSS-files *nicht alle* dieselben Cases – es handelt sich um *nicht-parallele SPSS-files* – und sind sie sämtlich nach *Satzgruppen* gegliedert, die durch eine oder mehrere *Indikator-Variablen* gekennzeichnet sind, so kann ein SPSS-file mit dem *JOIN*-Kommando durch den zusätzlichen Einsatz des *BY*-Subkommandos in der Form

```
/ BY = varliste
```

aufgebaut werden. Voraussetzung ist, daß die Cases *aufsteigend* nach den Werten der im BY-Subkommando angegebenen Indikator-Variablen sortiert sind und daß alle aufgeführten Variablen in *allen* SPSS-files vorhanden sind. Das BY-Subkommando muß das JOIN-Kommando *abschließen* und die Indikator-Variablen in der Reihenfolge enthalten, in der sie aufgrund der dadurch bestimmten Sortierfolge die Satzgruppen innerhalb der SPSS-files kennzeichnen.

Besitzen mehrere Cases in den SPSS-files bzgl. der Indikator-Variablen dieselben Werte, so werden gruppenweise die Werte der jeweils ersten Cases zu den Werten des ersten Cases im neuen SPSS-file zusammengefaßt, anschließend die Werte der jeweils zweiten Cases, usw.

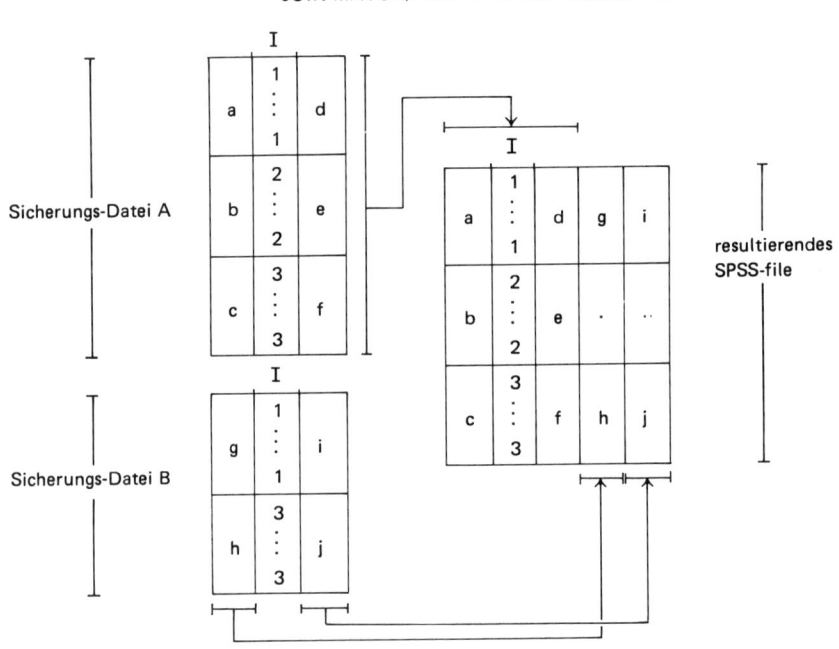

JOIN MATCH/FILE='A'/FILE='B'/.../BY I.

Ist für einen Case *nicht* in sämtlichen SPSS-files ein Wert vorhanden, so wird für die betreffenden Variablen dem im neuen SPSS-file eingerichteten Case jeweils der *system-missing value* zugewiesen.

Soll ein Case nicht in jedem Fall, sondern *nur* dann in das resultierende SPSS-file übernommen werden, wenn der Abgleich von *ausgewählten Indikator-Variablen* innerhalb der nicht-parallelen SPSS-files *positiv* ausfällt, so muß ein SPSS-file als *Tabelle* ausgewiesen werden. Dazu ist das Subkommando *TABLE* innerhalb des *JOIN*-Kommandos in der folgenden Form – anstelle eines FILE-Subkommandos – einzusetzen:

9.3 Zusammenfassung von SPSS-files (JOIN)

```
/ TABLE = { * | 'dateiname' }
```

Diese Situation läßt sich wie folgt skizzieren:

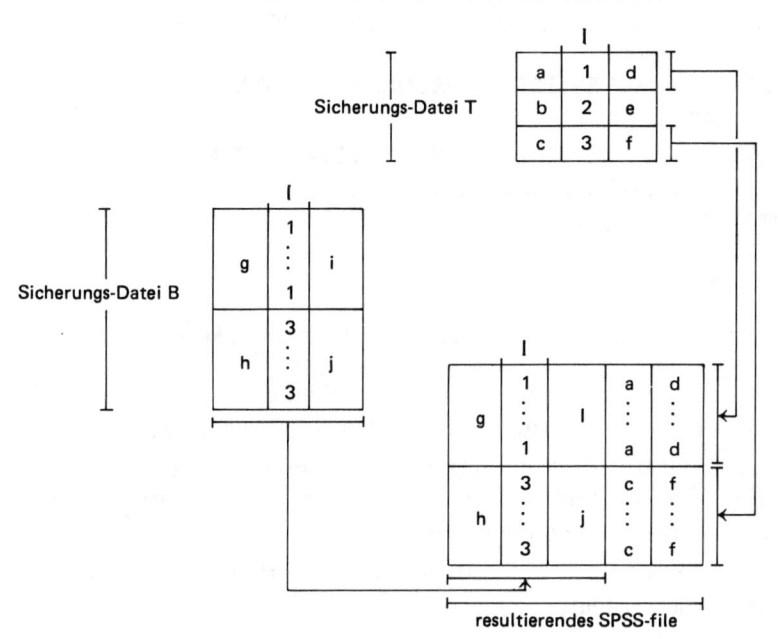

JOIN MATCH/FILE='B'/TABLE='T'/.../BY I.

	I	
a	1	d
b	2	e
c	3	f

Sicherungs-Datei T

Sicherungs-Datei B

	I	
g	1 ⋮ 1	i
h	3 ⋮ 3	j

	I		
g	1 ⋮ 1	a ⋮ a	d ⋮ d
h	3 ⋮ 3	c ⋮ c	f ⋮ f

resultierendes SPSS-file

Haben wir etwa in der Sicherungs-Datei MEANSD.SYS drei Cases mit den jahrgangsstufen-spezifischen Mittelwerten und Standardabweichungen der Variablen LEISTUNG in der Form

```
JAHRGANG   MEAN    STD
---------------------
   1       5,43   1,42
   2       5,53   1,39
   3       5,62   1,19
```

abgespeichert, so können wir die Werte von LEISTUNG wie folgt standardisieren und in die Sicherungs-Datei STANDARD.SYS übertragen lassen:

```
DATA LIST FILE='DATEN.TXT'/JAHRGANG 4 LEISTUNG 10.
SORT CASES BY JAHRGANG.
JOIN MATCH/TABLE='MEANSD.SYS'/FILE=*/BY=JAHRGANG.
COMPUTE STANDARD=(LEISTUNG-MEAN)/STD.
SAVE/OUTFILE='STANDARD.SYS'.
FINISH.
```

9.3.3 Aneinanderreihung von gleichstrukturierten SPSS-files

Mit dem JOIN-Kommando besteht nicht nur die Möglichkeit, eine oder mehrere Variablen aus parallelen bzw. nicht-parallelen SPSS-files zu lesen und in ein neues SPSS-file einzuspeichern, sondern es können auch *gleichstrukturierte SPSS-files*, d.h. SPSS-files mit gleichen Variablen aber verschiedenen Cases, zu einem SPSS-file *aneinandergereiht* werden.

Dazu muß das *JOIN*-Kommando mit dem Schlüsselwort *ADD* in der folgenden Form angegeben werden:

```
JOIN ADD / FILE = { * | 'dateiname_1' }
    [ / KEEP = varliste_1 ]
    [ / DROP = varliste_2 ]
    [ / RENAME = ( varliste-alt_1 = varliste-neu_1 )
           [ ( varliste-alt_2 = varliste-neu_2 ) ]... ]
  [ [ / FILE = { * | 'dateiname_2' }
    [ / KEEP = varliste_3 ]
    [ / DROP = varliste_4 ]
    [ / RENAME = ( varliste-alt_3 = varliste-neu_3 )
           [ ( varliste-alt_4 = varliste-neu_4 ) ]... ]...
    [ / MAP ] .
```

Es müssen wiederum *mindestens* zwei Subkommandos FILE aufgeführt sein, wobei höchstens einmal das *Sternzeichen* "*" zur Kennzeichnung des aktu-

9.3 Zusammenfassung von SPSS-files (JOIN)

ellen SPSS-files verwendet werden darf. Die Cases werden aus den einzelnen SPSS-files in der Abfolge der aufgeführten FILE-Subkommandos gelesen und in dieser Reihenfolge in das aktuelle SPSS-file übertragen.

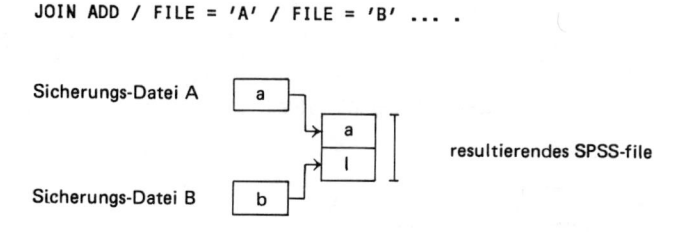

```
JOIN ADD / FILE = 'A' / FILE = 'B' ... .
```

```
Sicherungs-Datei A    [ a ]
                         ↓
                        [ a ]
                        [ l ]   resultierendes SPSS-file
                         ↑
Sicherungs-Datei B    [ b ]
```

Genauso wie beim JOIN-Kommando mit dem Schlüsselwort MATCH lassen sich die Subkommandos *DROP* und *KEEP* zur Auswahl der zu übertragenden Variablen, das *RENAME*-Subkommando zur Umbenennung der Variablen und das Subkommando *MAP* zur Anzeige der Variablennamen des resultierenden SPSS-files einsetzen.

Hätten wir etwa unsere Beispieldaten nach Jahrgangsstufen erfaßt und die drei resultierenden Dateien getrennt bearbeitet und in jeweils eine Sicherungs-Datei übertragen lassen – z.B. in die Dateien "SAVE11.SYS", "SAVE12.SYS" und "SAVE13.SYS" für die Jahrgangsstufen 11, 12 und 13 –, so könnten wir diese drei SPSS-files – zum Zweck der gemeinsamen Auswertung – durch das Kommando

```
JOIN ADD/FILE='SAVE11.SYS'
        /KEEP=LEISTUNG BEGABUNG URTEIL
        /FILE='SAVE12.SYS'
        /KEEP=LEISTUNG BEGABUNG URTEIL
        /FILE='SAVE13.SYS'
        /KEEP=LEISTUNG BEGABUNG URTEIL
        /MAP.
```

wieder zu einem SPSS-file zusammenführen, wobei wir die folgende Ausgabe erhalten:

```
RESULT          SAVE11.SYS      SAVE12.SYS      SAVE13.SYS
------------    ------------    ------------    ------------
LEISTUNG        LEISTUNG        LEISTUNG        LEISTUNG
BEGABUNG        BEGABUNG        BEGABUNG        BEGABUNG
URTEIL          URTEIL          URTEIL          URTEIL
```

9.3.4 Mischen von gleichstrukturierten SPSS-files

Sind die Cases von *gleichstrukturierten SPSS-files* jeweils nach einer oder mehreren Indikator-Variablen *aufsteigend sortiert*, so kann der Aufbau des resultierenden SPSS-files gezielt nach den Werten dieser Indikator-Variablen erfolgen.

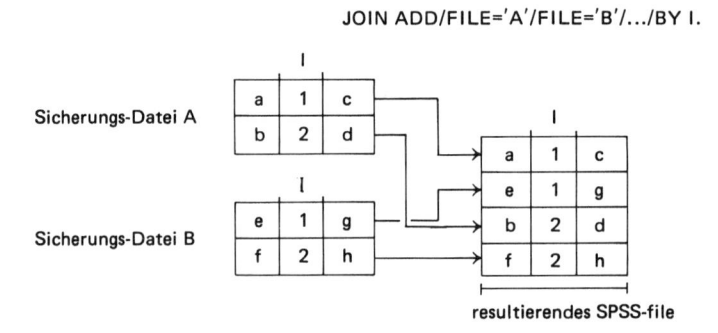

```
                    JOIN ADD/FILE='A'/FILE='B'/.../BY I.
                            I
                        a   1   c
Sicherungs-Datei A      b   2   d                   I
                                                a   1   c
                            I                   e   1   g
Sicherungs-Datei B      e   1   g               b   2   d
                        f   2   h               f   2   h

                                            resultierendes SPSS-file
```

Dieses *Mischen* der SPSS-files läßt sich durch das *BY*-Subkommando in der Form

```
/ BY = varliste
```

am *Ende* des JOIN-Kommandos anfordern. Dabei sind die durch "varliste" gekennzeichneten Variablen, die in *allen* SPSS-files enthalten sein müssen, so anzugeben, daß ihre Reihenfolge die *Sortierfolgeordnung* der Cases in den einzelnen SPSS-files festlegt.

Haben wir z.B. in der Sicherungs-Datei JAHR1113.SYS die Variablenwerte für die Jahrgangsstufen 11 und 13 und in der Sicherungs-Datei JAHR12.SYS diejenigen für die Jahrgangsstufe 12 gespeichert, und sind die Cases dieser beiden SPSS-files nach den Werten von JAHRGANG sortiert, so läßt sich die Sicherungs-Datei GESAMT.SYS mit den Werten aller Cases wie folgt einrichten:

```
JOIN ADD/FILE='JAHR1113.SYS'/FILE='JAHR12.SYS'/BY=JAHRGANG.
SAVE/OUTFILE='GESAMT.SYS'.
FINISH.
```

9.4 Transponieren des SPSS-files (FLIP)

Für gesonderte Auswertungen ist es oftmals wünschenswert, daß sämtliche einem Case zugeordneten Werte über einen Variablennamen in Auswertungen einbezogen werden können.
Soll z.B. eine Tabelle der Form

                     Anzeige der missing values
             fuer ausgewaehlte Merkmale pro Jahrgangsstufe

Jahrgangsstufe:	11	12	13
Stundenzahl:	0.00	0.00	0.00
Abschalten:	3.00	1.00	0.00
Leistung:	0.00	0.00	0.00

erzeugt werden, wobei die Tabelleneinträge anzeigen, wie häufig zu dem betreffenden Merkmal in der jeweiligen Jahrgangsstufe keine Angabe gemacht wurde, so ergibt sich das gewünschte Resultat etwa durch die Ausführung des folgenden SPSS-Programms:

```
DATA LIST FILE='DATEN.TXT'/
          STUNZAHL 6-7 ABSCHALT 9 LEISTUNG 10.
FLIP.
COUNT MISS11 = VAR001 TO VAR100(0).
COUNT MISS12 = VAR101 TO VAR200(0).
COUNT MISS13 = VAR201 TO VAR250(0).
VALUE LABELS CASE_LBL 'STUNZAHL' 'Stundenzahl:'
                     'ABSCHALT' 'Abschalten:'
                     'LEISTUNG' 'Leistung:'.
REPORT/FORMAT=LIST
       /VARIABLES=CASE_LBL 'Jahrgangsstufe:'(LABEL)
                 MISS11 '11' MISS12 '12' MISS13 '13'
       /TITLE='Anzeige der missing values'
              'fuer ausgewaehlte Merkmale pro Jahrgangsstufe'.
FINISH.
```

Durch den Einsatz des Kommandos *FLIP* in der Form

```
FLIP [ / VARIABLES = varliste ] [ / NEWNAMES = varname ] .
```

wird das jeweils aktuelle SPSS-file *transponiert*, d.h. die Spalten werden zu Zeilen, und die Zeilen werden zu Spalten. Dabei dürfen höchstens 499 Cases im alten SPSS-file enthalten sein, weil im neuen SPSS-file eine Variable namens *CASE_LBL* (an der 1. Position im SPSS-file) eingerichtet wird, die für den 1. Case den Namen der ursprünglich 1. Variablen enthält, für den 2. Case den Namen der ursprünglich zweiten Variablen, usw.

In dem oben angegebenen Beispiel werden der Variablen CASE_LBL die Werte "STUNZAHL", "ABSCHALT" und "LEISTUNG" – in dieser Reihenfolge – zugewiesen.

Standardmäßig werden alle Variablen des ursprünglichen SPSS-files beim Transponieren berücksichtigt. Sollen *nur* ausgewählte Variable übernommen werden, so sind deren Variablennamen innerhalb eines *VARIABLES*-Subkommandos aufzuführen.

Die neu eingerichteten Variablen erhalten standardmäßig einen Variablennamen, der jeweils durch die Zeichenfolge "VAR" eingeleitet und mit einer Ziffernfolge abgeschlossen wird. Dabei erhält die 1. Variable den Namen "VAR001", die 2. den Namen "VAR002", usw. Sollen die Namen für die neuen Variablen nicht automatisch, sondern *gezielt* vergeben werden, so ist im ursprünglichen SPSS-file eine *alphanumerische* Variable mit den neuen Variablennamen einzurichten. Dabei muß der 1. Case als Wert den Namen der zukünftig 1. Variablen erhalten, der 2. Case den Namen der zukünftig 2. Variablen usw. Damit die Werte dieser Variablen zur Namensvergabe herangezogen werden, muß ihr Name in einem *NEWNAMES*-Subkommando innerhalb des FLIP-Kommandos aufgeführt werden.

Es ist zu beachten, daß das resultierende SPSS-file *nur numerische* Variablen enthält, so daß ursprünglich alphanumerische Variablenwerte durch das Transponieren in den *system-missing value* umgewandelt werden. Sämtlichen Variablen wird das Ausgabeformat "F8.2" zugewiesen (siehe das FORMAT-Kommando im Abschnitt 8.3).

Wird ein durch Transponieren entstandenes SPSS-file *erneut transponiert*, so werden die Namen für die neu einzurichtenden Variablen standardmäßig durch die Werte der Variablen *CASE_LBL* gebildet – es sei denn, durch das NEWNAMES-Subkommando sollen die Werte einer anderen Variablen als zukünftige Variablennamen vereinbart werden.

9.5 Datenaustausch mit Fremdsystemen

Zum *Datenaustausch* mit anderen Programmsystemen – wie z.B. einem Datenbanksystem oder dem SPSS-System für die Datenanalyse auf einem Rechner mit einem anderen Betriebssystem – stellt das SPSS-System die Kommandos IMPORT, EXPORT und TRANSLATE zur Verfügung.

9.5.1 Erstellung einer portierbaren Sicherungs-Datei (EXPORT)

Soll der Inhalt eines SPSS-files für die Verarbeitung mit SPSS/PC+ auf einem anderen PC unter einem anderen Betriebssystem oder durch das SPSS-Programmsystem auf einem Großrechner bereitgestellt werden, so muß er in eine Form umgewandelt werden, die auf das andere System *übertragbar* ist. Diese Form wird *portierbare Sicherungs-Datei* genannt. Sie enthält den Inhalt des SPSS-files in *portierbarer* Form, so daß das ursprüngliche SPSS-file durch den Einsatz des IMPORT-Kommandos unter dem anderen System (siehe unten) wieder aufgebaut werden kann. Zur Einrichtung der portierbaren Sicherungs-Datei ist das Kommando *EXPORT* in der folgenden Form einzusetzen:

```
EXPORT / OUTFILE = 'dateiname' [ / KEEP = varliste_1 ]
     [ / DROP = varliste_2 ]
     [ / RENAME = ( varliste_alt_1 = varliste_neu_1 )
                  [ ( varliste_alt_2 = varliste_neu_2 ) ]... ]
     [ / MAP ] [ / DIGITS = anzahl ] .
```

Der Dateiname der portierbaren Sicherungs-Datei ist im Subkommando *OUTFILE* aufzuführen. Ohne KEEP- und DROP-Subkommando werden alle Variablen des SPSS-files in diese Datei übernommen – allerdings werden die *Systemvariablen $DATE, $CASENUM* und *$WEIGHT* stets von der Übertragung *ausgeschlossen*. Sollen nur ausgewählte Variable übernommen werden, so sind ihre Namen im Subkommando *KEEP* aufzuführen bzw. die Namen der nicht zu übertragenden Variablen im *DROP*-Subkommando anzugeben. Durch das *RENAME*-Subkommando können Variablennamen verändert werden. Dazu sind die jeweils einander zugeordneten Namen an korrespondierenden Positionen innerhalb der Variablenlisten "varliste_neu" und "varliste_alt" anzugeben. Wird das Subkommando *MAP* aufgeführt, so werden die Namen aller in die portierbare Sicherungs-Datei übernommenen

Variablen angezeigt. Standardmäßig erfolgt eine Rundung nicht ganzzahliger Variablenwerte auf 10 signifikante Ziffern. Soll aus Speicherplatzgründen diese Anzahl reduziert werden, so ist die gewünschte Ziffernzahl innerhalb des *DIGITS*-Subkommandos zu spezifizieren.

Wollen wir z.B. den Inhalt unserer durch das SAVE-Kommando erstellten Sicherungs-Datei SAVE.SYS für die Arbeit mit dem SPSS-System auf einem Großrechner in die portierbare Sicherungs-Datei SAVE.TXT umformen lassen, so können wir dazu die Kommandos

```
GET/FILE='SAVE.SYS'.
EXPORT/OUTFILE='SAVE.TXT'/MAP.
```

eingeben. Anschließend muß der Inhalt der Datei SAVE.TXT zum Großrechner übertragen werden. Dort ist das SPSS-System durch das IMPORT-Kommando (siehe unten) zu veranlassen, den Inhalt der portierbaren Sicherungs-Datei wieder in ein SPSS-file zurückzuwandeln.

9.5.2 Umwandlung von portierbaren Sicherungs-Dateien in SPSS-files (IMPORT)

Steht eine durch die Ausführung des EXPORT-Kommandos unter SPSS/PC+ bzw. einem anderen SPSS-Programmsystem erstellte *portierbare Sicherungs-Datei* zur Verfügung, so läßt sich das zugehörige SPSS-file durch das IMPORT-Kommando wieder aufbauen. Dieses *IMPORT*-Kommando ist in der folgenden Form einzugeben:

```
IMPORT / FILE = 'dateiname' [ / KEEP = varliste_1 ]
    [ / DROP = varliste_2 ]
    [ / RENAME = ( varliste_alt_1 = varliste_neu_1 )
              [ ( varliste_alt_2 = varliste_neu_2 ) ]... ]
    [ / MAP ] .
```

Dabei haben die Subkommandos *KEEP, DROP, RENAME* und *MAP* die gleiche Funktion wie die gleichnamigen Subkommandos innerhalb des EXPORT-Kommandos (siehe oben).

So können wir z.B. den Inhalt der Datei SAVE.TXT, die von SPSS/PC+ durch Umwandlung eines SPSS-files mit dem EXPORT-Kommando erstellt wurde, durch das Kommando

```
IMPORT/FILE='SAVE.TXT'/MAP.
```

in ein SPSS-file zurückwandeln lassen.

9.5.3 Datenaustausch mit dem Datenbanksystem dBASE und Tabellenkalkulationsprogrammen (TRANSLATE)

Zur Umwandlung von SPSS-files in *Tabellen-Dateien* des *dBASE-Systems* (und umgekehrt) ist das *TRANSLATE*-Kommando in der folgenden Form einzugeben:

```
TRANSLATE { FROM | TO } 'dateiname'
    [ / TYPE = { DB2 | DB3 | DB4 } ]
    [ / DROP = varliste_1 ] [ / KEEP = varliste_2 ]
    [ / MAP ] .
```

Bei der Erzeugung eines SPSS-files ist das Subkommando *FROM* mit dem Dateinamen der Tabellen-Datei anzugeben. Es ist zu beachten, daß neben den Feldern der Tabellen-Datei auch die Information darüber, ob ein Satz logisch gelöscht ist, in die zusätzlich eingerichtete alphanumerische Indikator-Variable D_R mit der Wertzuweisung eines *Sternzeichens* (*) übernommen wird.

Bei der Umwandlung eines SPSS-files muß das Subkommando *TO* mit dem Namen der Tabellen-Datei aufgeführt werden. In diesem Fall ist ein *TYPE*-Subkommando mit dem Schlüsselwort *DB2* für eine unter dBASE II, mit dem Schlüsselwort *DB3* für eine unter dBASE III sowie dBASE III PLUS bzw. mit dem Schlüsselwort *DB4* für eine unter dBASE IV zu verarbeitende Tabellen-Datei zu spezifizieren.

Durch die Subkommandos *DROP* und *KEEP* lassen sich Variable für die Ausgabe bzw. Eingabe auswählen, deren Namen durch den Einsatz des Subkommandos *MAP* angezeigt werden können.

Haben wir etwa die Fragebogen-Daten unter Einsatz des Datenbanksystems dBASE III PLUS in der Tabellen-Datei DATEN.DBF erfaßt, so können wir deren Inhalt durch das Kommando

```
TRANSLATE FROM 'DATEN.DBF'/MAP.
```

in ein SPSS-file umwandeln lassen.

Zum Lesen bzw. zur Einrichtung von Dateien, die im Zusammenhang mit den *Tabellenkalkulationsprogrammen* Lotus 1-2-3, Symphony, Excel oder Multiplan erstellt bzw. zu verarbeiten sind, ist das *TRANSLATE*-Kommando in der Form

```
TRANSLATE { FROM | TO } 'dateiname'
        / TYPE = { WKS | WK1 | WK3 | WRK | WR1 | SLK }
   [ / DROP = varliste_1 ] [ / KEEP = varliste_2 ]
   [ / MAP ] .
```

einzugeben. Dabei korrespondieren die *Schlüsselwörter* im TYPE-Subkommando mit den folgenden Systemen:

- WKS : Lotus 1-2-3 in der Version 1A
- WK1 : Lotus 1-2-3 in der Version 2.0, 2.01 oder 2.2
- WK3 : Lotus 1-2-3 in der Version 3
- WRK : Symphony in der Version 1.0 oder 1.01
- WR1 : Symphony in der Version 1.1, 1.2 oder 2.0
- SLK : Multiplan und Excel (im symbolischen Format)

Wie oben angegeben, lassen sich durch die Subkommandos *DROP* und *KEEP* ausgewählte Variable für die Übertragung festlegen, deren Namen durch den Einsatz des Subkommandos *MAP* angezeigt werden können.

Soll ein SPSS-file erstellt werden, so darf innerhalb des TRANSLATE-Kommandos zusätzlich das Subkommando *RANGE* in der Form

```
/ RANGE = { spaltenname | anfang..ende | anfang:ende }
```

angegeben werden. Für Lotus 1-2-3 und Symphony läßt sich ein Ausschnitt des Kalkulationsblattes (spreadsheet) durch "anfang .. ende" festlegen, wobei "anfang" und "ende" jeweils aus einem Buchstaben zur Kennzeichnung der Spalte mit nachfolgender Zahl zur Kennzeichnung der Zeile aufgebaut sind (z.B. "A1..K14"). Für Multiplan ist die Kennzeichnung "anfang:ende" zu wählen (z.B. "R1C1:R14C11").

Beim Aufbau einer Datei für ein Tabellenkalkulationsprogramm kann durch die zusätzliche Angabe des Subkommandos *FIELDNAMES* in der Form

```
/ FIELDNAMES
```

9.5 Datenaustausch mit Fremdsystemen

gefordert werden, daß die Variablennamen in die erste Zeile des Kalkulationsblattes zu übernehmen sind. Bei der Einrichtung eines SPSS-files legt die Angabe des Subkommandos FIELDNAMES fest, daß die Namen aus der ersten Zeile des Kalkulationsblattes als Variablennamen verwendet werden sollen. Ohne dieses Subkommando werden die Buchstaben-Bezeichnungen der Tabellenspalten als Variablennamen übernommen.

Hinweis:
Nähere Einzelheiten bei Namenskollisionen und bei der Umschlüsselung der Daten sind dem Handbuch für das System SPSS/PC+ zu entnehmen.

Kapitel 10

Speicherung von Rangwerten und Statistiken

10.1 Speicherung von Rangwerten (RANK)

10.1.1 Rangwerte und Bindungen

Bei einem *ordinalskalierten* Merkmal lassen sich die Merkmalsträger bzgl. der Merkmalsausprägungen in eine *Rangreihe* bringen, so daß ihnen diesbezügliche *Rangwerte* zugeordnet werden können. Dabei erhält der Case mit dem kleinsten Wert den Rangwert 1, derjenige mit dem nächst größeren Wert den Rangwert 2, usw. Dies demonstriert das folgende Beispiel:

	1. Case	2. Case	3. Case	4. Case
Wert:	3	0	9	1
Rangwert:	3	1	4	2

Treten bei der Bildung einer Rangreihe gleiche Merkmalsausprägungen auf, so liegt eine *Bindung* (tie) vor. In diesem Fall wird z.B. das arithmetische Mittel der Rangwerte für die betroffenen Cases ermittelt und dieser Wert den Cases einheitlich als Rangwert zugeordnet, wie z.B.:

	1. Case	2. Case	3. Case	4. Case
Wert:	3	3	9	1
Rangwert:	(2+3)/2	(2+3)/2	4	1

10.1 Speicherung von Rangwerten (RANK)

Zur Berechnung der Rangwerte läßt sich das Kommando *RANK* in der folgenden Form einsetzen:

```
RANK  / VARIABLES = varliste_1
      / TIES = { MEAN | LOW | HIGH | CONDENSE }
   [ / PRINT = NO ]
   [ / MISSING = INCLUDE ]
      / RANK INTO varliste_2 .
```

Durch das Subkommando *VARIABLES* werden diejenigen Variablen spezifiziert, für die Rangwerte zu berechnen sind. Die resultierenden Rangwerte werden unter denjenigen Variablennamen im SPSS-file gespeichert, die als "varliste_2" innerhalb des *RANK*-Subkommandos hinter dem Schlüsselwort *INTO* aufgeführt sind. Dabei *korrespondiert* die 1. Variable aus "varliste_1" mit dem 1. Variablennamen innerhalb von "varliste_2", die 2. Variable mit dem 2. Variablennamen, usw. Dabei ist zu beachten, daß die angegebenen Variablennamen noch nicht Bestandteil des SPSS-files sein dürfen.

Nach welchem Verfahren die Rangwerte im Fall von *Bindungen* ermittelt werden sollen, wird durch das Subkommando *TIES* festgelegt. Dabei bestimmt das Schlüsselwort *MEAN*, daß jeweils das arithmetische Mittel aus den betroffenen Rangwerten zu bilden ist. Durch *LOW (HIGH)* wird spezifiziert, daß pro Bindung der jeweils kleinste (größte) Rangwert den beteiligten Cases zugewiesen werden soll. Beim Schlüsselwort *CONDENSE* wird wie folgt vorgegangen: Der Case mit dem kleinsten Wert erhält den Rangwert 1, der Case mit dem nächst größeren Wert den Rangwert 2, usw. Bei Auftreten der ersten Bindung wird allen betroffenen Cases einheitlich der gegenüber dem zuletzt vergebenen Rangwert nächst größere Rangwert zugeordnet. Danach wird der nächst größere Rangwert vergeben, usw. Dadurch erhalten alle Cases, für die eine Bindung vorliegt, denjenigen Rangwert, den ein Repräsentant der Bindung erhalten würde, sofern alle anderen an der Bindung beteiligten Cases bei der Rangbildung nicht berücksichtigt werden würden.

Somit ergibt sich für die oben angegebenen Beispieldaten:

```
                        1. Case    2. Case    3. Case    4. Case
                        -------    -------    -------    -------
Wert:                      3          3          9          1
Rangwerte bzgl.:
    MEAN:               (2+3)/2    (2+3)/2       4          1
    LOW:                   2          2          4          1
    HIGH:                  3          3          4          1
    CONDENSE:              2          2          3          1
```

Standardmäßig werden die Rangwerte in *aufsteigender* Reihenfolge vergeben. Soll umgekehrt vorgegangen werden, so daß die Rangwerte nach *fallenden* Ausprägungen zuzuordnen sind, so ist innerhalb des VARIABLES-Subkommandos hinter den betreffenden Variablen der Text "(D)" aufzuführen.

Normalerweise werden die Namen der an der Rangbildung beteiligten Variablen und der jeweiligen Ergebnis-Variablen mit den Rangwerten angezeigt. Soll diese Ausgabe unterdrückt werden, so ist das *PRINT*-Subkommando in der Form

```
/ PRINT = NO
```

einzugeben.

Sind Cases, für die benutzerseitig festgelegte *missing values* vorliegen, in die Rangbildung einzubeziehen, so ist das *MISSING*-Subkommando in der Form

```
/ MISSING = INCLUDE
```

zu verwenden.

Es besteht die Möglichkeit, Rangplätze nicht über insgesamt alle Cases, sondern getrennt nach vorliegenden Gruppierungen ermitteln zu lassen. Dazu ist innerhalb des VARIABLES-Subkommandos das Schlüsselwort *BY* in der Form

```
/ VARIABLES = varliste_1 BY varname
```

anzugeben. In diesem Fall bestimmen die Werte von "varname" die Gruppenzugehörigkeit, und die Berechnung der Rangwerte wird für die einzelnen Gruppen *getrennt* vorgenommen.

10.1 Speicherung von Rangwerten (RANK)

10.1.2 Berechnung von Spearman's Rho

Wie sich der Rang-Korrelationskoeffizient *"Spearman's Rho"* durch das CROSSTABS-Kommando abrufen läßt, haben wir im Abschnitt 5.1.5 angegeben. An dieser Stelle erläutern wir, wie dieser Koeffizient durch den Einsatz des RANK-Kommandos ermittelt werden kann. Dazu ist der Korrelationskoeffizient r von Bravais-Pearson für die aus den Rohwerten abgeleiteten Rangwerte zu bilden. Die Werte von Rho liegen zwischen -1 und +1. Stimmen die beiden Rangreihen überein, so besteht eine totale statistische Abhängigkeit (Rho = +1). Verlaufen dagegen die beiden Rangreihen genau entgegengesetzt, so besteht eine totale negative statistische Beziehung (Rho = -1). Beim Wert Rho = 0 liegt statistische Unabhängigkeit vor.

Zur Bestimmung der Rho-Werte für die Variablen LEISTUNG, URTEIL und BEGABUNG können wir die folgenden Kommandos ausführen lassen:

```
RANK/VARIABLES=LEISTUNG BEGABUNG URTEIL
    /TIES=MEAN/RANK INTO RANG_L RANG_B RANG_U.
CORRELATION/VARIABLES=RANG_L RANG_B RANG_U.
```

Wir erhalten das folgende Ergebnis:

```
Correlations:   RANG_L      RANG_B      RANG_U

RANG_L          1.0000      .4634**     .5890**
RANG_B          .4634**     1.0000      .4789**
RANG_U          .5890**     .4789**     1.0000

N of cases:     250         1-tailed Signif:  * - .01  ** - .001
```

Dies bedeutet (vergleiche Abschnitt 5.2.2), daß für je zwei Merkmale eine positive statistische Beziehung vorliegt, so daß keine extremen Diskrepanzen oder gar gegenläufigen Tendenzen in den Einschätzungen der eigenen Schulleistung, der eigenen Begabung und der Meinung des Lehrers über die eigene Begabung bestehen.

10.1.3 Transformation der Rangwerte

Für spezielle Untersuchungen wie z.B. die Überprüfung von Verteilungsannahmen ist es unter Umständen erforderlich, nicht die Rangwerte selbst, sondern geeignet *transformierte Rangwerte* bzw. den Rangwerten zugeordnete Werte im SPSS-file abzuspeichern. Dazu ist das *RANK*-Subkommando durch eines oder mehrere der folgendermaßen strukturierten Subkommandos zu ersetzen:

```
/ { RFRACTION | PERCENT | N | NTILES(n) |
    SAVAGE | NORMAL } INTO varliste
```

Sollen z.B. die Rangwerte jeweils durch die Summe der Werte von $WEIGHT (siehe Abschnitt 6.5) geteilt werden, wobei die Summation über alle gültigen Cases durchzuführen ist, so muß das *RFRACTION*-Subkommando in der Form

```
/ RFRACTION INTO varliste
```

innerhalb des RANK-Kommandos aufgeführt werden. Sind nicht die derart errechneten Werte, sondern die jeweils durch Multiplikation mit 100 resultierenden Prozentangaben zu speichern, so ist das *PERCENT*-Subkommando in der Form

```
/ PERCENT INTO varliste
```

zu verwenden.

Anstelle von Rangwerten läßt sich jedem Case der durch Summation über alle Werte von $WEIGHT (bei den gültigen Cases) ermittelte Wert durch das *N*-Subkommando in der Form

```
/ N INTO varliste
```

als konstanter Wert zuweisen. Dies ist z.B. sinnvoll, wenn die Cases gruppiert sind (siehe die oben angegebene Form des VARIABLES-Subkommandos mit dem Schlüsselwort BY).

Sollen die Rangwerte zur Gruppierung der Cases verwendet werden, so läßt sich dazu das *NTILES*-Subkommando in der Form

```
/ NTILES(n) INTO varliste
```

einsetzen, wodurch die Cases in "n" Gruppen mit annähernd gleicher Gruppengröße eingeteilt werden. Dazu wird für jeden Case aus seinem ursprüng-

10.1 Speicherung von Rangwerten (RANK)

lich ermittelten Rangwert r der Wert

$$y = 1 + r * n / (w + 1)$$

errechnet, wobei w gleich der Summe aller Werte von $WEIGHT (summiert über alle gültigen Cases) ist. Es werden diejenigen Cases zur 1. Gruppe (alle Cases dieser Gruppe erhalten den Wert 1) zusammengefaßt, für die der ganzzahlige Anteil von y gleich 1 ist. Von den restlichen Cases werden diejenigen zu einer 2. Gruppe (alle Cases dieser Gruppe erhalten den Wert 2) zusammengefaßt, für die der ganzzahlige Anteil von y gleich 2 ist, usw. Durch Einsatz des Subkommandos *SAVAGE* in der Form

```
/ SAVAGE INTO varliste
```

lassen sich den Cases Werte zuordnen, welche den ursprünglichen Rangwerten unter der Annahme einer Exponentialverteilung entsprechen.

Soll ein Merkmal auf Normalverteilung untersucht werden (siehe unten), so ist das Subkommando *NORMAL* – eventuell in Verbindung mit dem *FRACTION*-Subkommando – in der Form

```
[ / FRACTION = { BLOM | RANKIT | TUKEY | VW } ]
  / NORMAL INTO varliste
```

einzusetzen. Dadurch wird jedem Rangwert ein Wert der kumulierten standardisierten Normalverteilung zugeordnet. Zu diesen Werten wird caseweise die jeweils zugehörige Realisierung der standardisierten Normalverteilung ermittelt und dem betreffenden Case als Ergebniswert zugewiesen. Welche Werte der kumulierten standardisierten Normalverteilung den einzelnen Rangwerten zuzuordnen sind, wird durch das im *FRACTION*-Subkommando angegebene Schlüsselwort bestimmt. Dabei gilt für jeden Rangwert r (Rangwerte liegen im Bereich von 1 bis n) die folgende Zuordnungsvorschrift:

```
BLOM    : ( r - 3/8 ) / ( n + 1/4 )
RANKIT  : ( r - 1/2 ) / n
TUKEY   : ( r - 1/3 ) / ( n + 1/3 )
VW      : r / ( n + 1 )
```

Fehlt das FRACTION-Subkommando, so ist die Berechnung gemäß dem Schlüsselwort *BLOM* voreingestellt.

10.1.4 Überprüfung auf Normalverteilung

Um eine Einschätzung darüber zu erhalten, ob ein Merkmal normalverteilt ist, kann die unter Einsatz des RANK-Kommandos mit dem Subkommando *NORMAL* ermittelte Variable gemeinsam mit der ursprünglichen Variablen innerhalb eines Streudiagramms analysiert werden. Sofern das Merkmal annähernd *normalverteilt* ist, liegen die Punktepaare des Streudiagramms auf einer *Geraden*.
So ergibt sich etwa für die Variable URTEIL durch die Ausführung der Kommandos

```
RANK/VARIABLES=URTEIL
    /TIES=MEAN
    /NORMAL INTO NORM_V.
PLOT/PLOT=URTEIL WITH NORM_V.
```

der auf der nächsten Seite angegebene Ausdruck.
Dies bedeutet, daß die Annahme der Normalverteilung des Merkmals "Urteil" nicht begründet ist.

10.2 Speicherung von Statistiken (AGGREGATE)

Sind die Cases eines SPSS-files nach *Satzgruppen* gegliedert, die durch eine oder mehrere *Indikator-Variablen* beschrieben werden, so lassen sich durch den Einsatz des Kommandos *AGGREGATE* verschiedene Statistiken – wie etwa Mittelwert und Standardabweichung – für ausgewählte Merkmale bzgl. der einzelnen Satzgruppen ermitteln und für eine weitere Verarbeitung abspeichern.

10.2 Speicherung von Statistiken (AGGREGATE)

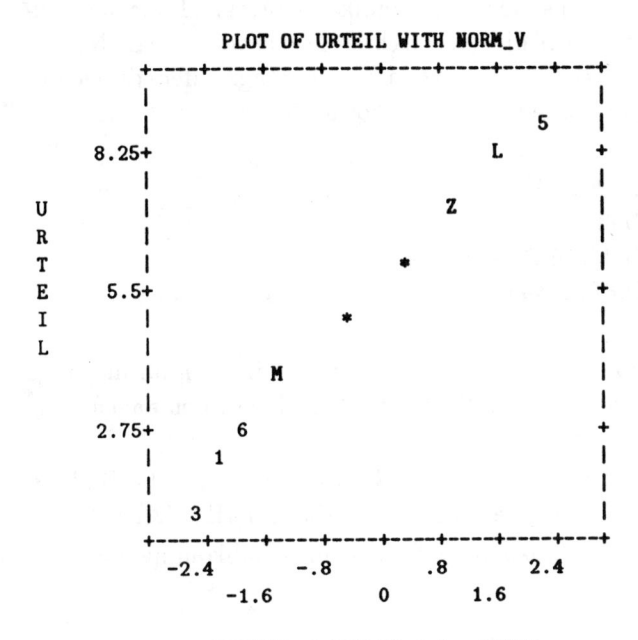

```
                PLOT OF URTEIL WITH NORM_V
       +----+----+----+----+----+----+----+---+
       |                                      |
       |                         5            |
  8.25+                    L                  +
       |                                      |
U      |                                      |
R      |                 Z                    |
T      |                                      |
E      |              *                       |
E  5.5+                                       +
I      |           *                          |
L      |                                      |
       |        M                             |
       |                                      |
  2.75+      6                                +
       |    1                                 |
       |                                      |
       |   3                                  |
       +----+----+----+----+----+----+----+---+
          -2.4      -.8       .8      2.4
              -1.6        0       1.6

             NORMAL of URTEIL using BLOM
```

10.2.1 Beispiel

Ist es etwa von Interesse, die Standardisierung des Merkmals "Schulleistung" (LEISTUNG) nicht auf der Basis aller Befragten, sondern jeweils eingeschränkt auf die zugehörige Jahrgangsstufe durchzuführen, so ist es zunächst erforderlich, die Mittelwerte und Standardabweichungen von LEISTUNG für jede einzelne Jahrgangsstufe berechnen und für die weitere Bearbeitung in einem SPSS-file abspeichern zu lassen.

Mit JAHRGANG ("Jahrgangsstufe") als Indikator-Merkmal für die Bildung der Satzgruppen rufen wir die gewünschten Mittelwerte (MEAN) und Standardabweichungen (SD) für die einzelnen Jahrgangsstufen durch das *AGGREGATE*-Kommando in der folgenden Form ab:

```
AGGREGATE/OUTFILE='MEANSD.SYS'
         /BREAK=JAHRGANG
         /MEAN=MEAN(LEISTUNG)
         /STD=SD(LEISTUNG).
```

Durch das Subkommando *OUTFILE* legen wir den Dateinamen für diejenige *Sicherungs-Datei* fest, in die das resultierende SPSS-file mit den angeforderten Statistiken gespeichert werden soll.

Das Subkommando *BREAK* enthält die *Indikator-Variable* für die Bildung der Satzgruppen – dies ist in unserem Fall die Variable JAHRGANG.

Die beiden auf das BREAK-Subkommando folgenden Subkommandos sind von der Form:

```
/ varname_1 = schlüsselwort ( varname_2 )
```

Dabei kennzeichnet "schlüsselwort" eine *Statistik*, die für jede durch die Indikator-Variable(n) festgelegte Gruppe für das Merkmal "varname_2" errechnet und als Wert der Variablen "varname_1" in das neu einzurichtende SPSS-file mit den aggregierten Werten eingetragen werden soll. Somit wird aus jeder einzelnen *Satzgruppe* des alten SPSS-files, die aus einem oder mehreren Cases besteht, *ein* Case des neuen SPSS-files aufgebaut.

Das in der Datei MEANSD.SYS abgespeicherte SPSS-file enthält die folgenden Werte:

	JAHRGANG	MEAN	STD
1. Case	1	5,43	1,42
2. Case	2	5,53	1,39
3. Case	3	5,62	1,19

Zur Kennzeichnung der neuen Cases wird die Indikator-Variable aus dem BREAK-Subkommando *automatisch* in das SPSS-file mit den aggregierten Werten übernommen.

10.2 Speicherung von Statistiken (AGGREGATE)

Unter der Voraussetzung, daß die Cases im aktuellen SPSS-file nach aufsteigenden Werten von JAHRGANG angeordnet sind, läßt sich die gewünschte Standardisierung von LEISTUNG wie folgt durchführen:

```
JOIN MATCH/FILE=*/TABLE='MEANSD.SYS'/BY JAHRGANG.
COMPUTE ZLEIST=(LEISTUNG-MEAN)/STD.
```

Durch das JOIN-Kommando mit dem Schlüsselwort MATCH wird das aktuelle SPSS-file durch die Variablenwerte von MEAN und STD wie folgt ergänzt (siehe Abschnitt 9.3.2):

	LEISTUNG	MEAN	STD
	----------	----	----
	-	5,43	1,42
Werte der	|	:	:
11. Jahrgangsstufe	|	:	:
	-	5,43	1,42
	-	5,53	1,39
Werte der	|	:	:
12. Jahrgangsstufe	|	:	:
	-	5,53	1,39
	-	5,62	1,19
Werte der	|	:	:
13. Jahrgangsstufe	|	:	:
	-	5,62	1,19

Durch die nachfolgende Auswertung des COMPUTE-Kommandos wird ZLEIST als neue Variable im aktuellen SPSS-file angefügt, wobei jeder Case den bzgl. der jeweiligen Jahrgangsstufe standardisierten Wert von LEISTUNG erhält.

10.2.2 Indikator-Variable

Zur Charakterisierung der einzelnen *Satzgruppen* können im *BREAK*-Subkommando eine oder mehrere *Indikator-Variable* in der Form

```
/ BREAK = indikator-variable_1 [ { A | D } ]
         [ indikator-variable_2 [ { A | D } ] ]...
```

angegeben werden. Vor der Berechnung der angeforderten Statistiken werden die Cases zunächst *intern* nach den Werten der aufgeführten Indikator-Variable(n) *geordnet*. Dabei kennzeichnet "(A)" eine *aufsteigende* und "(D)" eine *absteigende* Sortierrichtung. Ohne Angabe der Sortierrichtung wird stets aufsteigend sortiert. Sind mehrere Indikator-Variablen aufgeführt, so bestimmt die Reihenfolge dieser Variablen, in welcher Abfolge die Cases im neu eingerichteten SPSS-file mit den aggregierten Werten gespeichert werden sollen. Zunächst wird nach den Werten von "indikator-variable_1" sortiert. Gibt es Cases mit gleichen Werten, so wird anschließend nach den Werten von "indikator-variable_2" sortiert, usw.

Sind die Cases des SPSS-files bereits nach den Werten der aufgeführten Indikator-Variable(n) geordnet, so kann eine neuerliche Sortierung entfallen. Dazu ist das Subkommando *PRESORTED* wie folgt anzugeben:

```
/ PRESORTED
```

10.2.3 Statistiken

Bei der Eingabe des *AGGREGATE*-Kommandos kann sich ein Schlüsselwort zum Abruf von *Statistiken* nicht nur auf eine, sondern auch auf mehrere Variablen beziehen:

```
/ varliste_1 = schlüsselwort ( varliste_2 )
```

Dabei muß die Anzahl der durch beide Variablenlisten gekennzeichneten Variablen gleich sein. Die für die 1. Variable von "varliste_2" ermittelte Statistik wird der 1. Variablen von "varliste_1" als Wert zugeordnet, die für die 2. Variable von "varliste_2" errechnete Statistik als Wert der 2. Variablen von "varliste_1", usw.

So könnten wir z.B. die Mittelwertsbildung für die Variablen LEISTUNG, BEGABUNG und URTEIL so anfordern:

```
/MEAN1 MEAN2 MEAN3=MEAN(LEISTUNG,BEGABUNG,URTEIL)
```

Mit dem Kommando AGGREGATE lassen sich nicht nur der jeweils gruppenspezifische Mittelwert und die gruppenspezifische Standardabweichung, sondern alle folgenden Statistiken ermitteln:

- MAX(varliste) : Maximum

10.2 Speicherung von Statistiken (AGGREGATE)

- MEAN(varliste) : arithmetisches Mittel

- MIN(varliste) : Minimum

- SD(varliste) : Standardabweichung

- SUM(varliste) : Summe

- FIRST(varliste) : erster Wert, der kein missing value ist

- LAST(varliste) : letzter Wert, der kein missing value ist

- N(varliste) : Casezahl (unter Berücksichtigung einer evtl. vorgenommenen Gewichtung)

- NU(varliste) : Casezahl (ohne Berücksichtigung einer evtl. vorgenommenen Gewichtung)

- NMISS(varliste) : Anzahl der missing values (unter Berücksichtigung einer evtl. vorgenommenen Gewichtung)

- NUMISS(varliste): Anzahl der missing values (ohne Berücksichtigung einer evtl. vorgenommenen Gewichtung)

- FGT(varliste,wert) : Casezahl mit Wert größer als "wert"

- FLT(varliste,wert) : Casezahl mit Wert kleiner als "wert"

- FIN(varliste,wert_1,wert_2) : Casezahl mit Wert zwischen "wert_1" und "wert_2" (mit Einschluß dieser Werte)

- FOUT(varliste,wert_1,wert_2): Casezahl mit Wert kleiner als "wert_1" oder größer als "wert_2"

- PGT(varliste,wert) : Prozentanteil der Cases mit Wert größer als "wert"

- PLT(varliste,wert) : Prozentanteil der Cases mit Wert kleiner als "wert"

- PIN(varliste,wert_1,wert_2) : Prozentanteil der Cases mit Wert zwischen "wert_1" und "wert_2" (mit Einschluß dieser Werte)

- POUT(varliste,wert_1,wert_2): Prozentsatz der Cases mit Wert kleiner als "wert_1" oder größer als "wert_2"

Die *Ausgabeformate* für die jeweils resultierenden Werte sind wie folgt festgelegt:

```
MEAN, SD, SUM           :   F8.2
N, NU, NMISS, NUMISS    :   F7.0
PGT, PLT, PIN, POUT     :   F5.1
FGT, FLT, FIN, FOUT     :   F5.3
MAX, MIN, FIRST, LAST   :   Format wie auszuwertende Variable
```

10.2.4 Missing values

Einer Variablen des neuen SPSS-files mit den aggregierten Werten wird immer dann der *system-missing value* zugewiesen, wenn die Variable, für welche die Statistik zu errechnen ist, *nur* missing values für alle Cases der betreffenden Satzgruppe enthält. Soll sie bereits dann den system-missing value erhalten, wenn die zu untersuchende Variable mindestens èinen missing value enthält, so ist das Subkommando *MISSING* in der Form

```
/ MISSING = COLUMNWISE
```

vor dem BREAK-Subkommando zu spezifizieren.

10.2.5 Syntax des AGGREGATE-Kommandos

Insgesamt stellt sich die Syntax des *AGGREGATE*-Kommandos so dar:

```
AGGREGATE / OUTFILE = { * | 'dateiname' }
   [ / PRESORTED ]
   [ / MISSING = COLUMNWISE ]
   [ / BREAK = indikator_variable_1 [ { A | D } ]
            [ indikator_variable_2 [ { A | D } ] ]...
     / varliste_1 = schlüsselwort_1 ( varliste_2 )
   [ / varliste_3 = schlüsselwort_2 ( varliste_4 ) ]... .
```

Aus der Form des *OUTFILE*-Subkommandos ist erkennbar, daß das resultierende SPSS-file sowohl als Sicherungs-Datei als auch – dies ist durch die Angabe des Sternzeichens "*" zu kennzeichnen – als *aktuelles* SPSS-file eingerichtet werden kann.

Kapitel 11

Varianzanalyse

11.1 Einfaktorielle Varianzanalyse (ONEWAY)

11.1.1 Voraussetzungen und Nullhypothese

Im Kapitel 5 haben wir beschrieben, wie die statistische Abhängigkeit von zwei nominalskalierten Merkmalen durch den Vergleich der jeweiligen Konditionalverteilungen aufgedeckt werden kann. Die Analyse von statistischen Beziehungen läßt sich verfeinern, sofern das als abhängig gekennzeichnete Merkmal *intervallskaliert* und für jeden Wert (Faktorstufe) eines als unabhängig aufgefaßten Merkmals – *Faktor* genannt – in den zu den Faktorstufen gehörenden Grundgesamtheiten normalverteilt ist. Darüberhinaus muß das *abhängige Merkmal* für jede durch eine Faktorstufe gekennzeichnete Grundgesamtheit die gleiche Varianz besitzen (*Varianzhomogenität*). Unter diesen Voraussetzungen läßt sich die Hypothese der *statistischen Unabhängigkeit* (Gleichheit der Konditionalverteilungen) durch die Gültigkeit der folgenden *Nullhypothese* beschreiben:

- H0 (die Mittelwerte des abhängigen Merkmals sind – innerhalb der einzelnen Grundgesamtheiten – auf jeder Faktorstufe gleich)

Das Verfahren zur Überprüfung dieser Hypothese verallgemeinert den T-Test für den Vergleich von zwei Gruppierungen und wird *einfaktorielle Varianzanalyse* genannt. Innerhalb von SPSS läßt sich diese Analyse durch das Kommando *ONEWAY* abrufen.

Im folgenden wollen wir beispielhaft die Hypothese

- H0 (es gibt keine jahrgangsstufen-spezifischen Unterschiede in den Mittelwerten von BEGABUNG)

überprüfen. Dazu geben wir das ONEWAY-Kommando in der Form

```
ONEWAY/BEGABUNG BY JAHRGANG(1 3).
```

ein. Dadurch ist BEGABUNG als abhängiges Merkmal und JAHRGANG als Faktor mit den Faktorstufen 1, 2 und 3 vereinbart.

11.1.2 Varianzanalyse-Tafel

Die Ergebnisse der durch das ONEWAY-Kommando angeforderten Analysen werden wie folgt in einer *Varianzanalyse-Tafel* angezeigt:

```
                    Analysis of Variance

                          Sum of        Mean       F        F
       Source      D.F.   Squares      Squares    Ratio    Prob.

Between Groups       2     7.8940      3.9470    2.6126    .0754

Within Groups      247   373.1500      1.5107

Total              249   381.0440
```

In der durch "Sum of Squares" überschriebenen Spalte sind Angaben über die Aufteilung der Gesamtvariation von BEGABUNG enthalten. Diese ist zerlegt in die "gewichtete Variation zwischen den Gruppen" (durch Unterschiede in den Mittelwerten erklärte Variation)

$$\sum_{j=1}^{k} n_j * (\overline{y}_j - \overline{y})^2$$

k: Gruppenzahl
n_j: Fallzahl in der j. Gruppe
$\overline{y}_j$: Mittelwert in der j. Gruppe

und in die "Variation innerhalb dieser Gruppen" (durch individuelle Unterschiede bedingte Variation):

$$\sum_{j=1}^{k} \sum_{i=1}^{n_j} (y_{ij} - \overline{y}_j)^2$$

11.1 Einfaktorielle Varianzanalyse (ONEWAY)

Werden diese Variationen durch die zugehörigen Freiheitsgrade (D.F.) dividiert, so ergeben sich Treatment-Varianz ("Between Groups") und Fehlervarianz ("Within Groups") in der durch "Mean Squares" überschriebenen Tabellenspalte.

Als Kriterium für den *Signifikanztest* zur Überprüfung der oben angegebenen Nullhypothese wird der Quotient von Treatment- durch Fehlervarianz als Wert der Teststatistik ("F-Ratio") verwendet. Ist dieser Quotient wesentlich größer als 1, weil die Treatment- gegenüber der Fehlervarianz stark überwiegt, so spricht alles dafür, daß gruppenspezifische Unterschiede in den Mittelwerten vorliegen und demzufolge die Akzeptanz der Nullhypothese nicht vertretbar ist.

Zur Durchführung des Signifikanztests ist ein vorab gewähltes Testniveau von z.B. 10% mit dem zum Wert der Teststatistik gehörenden Signifikanzniveau zu vergleichen. In unserem Fall wurde 0,0754 als Signifikanzniveau errechnet, so daß die Nullhypothese verworfen werden muß, d.h. es gibt einen jahrgangsstufen-spezifischen Einfluß (Effekt) auf die Mittelwerte von BEGABUNG.

11.1.3 Überprüfung der Test-Voraussetzungen

Um die Werte der Varianzanalyse-Tafel sinnvoll auswerten zu können, sind zuvor die Voraussetzungen der *Normalverteilung* und der *Varianzhomogenität* zu überprüfen. Während sich die Normalverteilung durch den Einsatz des NPAR TESTS-Kommandos (siehe Abschnitt 12.1) für jede Faktorstufe in der Form

```
PROCESS IF (JAHRGANG = faktorstufe).
NPAR TESTS/K-S(NORMAL)=BEGABUNG.
```

untersuchen läßt, kann die Varianzhomogenität durch die zusätzliche Angabe eines *STATISTICS*-Subkommandos innerhalb des *ONEWAY*-Kommandos in der Form

```
ONEWAY/BEGABUNG BY JAHRGANG(1 3)/STATISTICS=3.
```

getestet werden. Als Ergebnis erhalten wir den Ausdruck:

```
Levene Test for Homogeneity of Variances

      Statistic     df1      df2     2-tail Sig.
         .3450        2      247         .709
```

Diese Ausgabe ist inferenzstatistisch zur Überprüfung der Nullhypothese

- H0 (es besteht Varianzhomogenität)

auswertbar. In unserem Fall ergibt sich ein Signifikanzniveau von etwa 71%, so daß die These "es liegt Varianzhomogenität vor" als akzeptabel angesehen werden kann.

Weil der Varianzanalyse-Test bei großen Fallzahlen *robust* (unempfindlich) gegenüber Verletzungen der Test-Voraussetzungen ist, können auch in dem Fall, in dem keine Normalverteilung bzw. Varianzhomogenität vorliegt, bei hinreichend großen Gruppen die Ergebnisse des Signifikanztests ausgewertet werden.

11.1.4 Vergleiche einzelner Faktorstufen

Kann – wie in unserem Fall – die Hypothese, daß der Faktor keinen Effekt auf das abhängige Merkmal ausübt, nicht aufrecht erhalten werden, so stellt sich die Frage nach denjenigen Faktorstufen, für die sich die zugehörigen Mittelwerte signifikant unterscheiden. Ein paarweiser Vergleich – etwa durch einen T-Test – zwischen allen Gruppen ist problematisch, weil die statistischen Tests *nicht* voneinander *unabhängig* sind. Je mehr *Einzelvergleiche* nämlich durchzuführen sind, desto größer ist die Wahrscheinlichkeit, daß einer dieser Einzel-Tests fälschlicherweise einen signifikanten Mittelwertunterschied anzeigt.

Zur Ermittlung der sich jeweils statistisch bedeutsam unterscheidenden Mittelwerte ist der *Scheffe-Test* empfehlenswert, weil er robust (gegenüber Verletzungen von Voraussetzungen unempfindlich) und zudem *konservativ* ist (Mittelwertunterschiede werden erst bei relativ großen Differenzen als gesichert angesehen). Dieser Test ist durch die zusätzliche Angabe des Subkommandos *RANGES* in der Form

```
/ RANGES = SCHEFFE(0.10)
```

innerhalb des ONEWAY-Kommandos abrufbar. Die Angabe von "0.10" bedeutet, daß wir den Test mit einem Testniveau von 10% durchführen wollen. Wir erhalten das folgende Ergebnis:

11.1 Einfaktorielle Varianzanalyse (ONEWAY)

```
Multiple Range Test


Scheffe Procedure
Ranges for the   .100 level -

       3.05    3.05

The ranges above are table ranges.
The value actually compared with Mean(J)-Mean(I) is..
     .8691 * Range * Sqrt(1/N(I) + 1/N(J))


(*) Denotes pairs of groups significantly different at the  .100 level


                          G G G
                          r r r
                          p p p
    Mean      Group       1 3 2

    6.0900    Grp 1
    6.2000    Grp 3
    6.4800    Grp 2          *
```

Durch die Ausgabe des *Sternzeichens* "*" werden die Paare der sich jeweils im Mittelwert unterscheidenden Gruppen gekennzeichnet, so daß Mittelwertunterschiede von BEGABUNG in den Jahrgangsstufen 11 und 12 erkennbar sind.

Sollen entgegen dieser Ausgabeform diejenigen Gruppen mitgeteilt werden, bei denen sich die Mittelwerte *nicht* signifikant unterscheiden (diese Ausgabeform wird bei gleicher Gruppengröße standardmäßig gewählt), so ist *zusätzlich* zum Subkommando RANGES das Subkommando *OPTIONS* mit der Kennzahl 10 in der Form

```
/ OPTIONS = 10
```

anzugeben, was in unserem Fall zu folgendem Ergebnisausdruck führt:

```
Multiple Range Test


Scheffe Procedure
Ranges for the   .100 level -

            3.05    3.05

Harmonic Mean Cell Size =      75.0000
The actual range used is the listed range *       .1419


No two groups are significantly different at the   .100 level



    Homogeneous Subsets    (Subsets of groups, whose highest and lowest means
                            do not differ by more than the shortest
                            significant range for a subset of that size)


SUBSET   1

Group          Grp 1        Grp 3        Grp 2
Mean           6.0900       6.2000       6.4800
```

Dieses Resultat steht nicht im Widerspruch zum oben angegebenen Ergebnis, da dieses OPTIONS-Subkommando grundsätzlich festlegt, daß bei unterschiedlicher Gruppengröße das in die Berechnung der Teststatistik eingehende harmonische Mittel über *alle* Gruppen und *nicht* – wie oben – über *nur* die jeweils beiden beteiligten Gruppen gebildet werden soll.

Die Gruppenbildung wird auf der Basis von *Range-Werten* vorgenommen. Diese Range-Werte, die im Scheffe-Test für alle Vergleiche identisch sind, werden *automatisch* ermittelt und im Ausdruck angegeben – beim Testniveau von 10% sind es die Werte "3,05 3,05". Bei der Gruppenbildung werden jeweils diejenigen Mittelwerte zusammengefaßt, deren paarweise gebildete Differenz kleiner ist als ein kritischer Wert, der funktional von den angegebenen Range-Werten abhängt. Die Bildung einer Gruppe mit 2 Mittelwerten hängt von dem *zuerst* angegebenen Range-Wert ab, die Bildung einer Gruppe mit 3 Mittelwerten von dem *zweiten* Range-Wert usw.

Andere als die oben ermittelten Range-Werte (als Kriterien für die Gruppenbildung) lassen sich z.B. durch die Angabe eines anderen Testniveaus oder aber durch den Einsatz anderer Testverfahren gewinnen. Von den dies-

11.1 Einfaktorielle Varianzanalyse (ONEWAY)

bezüglich zur Verfügung stehenden Testverfahren sind die folgenden (durch das jeweils angegebene Schlüsselwort gekennzeichneten) Tests in SPSS abrufbar:

- LSD : Test auf die geringste signifikante Differenz
- DUNCAN : multipler Range-Test von Duncan
- SNK : Test von Student-Newman-Keuls
- BTUKEY : alternativer Test von Tukey
- TUKEY : Test von Tukey
- MODLSD : modifizierter Test auf die geringste signifikante Differenz
- SCHEFFE : Test von Scheffe

Bei *SNK, BTUKEY* und *TUKEY* ist das Testniveau unveränderbar auf den Wert 5% voreingestellt. Bei *DUNCAN* lassen sich *nur* die Niveaus 0,01, 0,05 und 0,10 eingeben, während für alle anderen Tests *beliebige* Testniveaus (zwischen 0 und 1) in der Form

```
/ RANGES = schlüsselwort_für_test ( testniveau )
```

aufgeführt werden dürfen. Sollen für andere (nicht implementierte) Testverfahren oder auch für andere Testniveaus bei den durch SNK, BTUKEY, TUKEY und DUNCAN gekennzeichneten Verfahren geeignete (aus entsprechenden Tafelwerken entnommene) Range-Werte bereitgestellt werden, so kann dies durch eine explizite Angabe dieser Range-Werte im *RANGES*-Subkommando in der Form

```
/ RANGES = range-wert_1 [ range-wert_2 ]...
```

geschehen. Dabei sind bei "n" Faktorstufen bis zu "n − 1" Range-Werte anzugeben. Sind weniger Werte aufgeführt, so gilt der letzte Wert auch für die Zuordnung zu einer Gruppe mit mehr Mittelwerten.

11.1.5 "A priori"-Vergleiche

Sollen neben der Gesamtanalyse *aller* Faktorstufen ("Overall-Test") zusätzlich auch ein oder mehrere *Einzelvergleiche* zwischen ausgewählten Faktorstufen oder auch zwischen Kombinationen von Faktorstufen durchgeführt werden, so ist dies durch ein diese Gruppierungen charakterisierendes Subkommando *CONTRAST* in der Form

```
/ CONTRAST = liste_von_kontrast-koeffizienten
```

vorzunehmen. Dadurch wird für die durch die *Kontrast-Koeffizienten* gekennzeichneten Gruppierungen ein T-Test (für gleiche und für unterschiedliche Varianzen) durchgeführt.

Wollen wir in unserem Beispiel testen, ob Mittelwertunterschiede zwischen Jahrgangsstufe 11 und der Zusammenfassung von Jahrgangsstufe 12 und 13 bestehen, so geben wir die Kontrast-Koeffizienten wie folgt an:

```
/CONTRAST= -1 0.5 0.5
```

Die Summe der Koeffizienten sollte den Wert 0 ergeben. Das Vorzeichen der Koeffizienten zeigt an, ob die zugehörige Faktorstufe (Zuordnung gemäß der Reihenfolge) zur einen oder zur anderen Gruppe zugeordnet werden soll. Ist mehr als ein Vergleich durchzuführen, so ist bei der Angabe mehrerer aufeinanderfolgender CONTRAST-Subkommandos sicherzustellen, daß die zugehörigen Tests *paarweise* statistisch voneinander *unabhängig* (orthogonal) sind. Dies ist dann gegeben, wenn für jedes Paar von CONTRAST-Subkommandos

```
/ CONTRAST = a1 a2... an
```

und

```
/ CONTRAST = b1 b2... bn
```

die folgende Beziehung gilt:

```
a1*b1 + a2*b2 + ... + an*bn = 0
```

Wollen wir z.B. zusätzlich zum oben angegebenen Vergleich auch überprüfen, ob sich die Mittelwerte von Jahrgangsstufe 12 und 13 unterscheiden, so geben wir an:

```
/CONTRAST= -1 0.5 0.5
/CONTRAST= 0 -1 1
```

11.1 Einfaktorielle Varianzanalyse (ONEWAY)

Diese Vergleiche sind zulässig, da wegen

-1 * 0 + 0,5 * (-1) + 0,5 * 1 = 0

die *Orthogonalität* der beiden Tests gesichert ist.

11.1.6 Trend-Tests

Werden durch die Varianzanalyse Mittelwertunterschiede aufgedeckt und hat der Faktor *mindestens* Ordinalskalenniveau, so lassen sich *Trend-Tests* durch das Subkommando *POLYNOMIAL* in der Form

```
/ POLYNOMIAL = kurvenordnung
```

anfordern. Dadurch werden die Mittelwerte durch eine Kurve angepaßt, deren Form durch die Kurvenordnung bestimmt wird. Der Wert 1 legt einen *linearen*, der Wert 2 einen *quadratischen*, der Wert 3 einen *kubischen* und die zusätzlich möglichen Werte 4 und 5 einen Verlauf *höherer Ordnung* fest. Der Trend-Test gibt Anhaltspunkte darüber, welche Trendkomponenten als gesichert angesehen werden können. Dazu werden in die Varianzanalyse-Tafel zusätzlich die jeweils durch eine Trendkomponente erklärten Anteile an der "gewichteten Variation zwischen den Gruppen" ausgewiesen und das zugehörige Signifikanzniveau für deren Bedeutsamkeit ausgegeben.
Bei unserem Beispiel führt die Angabe von

```
/POLYNOMIAL=1
```

zur folgenden Varianzanalyse-Tafel:

Analysis of Variance

Source	D.F.	Sum of Squares	Mean Squares	F Ratio	F Prob.
Between Groups	2	7.8940	3.9470	2.6126	.0754
Unweighted Linear Term	1	.4033	.4033	.2670	.6058
Weighted Linear Term	1	1.4811	1.4811	.9804	.3231
Deviation from Linear	1	6.4129	6.4129	4.2449	.0404
Within Groups	247	373.1500	1.5107		
Total	249	381.0440			

Hieraus ist zu entnehmen, daß die Nullhypothese für den angeforderten Trend-Test

- H0 (es liegt keine Abweichung von der Linearität vor, d.h. der Kurvenverlauf weicht nicht signifikant von einer Geraden ab)

bei vorgegebenem Testniveau von 5% *nicht* haltbar ist, weil das in der durch den Text "Deviation from Linear" gekennzeichneten Zeile angegebene Signifikanzniveau kleiner als 0,05 ist.

11.1.7 Syntax des ONEWAY-Kommandos

Die oben beschriebenen Subkommandos, mit denen die Durchführung einer *einfaktoriellen* Varianzanalyse und der zusätzlich möglichen Überprüfungen gesteuert werden kann, sind gemäß der folgenden Syntax innerhalb des *ONEWAY*-Kommandos anzugeben:

```
ONEWAY / [ VARIABLES = ] varliste BY varname ( min max )
     [ / POLYNOMIAL = kurvenordnung ]
   [ [ / CONTRAST = liste_von_kontrast-koeffizienten_1 ]
     [ / CONTRAST = liste_von_kontrast-koeffizienten_2 ]... ]
   [ [ / RANGES = { SNK | BTUKEY | TUKEY |
                  { LSD | MODLSD | SCHEFFE } ( testniveau_1 ) |
                  DUNCAN( { 0.1 | 0.5 | 0.01 } ) |
                  range-wert_1 [ range-wert_2 ]... } ]
     [ / RANGES = { SNK | BTUKEY | TUKEY |
                  { LSD | MODLSD | SCHEFFE } ( testniveau_2 ) |
                  DUNCAN( { 0.1 | 0.5 | 0.01 } ) |
                  range-wert_3 [ range-wert_4 ]...} ]... ]
     [ / OPTIONS = kennzahl_1 [ kennzahl_2 ]... ]
     [ / STATISTICS = kennzahl_3 [ kennzahl_4 ]... ] .
```

Hinter dem Schlüsselwort ONEWAY – im Subkommando *VARIABLES* – lassen sich die Namen einer oder mehrerer *abhängiger* Variablen angeben. Für jede der aufgeführten Variablen wird eine Varianzanalyse durchgeführt. Diese Analysen beziehen sich alle auf denjenigen Faktor, dessen Variablenname – gefolgt von in Klammern eingefaßten ganzzahligen Werten für die erste und die letzte Faktorstufe – hinter dem Schlüsselwort *BY* aufgeführt ist.

11.1 Einfaktorielle Varianzanalyse (ONEWAY)

Durch das Subkommando *STATISTICS* lassen sich univariate Statistiken über die Werte 1, 2 und 3 abrufen:

- 1 : für jede Faktorstufe werden die Casezahl, die arithmetischen Mittelwerte, die Standardabweichungen, die Standardfehler (der Schätzung), das Minimum, das Maximum und das 95%-Konfidenzintervall ausgeben

- 2 : es erfolgt eine Anzeige von Standardabweichung, Standardfehler und 95%-Konfidenzintervall für das "Fixed-Factor"-Modell und von Standardfehler, dem 95%-Konfidenzintervall und dem Schätzwert für die "Between-Component"-Varianz für das "Random-Factor"-Modell
  – dabei kennzeichnet das *"Fixed-Factor"-Modell* den Fall, daß die Faktorstufen fest vorgegeben (systematisch ausgewählt) sind, und das *"Random-Factor"-Modell* bezeichnet die Situation, daß die angegebenen Faktorstufen aus einer größeren Menge von Faktorstufen zufällig ausgewählt wurden

- 3 : die Testergebnisse zur Prüfung der Varianzhomogenität nach dem Test von Levene werden ausgegeben.

Mit dem Subkommando *OPTIONS* kann die Ermittlung der Ergebniswerte und die Behandlung von missing values gesteuert werden:

- 1 : Einschluß von benutzerseitig durch das MISSING VALUE-Kommando festgelegten missing values

- 2 : es erfolgt ein durch benutzerseitig festgelegte missing values bedingter listenweiser Ausschluß von Cases

- 3 : Variablenetiketten werden nicht ausgegeben

- 4 : Fallzahlen pro Gruppe, Mittelwerte und Standardabweichungen werden in Matrixform in eine Ergebnis-Datei ausgegeben (siehe Abschnitt 8.2 und 8.4)

- 6 : die bis zu jeweils ersten 8 Zeichen von Werteetiketten der einen Faktor kennzeichnenden Variable werden als Gruppenetiketten verwendet

- 10 : in allen durch das RANGES-Subkommando bestimmten Vergleichen zwischen den Faktorstufen wird das harmonische Mittel aller Gruppengrößen als Stichprobengröße gewählt.

11.1.8 Eingabe von Statistiken in Matrixform

Sollen für eine Varianzanalyse nicht die Rohdaten, sondern die Fallzahlen pro Gruppe, die Mittelwerte und die Standardabweichungen eingegeben werden, so stehen dazu die *Optionswerte* 7 und 8 für die *Eingabe einer Matrix* zur Verfügung. In diesem Fall muß das Schlüsselwort *MATRIX* innerhalb des *DATA LIST*-Kommandos in der Form

```
DATA LIST MATRIX [ FILE = 'dateiname' ] / varliste .
```

aufgeführt sein. Ohne Angabe des FILE-Subkommandos ist die Dateneingabe durch die Kommandos BEGIN DATA und END DATA zu beschreiben (siehe Abschnitt 3.1.10).
Wird innerhalb des ONEWAY-Kommandos das *OPTIONS*-Subkommando in der Form

```
/ OPTIONS = 7
```

aufgeführt, so sind die Fallzahlen pro Gruppe (im Format F10.2), die Mittelwerte und die Standardabweichungen (jeweils im Format F10.4) zeilenweise als Elemente einer Matrix für die Dateneingabe bereitzustellen. In diesem Fall darf *kein* STATISTICS-Subkommando angegeben werden.

In Anlehnung an das oben angegebene Beispiel können wir somit die durchgeführte Analyse auch durch die folgenden SPSS-Kommandos abrufen (die jahrgangsstufen-spezifischen Mittelwerte und Standardabweichungen von BEGABUNG sind einer zuvor durchgeführten Analyse entnommen):

```
DATA LIST MATRIX/BEGABUNG JAHRGANG.
BEGIN DATA.
    100.00     100.00      50.00
      6.0900     6.4800     6.2000
      1.2399     1.2430     1.1780
END DATA.
ONEWAY/VARIABLES=BEGABUNG BY JAHRGANG(1 3)
      /POLYNOMIAL=1
      /CONTRAST=-1 0.5 0.5
      /CONTRAST=0 -1 1
      /RANGES=SCHEFFE(0.10)
      /OPTIONS=7 10.
```

11.2 Mehrfaktorielle Varianzanalyse (ANOVA)

In der einfaktoriellen Varianzanalyse wird der Einfluß nur eines *einzigen* Faktors auf ein intervallskaliertes abhängiges Merkmal untersucht. Sind mehrere Faktoren in die Modellbildung einzubeziehen und ist zu überprüfen, ob Faktoren *gemeinsam* einen Effekt auf das abhängige Merkmal ausüben, so ist eine *mehrfaktorielle Varianzanalyse* durchzuführen. Neben der Untersuchung der gemeinsamen Wirkung von Faktoren hat diese Analyseform gegenüber einer für jeden einzelnen Faktor vorgenommenen einfaktoriellen Varianzanalyse auch den Vorteil, daß ein Effekt eines einzelnen Faktors eher aufgedeckt werden kann. Dies ist dadurch bedingt, daß die Fehlervariation evtl. Variationsanteile enthält, die vom Einfluß eines oder mehrerer anderer Faktoren herrühren. Durch die diesbezügliche Verringerung der Fehlervariation kann sich ein zunächst nicht signifikanter Einfluß als statistisch gesichert erweisen.

Innerhalb von SPSS läßt sich eine mehrfaktorielle Varianzanalyse durch den Einsatz des Kommandos *ANOVA* durchführen. Dabei ist genau wie bei der einfaktoriellen Varianzanalyse die *Normalverteilung* des abhängigen Merkmals in jeder Gruppe und die *Varianzhomogenität* vorauszusetzen. Eine Gruppe ist in diesem Fall eine Zelle, die durch die jeweiligen Faktorstufen aller Faktoren gekennzeichnet wird. Sind die ausgewählten Faktorstufen nicht durch fortlaufende ganzzahlige Werte einer Indikator-Variablen gekennzeichnet, so ist eine geeignete Rekodierung durch das AUTORECODE-Kommando (siehe Abschnitt 3.4.3.3) empfehlenswert.

11.2.1 Beispiel

Zur Überprüfung, ob das Merkmal "Begabung" (BEGABUNG) gemeinsam von der Jahrgangsstufe und dem Geschlecht abhängig ist, geben wir das *ANOVA*-Kommando in der Form

```
ANOVA/BEGABUNG BY JAHRGANG(1 3) GESCHL(1 2).
```

zur Ausführung einer zweifaktoriellen Varianzanalyse ein. Dadurch wird BEGABUNG als abhängiges Merkmal vereinbart, und JAHRGANG und GESCHL sind als die beiden Faktoren ausgewiesen. Durch die Angaben "(1 3)" und "(1 2)" sind 6 Zellen als Kombinationen der Faktorstufen 1, 2 und 3 von JAHRGANG sowie der Faktorstufen 1 und 2 von GESCHL festgelegt.

11.2.2 Varianzanalyse-Tafel

Grundsätzlich ist zunächst zu testen, ob die Nullhypothese

- H0 (der totale gemeinsame Effekt der Faktoren ist gleich 0)

abgelehnt werden kann. Nur in diesem Fall ist es überhaupt sinnvoll, den gemeinsamen Einfluß bzw. die Effekte einzelner Faktoren zu untersuchen. Standardmäßig wird durch das Kommando ANOVA eine *Varianzanalyse-Tafel* ausgegeben, die in unserem Fall den folgenden Inhalt hat:

Source of Variation	Sum of Squares	DF	Mean Square	F	Signif of F
Main Effects	13.978	3	4.659	3.110	.027
JAHRGANG	7.894	2	3.947	2.635	.074
GESCHL	6.084	1	6.084	4.061	.045
2-way Interactions	1.526	2	.763	.509	.602
JAHRGANG GESCHL	1.526	2	.763	.509	.602
Explained	15.504	5	3.101	2.070	.070
Residual	365.540	244	1.498		
Total	381.044	249	1.530		

```
250 Cases were processed.
  0 CASES (    .0 PCT) were missing.
```

Wie bei der einfaktoriellen Varianzanalyse wird die Gesamtvariation ("Total") des abhängigen Merkmals zerlegt in die Variation, die durch die Faktoren erklärbar ist ("Explained"), und in die Variation innerhalb der Gruppen ("Residual"), d.h. in die durch die individuellen Unterschiede bedingten Variationen.

Für die Prüfung der oben angegebenen Nullhypothese ist ein vorgegebenes Testniveau mit dem Signifikanzniveau ("Signif of F") zu vergleichen, das in der Zeile "Explained" angezeigt wird. In unserem Fall lehnen wir bei Vorgabe des Testniveaus von z.B. 10% die Nullhypothese ab, so daß ein Effekt der Faktoren auf das abhängige Merkmal näher untersucht werden kann.

Zur Beurteilung, wie die Faktoren auf das abhängige Merkmal wirken, wird die gesamte den Faktoren zuzurechnende Variation zerlegt in die Variation,

11.2 Mehrfaktorielle Varianzanalyse (ANOVA)

die durch die *einzelnen* Faktoren aufgeklärt wird (*Haupteffekte*), und in die Variation, die durch den *gemeinsamen* Effekt der Faktoren bestimmt ist (*Interaktionseffekt*).
Liegt ein Interaktionseffekt vor, so hat jeder Faktor einen Einfluß und dieser variiert in Abhängigkeit von den Faktorstufen des anderen Faktors. In unserem Fall behalten wir bei vorgegebenem Testniveau von z.B. 10% die Nullhypothese

- H0 (der Interaktionseffekt ist gleich 0)

bei, da das in der Zeile "2-way-Interactions" angegebene Signifikanzniveau ("0,602") zu groß ist. Da kein Interaktionseffekt feststellbar ist, kann von einem *additiven Modell* ausgegangen werden, d.h. der Effekt auf das abhängige Merkmal setzt sich additiv aus den Effekten der Faktoren zusammen und ist durch keine Interaktionseinflüsse überlagert.
In wieweit individuelle *Effekte* der einzelnen Faktoren vorliegen, ist den Zeilen "Main Effects" zu entnehmen. In unserem Fall ist bei vorgegebenem Testniveau von z.B. 10% durch den Vergleich mit den ausgegebenen Signifikanzniveaus sowohl ein Einfluß der Jahrgangsstufe als auch ein Effekt des Geschlechts erkennbar. Bei der Durchführung dieser Tests ist zu beachten, daß standardmäßig ein *"Fixed-Factor"-Modell* zugrundegelegt wird, d.h. die Faktorstufen aller Faktoren sind fest vorgegeben (systematisch ausgewählt). Sind die Faktorstufen dagegen aus einer Menge von möglichen Faktorstufen zufällig ausgewählt worden, so liegt ein *"Random-Factor"-Modell* vor. In diesem Fall ist das ANOVA-Kommando durch ein *OPTIONS*-Subkommando in der Form

```
/ OPTIONS = 3
```

zu ergänzen, damit die der Interaktion zuzurechnende Variation zusätzlich zur Fehlervariation hinzuaddiert wird (dadurch wird ein Faktoreffekt nur dann nachweisbar, wenn die durch diesen Faktor erklärte Variation entsprechend größer ist).

11.2.3 Zellenbesetzungen

Von großer Bedeutung für die Interpretation der Varianzanalyse-Tafel sind die Beziehungen, in denen die Zellenbesetzungen zueinander stehen.
In unserem Fall liegen die folgenden Besetzungen vor:

```
             Jahrgangsstufe:    11    12    13
                                ----  ----  ----
                       maennl.  50    50    25
            Geschlecht:
                       weibl.   50    50    25
```

Da die einzelnen Anzahlen proportional zu den Randhäufigkeiten sind, wird von einer *proportionalen* Zellenbesetzung gesprochen.

Sind die Besetzungen *nicht gleich* bzw. *nicht proportional*, so ist die gemeinsame Variation der Haupteffekte ("MAIN EFFECTS") *nicht* gleich der Summe der jeweils einzelnen Variationen. In diesem Fall können die einzelnen Effekte *nicht mehr unabhängig* voneinander geschätzt werden, so daß die standardmäßig in der Varianzanalyse-Tafel ausgegebenen Werte für Signifikanztests nicht herangezogen werden können. Bei einer derartigen Abhängigkeit ist festzulegen, in welcher Abfolge die einzelnen Effekte geschätzt werden sollen. Standardmäßig werden zunächst die einzelnen Faktoreffekte und danach der Interaktionseffekt geschätzt. Sollen – alternativ zu diesem Vorgehen – alle Effekte gleichzeitig geschätzt werden, so ist innerhalb des ANOVA-Kommandos ein *OPTIONS*-Subkommando in der Form

```
/ OPTIONS = 9
```

anzugeben.

11.2.4 Graphische Darstellung

Über die Feststellung hinaus, ob und welche Effekte sich als signifikant erweisen, sollte die Wirkung der Faktoren auch graphisch beschrieben werden. Dazu sind die Mittelwerte des abhängigen Merkmals für jede Faktorstufe in ein Diagramm einzutragen.

Typisch für *nur einen* Haupteffekt wäre bei jeweils zwei Faktorstufen etwa das folgende Diagramm:

11.2 Mehrfaktorielle Varianzanalyse (ANOVA)

Dagegen wären *zwei* Haupteffekte etwa durch das folgende Diagramm gekennzeichnet:

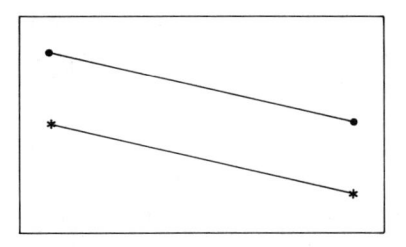

Interaktionseffekte liegen z.B. bei den beiden folgenden Diagrammen vor:

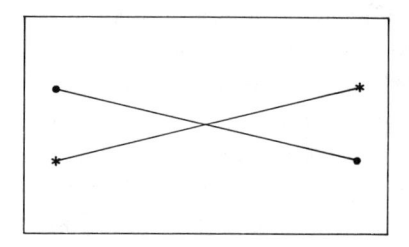

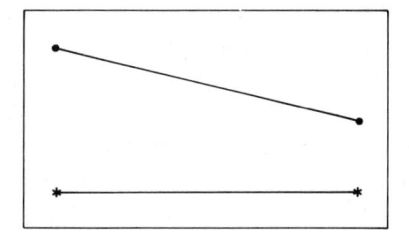

Die *Mittelwerte* innerhalb der einzelnen Zellen lassen sich beim Aufruf des *ANOVA*-Kommandos durch ein *STATISTICS*-Subkommando der Form

```
/ STATISTICS = 3
```

abrufen. In unserem Fall erhalten wir die Ausgabe:

```
          GESCHL
                  1         2
JAHRGANG
          1     6.34      5.84
              (  50)    (  50)

          2     6.56      6.40
              (  50)    (  50)

          3     6.32      6.08
              (  25)    (  25)
```

Diese Werte führen zu folgendem Diagramm:

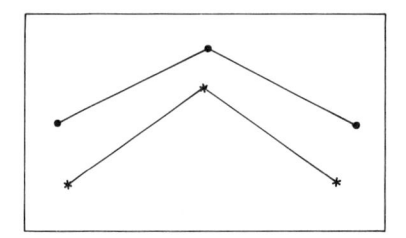

[Diagramm]

Die hieraus erkennbare *additive* Wirkung der Faktoren haben wir oben durch die Tests im Rahmen einer zweifaktoriellen Varianzanalyse nachgewiesen.

11.2.5 Mehr als zwei Faktoren

Die beschriebene Vorgehensweise zur Durchführung der Varianzanalyse ist unabhängig von der jeweiligen Anzahl der in das Modell einbezogenen Faktoren. Ergänzend ist jedoch anzuführen, daß bei mehreren Faktoren auch Interaktionseffekte höherer Ordnung diskutiert werden müssen. Dies bedeutet, daß insbesondere beim Vorliegen des *"Random-Factor"-Modells* und bei *nicht proportionalen* Zellenbesetzungen geeignete Angaben im Subkommando OPTIONS zu machen sind. Die diesbezüglich zulässigen Möglichkeiten führen wir weiter unten summarisch auf.

11.2.6 Multiple Klassifikationsanalyse

Liegen *keine* signifikanten Interaktionseffekte vor, so ist es sinnvoll, die Effekte der einzelnen Faktoren durch eine *multiple Klassifikationsanalyse* ermitteln und in einer Tabelle ausgeben zu lassen. Diese Analyse ist durch das Subkommando *STATISTICS* in der Form

```
/ STATISTICS = 1
```

anzufordern. Die ausgegebene Tabelle enthält pro Faktor die Abweichungen der einzelnen Mittelwerte in den Zellen vom Gesamt-Mittelwert ("Grand Mean"). Dabei werden die Unterschiede auf der Basis der unveränderten Ursprungswerte ("Unadjusted Dev'n") und zusätzlich auf der Basis der durch die Einbeziehung aller anderen Faktoren bereinigten Werte ("Adjusted for Independents Dev'n") ausgegeben.

Der Einfluß jedes Faktors auf das abhängige Merkmal wird durch seinen Eta-Wert ("Eta") beschrieben. Das Quadrat von Eta gibt den Anteil an

11.2 Mehrfaktorielle Varianzanalyse (ANOVA)

der Gesamtvariation des abhängigen Merkmals wieder, der durch den Faktor erklärt wird. Zur Beurteilung des Gesamtmodells wird zusätzlich der Koeffizient R^2 ("Multiple R Squared") ausgegeben, der denjenigen Anteil an der Gesamtvariation angibt, der durch den additiven Effekt der Faktoren erklärt wird.

In unserem Fall erhalten wir durch die multiple Klassifikationsanalyse die folgende Tabelle:

```
Grand Mean =      6.268                                    Adjusted for
                                           Adjusted for    Independents
                                Unadjusted  Independents   + Covariates
Variable + Category    N        Dev'n  Eta  Dev'n   Beta   Dev'n   Beta

JAHRGANG
  1                   100        -.18        -.18
  2                   100         .21         .21
  3                    50        -.07        -.07
                                        .14               .14

GESCHL
  1                   125         .16         .16
  2                   125        -.16        -.16
                                        .13               .13

Multiple R Squared                                  .037
Multiple R                                          .192
```

Die ausgegebenen Eta-Werte und der Koeffizient R lassen erkennen, daß die Erklärung der Variation von BEGABUNG allein durch die Faktoren Jahrgangsstufe und Geschlecht nur geringfügig ist (weniger als 4%). Somit sollten weitere Merkmale zur Erklärung herangezogen werden, wobei die Auswahl diesbezüglicher Merkmale sachlogisch vorzunehmen ist.

11.2.7 Kovarianzanalyse

Soll ein abhängiges Merkmal nicht nur durch den Einfluß von (nominalskalierten) Faktoren, sondern *zusätzlich* durch ein oder mehrere *intervallskalierte* Merkmale – sog. *Kovariate* – erklärt werden, so ist eine *Kovarianzanalyse* durchzuführen. Diese läßt sich ebenfalls durch das Kommando ANOVA abrufen. Allerdings muß dabei grundsätzlich vorausgesetzt werden, daß die Faktoren von den Kovariaten *paarweise statistisch unabhängig* sind.

Im Hinblick auf das oben angegebene Modell zur Erklärung der Variation von BEGABUNG, das in seiner Erklärungskraft sehr dürftig ist, erscheint etwa die Einbeziehung von LEISTUNG sinnvoll. Soll nicht nur der jahrgangsstufen- und geschlechts-spezifische Einfluß, sondern auch der Einfluß der Kovariaten LEISTUNG auf das Merkmal BEGABUNG untersucht werden, so ist eine Kovarianzanalyse durch das Kommando

ANOVA/BEGABUNG BY JAHRGANG(1 3) GESCHL(1 2) WITH LEISTUNG.

abzurufen. Durch die Angabe hinter dem Schlüsselwort *WITH* wird LEISTUNG als Kovariate ausgewiesen.

Der Einfluß von LEISTUNG auf BEGABUNG läßt sich durch die in der Varianzanalyse-Tafel angegebenen Werte abtesten. Diese Tafel ist in unserem Fall wie folgt gegliedert:

Source of Variation	Sum of Squares	DF	Mean Square	F	Signif of F
Covariates	83.395	1	83.395	71.893	.000
LEISTUNG	83.395	1	83.395	71.893	.000
Main Effects	14.809	3	4.936	4.255	.006
JAHRGANG	6.865	2	3.432	2.959	.054
GESCHL	7.935	1	7.935	6.840	.009
2-way Interactions	.963	2	.482	.415	.661
JAHRGANG GESCHL	.963	2	.482	.415	.661
Explained	99.167	6	16.528	14.248	.000
Residual	281.877	243	1.160		
Total	381.044	249	1.530		

Bei vorgegebenem Testniveau von z.B. 10% ist die Nullhypothese

- H0 (der Einfluß der Kovariaten
  auf das abhängige Merkmal ist gleich 0)

abzulehnen, so daß LEISTUNG ein Erkärungsbeitrag für die Variation von BEGABUNG zuzumessen ist (eine zusätzliche Anforderung der multiplen Klassifikationsanalyse weist ein R^2 von 0,258 aus).
Standardmäßig wird zunächst eine Regressionsanalyse des abhängigen Merkmals auf die Kovariate durchgeführt. Daran schließt sich eine mehrfaktorielle Varianzanalyse mit den entsprechend abgeänderten Werten des abhängigen Merkmals an. Sollen dagegen die Kovariate(n) *gleichzeitig* bzw. *erst nach* den Faktoren in die Analyse einbezogen werden, so sind dazu entsprechende Angaben im *OPTIONS*-Subkommando zu machen (siehe unten).

11.2.8 Syntax des ANOVA-Kommandos

Fassen wir die oben formulierten Anforderungen an unsere Kovarianzanalyse zusammen, so ist das folgende ANOVA-Kommando einzugeben:

```
ANOVA/BEGABUNG BY JAHRGANG(1 3) GESCHL(1 2) WITH LEISTUNG
    /STATISTICS = 1 3.
```

Allgemein ist die Durchführung von mehrfaktoriellen Varianz- bzw. Kovarianzanalysen durch das *ANOVA*-Kommando in der folgenden Form anzufordern:

```
ANOVA / [ VARIABLES = ]
         varliste_1 BY varliste_2 (min_1 max_1)
                   [ varliste_3 (min_2 max_2) ]...
                   [ WITH varliste_4 ]
  [ / OPTIONS = kennzahl_1 [ kennzahl_2 ]... ]
  [ / STATISTICS = kennzahl_3 [ kennzahl_4 ]... ] .
```

Für jede in der Variablenliste "varliste_1" aufgeführte Variable wird eine Analyse durchgeführt. Hinter dem Schlüsselwort *BY* werden die Faktoren spezifiziert. Die Faktoren mit gleichen Faktorstufen lassen sich innerhalb von Variablenlisten zusammenfassen. Die Faktorstufen selbst werden durch ihren kleinsten Wert "min" (inklusive) und ihren größten Wert "max" (inklusive) gekennzeichnet. Ohne das Schlüsselwort *WITH* wird eine Varianzanalyse, andernfalls eine Kovarianzanalyse mit den hinter WITH angegebenen Kovariaten durchgeführt. In den Subkommandos *OPTIONS* und *STATISTICS* können – wie oben beschrieben – Angaben über die Durchführung der Analyse gemacht werden. Die jeweils anforderbaren Leistungen, die sich durch Kennwerte abrufen lassen, geben wir nachfolgend an.

11.2.9 Das Subkommando OPTIONS

Sind *alle* missing values in die Analyse einzubeziehen – der system-missing value bleibt nach wie vor ausgeschlossen –, so ist der Kennwert 1 innerhalb des *OPTIONS*-Kommandos anzugeben.

Mit dem Kennwert 2 wird die Ausgabe von Variablen- und Werteetiketten unterdrückt.

Über die Kennwerte 3, 4, 5 und 6 wird beim *"Random-Factor"-Modell* gesteuert, welche Interaktionseffekte zu schätzen und welche der Fehlervariation zuzurechnen sind.

Soll die durch Interaktion bedingte Variation in die Fehlervariation eingehen und sollen folglich die Effekte dieser *Interaktionen* nicht geprüft werden, so läßt sich die *Interaktionsordnung*, ab der dies (inklusiv) geschehen soll, wie folgt bestimmen:

```
                  Einbeziehung der Interaktion
Kennwert:             in die Fehlervariation ab:
---------  ------------------------------------------------
    3       2. Ordnung, d.h. Interaktion zwischen je 2 Merkmalen
    4       3. Ordnung, d.h. Interaktion zwischen je 3 Merkmalen
    5       4. Ordnung, d.h. Interaktion zwischen je 4 Merkmalen
    6       5. Ordnung, d.h. Interaktion zwischen je 5 Merkmalen
```

Über die Kennwerte 7, 8, 9 und 10 läßt sich bei *ungleicher* und *nicht proportionaler* Zellenbesetzung steuern, in welcher Reihenfolge und mit welchen Anpassungen die Schätzung der Effekte durchgeführt werden soll.

```
Kennwert:      1. Stufe:         2. Stufe:        3. Stufe:
---------  ------------------  --------------   --------------
    8      Faktoren             Kovariate        Interaktionen  (1)
Voreinst.  Kovariate            Faktoren         Interaktionen  (2)
    7      Faktoren & Kovariate Interaktionen                   (3)
    9      Faktoren&Kovariate
           &Interaktionen                                        (4)
```

Standardmäßig wird die Schätzung der Effekte so vorgenommen, daß eine Anpassung bzgl. aller Größen, die Bestandteil derselben und aller vorausgehenden Stufen sind, durchgeführt wird. Sollen nur diejenigen Größen in die Anpassung einbezogen werden, für die bereits Effekte geschätzt sind, so ist für den Fall (2) der Kennwert 10 und für die Fälle (1) und (3) zusätzlich der Kennwert 10 anzugeben. Bei diesem hierarchischen Vorgehen wird die Reihenfolge, in der die einzelnen Effekte zu schätzen sind, durch die Anordnung der Faktoren und der Kovariaten im ANOVA-Kommando festgelegt, wobei von "links nach rechts" gearbeitet wird.

11.2.10 Das Subkommando STATISTICS

Beim Subkommando *STATISTICS* stehen die Kennwerte 1, 2 und 3 zur Verfügung:

- 1: es ist eine multiple Klassifikationsanalyse durchzuführen
- 2: bei einer Kovarianzanalyse sollen unstandardisierte partielle Regressionskoeffizienten für die Kovariaten ermittelt werden
- 3: die Zellenbesetzungen und die Mittelwerte des abhängigen Merkmals pro Zelle sind auszugeben.

Kapitel 12

Nichtparametrische Testverfahren (NPAR TESTS)

Bei den *parametrischen* Testverfahren zur Überprüfung von statistischen Zusammenhängen – wie z.B. dem T-Test und dem Varianzanalyse-Test – müssen die Merkmale intervallskaliert sein und bestimmte Verteilungsannahmen erfüllen. Wenn die Merkmale nominal- oder ordinalskaliert oder die Verteilungsannahmen für intervallskalierte Merkmale verletzt sind, so lassen sich unter Umständen *nichtparametrische* Testverfahren einsetzen. Diese haben allerdings den Nachteil, daß sie *schwächer* als parametrische Tests sind, weil die Wahrscheinlichkeit, tatsächlich vorhandene Unterschiede aufzufinden, bei ihnen kleiner ist.

12.1 Vergleich mit einer theoretischen Verteilung

Zum Vergleich der Verteilung eines Merkmals, dessen Werte an *einer* Stichprobe erhoben wurden, mit einer *theoretischen* Verteilung, deren Werte exakt errechnet werden können, läßt sich die Nullhypothese

- H0 (die Verteilungen unterscheiden sich nicht)

für ein *nominalskaliertes* Merkmal durch einen *Chi-Quadrat-Test* (CHI-QUADRAT) oder einen (nur für dichotome Merkmale einsetzbaren) *Binomial-Test* (BINOMIAL) gegen die Alternativ-Hypothese

12.1 Vergleich mit einer theoretischen Verteilung

- H1 (beobachtete und erwartete Häufigkeiten unterscheiden sich)

abtesten. Für ein *ordinalskaliertes* Merkmal kann diese Hypothese durch den *Kolmogorov-Smirnov-Test* (K-S) gegen die Alternativ-Hypothese

- H1 (die kumulierten Verteilungen, d.h. die Verteilungsfunktionen unterscheiden sich)

überprüft werden.
Zur Durchführung dieser Tests ist das *NPAR TESTS*-Kommando in der folgenden Form einzusetzen:

```
NPAR TESTS / BINOMIAL ( relative_häufigkeit )
           = varliste_1 (wert_1 wert_2) .

NPAR TESTS / CHISQUARE = varliste_2 [ ( min_1 max_1 ) ]
           / EXPECTED = { EQUAL |
                  häufigkeit_1 [ häufigkeit_2 ]... } .

NPAR TESTS / K-S { ( UNIFORM [ min_2 max_2 ] ) |
      ( NORMAL [ mittelwert_1 standardabweichung ] ) |
      ( POISSON [ mittelwert_2 ] ) }
           = varliste_3 .
```

Beim *Binomial-Test* müssen die durch "varliste_1" gekennzeichneten Merkmale als *dichotom* (mit den Werten "wert_1" und "wert_2") vorausgesetzt werden. Es ist die relative Häufigkeit "relative_häufigkeit" zu spezifizieren, mit der jeweils "wert_1" auftritt.

Beim *Chi-Quadrat-Test* werden die erwarteten Häufigkeiten der Variablenwerte der innerhalb "varliste_2" angegebenen Merkmale für alle bzw. nur für die zwischen "min_1" und "max_1" (inklusive dieser Grenzen) enthaltenen Werte im Subkommando *EXPECTED* aufgeführt. Dabei korrespondiert die zuerst angegebene Häufigkeit mit dem kleinsten Wert, die nachfolgende Häufigkeit mit dem nächst größeren Wert usw. Haben "n" aufeinanderfolgende Häufigkeitswerte denselben wert "h", so darf abkürzend "n * h" geschrieben werden. Bei Gleichheit aller dieser Häufigkeiten läßt sich ersatzweise das Schlüsselwort *EQUAL* angeben.

Sind zu den Schlüsselwörtern *UNIFORM* (Gleichverteilung), *NORMAL* (Normalverteilung) und *POISSON* (Poisson-Verteilung) keine Werte ergänzend angegeben, so werden die Verteilungskennwerte der exakten Verteilungen wie folgt aus den empirischen Werten ermittelt:

- UNIFORM : kleinster und größter Wert
- NORMAL : arithmetisches Mittel und Streuung
- POISSON : arithmetisches Mittel.

So ergibt sich etwa für

```
NPAR TESTS/K-S(NORMAL)=BEGABUNG.
```

der Ausdruck:

```
Test Distribution  - Normal               Mean:  6.27
                                Standard Deviation:  1.24

    Cases:  250

       Most Extreme Differences
   Absolute      Positive      Negative       K-S Z       2-tailed P
    .19532        .19532       -.17898        3.088          .000
```

Bei vorgegebenem Testniveau von z.B. 5% wird folglich die Nullhypothese, daß das Merkmal BEGABUNG normalverteilt ist, auf einem Signifikanzniveau ("2-tailed P") verworfen, das kleiner als 0,001 ist.

12.2 Vergleich zwischen empirisch ermittelten Verteilungen

Sind Verteilungen von Merkmalen, deren Werte an Stichproben erhoben wurden, nicht mit einer theoretischen, sondern *untereinander* zu vergleichen, so ist es bedeutsam, ob abhängige oder unabhängige Stichproben vorliegen. Dabei wird eine Stichprobe dann als *"abhängig"* bezeichnet, wenn für sie (als einzige Stichprobe) jeweils mehrere Merkmale erhoben wurden. Von *"unabhängigen"* Stichproben wird dann gesprochen, wenn es sich um mehrere verschiedene Stichproben handelt, für die Werte ein und desselben Merkmals erhoben wurden. Die vorhandenen Signifikanztests zur Überprüfung der Nullhypothese

- H0 (die Verteilungen unterscheiden sich nicht)

werden danach klassifiziert, ob es sich um *Paarvergleiche* von Verteilungen oder um den Vergleich von *mehreren* Verteilungen handelt.

12.2.1 Paarvergleich bei abhängigen Stichproben

Bei *zwei* Merkmalen ist für *abhängige* Stichproben das *NPAR TESTS*-Kommando in der Form

```
NPAR TESTS / { MCNEMAR | SIGN | WILCOXON }
            = varliste_1 [ WITH varliste_2 ] .
```

anzugeben. Ohne das Schlüsselwort *WITH* werden Tests für alle aus "varliste_1" bildbaren Paare durchgeführt, ansonsten werden die Paare durch Kombinationen von Variablen aus den beiden Variablenlisten zusammengestellt.

Der *Mc-Nemar-Test* (MCNEMAR) setzt *dichotome nominalskalierte* Merkmale voraus und testet die Nullhypothese gegen die Alternativ-Hypothese:

- H1 (die Wahrscheinlichkeit des Wechsels von der 1. zur 2. Kategorie unterscheidet sich von derjenigen des Wechsels von der 2. zur 1. Kategorie)

Der *Vorzeichen-* (SIGN) und der *Wilcoxon-Test* (WILCOXON) lassen sich auf ordinalskalierte Merkmale anwenden. Während der Vorzeichen-Test gegen die Alternativ-Hypothese

- H1 (die Anzahl der positiven Differenzen, gebildet aus den Werten der 1. und 2. Variablen, unterscheidet sich von der Anzahl der negativen Differenzen)

testet, lautet die Alternativ-Hypothese beim Wilcoxon-Test:

- H1 (die Mittelwerte der Rangzahlen, die den absoluten Größen der Differenzen zwischen 1. und 2. Variable zugeordnet sind, unterscheiden sich).

So ergibt sich etwa für

```
NPAR TESTS/WILCOXON=LEISTUNG BEGABUNG.
```

der Ausdruck:

```
Mean Rank    Cases

   56.69       34    - Ranks (BEGABUNG Lt LEISTUNG)
   88.67      129    + Ranks (BEGABUNG Gt LEISTUNG)
                87    Ties   (BEGABUNG Eq LEISTUNG)
               ---
              250    Total

   Z =  -7.8797          2-tailed P =  .0000
```

Folglich wird bei vorgegebenem Testniveau von z.B. 5% die Nullhypothese, daß die beiden Verteilungen von LEISTUNG und BEGABUNG sich nicht unterscheiden, auf einem Signifikanzniveau abgelehnt, das kleiner als 0,0001 ist.

12.2.2 Vergleich mehrerer Verteilungen bei abhängigen Stichproben

Für die Untersuchung, ob sich die Verteilungen *mehrerer* Merkmale bei einer *abhängigen* Stichprobe signifikant unterscheiden, ist das *NPAR TESTS*-Kommando in der Form

```
NPAR TESTS / { COCHRAN | KENDALL | FRIEDMAN } = varliste .
```

einzugeben. Dabei müssen die in "varliste" aufgeführten Variablen beim *Q-Test von Cochran* (COCHRAN) dichotom *nominalskaliert* und bei der Berechnung des *Konkordanzkoeffizienten nach Kendall* (KENDALL) bzw. bei der *Friedman'schen Rangvarianzanalyse* (FRIEDMAN) *ordinalskaliert* sein.

Während beim *Q-Test von Cochran* gegen die Alternativ-Hypothese

- H1 (bei wenigstens einem Merkmal weicht das Verhältnis der relativen Häufigkeiten von demjenigen der übrigen Merkmale ab)

getestet wird, ist die Alternativ-Hypothese beim *Rangvarianzanalyse-Test nach Friedman* von der Form:

- H1 (bei wenigstens einem Merkmal weicht die zentrale Tendenz von derjenigen der übrigen Merkmale ab)

So ergibt sich etwa für

12.2 Vergleich zwischen empirisch ermittelten Verteilungen

```
NPAR TESTS/FRIEDMAN=LEISTUNG BEGABUNG URTEIL.
```

der Ausdruck:

```
- - - - - Friedman Two-way ANOVA

  Mean Rank    Variable

    1.79       LEISTUNG
    2.35       BEGABUNG
    1.86       URTEIL

    Cases      Chi-Square        D.F.     Significance
     250        47.6781            2          .0000
```

Bei vorgegebenem Testniveau von etwa 5% ist demzufolge die Nullhypothese der Verteilungsgleichheit von LEISTUNG, BEGABUNG und URTEIL auf einem Signifikanzniveau abzulehnen, das kleiner als 0,0001 ist.

Als Sonderfall stellt sich der Test des *Kendall'schen Konkordanzkoeffizienten* dar, bei dem die Ähnlichkeit mehrerer Rangreihen geprüft wird. In diesem Fall wird die Nullhypothese

- H0 (in der Bewertung bestehen keine Ähnlichkeiten)

gegen die Alternativhypothese

- H1 (es liegt eine hohe Übereinstimmung in der Einschätzung vor)

getestet.

12.2.3 Verteilungs-Vergleich bei zwei unabhängigen Stichproben

Für zwei *unabhängige* Stichproben ist das *NPAR TESTS*-Kommando in der Form

```
NPAR TESTS / { M-W | K-S | W-W |
              MOSES [(anzahl)] | MEDIAN [( medianwert )] }
            = varliste BY varname ( wert_1 wert_2 ) .
```

einzusetzen. Dabei legt "varname" durch "wert_1" die eine und durch "wert_2" die andere Stichprobe fest. Der jeweils angeforderte Test wird für alle in "varliste" angegebenen Variablen durchgeführt. Die untersuchten Merkmale müssen stets das *Ordinalskalenniveau* besitzen.

Beim *Moses-Test* (MOSES) werden standardmäßig – ohne Angabe von "(anzahl)" – 5% der Fälle an den Enden der Kontrollgruppe – dies ist die durch "wert_1" spezifizierte Gruppe – ausgeschlossen. Soll anders verfahren werden, so ist die gewählte Anzahl entsprechend anzugeben.

Beim *Median-Test* (MEDIAN) wird ohne die explizite Angabe eines Medianwerts der Median aus der Stichprobe ermittelt.

Beim *U-Test von Mann-Whitney* (M-W) wird gegen die Alternativ-Hypothese

- H1 (die Mediane unterscheiden sich)

getestet, beim *Test von Kolmogorov-Smirnov* (K-S) gegen

- H1 (es gibt Unterschiede in mindestens einem Verteilungsparameter),

beim *Test von Wald-Wolfowitz* (W-W) gegen

- H1 (beide Stichproben stammen aus unterschiedlichen Grundgesamtheiten),

beim *Moses-Test* (MOSES) gegen

- H1 (es gibt Unterschiede in der Spannweite)

und beim *Median-Test* (MEDIAN) gegen:

- H1 (es gibt Unterschiede im Median).

So ergibt sich etwa für

```
NPAR TESTS/M-W=LEISTUNG BY GESCHL(1 2).
```

der Ausdruck:

12.2 Vergleich zwischen empirisch ermittelten Verteilungen

```
Mean Rank    Cases

 123.56       125     GESCHL = 1
 127.44       125     GESCHL = 2
              ---
              250     Total

                           Corrected for Ties
    U            W          Z        2-tailed P
 7569.5       15444.5     -.4426       .6580
```

Bei vorgegebenem Testniveau von z.B. 5% ergibt sich somit ein Signifikanzniveau von 0,6580, so daß keine geschlechts-spezifischen Unterschiede in LEISTUNG festgestellt werden können.

12.2.4 Verteilungs-Vergleich bei mehreren unabhängigen Stichproben

Für *ordinalskalierte* Merkmale lassen sich bei *mehreren* unabhängigen Stichproben der Median-Test (MEDIAN) oder der H-Test von Kruskal-Wallis (K-W) durch das Kommando

```
NPAR TESTS / { K-W | MEDIAN [ ( medianwert) ] }
            = varliste BY varname ( min max ) .
```

abrufen. Dabei wird für jede Variable aus "varliste" ein Test für die Stichproben durchgeführt, die durch die Werte zwischen "min" und "max" (inklusive dieser Grenzen) von "varname" bestimmt sind.

Beim *Median-Test* wird gegen die Alternativ-Hypothese

- H1 (der Median mindestens eines Merkmals unterscheidet sich von denen der übrigen Merkmale)

und beim *H-Test von Kruskal-Wallis* gegen die folgende Alternativ-Hypothese getestet:

- H1 (es gibt Unterschiede in den Verteilungen)

So ergibt sich etwa für

```
NPAR TESTS/K-W=LEISTUNG BY JAHRGANG(1 3).
```

der Ausdruck:

```
Mean Rank    Cases
  122.56      100    JAHRGANG = 1
  126.10      100    JAHRGANG = 2
  130.20       50    JAHRGANG = 3
              ---
              250    Total
```

```
                                        Corrected for Ties
  CASES    Chi-Square   Significance    Chi-Square   Significance
   250        .3838         .8254          .4162        .8121
```

Bei vorgegebenem Testniveau von z.B. 5% ergibt sich ein Signifikanzniveau von 0,8121, so daß keine jahrgangsstufen-spezifischen Unterschiede in LEISTUNG festgestellt werden können.

12.3 Iterationstest für dichotomisierte Merkmale

Soll getestet werden, ob die beobachteten Werte eines Merkmals einem *Zufallsprozeß* entstammen, so läßt sich das Kommando *NPAR TESTS* mit dem Subkommando RUNS in der Form

```
NPAR TESTS / RUNS ( { MEAN | MEDIAN | MODE | trennwert } )
            = varliste .
```

einsetzen. Alle in "varliste" enthaltenen Merkmale werden am arithmetischen Mittel (MEAN), am Median (MEDIAN), am Modus (MODE) oder an einem anderen (selbst festgelegten) Trennwert *dichotomisiert*. Durch den *Iterationstest* wird die Nullhypothese

- H0 (die beobachteten Werte unterliegen einem Zufallsprozeß)

gegen die Alternativhypothese

- H1 (bei der Abfolge der Beobachtungen treten Werte links bzw. rechts vom Trennwert überzufällig häufig auf)

getestet.

12.4 Die Subkommandos OPTIONS und STATISTICS

Zur gesonderten Behandlung von missing values und der zusätzlichen Ausgabe von Statistiken lassen sich innerhalb eines *NPAR TESTS*-Kommandos die Subkommandos *OPTIONS* und *STATISTICS* in der Form

```
NPAR TESTS / spezifikationen
         [ / OPTIONS = kennzahl_1 [ kennzahl_2 ]... ]
         [ / STATISTICS = kennzahl_3 [ kennzahl_4 ]... ] .
```

einsetzen. Im *OPTIONS*-Subkommando sind die folgenden Werte zulässig:

- 1: Einschluß von benutzerseitig durch das MISSING VALUE-Kommando festgelegten missing values

- 2: listenweiser Ausschluß bei Vorliegen von benutzerseitig festgelegten missing values

- 3: bei Angabe des Schlüsselworts WITH erfolgt der Test für die jeweils ersten Variablen vor und hinter dem Wort WITH, anschließend für die jeweils zweiten, usw.

- 4: bei zu geringem Arbeitsspeicher wird eine Zufallsstichprobe der Cases gezogen (gilt nicht beim RUNS-Subkommando!)

Statistiken lassen sich über die folgenden Kennzahlen innerhalb des *STATISTICS*-Subkommandos abrufen:

- 1: arithmetisches Mittel, Maximum, Minimum, Standardabweichung und Anzahl der gültigen Cases

- 2: Quartilswerte und Anzahl der gültigen Cases.

Kapitel 13

Regressionsanalyse (REGRESSION)

Zur Durchführung einer *linearen Regressionsanalyse*, bei der die lineare Beziehung zwischen einem intervallskalierten abhängigen Merkmal und einem oder mehreren intervallskalierten (bzw. binären) unabhängigen Merkmalen untersucht werden soll, steht das Kommando *REGRESSION* zur Verfügung. Mit diesem Kommando lassen sich Angaben über die Art und die Güte einer *linearen Anpassung* und die Entscheidungsgrundlagen darüber abrufen, ob die Annahme der Linearität überhaupt gerechtfertigt und auf die Grundgesamtheit, die durch die vorliegende Stichprobe repräsentiert wird, übertragbar ist.

13.1 Beschreibung der linearen Beziehung und Anpassungsgüte

Unter der Voraussetzung, daß zwischen einer als *abhängig* gekennzeichneten Variablen und einer oder mehreren als *unabhängig* aufgefaßten Variablen eine *lineare* Beziehung besteht, läßt sich eine Regressionsanalyse durch das folgende *REGRESSION*-Kommando abrufen:

13.1 Beschreibung der linearen Beziehung und Anpassungsgüte

```
REGRESSION / VARIABLES = varname_abh
             varname_unabh_1 [ varname_unabh_2 ]...
           / STATISTICS = R COEFF
           / DEPENDENT = varname_abh
           / METHOD = ENTER varname_unabh_1
         [ / METHOD = ENTER varname_unabh_2 ].... .
```

Als Ergebnis werden die *Regressionskoeffizienten* B0 (Regressionskonstante),B1,... und Bn ausgegeben. Der durch die Regressionsbeziehung

$$Y' = B0 + B1 * X1 + ... + Bn * Xn$$

aus den Werten der unabhängigen Variablen X1,...,Xn ermittelte Y'-Wert stellt die beste Vorhersage für die abhängige Variable Y in dem Sinne dar, daß der Wert des (Kleinst-Quadrate-)*Anpassungskriteriums*

$$\sum (Y' - Y)^2$$

minimal unter allen möglichen Koeffizientenwerten ist.
So erhalten wir z.B. durch das Kommando

```
REGRESSION/VARIABLES=LEISTUNG BEGABUNG URTEIL
          /STATISTICS=R COEFF
          /DEPENDENT=LEISTUNG
          /METHOD=ENTER BEGABUNG
          /METHOD=ENTER URTEIL.
```

die folgende Ausgabe (in verkürzter Darstellung):

```
Equation Number 1    Dependent Variable..   LEISTUNG

Block Number  1.  Method:  Enter      BEGABUNG

Variable(s) Entered on Step Number
     1..    BEGABUNG

Multiple R            .46782
R Square              .21886
Adjusted R Square     .21571
Standard Error       1.20433
```

```
F =      69.48399      Signif F =  .0000

------------------ Variables in the Equation ------------------

Variable              B           SE B        Beta         T    Sig T

BEGABUNG          .514282      .061696      .467823     8.336   .0000
(Constant)       2.284482      .394142                  5.796   .0000


End Block Number   1   All requested variables entered.

Block Number  2.  Method:  Enter       URTEIL

Variable(s) Entered on Step Number
     2..    URTEIL

Multiple R            .62621
R Square              .39214
Adjusted R Square     .38722
Standard Error       1.06453

F =      79.67277      Signif F =  .0000

------------------ Variables in the Equation ------------------

Variable              B           SE B        Beta         T    Sig T

BEGABUNG          .255211      .062667      .232156     4.072   .0001
URTEIL            .476168      .056746      .478355     8.391   .0000
(Constant)       1.217034      .370888                  3.281   .0012

End Block Number   2   All requested variables entered.
```

Die Anpassungsgüte der jeweiligen Regressionsbeziehung wird durch die folgenden Maßzahlen, abgerufen durch das Schlüsselwort *R* im *STATISTICS*-Subkommando, angezeigt:

- *multipler Korrelationskoeffizient* R (Multiple R), der den Grad der linearen Korrelation zwischen der abhängigen Variablen Y und der Vorhersagegröße Y' beschreibt

- *Determinationskoeffizient* R^2 (R Square), der den Anteil der Gesamtvariation von Y angibt, der durch die unabhängigen Variablen linear erklärt wird (Wert 1: perfekte lineare Beziehung; Wert 0: keine lineare Beziehung)

13.2 Überprüfung der Linearitätsannahme

- *angepaßter Determinationskoeffizient* (Adjusted R Square), der eine Schätzung für den Determinationskoeffizienten in der Grundgesamtheit darstellt, sofern die Gesamtheit der Cases als Stichprobe aus einer Grundgesamtheit aufgefaßt werden kann

- *Standardfehler der Schätzung* (Standard Error), der den Grad der Abweichung der durch die Regression bestimmten Vorhersagewerte (Y') von den tatsächlichen Werten der abhängigen Variablen (Y) beschreibt (Wert 0: perfekte Anpassung)

Bei der oben durchgeführten Regression ist in einem ersten Schritt (Block Number 1.) *allein* BEGABUNG zur linearen Erklärung für LEISTUNG in die Regression einbezogen worden. Daraus resultieren der Regressionskoeffizient (B) mit dem Wert 0,51428 und die Regressionskonstante ("(Constant)") mit dem Wert 2,28448.

Zur Bewertung der Gewichtigkeit der Regressionskoeffizienten sind die folgenden Größen angezeigt, die durch das Schlüsselwort *COEFF* im *STATISTICS*-Subkommando abgerufen werden:

- Standardfehler von B (SE B), der für den Fall, daß der errechnete Regressionskoeffizient als Realisation einer Zufallsvariablen aufgefaßt werden kann, eine Schätzung für die Standardabweichung dieser Zufallsvariablen darstellt

- Realisation (T) einer t-verteilten Teststatistik zur Überprüfung der Nullhypothese, daß der Regressionskoeffizient gleich Null ist, mit dem zugeordneten Signifikanzniveau (Sig T), das mit einem für diesen Test vorzugebenden Testniveau zu vergleichen ist

- standardisierter Regressionskoeffizient (Beta), der unter der Voraussetzung errechnet wird, daß alle in die Regression aufgenommenen Variablen standardisiert sind.

Nach der *Einbeziehung* von URTEIL in die Regression (Block Number 2.) verbessert sich die Anpassung. Die Erklärungsgüte wächst von näherungsweise 22% auf ungefähr 39%, und der Standardfehler der Schätzung reduziert sich näherungsweise von 1,20 auf 1,06. Da der standardisierte Regressionskoeffizient von URTEIL (0,47835) größer als der von BEGABUNG (0,23216) ist, hat die Variable URTEIL im Rahmen der linearen Erklärung einen größeren Einfluß auf die abhängige Variable LEISTUNG als die Variable BEGABUNG.

13.2 Überprüfung der Linearitätsannahme

Grundsätzlich sollte bei der Durchführung einer linearen Regression überprüft werden, ob die *unterstellte* lineare Beziehung auch tatsächlich *haltbar* ist. Dazu ist ein *Streudiagramm* zu untersuchen, in dem die Beziehung zwischen den *Vorhersagewerten* (*PRED) und den *standardisierten Residuen* (*ZRESID), definiert als Differenz zwischen den tatsächlichen Werten (Y) und den Vorhersagewerten (Y'), dargestellt wird. Dieses Diagramm läßt sich über die zusätzliche Angabe des Subkommandos *SCATTERPLOT* innerhalb des REGRESSION-Kommandos in der Form

```
/ SCATTERPLOT = (*PRED *ZRESID)
```

abrufen. Es sollte ein horizontales Punkteband resultieren, das aus zufällig um die Waagerechte (durch 0) verteilten Punkten besteht. Sollte dies nicht der Fall sein, sondern ist ein *systematischer* Kurvenverlauf erkennbar, so liegt *keine* lineare Beziehung vor. In diesem Fall ist es unter Umständen möglich, eine lineare Beziehung durch die Durchführung einer oder mehrerer Variablen-Transformationen zu erhalten.

In unserem Beispiel ergibt sich aufgrund des oben angegebenen SCATTERPLOT-Subkommandos ein Streudiagramm zwischen den Vorhersagewerten und den standardisierten Residuen, das auf der nächsten Seite eingetragen ist.

Die angezeigte Punktewolke ist strukturlos, so daß keine Anzeichen dafür vorliegen, daß die Annahme der Linearität *nicht* haltbar ist.

13.3 Voraussetzungen zur Durchführung von statistischen Tests

Ob eine an der Stichprobe beobachtete lineare Beziehung *auch* für die *Grundgesamtheit* unterstellt werden kann, läßt sich über die Prüfung der Nullhypothese

- H0(B0 = B1 = ... = Bn = 0) [gleichwertig mit: H0($R^2 = 0$)]

13.3 Voraussetzungen zur Durchführung von statistischen Tests

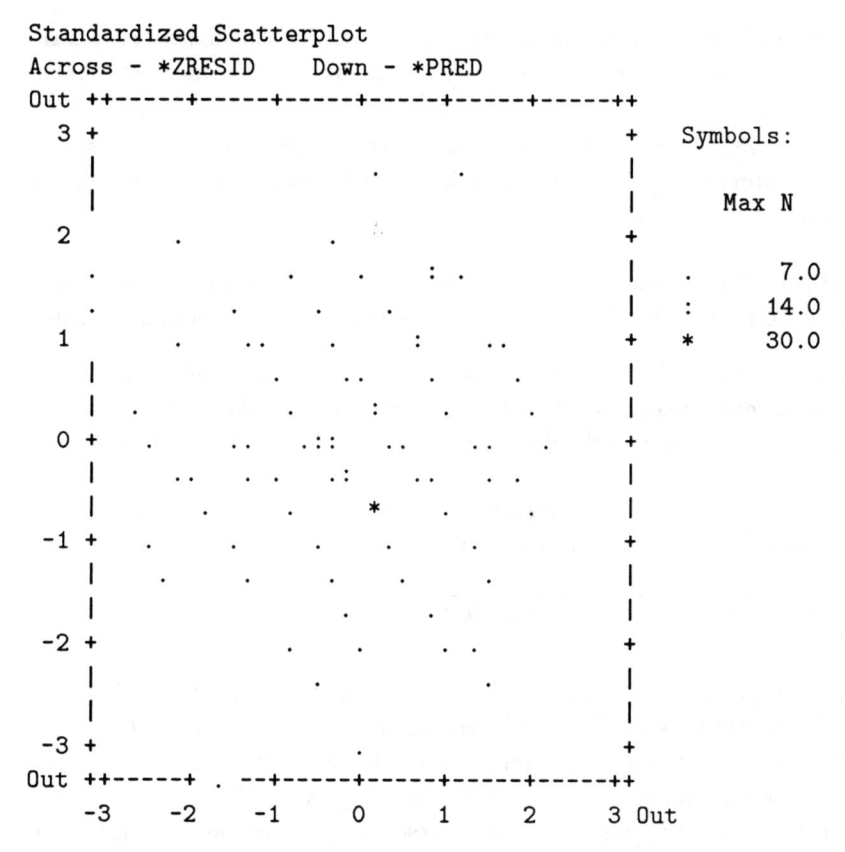

```
Standardized Scatterplot
Across - *ZRESID    Down - *PRED
Out  ++-----+-----+-----+-----+-----+-----++
  3  +                                      +    Symbols:
     |                    .    .            |
     |                                      |    Max N
  2  +         .      .                     +
     .             .    .  :  .             |    .    7.0
     .         .        .    .              |    :   14.0
  1  +     .    ..    .  :     ..           +    *   30.0
     |                          .           |
     |   .       .    :     .    .          |
  0  +    .   ..     .::  ..    ..      .   +
     |      ..   .       .:    ..    .      |
     |       .           *           .      |
 -1  +    .      .       .     .            +
     |         .     .   .                  |
     |                  .                   |
 -2  +                                      +
     |               .                      |
     |                                      |
 -3  +                  .                   +
Out  ++-----+ . --+-----+-----+-----+-----++
      -3    -2    -1    0     1     2     3 Out
```

diskutieren. Dazu ist eine Varianzanalyse-Tafel durch das Schlüsselwort *ANOVA* innerhalb des *STATISTICS*-Subkommandos in der Form

````
/ STATISTICS = ANOVA
````

abzurufen, die in unserem Fall *nach* der Einbeziehung von BEGABUNG und URTEIL in die Regression den folgenden Inhalt hat:

```
Analysis of Variance
                DF      Sum of Squares    Mean Square
Regression       2         180.57555         90.28778
Residual       247         279.90845          1.13323

F =     79.67277     Signif F =   .0000
```

Bei einem vorgegebenem Testniveau von z.B. 5% führt das angezeigte Signifikanzniveau (Signif F) von weniger als 0,0001 zur Ablehnung der oben angegebenen Nullhypothese, so daß der Determinationskoeffizient R^2 als signifikant von 0 verschieden angesehen werden kann (siehe auch Abschnitt 13.1).

Damit sich diese Aussage treffen läßt und weitere ausgegebene Werte teststatistisch interpretiert werden können, müssen die folgenden Voraussetzungen erfüllt sein:

- für jede Wertekombination der unabhängigen Variablen ist das ermittelte Residuum eine Realisation einer *normalverteilten* Zufallsvariablen

- sämtliche dieser Zufallsvariablen sind paarweise voneinander *statistisch unabhängig* (unkorreliert) und ihre Verteilungen haben *alle denselben Mittelwert* 0 und jeweils die *gleiche Varianz* (Homoskedastizität).

Zur Beurteilung, ob die Residuen normalverteilt sind, kann das *RESIDUALS*-Subkommando in der Form

```
/ RESIDUALS = NORMPROB ( ZRESID )
```

eingegeben werden. Es resultiert ein *P-Plot* (Probability Plot), in dem die empirisch ermittelte kumulierte Verteilung der *standardisierten Residuen* (ZRESID) der zu erwartenden kumulierten Häufigkeitsverteilung unter der Annahme der Normalverteilung gegenübergestellt wird. Ist die Voraussetzung der Normalverteilung erfüllt, so müssen die ausgegebenen Werte auf einer *Geraden* liegen.

In unserem Beispiel erhalten wir das folgende Diagramm:

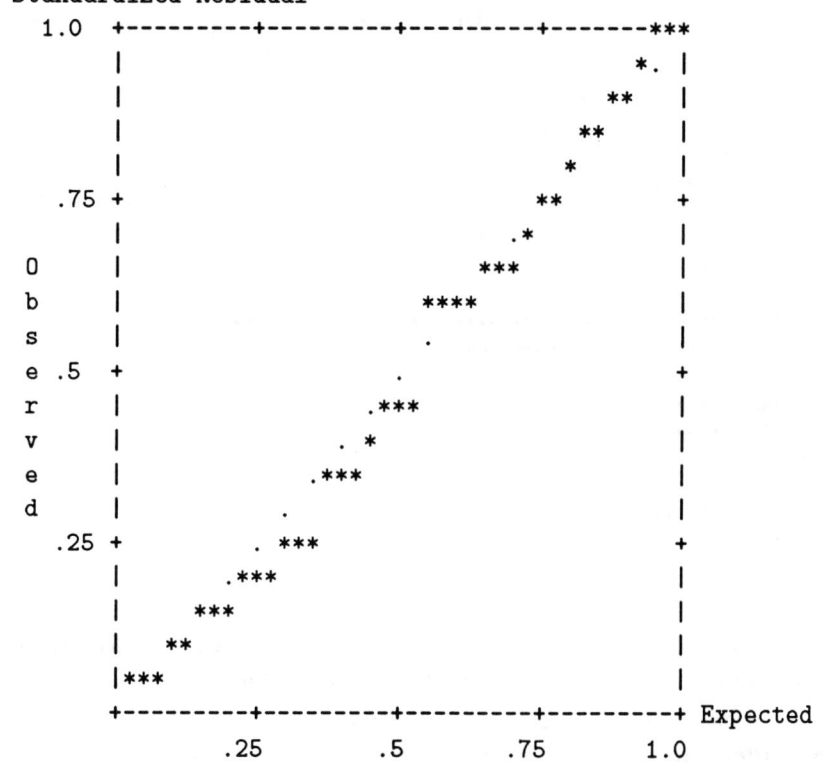

13.3 Voraussetzungen zur Durchführung von statistischen Tests

```
Normal Probability (P-P) Plot
Standardized Residual
    1.0  +---------+---------+---------+-------***
         |                                  *. |
         |                                 **  |
         |                                **   |
         |                                *    |
     .75 +                              **     +
         |                             .*      |
  O      |                            ***      |
  b      |                         ****        |
  s      |                      .              |
  e   .5 +                    .                +
  r      |                 .***                |
  v      |                . *                  |
  e      |               .***                  |
  d      |              .                      |
     .25 +            . ***                    +
         |            .***                     |
         |           ***                       |
         |         **                          |
         |***                                  |
         +---------+---------+---------+---------+ Expected
                 .25        .5        .75       1.0
```

Die angezeigten Werte weichen *nicht* auffällig von einer *Geraden* ab, so daß keine Einwände gegenüber der Annahme der Normalverteilung bestehen.

Zur Überprüfung der *Normalverteilungsannahme* kann auch die Ausgabe eines Histogramms der *standardisierten Residuen* dienen, das sich über das Schlüsselwort *HISTOGRAM* in der Form

> / RESIDUALS = HISTOGRAM (ZRESID)

innerhalb des *RESIDUALS*-Subkommandos abrufen läßt und für unser Beispiel die folgende Form besitzt:

```
Histogram - Standardized Residual

NExp N       (* = 1 Cases,    . : = Normal Curve)
 0  .19  Out
 0  .38  3.00
 0  .98  2.67 .
 1 2.23  2.33 *.
 2 4.56  2.00 ** .
 9 8.36  1.67 *******:*
10 13.7  1.33 ********** .
29 20.2  1.00 ******************:*********
33 26.6   .67 **************************:******
13 31.3   .33 ************         .
62 33.1   .00 *****************************:*****************************
28 31.3  -.33 **************************    .
28 26.6  -.67 *************************:*
 6 20.2 -1.00 ******              .
12 13.7 -1.33 ************ .
 5 8.36 -1.67 ***** .
 1 4.56 -2.00 *   .
 8 2.23 -2.33 *:******
 1  .98 -2.67 :
 0  .38 -3.00
 2  .19  Out **
```

Es ist *nicht* erkennbar, daß die Verteilung der standardisierten Residuen auffällig von der gleichfalls angezeigten Normalverteilung abweicht.

Ob die Annahme, daß die *Mittelwerte der Residuen* gleich 0 sind, aufrechterhalten werden kann, läßt sich ebenfalls durch das vom Subkommando

| / SCATTERPLOT = (*PRED *ZRESID) |

abgerufene Streudiagramm mit den standardisierten *Residuen* (*ZRESID) und den *Vorhersagewerten* (*PRED) untersuchen. Ein Verstoß gegenüber der getroffenen Annahme kann dann *nicht* festgestellt werden, wenn das Zentrum der jeweils auf Parallelen zur senkrechten Achse liegenden Punkte auf der horizontalen Achse durch den Wert 0 liegt.

Für unser Beispiel erhalten wir das im Abschnitt 13.2 angegebene Streudiagramm. Es enthält *keine* Auffälligkeiten, so daß es der Annahme über die Mittelwerte der Residuen *nicht* widerspricht.

Zur Überprüfung der *Homoskedastizität* läßt sich ebenfalls das im Abschnitt 13.2 angegebene Streudiagramm mit den standardisierten *Residuenwerten* (*ZRESID) und den *Vorhersagewerten* (*PRED) zugrundelegen. Wir erkennen, daß die Variation der standardisierten Residuen *nicht* von der Größe der

Vorhersagewerte abhängig ist, da die Breite der Punktewolke weder wächst noch abnimmt. Folglich ist *keine* auffällige Unterschiedlichkeit in der Streuung der Residuen erkennbar und somit die Annahme, daß Homoskedastizität besteht, *nicht* widerlegt.

Bei der Analyse von *Längsschnittsdaten* – in unserem Beispiel liegen *Querschnittsdaten* vor – ist es erforderlich, die *Unkorreliertheit* der Residuen zu überprüfen. Dazu läßt sich der *Durban-Watson-Test* heranziehen, dessen Ergebnis über das Subkommando

```
/ RESIDUALS = DURBAN
```

abgerufen werden kann. Liegt paarweise statistische Unabhängigkeit der Residuen vor, so ist der ermittelte Wert der Teststatistik in der Nähe der Zahl 2. Ist dieser Wert wesentlich kleiner, so liegt positive *Autokorrelation* vor. Ist er dagegen wesentlich größer, so ist die Autokorrelation negativ.

Wäre die *Unabhängigkeit* der Residuen nicht gewährleistet, so würde sich dieser Sachverhalt in einer systematischen Verlaufskurve der standardisierten Residuenwerte (ZRESID) wie z.B. einer Wellenbewegung ausdrücken. Eine diesbezügliche Ausgabe der Verlaufskurve läßt sich durch das Subkommando *CASEWISE* mit den Schlüsselwörtern *PLOT* und *ALL* in der Form

```
/ CASEWISE = PLOT ( ZRESID ) ALL
```

abrufen.

13.4 Identifikation von statistischen Ausreißern

Bei einer Regressionsanalyse sollte stets untersucht werden, ob die Form der ermittelten Regressionsbeziehung in besonderem Maße auf den Einfluß einer oder mehrerer Wertekombinationen der unabhängigen Variablen zurückzuführen ist. Zunächst sollte überprüft werden, ob Cases vorhanden sind, bei denen evtl. ein oder mehrere Werte der unabhängigen Variablen suspekt sind. Dazu kann z.B. der *Mahalanobis-Abstand* der Cases als Maß für den Abstand der Cases vom Zentrum aller Cases, bezogen auf die unabhängigen Variablen, ermittelt werden. Die Cases mit den 10 größten Abstandswerten lassen sich durch das Subkommando *RESIDUALS* mit den Schlüsselwörtern *OUTLIERS* und *MAHAL* in der Form

| / RESIDUALS = OUTLIERS (MAHAL) |

anzeigen.

Um auffällige Unterschiede zwischen Vorhersagewerten und tatsächlichen Werten erkennen zu können, sollte das Subkommando

| / RESIDUALS = OUTLIERS (ZRESID) |

eingegeben werden, woraufhin diejenigen 10 Cases angezeigt werden, deren Residuenwerte im Absolutbetrag am größten sind.

Sollen die Cases daraufhin untersucht werden, ob einzelne Cases besonders großen Einfluß auf die Art der Regressionsbeziehung haben, so lassen sich durch das Subkommando

| / RESIDUALS = OUTLIERS (COOK) |

die *Cook'schen Distanzen* für die 10 auffälligsten Cases anzeigen. Große Distanzen weisen auf einen starken Einfluß der jeweiligen Cases hin.

Sind alle oben aufgeführten Anforderungen zur Entdeckung von *statistischen Ausreißern* einzugeben, so müssen die in den oben angegebenen *RESIDUALS*-Subkommandos aufgeführten Spezifikationen in der Form

| / RESIDUALS = OUTLIERS (ZRESID MAHAL COOK) |

zu einem einzigen Subkommando zusammengefaßt werden. Diese Eingabe führt in unserem Beispiel zur folgenden Anzeige:

13.4 Identifikation von statistischen Ausreißern

Outliers - Standardized Residual

Case #	*ZRESID
17	-4.52109
114	-4.31353
125	-2.71929
6	-2.47955
2	-2.45997
126	-2.25241
124	-2.25241
29	2.21734
212	-2.20763
15	-2.20763

Outliers - Mahalanobis' Distance

Case #	*MAHAL
112	18.39578
180	12.15771
96	11.62739
125	8.11276
91	7.87603
206	7.58027
130	7.58027
9	7.58027
169	7.32933
110	7.32933

Outliers - Cook's Distance

Case #	*COOK D	Sig F
17	.11410	.9518
125	.09714	.9616
114	.07846	.9716
112	.06227	.9796
96	.04862	.9858
10	.04298	.9881
6	.04067	.9890
2	.03865	.9898
29	.03253	.9921
206	.03132	.9925

Auffällig sind die Cases mit den Reihenfolgenummern 17, 112, 114 und 125, deren Variablenwerte noch einmal überprüft werden sollten.

Insgesamt können wir alle oben angegebenen Anforderungen zu dem folgenden REGRESSION-Kommando zusammenfassen:

```
REGRESSION/VARIABLES=LEISTUNG BEGABUNG URTEIL
         /STATISTICS=R COEFF ANOVA
         /DEPENDENT=LEISTUNG
         /METHOD=ENTER BEGABUNG
         /METHOD=ENTER URTEIL
         /RESIDUALS=NORMPROB(ZRESID) HISTOGRAM(ZRESID)
                    DURBIN OUTLIERS(ZRESID MAHAL COOK)
         /SCATTERPLOT=(*PRED *ZRESID)
         /CASEWISE=PLOT(ZRESID) ALL.
```

13.5 Multikollinearität

Zur Berechnung der Regressionskoeffizienten wird die Inverse der Korrelationsmatrix, bestehend aus den Korrelationskoeffizienten je zweier unabhängiger Variablen, benutzt. Ist die Anzahl der unabhängigen Variablen größer als 1, so besteht die Möglichkeit, daß die Korrelationsmatrix *nicht* invertiert werden kann. Dies liegt daran, daß es in diesem Fall mindestens eine unabhängige Variable gibt, die als Linearkombination anderer unabhängiger Variablen darstellbar ist. Besteht eine derartige Beziehung nicht exakt, sondern nur näherungsweise, so liegt *Multikollinearität* vor. In einem derartigen Fall kann der Determinationskoeffizient R^2 signifikant sein, so daß die Nullhypothese

- H0(die Regressionskoeffizienten sind sämtlich gleich 0)

nicht haltbar ist, obwohl andererseits *kein* Regressionskoeffizient als signifikant von 0 verschieden nachgewiesen werden kann.

Als Kriterium für das Bestehen einer Multikollinearität dient die *Toleranz*, die für den Fall zu ermitteln ist, in dem zur Gruppe der bereits in die Regression einbezogenen unabhängigen Variablen eine weitere unabhängige Variable *hinzugefügt* werden soll. Dabei ist die *Toleranz* festgelegt als diejenige Variation der neu einzubeziehenden unabhängigen Variablen, die nicht durch die bislang in der Regressionsbeziehung aufgeführten unabhängigen Variablen erklärt werden kann. *Multikollinearität* liegt immer dann *nicht* vor, wenn die ermittelte Toleranz *wesentlich größer* als 0 ist.

13.5 Multikollinearität

Sollen bei der Aufnahme einer oder mehrerer unabhängiger Variablen in eine bereits bestehende Regressionsbeziehung die ermittelten Toleranzwerte ausgegeben werden, so ist im Subkommando *STATISTICS* das Schlüsselwort *OUTS* in der Form

```
/ STATISTICS = OUTS
```

einzugeben. Angezeigt wird dabei stets das *Minimum* der errechneten Toleranzwerte (Min Toler). Jeder einzelne dieser Toleranzwerte ist die erklärte Variation einer unabhängigen Variablen, bezogen auf sämtliche andere in die Regression einbezogenen unabhängigen Variablen (einschließlich der aktuell hinzuzufügenden Variablen).
Bei der *Einbeziehung* der Variablen URTEIL als zusätzliche unabhängige Variable in die bislang zwischen der abhängigen Variablen LEISTUNG und der unabhängigen Variablen BEGABUNG bestehende Regressionsbeziehung (siehe Abschnitt 13.1) erhalten wir die folgende Ausgabe:

```
------------ Variables not in the Equation ------------

Variable      Beta In   Partial   Min Toler      T      Sig T

URTEIL        .478355   .470994   .757286      8.391    .0000
```

Aus dem unter der Überschrift "Min Toler" ausgegebenen Wert entnehmen wir, daß ungefähr 75% der Variation der Variablen BEGABUNG *nicht* durch die Variation der Variablen URTEIL erklärt wird, so daß *keine* Multikollinearität vorliegt.
Neben der uns schon bekannten Ausgabe der standardisierten Regressionskoeffizienten (Beta In) und der zugehörigen Werte der Teststatistik (T) und des Signifikanzniveaus (Sig T) für den Signifikanztest der Regressionskoeffizienten wird zusätzlich der jeweilige *partielle Korrelationskoeffizient* (Partial) angezeigt. Dieser beschreibt die Korrelation zwischen der abhängigen Variablen und der in die Regression einzubeziehenden unabhängigen Variablen, wobei aus *beiden* Variablen der lineare Einfluß aller anderen bereits in die Regressionsbeziehung aufgenommenen unabhängigen Variablen *entfernt* (auspartialisiert) ist.
Der partielle Korrelationskoeffizient hat in unserem Beispiel für die Variable URTEIL näherungsweise den Wert 0,47, so daß eine gewisse statistische Abhängigkeit – nach Auspartialisierung des linearen Einflusses der Varia-

blen BEGABUNG – zwischen URTEIL und der abhängigen Variablen LEISTUNG besteht.

13.6 Methoden der schrittweisen Regression

Oftmals sollen nicht – wie bislang stets unterstellt – sämtliche unabhängigen Variablen in die Regressionsbeziehung aufgenommen werden, sondern es ist eine Auswahl im Hinblick auf die *Bedeutsamkeit* des Erklärungsbeitrags der unabhängigen Variablen zu treffen. In diesem Fall ist eine *schrittweise Regression* durchzuführen, so daß anstelle der bisherigen Eingabe des *METHOD*-Subkommandos in der Form

```
/ METHOD = ENTER varname_unabh_1
[ / METHOD = ENTER varname_unabh_2 ]...
```

die Eingabe wie folgt vorgenommen werden muß:

```
/ METHOD = { FORWARD | BACKWARD | STEPWISE }
```

Bei der Angabe des Schlüsselworts *FORWARD* wird – ausgehend von der unabhängigen Variablen mit dem *höchsten* partiellen Korrelationskoeffizienten – bei jedem Schritt diejenige unabhängige Variable in die Regression *aufgenommen*, die von allen noch nicht einbezogenen unabhängigen Variablen den *größten* partiellen Korrelationskoeffizienten mit der abhängigen Variablen aufweist. Diese Einbeziehung findet allerdings nur dann statt, wenn der Wert der minimalen Toleranz (Min Toler) größer als der zulässige Toleranz-Level – voreingestellt ist der Wert 0,01 – ist, und darüberhinaus der ermittelte zugehörige Regressionskoeffizient (Beta In), der sich durch die Einbeziehung in die Regression ergeben würde, signifikant von 0 verschieden ist. Das dazu zugrundegelegte Testniveau (PIN) ist mit dem Wert 0,05 voreingestellt.

Durch das Schlüsselwort *BACKWARD* wird von derjenigen Regressionsbeziehung ausgegangen, in die *sämtliche* unabhängigen Variablen einbezogen sind. Bei jedem Schritt wird diejenige unabhängige Variable aus der Regression *ausgeschlossen*, für die der zugehörige Regressionskoeffizient *nicht* signifikant ist – das zugehörige Testniveau (POUT) ist mit dem Wert 0,10 voreingestellt – und die den *kleinsten* partiellen Korrelationskoeffizienten mit der abhängigen Variablen besitzt.

Die Voreinstellungen für *PIN*, *POUT* und *TOLERANCE* lassen sich durch

13.6 Methoden der schrittweisen Regression

das *CRITERIA*-Subkommando in der Form

```
/ CRITERIA = [ PIN ( wert_1 ) ] [ POUT ( wert_2 ) ]
             [ TOLERANCE ( wert_3 ) ]
```

verändern.

Bei der Wahl des Schlüsselworts *STEPWISE* wird zunächst eine unabhängige Variable nach dem oben angegebenen *FORWARD-Kriterium* in die Regression einbezogen. Unmittelbar anschließend werden alle bislang aufgenommenen unabhängigen Variablen nach dem oben angegebenen *BACKWARD-Kriterium* untersucht. Die Variablen, die aufgrund dieses Kriteriums von der Regression ausgeschlossen werden, stehen beim nachfolgenden Schritt wiederum als Kandidaten für die Einbeziehung nach dem FORWARD-Kriterium zur Verfügung. Standardmäßig ist die Schrittzahl für die Auswahl nach dem FORWARD-Kriterium und der sich anschließenden Auswahl nach dem BACKWARD-Kriterium auf das *Doppelte* der Anzahl der unabhängigen Variablen festgelegt. Diese Voreinstellung kann durch das *CRITERIA*-Subkommando in der Form

```
/ CRITERIA = MAXSTEPS ( wert )
```

geändert werden.

In unserem Beispiel führt die schrittweise Regression durch

```
REGRESSION/VARIABLES=LEISTUNG BEGABUNG URTEIL
          /DEPENDENT=LEISTUNG
          /METHOD=STEPWISE.
```

abschließend zu folgender Ausgabe:

```
------------------ Variables in the Equation ------------------

Variable              B          SE B        Beta         T      Sig T

URTEIL             .476168      .056746     .478355     8.391    .0000
BEGABUNG           .255211      .062667     .232156     4.072    .0001
(Constant)        1.217034      .370888                 3.281    .0012
```

Dies zeigt, daß sowohl für die Variable URTEIL als auch für die Variable BEGABUNG der statistische Erklärungsbeitrag ausreichend ist, um in die Regression aufgenommen zu werden.

13.7 Syntax des Kommandos REGRESSION

Innerhalb des *REGRESSION*-Kommandos lassen sich Spezifikationen durch die folgenden Subkommandos angeben:

```
REGRESSION / VARIABLES = ...
          [ / DESCRIPTIVES = ... ]
          [ / SELECT = ... ]
          [ / MISSING = ... ]
          [ / WIDTH = ... ]
          [ / REGWGT = ... ]
          [ / READ = ... ]
          [ / WRITE = ... ]
          [ / STATISTICS = ... ]
          [ / CRITERIA = ... ]
          [ / ORIGIN ]
            / DEPENDENT = ...
            / METHOD = ...
          [ / METHOD = ... ]...
          [ / RESIDUALS = ... ]
          [ / CASEWISE = ... ]
          [ / SCATTERPLOT = ... ]
          [ / PARTIALPLOT = ... ]
          [ / SAVE = ... ] .
```

Abschließend stellen wir summarisch die Syntax der aufgeführten Subkommandos dar und erläutern die Bedeutung der möglichen Schlüsselwörter.

Syntax des Subkommandos *VARIABLES* für die Kennzeichnung der abhängigen und unabhängigen Variablen:

```
/ VARIABLES = { varliste | ALL | (COLLECT) }
```

- varliste : Liste der Variablen, die in die Regression einbezogen werden können

- ALL : alle im SPSS-file definierten Variablen

- (COLLECT) : alle durch nachfolgende DEPENDENT- und METHOD-

13.7 Syntax des Kommandos REGRESSION

Subkommandos vereinbarten Variablen

Syntax des Subkommandos *DESCRIPTIVES* für die Ausgabe von deskriptiven Statistiken:

```
/ DESCRIPTIVES = [ DEFAULTS ] [ MEAN ] [ STDDEV ] [ CORR ]
                 [ VARIANCE ] [ XPROD ] [ SIG ]
                 [ N ] [ BADCORR ] [ COV ] [ ALL ]
```

- DEFAULTS : gleichbedeutend mit MEAN, STDDEV und CORR

- MEAN : arithmetische Mittelwerte

- STDDEV : Standardabweichungen

- CORR : Matrix der Korrelationskoeffizienten

- VARIANCE : Varianzen

- XPROD : Matrix der Kovariationen

- SIG : Signifikanzniveaus für die Korrelationskoeffizienten bei einseitigen Tests

- N : Anzahl der Cases, die bei der Berechnung der Korrelationskoeffizienten zur Verfügung stehen

- BADCORR : Ausgabe der Korrelationsmatrix allein in dem Fall, in dem mindestens ein Korrelationskoeffizient nicht errechnet werden kann

- COV : Matrix der Kovarianzen

- ALL : alle (oben aufgeführten) deskriptiven Statistiken

Syntax des Subkommandos *SELECT* zur Auswahl von Cases:

```
/ SELECT = varname relationsoperator wert
```

- varname relationsoperator wert :
  es werden diejenigen Cases in die Regressionsanalyse einbezogen, für welche die angegebene Relation erfüllt ist

Syntax des Subkommandos *MISSING* zum Ausschluß von Cases mit missing values (standardmäßig erfolgt ein listenweiser Ausschluß aller Cases mit missing values):

```
/ MISSING = [ { PAIRWISE | MEANSUBSTITUTION } ] [ INCLUDE ]
```

- PAIRWISE : paarweiser Ausschluß der Cases mit missing values bei der Berechnung der Korrelationskoeffizienten

- MEANSUBSTITUTION : missing values werden durch Mittelwerte ersetzt

- INCLUDE : Cases mit benutzerseitig vereinbarten missing values werden einbezogen

Syntax des Subkommandos *WIDTH* zur Änderung des Ausgabeformats:

```
/ WIDTH = anzahl
```

- anzahl : Anzahl der auszugebenden Zeichen pro Zeile

Syntax des Subkommandos *REGWGT* zur Durchführung einer gewichteten Kleinst-Quadrate-Schätzung:

```
/ REGWGT = varname
```

- varname : Variable mit den Gewichten

Syntax des Subkommandos *READ* zur Eingabe einer Matrix:

```
/ READ = [ DEFAULTS ] [ MEAN ] [ STDDEV ] [ VARIANCE ]
        [ { CORR | COV } ] [ N ]
```

- DEFAULTS : stellvertretend für MEAN, STDDEV, CORR und N

- MEAN : Vektor der Mittelwerte

- STDDEV : Vektor der Standardabweichungen

13.7 Syntax des Kommandos REGRESSION

- VARIANCE : Vektor der Varianzen
- CORR : Korrelationsmatrix
- COV : Kovarianzmatrix
- N : Anzahl der Cases, die in die Berechnung der Korrelationskoeffizienten einbezogen wurden

Syntax des Subkommandos *WRITE* zur Ausgabe einer Matrix:

```
/ WRITE = [ DEFAULTS ] [ MEAN ] [ STDDEV ] [ VARIANCE ]
          [ CORR ] [ COV ] [ N ]
```

- DEFAULTS : stellvertretend für MEAN, STDDEV, CORR und N
- MEAN : Vektor der Mittelwerte
- STDDEV : Vektor der Standardabweichungen
- VARIANCE : Vektor der Varianzen
- CORR : Korrelationsmatrix
- COV : Kovarianzmatrix
- N : Anzahl der Cases, die in die Berechnung der Korrelationskoeffizienten einbezogen wurden

Syntax des Subkommandos *STATISTICS* zur Ausgabe von Statistiken:

```
/ STATISTICS = [ DEFAULTS ] [ R ] [ COEFF ] [ ANOVA ]
               [ OUTS ] [ ZPP ] [ CHA ] [ CI ] [ F ] [ BCOV ]
               [ SES ] [ TOL ] [ COLLIN ] [ XTX ] [ HISTORY ]
               [ END ] [ LINE ] [ ALL ] [ SELECTION ]
```

- DEFAULTS : gleichbedeutend mit R, ANOVA, COEFF und OUTS
- R : multipler Korrelationskoeffizient, Determinationskoeffizient und Standardfehler der Schätzung

- COEFF : Regressionskoeffizienten und standardisierte Regressionskoeffizienten mit Werten der zugehörigen Teststatistiken und Signifikanzniveaus

- ANOVA : Varianzanalyse-Tafel

- OUTS : Regressionskoeffizienten, Werte der Teststatistiken, Signifikanzniveaus und minimale Toleranzwerte für die Kandidaten der jeweils aktuell in die Regression als nächste einzubeziehenden Variablen

- ZPP : Korrelations- und partielle Korrelationskoeffizienten

- CHA : Änderung im Determinationskoeffizienten und Signifikanz dieser Änderung zwischen zwei Regressionsschritten

- CI : 95%-Konfidenzintervall für die unstandardisierten Regressionskoeffizienten

- F : Wahl der F-Verteilung für den Koeffizienten- Signifikanztest anstelle der t-Verteilung

- BCOV : Varianz-Kovarianz-Matrix der unstandardisierten Regressionskoeffizienten

- SES : (angenäherte) Standardfehler für die standardisierten Regressionskoeffizienten

- TOL : Ausgabe der minimalen Toleranzwerte für die Kandidaten der aktuell in die Regression als nächste einzubeziehenden Variablen

- COLLIN : Diagnoseausgaben zur Beurteilung, ob Kollinearität vorliegt

- XTX : Sweep-Matrix

- HISTORY : Ausgabe einer abschließenden Gesamtbeschreibung für die durchgeführten Regressionsschritte

- END : Ausgabe einer Nachrichtenzeile für jeden Schritt bei einer schrittweisen Regression und ansonsten für jeden Block von Variablen

- LINE : Ausgabe einer Nachrichtenzeile für jeden Schritt bei einer schrittweisen Regression

- ALL : alle (oben angegebenen) Statistiken mit Ausnahme von F, LINE und END

13.7 Syntax des Kommandos REGRESSION

- SELECTION : Diagnoseausgaben zur Beurteilung, welche Variablen als unabhängige Variablen in die Regression einbezogen werden sollten

Syntax des Subkommandos *CRITERIA* zur Steuerung der schrittweisen Regression:

```
/ CRITERIA = [ TOLERANCE ( wert_1 ) ] [ MAXSTEPS ( wert_2 ) ]
  [ PIN ( wert_3 ) ] [ POUT ( wert_4 ) ] [ CIN ( wert_5 ) ]
```

- TOLERANCE (wert_1) : Toleranz-Level

- MAXSTEPS (wert_2) : maximale Schrittzahl

- PIN (wert_3) : Testniveau für die Einbeziehung beim FORWARD-Kriterium

- POUT (wert_4) : Testniveau für den Ausschluß beim BACKWARD-Kriterium

- CIN (wert_5) : Wert, der die Voreinstellung von 95 % bei den Konfidenzintervallen ändert, die für die Schlüsselwörter MCIN und ICIN beim RESIDUALS-Subkommando bedeutungsvoll sind

Syntax des Subkommandos *ORIGIN* zum Ausschluß der Regressionskonstanten:

```
/ ORIGIN
```

- die durch das DESCRIPTIVES-Subkommando angeforderten Statistiken werden für Variable ermittelt, deren Werte durch Subtraktion des jeweiligen Variablenmittelwerts gebildet wurden.

Syntax des Subkommandos *DEPENDENT* zur Festlegung der abhängigen Variablen:

```
/ DEPENDENT = varliste
```

- varliste : Liste von Variablen, für die jeweils eine Regressionsanalyse mit den spezifizierten unabhängigen Variablen durchzuführen ist

Syntax des Subkommandos <u>*METHOD*</u> zur Bestimmung der Regressionsmethode:

```
/ [ METHOD = ]
    { STEPWISE [ = varliste_1 ]
    | FORWARD  [ = varliste_2 ]
    | BACKWARD [ = varliste_3 ]
    | ENTER    [ = varliste_4 ] | REMOVE = varliste_5
    | TEST = ( varliste_6 ) [ ( varliste_7 ) ]... }
```

- STEPWISE [= varliste_1] : schrittweise Regression mit den Variablen von varliste_1, die angegeben werden müssen, sofern im VARIABLES-Subkommando das Schlüsselwort (COLLECT) aufgeführt ist (dies gilt auch für die nachfolgend angegebenen Schlüsselwörter FORWARD und BACKWARD)

- FORWARD [= varliste_2] : schrittweise Regression nach dem FORWARD-Kriterium

- BACKWARD [= varliste_3] : schrittweise Regression nach dem BACKWARD-Kriterium

- ENTER [= varliste_4] : gezielte Einbeziehung der unabhängigen Variablen; ohne Angabe einer Variablenliste werden die aus dem Zusammenwirken von VARIABLES- und DEPENDENT-Subkommandos bestimmten Variablen als unabhängige Variable ausgewählt

- REMOVE = varliste_5 : alle angegebenen Variablen werden auf einmal von der Regressionsbeziehung ausgeschlossen

- TEST = (varliste_6) [(varliste_7)]... : getrennt für jede angegebene Liste von Variablen wird die Änderung des Determinationskoeffizienten getestet, indem die aufgeführten Variablen jeweils aus der Menge der in die Regression einbezogenen unabhängigen Variablen entfernt werden

Folgen *mehrere* METHOD-Subkommandos aufeinander, so werden die dadurch angeforderten Regressionsanalysen auf die jeweils aktuell vereinbarten abhängigen und unabhängigen Variablen angewendet.

13.7 Syntax des Kommandos REGRESSION

Je nach Ausrichtungsart und Leistungsumfang der folgenden Subkommandos lassen sich *temporäre* Variable als Spezifikationswerte aufführen. Insgesamt stehen die folgenden temporären Variablen zur Verfügung:

- PRED : unstandardisierte Vorhersagewerte
- RESID : unstandardisierte Residuen
- DRESID : gelöschte Residuen (siehe unten)
- ADJPRED : angepaßte Vorhersagewerte (siehe unten)
- ZPRED : standardisierte Vorhersagewerte
- ZRESID : standardisierte Residuen
- SRESID : studentisierte Residuen (siehe unten)
- SDRESID : studentisierte gelöschte Residuen (siehe unten)
- SEPRED : Standardfehler der Vorhersagewerte
- MAHAL : Mahalanobis-Abstand
- COOK : Cook'sche Distanz
- LEVER : Leverage Values (Hebel-Werte)
- DFBETA : Änderung in den Regressionskoeffizienten, sofern jeweils ein einzelner Case aus der Regression ausgeschlossen wird
- SDBETA : standardisierte DFBETA-Werte
- DFFIT : Änderung des Vorhersagewerts, sofern jeweils ein einzelner Case aus der Regression ausgeschlossen wird
- SDFIT : standardisierter DFFIT-Wert
- COVRATIO : für jeden einzelnen Case das Verhältnis der Determinanten der Kovarianz-Matrix ohne den betreffenden Case zur Determinanten der Kovarianz-Matrix unter Einschluß aller Cases
- MCIN : Konfidenzgrenzen für den durchschnittlichen Vorhersagewert
- ICIN : Konfidenzgrenzen für die individuellen Vorhersagewerte

Dabei wird unter dem *studentisierten Residuum* (SRESID) der Quotient aus dem Residuum und der für dieses Residuum geschätzten Standardabweichung verstanden.

Werden die Variablenwerte eines Cases nicht zur Ermittlung einer Regressionsbeziehung verwendet, so wird der durch das Einsetzen dieser Werte in die erhaltene Regressionsbeziehung errechnete Vorhersagewert als *angepaßter Vorhersagewert* (ADJPRED) bezeichnet. Der zugehörige Residualwert wird *gelöschtes Residuum* (DRESID) genannt, und der zugehörige studentisierte Wert als *studentisiertes gelöschtes Residuum* (SDRESID) bezeichnet.

Syntax des Subkommandos *RESIDUALS* zur Ausgabe von Statistiken, mit denen sich beurteilen läßt, ob die Voraussetzungen der Regressionsanalyse erfüllt sind:

```
/ RESIDUALS = [ DEFAULTS ]
            [ DURBIN ][ OUTLIERS ( t_varliste_1 ) ]
            [ ID ( varname ) ] [ NORMPROB ( t_varliste_2 ) ]
            [ HISTOGRAM ( t_varliste_3 ) ] [ SIZE ( SMALL ) ]
            [ POOLED ]
```

- DEFAULTS : stellvertretend für
  DURBIN, OUTLIERS(ZRESID), NORMPROB(ZRESID), HISTOGRAM(ZRESID) und SIZE(LARGE)

- DURBIN : Realisation der Durbin-Watson-Teststatistik zur Überprüfung der Unkorreliertheit der Residuen

- OUTLIERS (t_varliste_1) : Anzeige derjenigen 10 Cases, welche die betragsmäßig größten Werte der innerhalb von "t_varliste_1" aufgeführten *temporären* Variablen haben

- ID (varname) : Angabe einer Variablen, mit deren Werten die jeweiligen Cases bei der Ausgabe etikettiert werden

- NORMPROB (t_varliste_2) : Ausgabe eines P-Plots für temporäre Variable zur Überprüfung, ob die Annahme einer Normalverteilung gerechtfertigt ist

13.7 Syntax des Kommandos REGRESSION

- HISTOGRAM (t_varliste_3) : Ausgabe einer Häufigkeitsverteilung für temporäre Variable

- SIZE (SMALL) : Anforderung von Diagrammen kleinerer Größe

- POOLED : sofern ein SELECT-Subkommando spezifiziert ist, werden die angeforderten Ausgaben auf alle Cases und nicht getrennt auf die Gruppe der ausgewählten und die Gruppe der nicht ausgewählten Cases bezogen

Syntax des Subkommandos *CASEWISE* zur Ausgabe von die Cases charakterisierenden Werten:

```
/ CASEWISE = [ DEFAULTS ] [ { ALL | OUTLIERS ( wert ) } ]
   [ PLOT ( t_varname ) ] [ t_varliste ] [ DEPENDENT ]
```

- DEFAULTS : steht stellvertretend für
  OUTLIERS(3), PLOT(ZRESID), DEPENDENT, PRED und RESID

- ALL : Einschluß aller Cases in die Ausgabe

- OUTLIERS (wert) : Ausgabe nur der Cases, für welche die standardisierten Variablenwerte der angeforderten temporären Variablen im Absolutbetrag größer oder gleich dem angegebenen "wert" sind

- PLOT (t_varname) : Ausgabe der standardisierten Werte der aufgeführten temporären Variablen

- t_varliste : zusätzliche Ausgabe der Variablenwerte der in dieser Liste aufgeführten temporären Variablen für die durch die PLOT-Spezifikation gekennzeichneten Cases

- DEPENDENT : zusätzliche Ausgabe der Variablenwerte der abhängigen Variablen für die durch die PLOT-Spezifikation gekennzeichneten Cases

Syntax des Subkommandos *SCATTERPLOT* zur Ausgabe von Streudiagrammen:

```
/ SCATTERPLOT = ( [ *t_ ] varname_1 [ *t_ ] varname_2 )
   [ ( [ *t_ ] varname_3 [ *t_ ] varname_4 ) ]...
   [ SIZE ( LARGE ) ]
```

- ([*t_] varname_1 [*t_] varname_2) :
  Streudiagramm für ein Variablenpaar, bei dem es sich um innerhalb des VARIABLES-Subkommandos aufgeführte Variablen bzw. die standardisierten Werte von temporären Variablen "*t_varname" handeln darf

- SIZE (LARGE) : Anforderung von Diagrammen maximaler Größe

Syntax des Subkommandos <u>*PARTIALPLOT*</u> zum Abruf von partiellen Streudiagrammen, in denen die Residuen und die Werte einer unabhängigen Variablen eingetragen werden, aus denen zuvor jeweils alle anderen unabhängigen Variablen *auspartialisiert* sind:

```
/ PARTIALPLOT = varname_1 [ varname_2 ]... [ SIZE ( LARGE ) ]
```

- varname : unabhängige Variable, deren Werte zusammen mit den Residuen in ein Streudiagramm einzutragen sind

- SIZE (LARGE) : Anforderung von Diagrammen maximaler Größe

Syntax des Subkommandos <u>*SAVE*</u> zur Sicherung der Werte von temporären Variablen im SPSS-file:

```
/ SAVE = t_varname_1 ( varname_1 )
       [ t_varname_2 ( varname_2 ) ]...
```

- t_varname (varname) :
  die Werte der temporären Variablen "t_varname" sind unter dem Variablennamen "varname" im SPSS-file abzuspeichern.

Kapitel 14

Itemanalyse (RELIABILITY)

14.1 Skalenbildung

Um Eigenschaften wie z.B. das Leistungsvermögen von Schülern zu messen, lassen sich Tests (Skalen) heranziehen, deren Ergebnisse eine Einstufung von Schülern erlauben. Derartige Skalen bestehen nicht nur aus einem, sondern aus einer Vielzahl von Items. Dies geschieht in der Annahme, daß sich zufällige Einflüsse auf einzelne Items insgesamt ausgleichen, so daß sicherere Resultate erhalten werden können.

Als *Skalenwert* (Gesamttestwert) ist jeweils derjenige Wert festgelegt, der sich als Summe aus den einzelnen Itemwerten (Subtestwerten) ergibt. Um dieses Vorgehen zu rechtfertigen, müssen die einbezogenen Items gewisse Voraussetzungen erfüllen.

Es muß u.a. gesichert sein, daß alle Items eine gleichartige Eigenschaft messen. Das dem so ist, muß durch sachlogische Überlegungen untermauert sein und sich durch eine hohe Korrelation zwischen paarweise unterschiedlichen Items und durch eine hohe Korrelation zwischen Item und Skala ausdrücken.

Damit die Summation der einzelnen Itemwerte eine empirisch sinnvolle Operation ist, sollten sämtliche an der Skalenbildung beteiligte Items *intervallskaliert* sein und die zugehörigen empirischen Verteilungen annähernd gleich und symmetrisch sein. Dies läßt sich unter Umständen durch eine Standardisierung der einzelnen Items erreichen.

Von besonderer Bedeutung ist, daß die Messung verläßlich erfolgt, so daß eine hohe *Reliabilität* (Zuverlässigkeit) der Skala erreicht wird.

Zur *Itemanalyse*, d.h. zur Beschreibung der korrelativen Beziehungen zwischen den Items und der zugehörigen Skala sowie zur Berechnung von statistischen Maßzahlen, die die Reliabilität von Skalen kennzeichnen, läßt sich das Kommando *RELIABILITY* einsetzen.

Wir stellen dies an einem Beispiel dar, indem wir wie folgt eine Skala INDEX zur Einschätzung der Leistungsfähigkeit der Schüler aufbauen:

```
INDEX = Z_LEIS + Z_BEGAB + Z_URTEIL
```

Dabei handelt es sich bei den Variablen Z_LEIS, Z_BEGAB und Z_URTEIL um diejenigen Variablen, die aus den Variablen LEISTUNG, BEGABUNG sowie URTEIL durch eine Standardisierung erhalten werden (siehe Abschnitt 4.1.6). Auch an dieser Stelle weisen wir darauf hin, daß dieses Vorgehen inhaltlich äußerst fragwürdig ist und allein zur Demonstration einer Skalenbildung dienen soll.

14.2 Vereinbarung von Skalen und Cronbach's Alpha

Skalen werden im Kommando *RELIABILITY* durch die Subkommandos *VARIABLES* und *SCALE* wie folgt vereinbart:

```
RELIABILITY / VARIABLES = varliste
            / SCALE ( skalenname_1 ) = varliste_1
          [ / SCALE ( skalenname_2 ) = varliste_2 ]... .
```

Durch jedes *SCALE*-Subkommando wird eine Variable eingerichtet, die den hinter SCALE in Klammern angegebenen Namen erhält und als Summe derjenigen Variablen aufgebaut wird, die hinter dem Gleichheitszeichen als Variablenliste angegeben sind. Die Variablen dieser Variablenlisten müssen sämtlich innerhalb des vorausgehenden *VARIABLES*-Subkommandos aufgeführt sein.

Bezogen auf unser Beispiel wird die Skala INDEX additiv aus den Variablen Z_LEIS, Z_BEGAB und Z_URTEIL errichtet, so daß wir schreiben:

```
RELIABILITY/VARIABLES =Z_LEIS Z_BEGAB Z_URTEIL
           /SCALE(INDEX)=Z_LEIS Z_BEGAB Z_URTEIL.
```

Bei der Ausführung dieses Kommandos werden die folgenden Kennwerte angezeigt:

```
RELIABILITY COEFFICIENTS

N OF CASES =    250.0              N OF ITEMS =   3

ALPHA =     .7631
```

Mit "ALPHA" wird der *Reliabilitätskoeffizient "Cronbach's Alpha"* bezeichnet, der eine Maßzahl für die "innere Konsistenz" der Skala darstellt. ALPHA hängt von der Anzahl der in die Skala einbezogenen Items, von der durchschnittlichen Kovarianz sowie der durchschnittlichen Varianz der Items ab.

ALPHA läßt sich als Korrelationskoeffizient zwischen der gebildeten Skala und allen weiteren möglichen Skalen interpretieren, die aus derselben Anzahl von Items bestehen und die die gleiche Eigenschaft wie die betrachtete Skala messen.

Der angegebene Wert von ALPHA besagt, daß sich ungefähr 58% ($=0,7631^2$) der Varianz einer Skala, die aus "idealen Items" zur Kennzeichnung der durch die gegebene Skala beschriebenen Eigenschaft aufgebaut ist, durch die Varianz der Skala INDEX erklären läßt.

Es ist üblich, eine Skalenbildung nur dann als sinnvoll anzusehen, wenn ALPHA mindestens gleich 0,7 ist. Sollte dieser Wert nicht erreicht werden, so sind die in die Skala einbezogenen Items im Hinblick auf ihren Beitrag, den sie bei der Bildung der Skala leisten, zu untersuchen.

Dabei ist insbesondere der Wert von "Cronbach's Alpha" von Interesse, der sich für jedes einzelne Item dadurch ergibt, daß das betreffende Item aus der Skala entfernt wird. Gleichfalls ist zu prüfen, ob die einzelnen Items positiv mit der Skala und ebenfalls untereinander paarweise hoch korreliert sind. Es wird empfohlen, nur diejenigen Items in eine Skala einzubeziehen, die mit der Skala eine Mindestkorrelation von 0,5 (Varianzerklärung von 25%) besitzen, sofern das jeweilige Item nicht in die Skalenbildung einbezogen wird.

Um die Gültigkeit der aufgeführten Eigenschaften untersuchen zu können, müssen die zugehörigen statistischen Kennwerte abgerufen werden.

14.3 Korrelative Beschreibung von Skalen

Statistische Kennwerte wie Maßzahlen zur Beschreibung des korrelativen Zusammenhangs zwischen Skala und Items bzw. zwischen den Items lassen sich über die Subkommandos *STATISTICS* und *SUMMARY* abrufen. Diese Subkommandos müssen wie folgt im *RELIABILITY*-Kommando angegeben werden:

```
RELIABILITY / VARIABLES = varliste
     [ / SUMMARY = [ MEANS ] [ VARIANCE ] [ COV ]
          [ CORR ] [ TOTAL ] ]
     [ / STATISTICS = [ DESCRIPTIVE ] [ COVARIANCES ]
          [ CORRELATIONS ] [ SCALE ]
          [ ANOVA [ { FRIEDMAN | COCHRAN } ] ]
          [ TUKEY ] [ HOTELLING ] ]
       / SCALE ( skalenname_1 ) = varliste_1
     [ / SCALE ( skalenname_2 ) = varliste_2 ]... .
```

Die aufgeführten Schlüsselwörter, die für *sämtliche nachfolgenden SCALE*-Subkommandos wirksam sind, haben die folgende Bedeutung:

Schlüsselwörter für das *SUMMARY*-Subkommando:

- MEANS : der durchschnittliche Mittelwert aller Items, der größte und der kleinste Item-Mittelwert, die Spannweite und die Varianz der Item-Mittelwerte sowie der Quotient des größten und kleinsten Item-Mittelwerts

- VARIANCE : die für MEAN abgerufenen Statistiken, jedoch bezogen auf die Item-Varianzen

- COV : die für MEAN abgerufenen Statistiken, jedoch bezogen auf die Item-Kovarianzen

- CORR : die für MEAN abgerufenen Statistiken, jedoch bezogen auf die Item-Korrelationskoeffizienten (nach Bravais-Pearson)

- TOTAL : für jedes Item der Skalen-Mittelwert, die Skalen-Varianz sowie die Item-Skalen-Korrelation, sofern das betreffende Item aus der Skala entfernt ist; zusätzlich der multiple Determinationskoeffizient zwischen jedem Item und der Skala, aus der das betreffende Item entfernt ist; zusätzlich für jedes Item der Reliabilitätskoeffizient "Cronbach's Alpha", wobei das jeweils betreffende Item aus der Skala entfernt ist.

14.3 Korrelative Beschreibung von Skalen

Schlüsselwörter für das *STATISTICS*-Subkommando:

- DESCRIPTIVE : Mittelwerte und Standardabweichungen aller Items

- COVARIANCES : Varianzen und Kovarianzen aller Items

- CORRELATIONS : Korrelationen zwischen allen Items

- SCALE : Mittelwert und Varianz der Skala

- ANOVA : Varianzanalyse-Tafel unter dem Gesichtspunkt, daß es sich bei den Itemwerten um *Meßwiederholungen* handelt (einfaktorielle Varianzanalyse mit Meßwiederholungen)

- FRIEDMAN (in Ergänzung zu ANOVA) : Ergebnisse des *Rangvarianzanalyse-Tests nach Friedman* und Test des *Kendall'schen Konkordanzkoeffizienten* (siehe Abschnitt 12.2.2)

- COCHRAN (in Ergänzung zu ANOVA) : Ergebnisse des *Q-Tests von Cochran* (siehe Abschnitt 12.2.2)

- TUKEY : Power-Koeffizient als Ergebnis des *Tukey-Tests*, der einen Hinweis darauf gibt, ob es legitim ist, die Skalenwerte als Summe der Itemwerte zu beschreiben (ein Wert in der Nähe von 1 unterstützt die Additivitätsannahme)

- HOTELLING : Ergebnisse des *Hotelling's T-Quadrat-Tests*, der die Hypothese prüft, daß die Mittelwerte der Items sich nicht signifikant voneinander unterscheiden.

Wird beim STATISTICS-Subkommando (SUMMARY-Subkommando) *kein* Schlüsselwort angegeben, so ist das Schlüsselwort *DESCRIPTIVES* (*MEANS*) voreingestellt.
Zum Beispiel ergibt sich durch das Kommando

```
RELIABILITY/VARIABLES=Z_LEIS Z_BEGAB Z_URTEIL
         /STATISTICS=COVARIANCES SCALE
         /SUMMARY=CORR TOTAL
         /SCALE(INDEX)=Z_LEIS Z_BEGAB Z_URTEIL.
```

die folgende Anzeige:

```
                    COVARIANCE MATRIX

                 Z_LEIS      Z_BEGAB      Z_URTEIL

Z_LEIS          1.0000
Z_BEGAB          .4678      1.0000
Z_URTEIL         .5927       .4927       1.0000

         # OF CASES =           250.0
                                              # OF
STATISTICS FOR      MEAN     VARIANCE   STD DEV   VARIABLES
     SCALE         .0000      6.1064    2.4711        3

INTER-ITEM
CORRELATIONS    MEAN    MINIMUM   MAXIMUM   RANGE    MAX/MIN   VARIANCE
                .5177    .4678     .5927    .1249    1.2670     .0035

ITEM-TOTAL STATISTICS

               SCALE      SCALE     CORRECTED
               MEAN      VARIANCE     ITEM-        SQUARED     ALPHA
              IF ITEM    IF ITEM      TOTAL       MULTIPLE    IF ITEM
              DELETED    DELETED   CORRELATION  CORRELATION   DELETED

Z_LEIS         .0000      2.9853      .6138        .3921       .6601
Z_BEGAB        .0000      3.1855      .5382        .2904       .7443
Z_URTEIL       .0000      2.9356      .6335        .4107       .6374

RELIABILITY COEFFICIENTS      3 ITEMS

ALPHA =   .7631        STANDARDIZED ITEM ALPHA =   .7631
```

Sollen bei der Verarbeitung Cases mit missing values einbezogen werden, so ist im Anschluß an das letzte SCALE-Subkommando das Subkommando *MISSING* in der folgenden Form anzugeben:

| / MISSING = INCLUDE |

Sollen Variablennamen und -etiketten, die zuvor durch ein VARIABLE LABELS-Kommando vereinbart worden sind, bei der Ergebnisanzeige unterdrückt werden, so muß das Subkommando *FORMAT* in der Form

| / FORMAT = NOLABELS |

hinter dem letzten SCALE-Subkommando aufgeführt werden.

14.4 Weitere Reliabilitätskoeffizienten für Skalen

Neben der Möglichkeit, Cronbach's Alpha abzurufen, können weitere Verfahren zur Prüfung der Reliabilität mit dem Kommando RELIABILITY zur Ausführung gebracht werden.

Dazu ist das Subkommando *MODEL* in der folgenden Form zu verwenden:

```
/ MODEL = { SPLIT [ ( nummer ) ]
          | PARALLEL | STRICTPARALLEL | GUTTMAN }
```

Dieses Subkommando muß stets im Anschluß an das SCALE-Subkommando angegeben werden, auf das sich die Modell-Anforderung beziehen soll.

Mit dem Schlüsselwort *SPLIT* wird die "Split-Half-Reliabilität" errechnet. Dazu wird die Skala in zwei Item-Gruppen unterteilt.

Wird allein das Schlüsselwort SPLIT verwendet, so wird die eine Gruppe aus der ersten Hälfte derjenigen Items gebildet, die zur Skalenbildung aus dem VARIABLES-Subkommando entnommen sind. Die andere Gruppe wird aus den restlichen Items gebildet. Ist die Anzahl der Items eine ungerade Zahl, so wird das mittlere Item zur ersten Gruppe gerechnet.

Wird dagegen hinter SPLIT eine Nummer "n" angegeben, so werden die letzten "n" Items zu einer Gruppe zusammengefaßt. Die restlichen Items bilden die andere Gruppe.

Für jede der beiden Gruppen wird eine Subskala durch die Summation der zugehörigen Items gebildet. Für die beiden dadurch resultierenden Subskalen werden Korrelationskoeffizienten nach Spearman-Brown und Guttman berechnet, durch die sich die Reliabilität beschreiben läßt.

Als weitere Möglichkeit zur Prüfung der Reliabilität kann über das Schlüsselwort *PARALLEL* eine Modellanpassung durch eine Maximum-Likelihood-Schätzung geprüft werden, bei der die Varianzhomogenität aller Items vorausgesetzt werden muß.

Sofern neben der Varianzhomoginität auch die Gleichheit der Mittelwerte aller Items vorausgesetzt werden kann, läßt sich über das Schlüsselwort *STRICTPARALLEL* eine verfeinerte Maximum-Likelihood-Schätzung für eine Modellanpassung einsetzen.

Mit dem Schlüsselwort *GUTTMAN* lassen sich Guttman's untere Grenzen (LAMBDA1 bis LAMBDA6) für die wahre Reliabilität abrufen. Dabei werden die Items – genau wie beim Schlüsselwort SPLIT – in zwei Gruppen aufgeteilt.

Kapitel 15

Faktorenanalyse (FACTOR)

Bei der Itemanalyse wird vorausgesetzt, daß die Items, aus denen eine Skala aufgebaut ist, sämtlich eine gleichartige Eigenschaft messen. Läßt sich dies nicht durch sachlogische Argumente belegen, so kann dieser Sachverhalt unter Umständen durch eine explorative Datenanalyse mit Hilfe einer Faktorenanalyse gestützt werden.

Das generelle Ziel einer *Faktorenanalyse* besteht darin, die korrelativen bivariaten Zusammenhänge von Variablen durch Faktoren zu erklären, die sich als Linearkombinationen der Variablen darstellen. Dabei wird angestrebt, ein neues Koordinatensystem aus Faktoren aufzubauen. In diesem Koordinatensystem sollen die Variablen so gruppiert sein, daß pro Gruppe möglichst nur ein Faktor – als gemeinsamer Faktor – den überwiegenden Erklärungsbeitrag für die jeweils betroffenen Variablen aus dieser Gruppe liefert. Entscheidend ist, daß die Anzahl der Faktoren möglichst weitaus geringer als die Anzahl der zu erklärenden Variablen ist, so daß die Dimension des neuen Koordinatensystems sich gegenüber der des ursprünglichen Systems reduziert und eine *Datenreduktion* erfolgt.

15.1 Die Hauptkomponentenanalyse

Eine Faktorenanalyse läßt sich durch das Kommando *FACTOR* in der folgenden Form abrufen:

```
FACTOR / VARIABLES = variablenliste .
```

Dadurch wird für die im *VARIABLES*-Subkommmando aufgeführten Varia-

15.1 Die Hauptkomponentenanalyse

blen eine *Hauptkomponentenanalyse* durchgeführt. Dies geschieht mit dem Ziel, mit möglichst wenigen Faktoren möglichst viel der gesamten Varianz aller Variablen zu erklären.

Grundsätzlich ist zu beachten, daß sowohl die Variablen als auch die Faktoren stets in ihrer *standardisierten* Form bearbeitet und angezeigt werden.

Mit dem Rechenverfahren der *"Hauptachsen-Methode"* werden schrittweise Faktoren ermittelt, die sich als Linearkombination der Variablen angeben lassen. Die einzelnen Koeffizienten dieser Linearkombination sind die *Faktorladungen*. Sie kennzeichnen jeweils, wie stark die Korrelation des Faktors mit der betreffenden Variablen ist. Der zuerst ermittelte Faktor besitzt die größte Erklärungskraft. Seine Varianz ist sein *Eigenwert*, der sich als Summe der quadrierten Faktorladungen dieses Faktors errechnet.

Der als zweiter Faktor ermittelte Faktor besitzt den nächst größeren Eigenwert und korreliert nicht mit dem ersten Faktor. Der dritte Faktor besitzt den drittgrößten Eigenwert und korreliert weder mit dem ersten noch mit dem zweiten Faktor. Der letzte Faktor erklärt die noch verbliebene Varianz und korreliert mit keinem der anderen Faktoren.

Sofern z.B. die Variablen LEISTUNG, BEGABUNG und URTEIL durch das Kommando

```
FACTOR/VARIABLES=LEISTUNG BEGABUNG URTEIL.
```

einer Hauptkomponentenanalyse unterzogen werden, ergibt sich die folgende Anzeige:

```
Initial Statistics:
```

Variable	Communality	*	Factor	Eigenvalue	Pct of Var	Cum Pct
		*				
LEISTUNG	1.00000	*	1	2.03743	67.9	67.9
BEGABUNG	1.00000	*	2	.55680	18.6	86.5
URTEIL	1.00000	*	3	.40577	13.5	100.0

Soll die Anzeige auf eine bestimmte Zeilenlänge abgestellt werden, so muß hierzu das *WIDTH*-Subkommando in der Form

```
/ WIDTH = zeilenlänge
```

verwendet werden.

Standardmäßig werden alle Cases mit *listenweisen missing values* aus der Faktorenanalyse ausgeschlossen. Soll dies geändert werden, so ist ein

MISSING-Subkommando in der folgenden Form anzugeben:

```
/ MISSING = { PAIRWISE | MEANSUB | INCLUDE }
```

Durch das Schlüsselwort *PAIRWISE* wird festgelegt, daß alle Cases, die für jeweils zwei Variable gültige Werte besitzen, in die Berechnung des Korrelationskoeffizienten zwischen diesen Variablen einbezogen werden.
Das Schlüsselwort *MEANSUB* legt fest, daß missing values durch das arithmetische Mittel der jeweiligen Variablen ersetzt werden sollen.
Sind keine benutzerseitig vereinbarten missing values zu berücksichtigen, so ist das Schlüsselwort *INCLUDE* anzugeben.

15.2 Extraktion und Festlegung der Faktorenzahl

Die oben angegebenen Ergebnisse der Faktorenextraktion in Form der "Initial Statistics" bilden die Grundlage für die Auswahl der Faktorenzahl.
Da die Anzahl der extrahierten Faktoren mit der Variablenzahl übereinstimmt (jeweils 3), sind die Kommunalitäten aller Variablen sämtlich gleich 1. Dabei wird unter der *Kommunalität* einer Variablen der Anteil ihrer Varianz verstanden, der sich aus sämtlichen gemeinsamen Faktoren erklären läßt.
Auf der Basis der extrahierten Faktoren ist die optimale Anzahl von Faktoren zu bestimmen, so daß möglichst wenige Faktoren mit ausreichender Erklärungskraft zur Varianzerklärung einbezogen werden. Gemäß dem voreingestellten *Kaiser-Kriterium* werden nur diejenigen Faktoren in die weitere Analyse einbezogen, deren Eigenwert größer als 1 ist.
Soll diese interne Voreinstellung verändert werden, so muß ein *CRITERIA*-Subkommando mit dem Schlüsselwort *MINEIGEN* in der Form

```
/ CRITERIA = MINEIGEN ( mindestwert )
```

bzw. mit dem Schlüsselwort *FACTORS* in der Form

```
/ CRITERIA = FACTORS ( anzahl )
```

angegeben werden.
Zur Beurteilung, wieviele Faktoren zu extrahieren und in die Erklärung ein-

15.2 Extraktion und Festlegung der Faktorenzahl

zubeziehen sind, wird empfohlen, die Gesamtheit der Eigenwerte in einem *Scree-Plot* zu betrachten. Dieser läßt sich über das Subkommando *PLOT* mit dem Schlüsselwort *EIGEN* in der Form

```
/ PLOT = EIGEN
```

abrufen. Es wird empfohlen, nur diejenigen Faktoren zur Erklärung heranzuziehen, deren Eigenwerte in denjenigen Teil der Kurve fallen, dessen Verlauf gegenüber dem restlichen Kurvenverlauf sich durch einen *steileren Anstieg* auszeichnet.

Z.B. wird durch das Kommando

```
FACTOR/VARIABLES=LEISTUNG BEGABUNG URTEIL
       /PLOT=EIGEN.
```

der folgende Scree-Plot angezeigt:

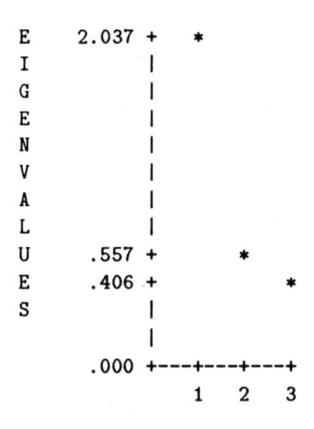

```
E    2.037 +   *
I          |
G          |
E          |
N          |
V          |
A          |
L          |
U     .557 +     *
E     .406 +       *
S          |
           |
      .000 +---+---+---+
              1   2   3
```

Dieser Ausgabe ist zu entnehmen, daß es sinnvoll erscheint, nur einen Faktor zur Erklärung auszuwählen (nach dem Kaiser-Kriterium geschieht dies automatisch).

Standardmäßig wird die *Faktor-Matrix* als Ergebnis einer Hauptkomponentenanalyse angezeigt. In ihr sind spaltenweise für jeden einbezogenen Faktor die zugehörigen Faktorladungen enthalten, mit denen die einzelnen Variablen auf den jeweiligen Faktor laden.

Z.B. wird durch das Kommando

```
FACTOR/VARIABLES=LEISTUNG BEGABUNG URTEIL
       /CRITERIA=FACTORS(3)
       /FORMAT=SORT.
```

die folgende Faktor-Matrix angezeigt:

```
Factor Matrix:
                FACTOR  1      FACTOR  2      FACTOR  3

URTEIL           .85035        -.23633        -.47017
LEISTUNG         .83843        -.33949         .42635
BEGABUNG         .78190         .62104         .05415
```

Um die Zuordnung der einzelnen Faktoren zu den jeweiligen Variablen, auf die sie besonders hoch laden, optisch transparenter zu machen, läßt sich das Subkommando *FORMAT* in der folgenden Form einsetzen:

```
/ FORMAT = [ SORT ] [ BLANK ( wert ) ]
```

Durch das Schlüsselwort *SORT* werden die Variablen bei der Ausgabe so angeordnet, daß die Faktorladungen der ihnen jeweils zugeordneten Faktoren bei ihrer Anzeige – gemäß ihrer absolutmäßigen Größe – *absteigend sortiert* sind.

Durch das Schlüsselwort *BLANK* wird bestimmt, daß alle Faktorladungen, deren Absolutbetrag kleiner als "wert" ist, bei der Ausgabe *unterdrückt* werden.

15.3 Rotation zur Einfachstruktur

Neben der Forderung, mit einer möglichst geringen Anzahl von Faktoren auszukommen, besteht das Ziel einer Faktorenanalyse vornehmlich darin, die jeweils ermittelten Faktoren inhaltlich sinnvoll interpretieren zu können. Dabei ist es als störend anzusehen, wenn mehrere Faktoren gleichzeitig mit mehreren Variablen hoch korrelieren.

Angestrebt wird daher eine *Einfachstruktur*, bei der mehrere Variablen mit möglichst nur einem Faktor hoch korrelieren, so daß sich der ermittelte Faktor als gemeinsame Dimension der zugehörigen Variablen interpretieren läßt.

Eine Einfachstruktur läßt sich unter Umständen durch eine *orthogonale Rotation* (Drehung, bei der die gegenseitige Stellung der Koordinatenachsen

15.3 Rotation zur Einfachstruktur

nicht verändert wird) des durch die Faktoren bestimmten Koordinatensystems erreichen. Eine orthogonale Rotation hat die Eigenschaft, daß sich der Anteil der durch die Faktoren insgesamt erklärten Varianz nicht ändert, sondern daß allein die Beiträge einzelner Faktoren erhöht bzw. erniedrigt werden. Sofern die Faktoren unkorreliert bleiben sollen, läßt sich eine Varimax-, eine Quartimax- oder eine Equamax-Rotation ausführen. Dazu ist das Subkommando *ROTATION* in der folgenden Form zu verwenden:

```
/ ROTATION = { VARIMAX | QUARTIMAX | EQUAMAX }
```

Für den Fall, daß eine *Varimax-Rotation* durchgeführt werden soll, braucht das ROTATION-Subkommando nicht aufgeführt werden, da diese Form der Rotation nach der Faktorenextraktion automatisch durchgeführt wird.

Durch eine *Varimax-Rotation* wird versucht, die Anzahl der Variablen, die durch einen einzelnen Faktor erklärt werden, weitmöglichst zu verringern. Dies bedeutet im allgemeinen, daß hohe Faktorladungen weiter erhöht und niedrige Ladungen noch geringer werden.

Die *Quartimax-Rotation* hat das Ziel, die Anzahl der Faktoren, die zur Erklärung einer Variablen benötigt werden, weitmöglichst zu reduzieren. Dadurch läßt sich erreichen, daß einzelne Variable auf möglichst nur einem Faktor hoch laden.

Eine *Equamax-Rotation* stellt einen Kompromiß zwischen den Optimierungskriterien einer Varimax- und einer Quartimax-Rotation dar.

Soll eine Korrelation der Faktoren (schiefwinklige Koordinatenachsen sind zugelassen) in Kauf genommen werden, so kann eine *schiefwinklige Rotation* über das Schlüsselwort *OBLIMIN* in der Form

```
/ ROTATION = OBLIMIN
```

abgerufen werden. Die jeweils zulässige Schiefe der Faktorlösungen kann durch das Subkommando *CRITERIA* in der Form

```
/ CRITERIA = DELTA ( schiefe )
```

festgelegt werden. Dies ist dann erforderlich, wenn der voreingestellte Wert von 0, der die maximal mögliche Schiefe kennzeichnet, geändert werden soll. Es wird die Angabe eines negativen Wertes empfohlen. Je negativer der angegebene Wert ist, desto weniger schief ist die Faktorenlösung.

Während sich bei einer orthogonalen Rotation das Ergebnis wiederum in Form einer (rotierten) Faktor-Matrix beschreiben läßt, wird das Ergebnis einer schiefwinkligen Rotation durch drei Matrizen gekennzeichnet:

- die *Faktor-Pattern-Matrix*, welche die Faktorladungen enthält,

- die *Faktor-Struktur-Matrix* mit den Korrelationen zwischen den Variablen und den Faktoren, und die

- *Faktor-Korrelations-Matrix*, welche die Korrelationen zwischen den Faktoren beschreibt.

Um die Lage der Variablen innerhalb des durch die Faktoren festgelegten Koordinatensystems feststellen zu können, läßt sich das Subkommando *PLOT* in der folgenden Form einsetzen:

```
/ PLOT = ROTATION ( nummer_1 nummer_2 )
               [ ( nummer_3 nummer_4 ) ]...
```

Für jedes angegebene Paar von Faktoren wird eine *Projektion* der Variablen in die Ebene durchgeführt, die durch die als Zahlenpaar aufgeführten Nummern der Faktoren gekennzeichnet ist.

Soll das PLOT-Subkommando eingesetzt werden, ohne daß zuvor eine Rotation durchgeführt wurde, muß ihm ein *ROTATION*-Subkommando der Form

```
/ ROTATION = NOROTATE
```

vorausgehen.

Bezogen auf das Beispiel läßt sich eine Projektion in die durch die beiden ersten Faktoren gekennzeichnete Ebene wie folgt abrufen:

```
FACTOR/VARIABLES=LEISTUNG BEGABUNG URTEIL
     /CRITERIA=FACTORS(2)
     /ROTATION=NOROTATE
     /PLOT=ROTATION(1 2).
```

Dieses Kommando führt zu folgendem Ergebnis:

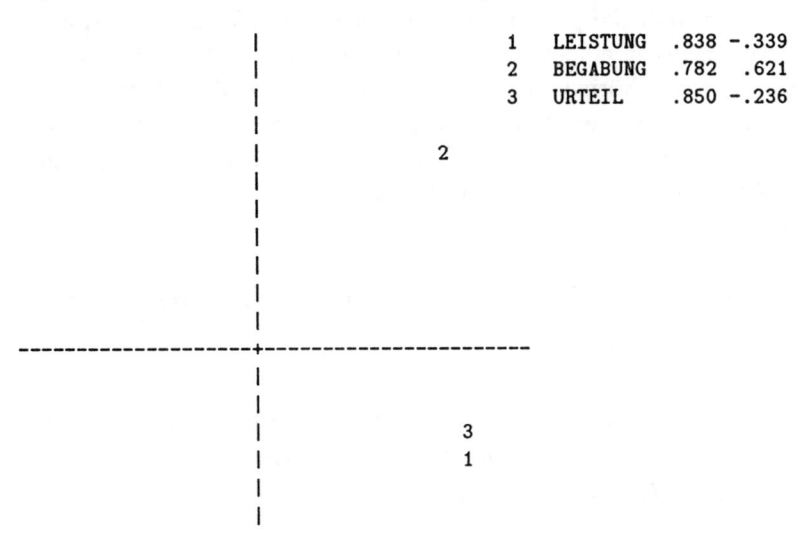

```
Horizontal Factor 1 Vertical Factor 2  Symbol Variable Coordinates
                    |                    1    LEISTUNG  .838 -.339
                    |                    2    BEGABUNG  .782  .621
                    |                    3    URTEIL    .850 -.236
                    |
                    |         2
                    |
                    |
                    |
                    |
                    |
--------------------+----------------------
                    |
                    |
                    |         3
                    |         1
                    |
                    |
```

15.4 Vorabprüfung auf die Existenz gemeinsamer Faktoren

Grundlage der Faktorenanalyse ist die Korrelationsmatrix der (standardisierten) Variablen. Damit überhaupt gemeinsame Faktoren entdeckt werden können, muß die Korrelationsmatrix von der Einheitsmatrix verschieden sein. Dies sollte über einen *Bartlett-Test* geprüft werden. Zusätzlich sollten die partiellen Korrelationen zwischen jeweils zwei Variablen gering sein, sofern der lineare Einfluß sämtlicher anderen Variablen auspartialisiert wird.

Um dies statistisch prüfen zu können, läßt sich das *PRINT*-Subkommando mit den Schlüsselwörtern CORRELATION, KMO und AIC einsetzen:

```
/ PRINT = [ CORRELATION ] [ KMO ] [ AIC ]
```

Durch das Schlüsselwort *CORRELATION* wird die Korrelationsmatrix angezeigt. Durch das Schlüsselwort *KMO* werden die Grundlagen zur Durchführung eines *Bartlett-Tests* sowie der *Kaiser-Meyer-Olkin-Koeffizient* ausgegeben. Dieser Koeffizient sollte größer als 0,5 sein, damit überhaupt die Hoffnung besteht, gemeinsame Faktoren entdecken zu können.

Durch das Schlüsselwort *AIC* wird die *Anti-image-Korrelationsmatrix* angezeigt, in der unterhalb der Diagonalen die negativen Werte der partiellen Korrelationskoeffizienten eingetragen sind. In der Diagonalen enthält sie für jede Variable den zugehörigen *MSA-Wert*. Ein *kleiner* MSA-Wert ist ein Indikator dafür, daß die betreffende Variable *nicht* in die Faktorenanalyse einbezogen werden sollte, da die Durchführung einer Faktorenanalyse nur bei insgesamt hohen MSA-Werten sinnvoll ist.

15.5 Weitere Verfahren zur Durchführung einer Faktorenanalyse

Durch das FACTOR-Kommando lassen sich neben der Hauptkomponentenanalyse weitere Verfahren der Faktorenanalyse abrufen.
Durch das *EXTRACTION*-Subkommando

```
/ EXTRACTION = PAF
```

mit dem Schlüsselwort PAF läßt sich eine *"Hauptachsenanalyse"* ausführen, bei der die Kommunalitäten aller Variablen nicht durch den Wert 1 voreingestellt sind, sondern iterativ geschätzt werden.
Beim 1. Iterationsschritt werden für die Kommunalitäten der Variablen die Quadrate ihrer multiplen Korrelationskoeffizienten eingesetzt. Diese Werte spiegeln die jeweilige Korrelation der Variablen mit ihrer Vorhersagegröße wider, die jeweils aus der Regressionsbeziehung mit sämtlichen anderen Variablen abgeleitet wird.
Alternativ lassen sich die Kommunalitäten extern vorgeben, indem sie innerhalb eines *DIAGONAL*-Subkommandos in der folgenden Form aufgeführt werden:

```
/ DIAGONAL = wert_1 [ wert_2 ]...
```

Auf der Basis der Korrelationsmatrix aller Variablen, bei der die Diagonale die vorgegebenen bzw. durch die Regression ermittelten Kommunalitäten enthält, wird eine erste Schätzung der Faktoren vorgenommen. Aus dieser Faktorenlösung werden neue Kommunalitätenschätzungen abgeleitet und auf ihrer Basis eine weitere Faktorenlösung errechnet.
Als Kriteriumsgröße, die bei diesem Iterationsverfahren minimiert werden

15.5 Weitere Verfahren zur Durchführung einer Faktorenanalyse

muß, dient das Quadrat der Abstände zwischen der ursprünglichen Korrelationsmatrix und den jeweils auf der Basis einer Faktorlösung ermittelten zugehörigen Korrelationsmatrix. Allerdings werden in diese Abstandsbildung allein die Werte einbezogen, die außerhalb der Hauptdiagonalen eingetragen sind.

Wird keine hinreichend gute Lösung nach maximal 25 Iterationsschritten erreicht, so kann die Voreinstellung von 25 durch das *CRITERIA*-Subkommando in der Form

```
/ CRITERIA = ITERATE ( anzahl )
```

geändert werden. Soll andererseits das Konvergenzkriterium, das auf den Wert 0,001 voreingestellt ist, abgeändert werden, so ist das Schlüsselwort *ECONVERGE* wie folgt zu verwenden:

```
/ CRITERIA = ECONVERGE ( wert )
```

Ähnliche Kriterien wie beim Hauptachsenverfahren werden bei alternativ durchführbaren Verfahren zugrundegelegt, die über die folgenden Schlüsselwörter innerhalb des *EXTRACTION*-Subkommandos

```
/ EXTRACTION = { ML | ALPHA | IMAGE | ULS | GLS }
```

abgerufen werden können:

- ML : Maximum-Likelihood-Verfahren
- ALPHA : Alpha-Faktorenanalyse
- IMAGE : Image-Faktorenanalyse
- ULS : Verfahren der ungewichteten Kleinst-Quadrate
- GLS : Verfahren der verallgemeinerten Kleinst-Quadrate

Bei den durch *ML* bzw. *GLS* gekennzeichneten Verfahren wird eine Schätzung für die vermeintlich zugrundeliegende Faktorenzahl durchgeführt. Dieses Vorgehen basiert auf der Voraussetzung, daß für die gemeinsame Verteilung aller Variablen eine *Multinormalverteilung* angenommen werden kann.

15.6 Sicherung der Faktorenwerte

Zu den Zielen einer Faktorenanalyse zählt nicht nur die Bestimmung der Faktorenzahl und die inhaltliche Interpretation der ausgewählten Faktoren, sondern auch die Ermittlung der *Faktorwerte* für die einzelnen Cases. Damit diese Werte errechnet und für nachfolgende Analysen im SPSS-file gesichert werden können, muß das *SAVE*-Subkommando in der folgenden Form eingesetzt werden:

```
/ SAVE = { REG | BART | AR } ( ALL name )
```

Anstelle von "name" ist eine aus maximal 7 Zeichen aufgebaute Zeichenkette anzugeben. Diese stellt den *Namensstamm* für die Variablen dar, die in das SPSS-file einzutragen sind und die Faktorenwerte für die einzelnen Cases enthalten. Hinter dem Namensstamm wird die Nummer des betreffenden Faktors angehängt.

Z.B. läßt sich durch das Kommando

```
FACTOR/VARIABLES=LEISTUNG BEGABUNG URTEIL
    /SAVE=REG(ALL FAKTOR).
```

die Variable FAKTOR1 im SPSS-file sichern. Sie enthält die durch die Faktorenanalyse ermittelten Faktorwerte des ersten (und in diesem Fall auch einzigen) Faktors.

Das Schlüsselwort *REG* kennzeichnet die voreingestellte Schätzung der Faktorwerte durch die Regressionsmethode. Sämtliche Variablen besitzen den Mittelwert 0. Ihre Varianz entspricht dem quadrierten multiplen Korrelationskoeffizienten zwischen den geschätzten Faktorwerten und den wahren Faktorwerten.

Durch das Anderson-Rubin-Verfahren werden über das Schlüsselwort *AR* Variable ausgegeben, die paarweise unkorreliert und standardisiert sind, d.h. sie besitzen den Mittelwert 0 und die Standardabweichung 1.

Bei der Hauptkomponentenanalyse stimmen die ermittelten Faktorwerte bei allen drei Methoden überein.

15.7 Anzeige von Statistiken

Standardmäßig werden für die extrahierten Faktoren die Kommunalitäten, die Eigenwerte und der Prozentsatz der erklärten Varianz angezeigt. Wird

15.7 Anzeige von Statistiken

eine Rotation durchgeführt, so wird neben den Kommunalitäten und den Eigenwerten der rotierten Faktoren zusätzlich die rotierte Faktorladungs-Matrix, die Faktor-Struktur-Matrix, die Faktor-Korrelations-Matrix sowie die Transformations-Matrix für die Rotation ausgegeben.

Zusätzliche Angaben lassen sich durch ein *PRINT*-Subkommando in der folgenden Form abrufen:

```
/ PRINT = [ INITIAL ] [ EXTRACTION ] [ ROTATION ]
          [ UNIVARIATE ] [ CORRELATION ] [ SIG ] [ DET ]
          [ INV ] [ AIC ] [ KMO ] [ REPR ] [ FSCORE ]
```

Durch die aufgeführten Schlüsselwörter werden die folgenden Werte angezeigt:

- INITIAL : für die extrahierten Faktoren die Kommunalitäten, die Eigenwerte und der Prozentsatz der erklärten Varianz

- EXTRACTION : für die rotierten Faktoren die Kommunalitäten, die Eigenwerte und die Faktorladungen

- ROTATION : die rotierte Faktorladungs-Matrix, die Faktor-Struktur-Matrix, die Faktor-Korrelations-Matrix sowie die Transformations-Matrix für die Rotation

- UNIVARIATE : die Anzahl der gültigen Cases, arithmetische Mittelwerte und Standardabweichungen der Variablen

- CORRELATION : die Korrelations-Matrix der Variablen

- SIG : die Signifikanzniveaus der Korrelationskoeffizienten

- DET : die Determinante der Korrelationsmatrix

- INV : die inverse Matrix der Korrelationsmatrix

- AIC : die Anti-image-Korrelationsmatrix

- KMO : die Kaiser-Meyer-Olkin-Kennzahl und Werte des Bartlett-Tests

- REPR : bei einem iterativen Verfahren die jeweils reproduzierte Korrelationsmatrix

- FSCORE : die Matrix mit den Faktorwerten.

15.8 Eingabe und Ausgabe von Matrizen

Die während einer Faktorenanalyse ermittelte Korrelationsmatrix sowie die zugehörige Faktor-Matrix läßt sich durch das *WRITE*-Subkommando in der Form

```
/ WRITE = [ CORRELATION ] [ FACTOR ]
```

in eine *Ergebnis-Datei* (siehe Abschnitt 8.2) sichern. Sofern die Ausgabe *nicht* in die Datei SPSS.PRS erfolgen soll, muß die gewünschte Datei zuvor über ein *SET*-Kommando mit dem *RESULTS*-Subkommando festgelegt sein.
Die Ausgabe der quadratischen Korrelationsmatrix wird über das Schlüsselwort *CORRELATION* und die Ausgabe der rechteckigen Faktor-Matrix über das Schlüsselwort *FACTOR* abgerufen.
Z.B. läßt sich die Ausgabe der Korrelationsmatrix von LEISTUNG, BEGABUNG und URTEIL wie folgt in der Datei FAKTOR.KOR sichern:

```
SET RESULTS='FAKTOR.KOR'.
FACTOR/VARIABLES=LEISTUNG BEGABUNG URTEIL
    /WRITE=CORRELATION.
```

Eine derart gesicherte Korrelationsmatrix bzw. Faktor-Matrix läßt sich durch das Subkommando *READ* in der folgenden Form zur weiteren Verarbeitung bereitstellen:

```
/ READ = [ CORRELATION [ TRIANGLE ] ] [ FACTOR ( anzahl ) ]
```

Zuvor muß die Datei, aus der die Werte eingelesen werden sollen, über ein *DATA LIST*-Kommando der folgenden Form bekannt gemacht worden sein:

```
DATA LIST MATRIX FILE = 'dateiname' / varliste .
```

Soll über das Schlüsselwort *CORRELATION* eine Korrelationsmatrix eingelesen werden, so ist zusätzlich das Schlüsselwort *TRIANGLE* anzugeben, sofern es sich um eine Dreiecks- und keine Rechtecksmatrix handelt.
Die zuvor in FAKTOR.COR gesicherte Korrelationsmatrix läßt sich z.B. wie folgt als Basis für eine neue Faktorenanalyse bereitstellen:

15.8 Eingabe und Ausgabe von Matrizen

```
DATA LIST FILE='FAKTOR.KOR' FREE MATRIX/
     LEISTUNG BEGABUNG URTEIL.
FACTOR/VARIABLES=LEISTUNG BEGABUNG URTEIL
    /READ=CORRELATION
    /CRITERIA=FACTORS(2)
    /ROTATION=QUARTIMAX.
```

Es ist zu beachten, daß das Schlüsselwort *FREE* im DATA LIST-Kommando angegeben ist. Dies ist erforderlich, weil das Ausgabeformat, in dem die Matrix durch die vorausgegangene Ausführung des FACTOR-Kommandos eingerichtet wurde, sonst nicht kompatibel ist zu der Form, die bei der erneuten Eingabe erwartet wird.

Die Eingabe einer Faktor-Matrix über das Schlüsselwort FACTOR ist z.B. dann sinnvoll, wenn weitere Faktorenrotationen zur Einfachstruktur vorgenommen werden sollen.

In einem FACTOR-Kommando dürfen das READ- und das WRITE-Subkommando *nicht beide gleichzeitig* aufgeführt werden. Sofern ein WRITE- bzw. READ-Subkommando verwendet wird, sollte es unmittelbar *hinter* dem VARIABLES-Subkommando angegeben werden.

Ansonsten ist die folgende Reihenfolge der Subkommandos sinnvoll:

```
FACTOR / VARIABLES = variablenliste
    [ / WIDTH = zeilenlänge ]
    [ / MISSING = { PAIRWISE | MEANSUB | INCLUDE } ]
    [ / FORMAT = [ SORT ] [ BLANK ( wert_1 ) ] ]
    [ / PRINT = [ INITIAL ] [ EXTRACTION ] [ ROTATION ]
            [ UNIVARIATE ] [ CORRELATION ] [ SIG ] [ DET ]
            [ INV ] [ AIC ] [ KMO ] [ REPR ] [ FSCORE ] ]
    [ / PLOT = [ EIGEN ] [ ROTATION ( nummer_1 nummer_2 )
            [ ( nummer_3 nummer_4 ) ]... ] ]
    [ / DIAGONAL = wert_2 [ wert_3 ]... ]
    [ / CRITERIA = [ MINEIGEN ( mindestwert ) ]
            [ FACTORS ( anzahl_1 ) ] [ ECONVERGE ( wert_4 ) ]
            [ DELTA ( schiefe ) ] [ ITERATE ( anzahl_2 ) ] ]
    [ / EXTRACTION = { PAF | ML | ALPHA |
            IMAGE | ULS | GLS } ]
    [ / SAVE = { REG | BART | AR } ( ALL name ) ]
    [ / ROTATION = { VARIMAX | QUARTIMAX | EQUAMAX |
            OBLIMIN | NOROTATE } ] .
```

Kapitel 16

Clusteranalysen (CLUSTER, QUICK CLUSTER)

16.1 Verfahren und Ziele der Clusteranalyse

Das Kommando CLUSTER

Eine *Clusteranalyse* wird mit dem Ziel durchgeführt, sämtliche Cases derart in Gruppen (Cluster) einzuteilen, daß die resultierenden Gruppen im Hinblick auf bestimmte Merkmale in sich möglichst *homogen* und untereinander möglichst *heterogen* sind.

Clusteranalysen lassen sich durch das Kommando *CLUSTER* abrufen, wobei alle einzubeziehenden Merkmale hinter dem Schlüsselwort CLUSTER in der Form

```
CLUSTER / variablenliste .
```

als Variablenliste anzugeben sind.

Sind zuvor durch MISSING VALUE-Kommandos festgelegte missing values in die Clusteranalyse einzubeziehen, so ist dies im Anschluß an die Variablenliste durch ein *MISSING*-Subkommando in der folgenden Form festzulegen:

```
/ MISSING = INCLUDE
```

16.1 Verfahren und Ziele der Clusteranalyse

Die in eine Clusteranalyse einzubeziehenden Merkmale sind vorab daraufhin zu untersuchen, ob unterschiedliche Variablilitäten vorliegen bzw. starke paarweise Korrelationen unter Umständen zu nicht gewollter Überbetonung des Einflusses von Merkmalen führen.

Um die Gruppenbildung nicht durch unterschiedliche Variabilitäten der Merkmale zu verzerren, sollten die Merkmale zum Beispiel zuvor einer *Standardisierung* unterzogen werden. Ferner ist zu bedenken, daß ein gewichteter Einfluß von Merkmalen in Kauf genommen wird, sofern mehrere Merkmale sämtlich das gleiche Konstrukt messen. Ist dies nicht gewünscht, so können die jeweiligen Merkmale zum Beispiel zuvor einer *Faktorenanalyse* unterzogen und die daraus resultierenden standardisierten Faktoren in die Clusteranalyse einbezogen werden.

Lassen wir diese Bedenken bewußt außer acht, so können wir zum Beispiel eine Clusteranalyse auf der Basis der Variablen LEISTUNG, BEGABUNG und URTEIL wie folgt abrufen:

```
CLUSTER/LEISTUNG BEGABUNG URTEIL.
```

Bei der Ausführung dieses Kommandos wird eine *hierarchische agglomerative Clusteranalyse* durchgeführt, wobei die Abstände zwischen zwei Cases durch die *quadrierte euklidische Distanz* und die Bildung der Cluster nach dem *Cluster-Kriterium "Average Linkage Between Groups"* vorgenommen wird (siehe Abschnitt 16.3).

Agglomerative hierarchische Clusteranalysen

Durch das CLUSTER-Kommando lassen sich Verfahren der *agglomerativen hierarchischen Clusteranalyse* ausführen. Dabei wird schrittweise – ausgehend von Clustern, die aus jeweils einem Case bestehen – eine Verschmelzung zweier Cluster zu einem Cluster vorgenommen. Welche beiden Cluster jeweils zu einem neuen Cluster zusammengefaßt werden, wird nach einem zuvor bestimmten *Cluster-Kriterium* entschieden. Dieses Kriterium legt fest, in welcher Form die Unterschiedlichkeit bzw. die Ähnlichkeit von Clustern gekennzeichnet ist. Das Kriterium basiert darauf, wie Unterschiede bzw. Übereinstimmungen zwischen zwei Cases gemessen werden.

Charakteristisch für agglomerative hierarchische Clusteranalysen ist, daß eine einmal durchgeführte Clusterbildung *nicht* mehr rückgängig gemacht wird.

Da Clusteranalysen zu den Verfahren der explorativen Datenanalyse zählen, sollte die *Robustheit* der durch eine Clusteranalyse resultierenden Clusterlösung überprüft werden. Dazu sollte man eine erneute Clusteranalyse mit einem geänderten Cluster-Kriterium und eventuell auch einem modifizierten Distanz- bzw. Ähnlichkeitsmaß anfordern.

16.2 Ergebnisse der Clusteranalyse

Durch die Ausführung einer Clusteranalyse mit dem CLUSTER-Kommando werden Angaben bereitgehalten, die Aussagen über eine sinnvoll erscheinende Clusterlösung zulassen.

Um den jeweiligen *Zuwachs* bzw. die *Abnahme* des *Cluster-Kriteriums* beim Verschmelzen von Clustern bewerten zu können, kann ein PRINT-Subkommando in der folgenden Form eingesetzt werden:

```
/ PRINT = CLUSTER ( anzahl_1 anzahl_2 ) SCHEDULE
```

Durch das Schlüsselwort *SCHEDULE* wird bestimmt, daß für jeden Fusionierungsschritt der zugehörige Wert des Cluster-Kriteriums angezeigt wird. Dadurch läßt sich feststellen, welche Fusion der Forderung nach möglichst großer Homogenität der resultierenden Cluster am nächsten kommt. Zur Beurteilung der durch eine Zusammenfassung entstehenden Cluster läßt sich der jeweilige *relative Zuwachs* (bei Distanzmaßen) bzw. *die relative Verringerung* (bei Ähnlichkeitsmaßen) des Cluster-Kriteriums heranziehen. Dabei ist gegebenfalls zu berücksichtigen, daß eine gewisse Mindestanzahl von Clustern gefordert ist.

Durch die Angabe des Schlüsselworts *CLUSTER* innerhalb des PRINT-Subkommandos wird für jede durch "(anzahl_1 anzahl_2)" gekennzeichnete Clusterbildung angezeigt, welche Cases jeweils innerhalb der einzelnen Cluster zusammengefaßt sind. Betroffen sind dabei die Fusionierungsergebnisse, die zu "anzahl_1" und "anzahl_2" Clustern sowie allen Clustern führen, deren Anzahl größer als "anzahl_1" und kleiner als "anzahl_2" ist.

Sind nicht allzu viele Cases in die Clusteranalyse einbezogen worden, so kann die Entscheidung, welche Clusterlösung gewählt werden sollte, durch eine graphische Anzeige unterstützt werden. Grundlage dafür sind *Dendrogramme* bzw. *Eiszapfen-Plots*, die sich über das *PLOT*-Subkommando

```
/ PLOT = [ DENDROGRAM ]
         [ { HICICLE | VICICLE } ( anzahl_1 anzahl_2 ) ] [ NONE ]
```

16.2 Ergebnisse der Clusteranalyse

innerhalb des CLUSTER-Kommandos abrufen lassen.

Mit dem Schlüsselwort *DENDROGRAM* kann die Anzeige eines Dendrogramms abgerufen werden. Aus einem Dendrogramm läßt sich ablesen, welche Cluster in welchem Schritt fusioniert werden und welche Werte das jeweilige Cluster-Kriterium zum Zeitpunkt der Fusionierung annimmt.

Über die Schlüsselwörter *HICICLE* und *VICICLE* (Voreinstellung) lassen sich horizontale bzw. vertikale Eiszapfen-Plots anfordern. Gegenüber einem Dendrogram besitzt ein Eiszapfen-Plot den Vorteil, daß die Cases in der Anzeige so sortiert sind, daß das Zusammenschmelzen der Cluster direkt erkennbar ist.

Durch die Angabe von "(anzahl_1 anzahl_2)" wird festgelegt, daß allein diejenigen Fusionierungsergebnisse angezeigt werden, welche die Clusterzahl "anzahl_1" und "anzahl_2" sowie alle Clusterlösungen betreffen, deren Clusterzahl größer als "anzahl_1" und kleiner als "anzahl_2" ist.

Um die standardmäßige Ausgabe eines Eiszapfen-Plots zu unterdrücken, muß das Schlüsselwort *NONE* innerhalb des PLOT-Subkommandos angegeben werden.

Soll der optische Eindruck eines Eiszapfen-Plots verstärkt werden, so sollte man zusätzlich das *ID*-Subkommando in der Form

```
/ ID = varname
```

verwenden. Hierdurch wird für jeden Case derjenige Text als Erläuterung angezeigt, der für den betreffenden Case als Wert der String-Variablen "varname" gespeichert ist.

Z.B. erhalten wir durch die Ausführung von

```
SELECT IF (JAHRGANG=3 AND GESCHL=1).
CLUSTER/LEISTUNG BEGABUNG URTEIL
      /PRINT=CLUSTER(3 5) SCHEDULE
      /PLOT=DENDROGRAM.
```

die folgende Anzeige:

Squared Euclidean measure used.

Agglomeration Schedule using Average Linkage (Between Groups)

Stage	Clusters Combined		Stage Cluster	1st Appears		Next
	Cluster 1	Cluster 2	Coefficient	Cluster 1	Cluster 2	Stage
1	24	25	.000000	0	0	15
2	17	23	.000000	0	0	9
3	7	21	.000000	0	0	20
4	16	18	.000000	0	0	5
5	14	16	.000000	0	4	12
6	9	11	.000000	0	0	7
7	8	9	.000000	0	6	11
8	3	19	1.000000	0	0	13
9	4	17	1.000000	0	2	12
10	10	13	1.000000	0	0	14
11	5	8	1.000000	0	7	14
12	4	14	1.333333	9	5	19
13	1	3	1.500000	0	8	17
14	5	10	1.750000	11	10	18
15	12	24	2.000000	0	1	17
16	15	20	3.000000	0	0	19
17	1	12	3.222222	13	15	21
18	2	5	4.666667	0	14	22
19	4	15	5.833333	12	16	21
20	6	7	6.000000	0	3	22
21	1	4	6.291667	17	19	23
22	2	6	6.523809	18	20	24
23	1	22	12.714286	21	0	24
24	1	2	14.406667	23	22	0

Cluster Membership of Cases using Average Linkage (Between Groups)

Number of Clusters

Label	Case	5	4	3
	1	1	1	1
	2	2	2	2
	3	1	1	1
	4	3	1	1
	5	2	2	2
	6	4	3	2
	7	4	3	2
	8	2	2	2
	9	2	2	2
	10	2	2	2
	11	2	2	2

16.2 Ergebnisse der Clusteranalyse

12	1	1	1
13	2	2	2
14	3	1	1
15	3	1	1
16	3	1	1
17	3	1	1
18	3	1	1
19	1	1	1
20	3	1	1
21	4	3	2
22	5	4	3
23	3	1	1
24	1	1	1
25	1	1	1

Dendrogram using Average Linkage (Between Groups)

```
                    Rescaled Distance Cluster Combine

   C A S E      0         5        10        15        20        25
   Label  Seq   +---------+---------+---------+---------+---------+

           24   -+-----+
           25   -+     +---+
           12   -------+   +----------+
            3   ---+-+     |          |
           19   ---+ +-----+          |
            1   -----+                |
           16   -+                    +------------------------+
           18   -+---+                |                        |
           14   -+   +----------------+                        |
           17   -+-+ |                |                        |
           23   -+ +-+                |                        +---+
            4   ---+                  |                        |   |
           15   -----------+----------+                        |   |
           20   -----------+                                   |   |
           22   --------------------------------------------+  |
           10   ---+---+                                       |
           13   ---+   |                                       |
            9   -+     +---------+                             |
           11   -+-+   |         |                             |
            8   -+ +---+         +-----+                       |
            5   ---+             |     |                       |
            2   -----------------+     +-----------------------+
            7   -+--------------------+ |
           21   -+                    +-+
            6   ---------------------+
```

Aus dem *"Agglomeration Schedule"* ist zu entnehmen, daß der größte relative Zuwachs des Cluster-Kriteriums beim Wechsel von "Stage 22" zum "Stage 23" geschieht, d.h. bei der Fusionierung zweier Cluster auf der Basis einer 3-Cluster-Lösung. Demzufolge ist es sinnvoll, die 3-Cluster-Lösung auf Plausibilität zu untersuchen. Dazu sind z.B. die Eigenschaften der drei Cluster im Hinblick auf die Ausprägungen von Merkmalen zu diskutieren, die nicht in die Clusteranalyse einbezogen wurden.

Welche Eigenschaften die einzelnen Cluster besitzen, läßt sich im Anschluß an eine Clusteranalyse untersuchen. Dazu muß innerhalb des CLUSTER-Kommandos das Subkommando *SAVE* in der Form

```
/ SAVE = CLUSTER ( anzahl_1 anzahl_2 )
```

angegeben werden. Hierdurch wird für jede einzelne, durch "(anzahl_1 anzahl_2)" spezifizierte Clusterlösung eine *Indikator-Variable* im SPSS-file abgespeichert. Betroffen sind dabei die Fusionierungsergebnisse, die zu "anzahl_1" und "anzahl_2" Clustern sowie allen Clustern führen, deren Anzahl größer als "anzahl_1" und kleiner als "anzahl_2" ist. Die Werte der Indikator-Variablen geben für jeden Case an, welchem Clustern er bei der jeweiligen Clusterbildung zugeordnet ist. Die Variablennamen haben einen gemeinsamen *Namensstamm*, der innerhalb den *METHOD*-Subkommandos aufgeführt sein muß (siehe unten).

Lassen wir z.B. das Kommando

```
CLUSTER/LEISTUNG BEGABUNG URTEIL
    /METHOD=BAVERAGE(CLUS)
    /SAVE=CLUSTER(3 5).
```

ausführen, so werden die Variablen CLUS5, CLUS4 und CLUS3 als Indikator-Variable in das SPSS-file eingetragen. Dabei enthält die Variable CLUS5 die fünf Werte 1, 2, 3, 4 und 5, die Variable CLUS4 die Werte von 1 bis 4 und die Variable CLUS3 die Werte 1, 2 und 3. Jeder einzelne Wert legt die Clusterzugehörigkeit für den betreffenden Case fest.

16.3 Cluster-Kriterien zur Fusionierung

Voreinstellung

Cluster-Kriterien, nach denen eine Fusionierung zweier Cluster durchgeführt wird, basieren auf Maßzahlen, welche die Unterschiedlichkeit bzw. die Ähnlichkeit von Cases beschreiben.

Als *Maßzahl* ist standardmäßig ein Distanzmaß in Form des *quadrierten euklidischen Abstandes* zwischen zwei Cases vereinbart.

Als *Cluster-Kriterium* ist standardmäßig das *"Average Linkage Between Groups"-Kriterium* festgelegt, das die Unterschiedlichkeit von Clustern beschreibt.

Grundsätzlich unterscheidet man zwischen Kriterien, die die Ähnlichkeit von Clustern kennzeichnen, und Kriterien, die eine Aussage über die Unterschiedlichkeit von Clustern machen.

Distanz- und Ähnlichkeitsmatrix

Basis für die Ausführung jeder Clusteranalyse mit einem Unähnlichkeits-Kriterium ist die *Distanzmatrix*, in der bei jedem Schritt diejenigen Kriteriumswerte gespeichert sind, die sich durch Fusionierung je zweier Cluster ergeben würden. Der jeweils *kleinste* Wert innerhalb dieser Matrix entscheidet, welche Cluster im nächsten Schritt zusammengefaßt werden sollen. Ist das Minimum nicht eindeutig bestimmt, so erfolgt die Zusammenfassung gemäß einer internen Numerierung.

Wird eine Clusteranalyse mit einem Ähnlichkeits-Kriterium ausgeführt, so werden bei jedem Schritt die Kriteriumswerte, die sich durch Fusionierung je zweier Cluster ergeben würden, in einer *Ähnlichkeitsmatrix* gespeichert. Der jeweils *größte* Wert innerhalb dieser Matrix entscheidet, welche Cluster im nächsten Schritt zusammengefaßt werden sollen. Ist das Maximum nicht eindeutig bestimmt, so erfolgt die Zusammenfassung gemäß einer internen Numerierung.

Die Werte der Ähnlichkeitsmatrix bzw. der Distanzmatrix lassen sich über das Schlüsselwort *DISTANCE* in der Form

```
/ PRINT = DISTANCE
```

innerhalb des *PRINT*-Subkommandos abrufen.

Änderung der Voreinstellung

Soll nicht der quadrierte euklidische Abstand als Distanz zwischen zwei Cases vereinbart sowie das "Average Linkage Between Groups"-Kriterium als zugehöriges Cluster-Kriterium verwendet werden, so sind gesonderte Angaben innerhalb des CLUSTER-Kommandos zu machen.

Die jeweils gewünschte Maßzahl zur Kennzeichnung der Unterschiedlichkeit bzw. Ähnlichkeit von Cases läßt sich durch das *MEASURE*-Subkommando und das jeweils gewünschte Cluster-Kriterium durch das *METHOD*-Subkommando festlegen. Diese Subkommandos sind innerhalb des *CLUSTER*-Kommandos wie folgt aufzuführen:

```
CLUSTER / variablenliste
    [ / MISSING = INCLUDE ]
    [ / MEASURE = { EUCLID | BLOCK | POWER (p,r) |
            CHEBYCHEV | COSINE } ]
    [ / METHOD = { BAVERAGE | WAVERAGE | SINGLE |
            COMPLETE | WARD | CENTROID | MEDIAN } [ ( name ) ] ]
    [ / SAVE = CLUSTER ( anzahl_1 anzahl_2 ) ]
    [ / ID = varname ]
    [ / PRINT = SCHEDULE [ DISTANCE ]
            CLUSTER ( anzahl_3 anzahl_4 ) ]
    [ / PLOT = [ DENDROGRAM ] [ NONE ]
        [ { HICICLE | VICICLE } ( anzahl_5 anzahl_6 ) ] ] .
```

Sollen die durch die Clusteranalyse ermittelten *Indikator-Variablen*, die die Zugehörigkeit der Cases zu den einzelnen Clustern festlegen, für eine nachfolgende Analyse im SPSS-file gesichert werden, so muß eine Kennung "name" in Klammern hinter dem jeweiligen Schlüsselwort für das Cluster-Kriterium aufgeführt werden (siehe oben).

Distanz- und Ähnlichkeitsmaße

Durch die Schlüsselwörter innerhalb des *MEASURE*-Subkommandos lassen sich die Unähnlichkeiten bzw. Ähnlichkeiten zwischen zwei Cases wie folgt festlegen:

- EUCLID : euklidische Distanz, d.h. Quadratwurzel aus der Summe der quadrierten Differenzen zwischen den Merkmalsausprägungen

16.3 Cluster-Kriterien zur Fusionierung

- BLOCK : Summe der absoluten Differenzen zwischen den Merkmalsausprägungen

- POWER (p,r) : r-te Wurzel (r=2: Quadratwurzel) aus der Summe der mit p potenzierten (p=2: quadrierten) Differenzen zwischen den Merkmalsausprägungen

- CHEBYCHEV : Maximum der absoluten Differenzen zwischen den Merkmalsausprägungen

- COSINE : Korrelationskoeffizient zwischen den Vektoren, die jeweils aus den Merkmalsausprägungen eines Cases gebildet werden.

Das "Average Linkage Between Groups"-Kriterium

Bei diesem standardmäßig verwendeten Verfahren (Schlüsselwort *BAVERAGE*) wird die Distanzmatrix zunächst mit allen Distanzen besetzt, die sich gemäß dem gewählten Distanzmaß als Unterschiedlichkeit zwischen jeweils zwei Cases ergeben. Danach wird ein Cluster aus den beiden Cases gebildet, die den geringsten Abstand haben. Für dieses Cluster wird als Abstand, den es zu einem Case außerhalb des Clusters besitzt, der Durchschnitt derjenigen Abstände gebildet, den der Case mit jedem Clustermitglied besitzt.

Anschließend wird eine erneute Fusion für die beiden Cluster mit dem geringsten Abstand durchgeführt. Als Abstand, den das neugebildete Cluster von einem anderen Cluster besitzt, wird ein Durchschnittswert ermittelt. Dabei wird der Durchschnitt über alle möglichen Abstände gebildet, die zwischen jedem Case des neugebildeten Clusters und jedem Case des anderen Clusters bestehen.

Dieses Verfahren der Verschmelzung zweier Cluster wird schrittweise wiederholt, bis letztlich durch Fusion zweier Cluster das Cluster aller Cases entsteht.

Das "Average Linkage Within Groups"-Kriterium

Dieses Kriterium wird über das Schlüsselwort *WAVERAGE* angefordert. Im Unterschied zum standardmäßigen Vorgehen wird der Abstand des neugebildeten Clusters von einem anderen Cluster dadurch berechnet, daß die Durchschnittsbildung über alle diejenigen Abstände erfolgt, die zwischen jeweils zwei Cases innerhalb des neugebildeten Clusters bestehen.

Das "Single Linkage"-Kriterium

Bei Angabe des Schlüsselworts *SINGLE* wird das "Single Linkage"-Kriterium verwendet. Bei der Fusionierung zweier Cluster wird der Abstand zwischen dem neuentstandenen Cluster und einem anderen Cluster dadurch festgelegt, daß das Minimum unter allen denjenigen Abständen gebildet wird, die sich für das andere Cluster mit den Mitgliedern des neuentstandenen Clusters bilden lassen.

Das "Complete Linkage"-Kriterium

Dieses Kriterium wird über das Schlüsselwort *COMPLETE* abgerufen. Im Unterschied zum "Single Linkage"-Kriterium wird *nicht* das Minimum, sondern das Maximum unter allen denjenigen Abständen gebildet, die sich für das jeweilige andere Cluster mit den Mitgliedern des neuentstandenen Clusters bilden lassen.

Das Cluster-Kriterium von Ward

Das Kriterium von Ward wird innerhalb des Kommandos CLUSTER durch das Schlüsselwort *WARD* abgerufen. Als Basis sollten – gemäß der Voreinstellung – die *quadrierten euklidischen Distanzen* verwendet werden.
Beim *Ward'schen Verfahren* wird die Homogenität aller Cluster durch die Summe der Variationen innerhalb der Cluster beschrieben. Dies bedeutet, daß die quadrierten Differenzen summiert werden, die für jedes betrachtete Merkmal zwischen den einzelnen Merkmalsausprägungen der Clustermitglieder und dem arithmetischen Mittelwert des Merkmals bestehen.
Beim Verfahren von Ward werden zwei Cluster dann verschmolzen, wenn durch diese Verschmelzung die Summe der Variationen in sämtlichen Clustern minimal unter allen denjenigen Summen ist, die sich durch alternative Verschmelzungen zweier Cluster ergeben würden.

Das Zentroid-Kriterium

Dieses Kriterium wird durch das Schlüsselwort *CENTROID* abgerufen. Als Basis sollten – gemäß der Voreinstellung – die *quadrierten euklidischen Distanzen* verwendet werden. Beim Zentroid-Verfahren werden die Abstände zwischen dem neugebildeten Cluster und einem anderen Cluster dadurch ermittelt, daß für jedes Merkmal in jedem der beiden Cluster das arithmetische Mittel errechnet und die quadrierten euklidischen Distanzen dieser beiden

Mittelwerte über alle Merkmale summiert werden. Dies bedeutet, daß der Abstand als quadrierte euklidische Distanz der beiden Mittelwertsvektoren ermittelt wird.

Das Median-Kriterium

Als Basis des Median-Verfahrens sollten – gemäß der Voreinstellung – die *quadrierten euklidischen Distanzen* verwendet werden. Bei diesem Verfahren, das man über das Schlüsselwort *MEDIAN* anfordern muß, wird zunächst der Mittelpunktsvektor der Mittelwertsvektoren bestimmt, die zu den beiden zu fusionierenden Clustern gehören. Der Abstand des neugebildeten Clusters zu einem anderen Cluster ist dadurch festgelegt, daß die quadrierte euklidische Distanz zwischen dem Mittelwertsvektor dieses Clusters und dem errechneten Mittelpunktsvektor gebildet wird.

16.4 Sicherung und Bereitstellung von Distanz- und Ähnlichkeitsmatrizen

Es besteht die Möglichkeit, die zu Beginn der Clusteranalyse für die Cases ermittelte Distanz- bzw. Ähnlichkeitsmatrix in einer *Ergebnis-Datei* (siehe Abschnitt 8.2) zu sichern. Dazu ist das Subkommando *WRITE* in der folgenden Form innerhalb des CLUSTER-Kommandos anzugeben:

```
/ WRITE = DISTANCE
```

Dadurch werden die Zeilen der quadratischen Distanz- bzw. Ähnlichkeitsmatrix als Sätze in die Ergebnis-Datei übertragen, die zuvor durch das SET-Kommando festgelegt wurde. Jede Matrixzeile beginnt am Anfang eines Satzes. Es werden bis zu jeweils 5 Matrixelemente gemäß der Formatangabe "F16.5" (siehe Abschnitt 8.3) in einen Satz eingetragen.

Eine derart gespeicherte Matrix läßt sich anschließend durch das Subkommando *READ* in der Form

```
/ READ = [ SIMILAR ]
```

zur Verarbeitung bereitstellen. Die quadratische Matrix wird aus einer Datei eingelesen, deren Name wie folgt durch ein vorausgehendes *DATA LIST*-Kommando vereinbart wurde (siehe Abschnitt 11.1.8):

```
DATA LIST MATRIX FILE = 'dateiname' / varliste .
```

Ohne Angabe des Schlüsselworts *SIMILAR* wird die Matrix als Distanzmatrix und andernfalls als Ähnlichkeitsmatrix aufgefaßt. Die in "varliste" aufgeführten Variablen müssen in der *Reihenfolge* angegeben werden, in der sie hinter dem Schlüsselwort CLUSTER im CLUSTER-Kommando aufgeführt werden sollen.

Es ist zu beachten, daß bei Bereitstellung einer Matrix die Angabe eines *MEASURE*-Subkommandos überflüssig und daher entbehrlich ist.

Sofern eine Ähnlichkeitsmatrix, welche die Ähnlichkeiten von Variablen beschreibt (Variable haben die Funktion der Cases übernommen), für die Clusteranalyse bereitgestellt wird, müssen die Variablen in der Reihenfolge angegeben werden, in der die Ähnlichkeitskoeffizienten innerhalb der Matrix ursprünglich erzeugt worden sind.

Z.B. kann eine Clusteranalyse, bei der die Variablen LEISTUNG, BEGABUNG und URTEIL zu clustern sind, in der folgenden Form zur Ausführung gebracht werden:

```
DATA LIST FILE='DATEN.TXT'/
        LEISTUNG 10 BEGABUNG 11 URTEIL 12.
SET RESULTS='CLUSTER.MAT'.
CORRELATION/VARIABLES=LEISTUNG BEGABUNG URTEIL/OPTIONS=4.
DATA LIST MATRIX FREE FILE='CLUSTER.MAT'/
        LEISTUNG BEGABUNG URTEIL.
CLUSTER/LEISTUNG BEGABUNG URTEIL
        /READ=SIMILAR/PRINT=SCHEDULE/PLOT=VICICLE.
```

Es ist zu beachten, daß das Schlüsselwort *FREE* im DATA LIST-Kommando angegeben ist. Dies ist erforderlich, weil das Ausgabeformat, in dem die Matrix durch die Ausführung des CORRELATION-Kommandos eingerichtet wurde, sonst nicht kompatibel ist zu der Form, die vom CLUSTER-Kommando erwartet wird.

Durch die Programmausführung des CLUSTER-Kommandos ergibt sich die folgende Anzeige:

16.5 Clusteranalyse für große Fallzahlen (QUICK CLUSTER)

```
A Rectangular (Similarity) Coefficient Matrix Read.

Agglomeration Schedule using Average Linkage (Between Groups)

              Clusters Combined     Stage Cluster 1st Appears   Next
   Stage     Cluster 1  Cluster 2   Coefficient  Cluster 1  Cluster 2  Stage

      1          1          3         .592729        0          0        2
      2          1          2         .480242        1          0        0


Vertical Icicle Plot using Average Linkage (Between Groups)

   (Down) Number of Clusters   (Across) Case Label and number

            B   U   L
            E   R   E
            G   T   I
            A   E   S
            B   I   T
            U   L   U
            N       N
            G       G

            2   3   1
        1  +XXXXXXX
        2  +X  XXXX
```

Abschließend ist zu erwähnen, daß das *READ*-Subkommando auch in der folgenden Form eingesetzt werden kann:

```
/ READ = [ SIMILAR ] [ { TRIANGLE | LOWER } ]
```

Dadurch läßt sich spezifizieren, daß keine quadratische, sondern eine untere Dreiecksmatrix mit Diagonale (TRIANGLE) bzw. ohne Diagonale (LOWER) eingelesen werden soll.

16.5 Clusteranalyse für große Fallzahlen (QUICK CLUSTER)

Die Durchführung einer hierarchischen agglomerativen Clusteranalyse ist um so langwieriger, je mehr Cases in die Analyse einbezogen werden. Unter Umständen ist es bei einer zu großen Casezahl wegen eines Speicherplatzmangels sogar unmöglich, eine Clusteranalyse vorzunehmen.

Um bei einer größeren Anzahl von Cases eine effiziente Clusteranalyse nach einem iterativen Verfahren durchführen zu lassen, ist das Kommando *QUICK CLUSTER* wie folgt einzusetzen:

```
QUICK CLUSTER variablenliste
   [ / MISSING = { PAIRWISE | INCLUDE } ]
   / CRITERIA = CLUSTER ( anzahl ) [ NOINITIAL ]
               [ CONVERGE ( wert_1 ) ] [ MXITER ( wert_2 ) ] .
```

Hinter den Schlüsselwörtern QUICK CLUSTER sind die Variablen anzugeben, die in die Clusteranalyse einzubeziehen sind.

Soll im Gegensatz zum voreingestellten listenweisen Ausschluß ein paarweiser Ausschluß von missing values erfolgen, so ist das *MISSING*-Subkommando mit dem Schlüsselwort *PAIRWISE* einzusetzen. Sind dagegen alle Cases, die benutzerseitig als missing values vereinbart wurden, in die Analyse einzubeziehen, so ist das Schlüsselwort *INCLUDE* aufzuführen.

Durch die Angabe hinter dem Schlüsselwort *CLUSTER* wird – innerhalb des *CRITERIA-Subkommandos* – die *Anzahl* der zu ermittelnden Cluster bestimmt.

Bei der Ausführung der Clusteranalyse werden vorab "anzahl" Cluster – als *Startkonfiguration* in Form der "*Initial Cluster Centers*" – durch eine geeignete Wahl von "anzahl" Cases festgelegt. Dabei wird wie folgt verfahren:

- Wird das Schlüsselwort NOINITIAL innerhalb des CRITERIA-Subkommandos aufgeführt, so werden die ersten "anzahl" Cases des SPSS-files, die keine missing values besitzen, als Startkonfiguration für das iterative Verfahren zugrundegelegt.

- Fehlt das Schlüsselwort NOINITIAL innerhalb des CRITERIA-Subkommandos, und wird auch keine *konkrete* Startkonfiguration durch das Subkommando INITIAL vorgegeben (siehe unten), so werden die "Initial Cluster Centers" *automatisch* festgelegt, indem "anzahl" geeignete Cases mit stark unterschiedlichen Werten ermittelt werden.

Bei der automatischen Berechnung der "Initial Cluster Centers" wird wie folgt vorgegangen:

16.5 Clusteranalyse für große Fallzahlen (QUICK CLUSTER)

- Zunächst werden die ersten "anzahl" Cases des SPSS-files als vorläufige Zentren von Clustern festgelegt. Anschließend wird für jeden weiteren Case das Minimum über alle euklidischen Abstände errechnet, die er zu den einzelnen Clusterzentren besitzt. Ist dieser minimale Abstand größer als das Minimum der Abstände, die paarweise zwischen den "anzahl" Clusterzentren bestehen, so ersetzt er dasjenige Clusterzentrum, das ihm am nächsten liegt.

  Hinweis: Der Austausch eines Clusterzentrums durch einen Case wird auch dann durchgeführt, wenn das Minimum der euklidischen Abstände, die der Case zu den Clusterzentren besitzt, größer ist als das Minimum über die Abstände, die zwischen allen Clusterzentren und demjenigen Zentrum bestehen, zu dem der Case den geringsten Abstand besitzt. Bei dieser Ersetzung nimmt der Case den Platz ein, den das Clusterzentrum besessen hat, zu dem der Case am nächsten liegt.

Nachdem die *"Initial Cluster Centers"* als Startkonfiguration für das iterative Verfahren vorliegen, beginnt die Iterationsphase, indem Schritt für Schritt wie folgt verfahren wird:

- Zunächst wird jeder Case demjenigen Cluster zugeordnet, von dessen Zentrum er – im Sinne der euklidischen Distanz – den geringsten Abstand besitzt. Anschließend werden neue Clusterzentren ermittelt. Dazu wird clusterweise für jede Variable das arithmetische Mittel über alle Cases des betreffenden Clusters errechnet. Anschließend werden die derart bestimmten Größen als neue Clusterzentren festgelegt.

Nach jedem Iterationsschritt wird die Änderung der Clusterzentren berechnet. Ist der Wert, der die Veränderung charakterisiert, kleiner als 0,02 bzw. kleiner als eine innerhalb des CRITERIA-Subkommandos aufgeführte Größe "wert_1", so wird die Iteration beendet. Die Iteration wird ebenfalls abgebrochen, wenn die Maximalzahl der zugelassenen Iterationsschritte erreicht wurde. Diese Zahl ist durch 10 bzw. einen innerhalb des CRITERIA-Subkommandos aufgeführten Wert "wert_2" festgelegt.

Am Ende der Iteration stehen die durch den letzten Iterationsschritt ermittelten (provisorischen) Clusterzentren für einen letzten Austauschschritt zur Ermittlung der *"Final Cluster Centers"* zur Verfügung. Hierzu werden noch einmal alle Cases ihren jeweils nächstliegenden Clusterzentren zugeordnet. Anschließend wird für jede Variable das arithmetische Mittel über alle Cases des betreffenden Clusters ermittelt. Die hieraus resultierenden neuen Clusterzentren stellen die endgültigen Clusterzentren und somit das Ergebnis der Clusteranalyse in Form der *"Final Cluster Centers"* dar.

Z.B. führen die Kommandos

```
DATA LIST FILE='DATEN.TXT'/ JAHRGANG 4
              LEISTUNG 10 BEGABUNG 11 URTEIL 12.
SELECT IF (JAHRGANG=3).
QUICK CLUSTER LEISTUNG BEGABUNG URTEIL
              /CRITERIA=CLUSTER(10).
```

zur folgenden Anzeige:

* * * * * * * * * * * * Q U I C K   C L U S T E R * * * * * * * * * * * *

Initial Cluster Centers.

Cluster	LEISTUNG	BEGABUNG	URTEIL
1	5.0000	5.0000	6.0000
2	5.0000	4.0000	3.0000
3	7.0000	9.0000	8.0000
4	5.0000	7.0000	4.0000
5	7.0000	5.0000	5.0000
6	8.0000	5.0000	8.0000
7	7.0000	7.0000	9.0000
8	4.0000	7.0000	7.0000
9	3.0000	4.0000	5.0000
10	6.0000	7.0000	6.0000

- -

Convergence achieved due to no or small distance change.
The maximum distance by which any center has changed is .0000

Current iteration is 4

Minimum distance between initial centers is 2.2361

Iteration	Change in Cluster Centers					
	1	2	3	4	5	6
	7	8	9	10		
1	.6057	.8165	.8165	.5000	.4899	.8660
	.0000	.7454	.7071	.2875		
2	.1546	.0000	.0000	.2795	.0000	.5528
	.0000	.4269	.0000	.5739		
3	.0000	.0000	.0000	.0000	.3000	.0000
	.0000	.0000	.0000	.1250		

16.5 Clusteranalyse für große Fallzahlen (QUICK CLUSTER)

```
    4           .0000      .0000      .0000      .0000      .0000      .0000
                .0000      .0000      .0000      .0000
```

Final Cluster Centers.

Cluster	LEISTUNG	BEGABUNG	URTEIL
1	4.8333	5.4167	5.4167
2	4.6667	4.6667	3.3333
3	7.3333	8.3333	7.6667
4	5.2500	7.0000	4.6250
5	6.5000	5.0000	5.0000
6	7.0000	5.3333	7.3333
7	7.0000	7.0000	9.0000
8	4.8000	7.4000	6.6000
9	3.0000	4.5000	5.5000
10	6.7500	6.7500	6.3750

Number of Cases in each Cluster.

Cluster	unweighted cases	weighted cases
1	12.0	12.0
2	3.0	3.0
3	3.0	3.0
4	8.0	8.0
5	4.0	4.0
6	3.0	3.0
7	2.0	2.0
8	5.0	5.0
9	2.0	2.0
10	8.0	8.0
Missing	0	
Valid cases	50.0	50.0

Um die Zugehörigkeit der Cases zu den ermittelten Clustern zu sichern, muß das *SAVE*-Subkommando in der folgenden Form eingesetzt werden:

```
/ SAVE = [ CLUSTER ( varname_1 ) ]
         [ DISTANCE ( varname_2 ) ]
```

Bei Angabe des Schlüsselworts *CLUSTER* wird die Variable "varname_1" in das SPSS-file eingetragen. Sie enthält die Angaben über die Clusterzugehörigkeit aller Cases.

Soll für jeden Case der euklidische Abstand gespeichert werden, den er zum zugehörigen Clusterzentrum besitzt, so ist das Schlüsselwort *DISTANCE* aufzuführen. In diesem Fall werden die Abstände in der Variablen "varname_2" im SPSS-file gespeichert.

Sollen Aussagen über die Clusterzugehörigkeiten bzw. die Distanzen erfolgen, so ist das *PRINT*-Subkommando in der Form

```
/ PRINT = [ CLUSTER ] [ DISTANCE ]
          [ ID ( varname ) ] [ ANOVA ]
```

mit dem Schlüsselwort *CLUSTER* einzusetzen.

Mit dem Schlüsselwort *DISTANCE* läßt sich zusätzlich der euklidische Abstand anzeigen, der paarweise zwischen den Clusterzentren besteht.

Soll jeder Case bei der Ausgabe durch ein Etikett gekennzeichnet werden, das in der Variablen "varname" gespeichert ist, so ist das Schlüsselwort *ID* zu verwenden.

Über das Schlüsselwort *ANOVA* läßt sich für die Variablen, die in die Clusteranalyse einbezogen sind, eine *Varianzanalyse-Tafel* abrufen, wobei die einzelnen Faktorstufen durch die Nummern für die Clusterzugehörigkeiten festgelegt sind.

Auf den oben beschriebenen Ablauf der iterativen Analyse kann mit Hilfe des Subkommandos *METHOD* in der folgenden Form Einfluß genommen werden:

```
/ METHOD = { KMEANS ( UPDATE ) | CLASSIFY }
```

Durch die Verwendung von "KMEANS(UPDATE)" wird – für jeden Iterationsschnitt – festgelegt, daß die Clusterzentren *nicht* erst nach der Zuordnung sämtlicher Cases (am Ende eines Iterationsschritts), sondern bereits jeweils nach der Zuordnung *eines* weiteren Cases (innerhalb eines Iterationsschritts) neu berechnet werden sollen.

Für den Fall, daß *keine* Iterationsschritte durchzuführen sind, sondern die "Final Cluster Centers" allein auf der Basis der "Initial Cluster Centers" ermittelt werden sollen, muß das Schlüsselwort CLASSIFY aufgeführt werden.

16.5 Clusteranalyse für große Fallzahlen (QUICK CLUSTER)

Als *Alternative* dazu, daß die Startkonfiguration der "Initial Cluster Centers" automatisch ermittelt bzw. in Form der ersten "anzahl" Cases des SPSS-files bereitgestellt wird, läßt sich eine *konkrete* Vorgabe machen, indem das Subkommando *INITIAL* in der folgenden Form eingesetzt wird:

```
/ INITIAL = ( wert_1 [ wert_2 ]... )
```

Um z.B. die oben errechneten endgültigen Clusterzentren, die in der Form von *"Final Cluster Centers"* angezeigt wurden, als Startkonfiguration für eine erneute Clusteranalyse vorgeben zu können, muß das *CRITERIA*-Subkommando und das *INITIAL*-Subkommando wie folgt angegeben werden:

```
/CRITERIA=CLUSTER(10)
/INITIAL=(4.8333      5.4167      5.4167
          4.6667      4.6667      3.3333
          7.3333      8.3333      7.6667
          5.2500      7.0000      4.6250
          6.5000      5.0000      5.0000
          7.0000      5.3333      7.3333
          7.0000      7.0000      9.0000
          4.8000      7.4000      6.6000
          3.0000      4.5000      5.5000
          6.7500      6.7500      6.3750)
```

Um die Werte der "Final Cluster Centers" im INITIAL-Subkommando geeignet bereitstellen zu können, läßt sich das Subkommando *WRITE* in der Form

```
/ WRITE
```

verwenden. Dadurch erfolgt eine Ausgabe in die aktuelle *Ergebnis-Datei*, die anschließend geeignet editiert und daraufhin in eine nachfolgende Analyse mit dem QUICK CLUSTER-Kommando einbezogen werden kann.

Das WRITE-Subkommando läßt sich auch dazu verwenden, bei einer großen Fallzahl eine Startkonfiguration zu ermitteln, die durch ein nachfolgendes CLUSTER-Kommando weiterverarbeitet werden kann.

Als Beispiel kann man eine Clusteranalyse durch das Programm

```
DATA LIST FILE='DATEN.TXT'/JAHRGANG GESCHL 4-5
        LEISTUNG BEGABUNG URTEIL 10-12.
QUICK CLUSTER LEISTUNG BEGABUNG URTEIL
        /CRITERIA=CLUSTER(25)
        /WRITE.
```

ausführen und dadurch ein Ausgangscluster ermitteln lassen, das mit dem Kommando CLUSTER wie folgt weiterverarbeitet werden soll:

```
DATA LIST FILE='SPSS.PRC'/
        LEISTUNG BEGABUNG URTEIL 1-48.
CLUSTER/LEISTUNG BEGABUNG URTEIL
     /PRINT=CLUSTER(3 5) SCHEDULE
     /PLOT=DENDROGRAM.
```

Insgesamt läßt sich das Kommando *QUICK CLUSTER* gemäß der folgenden Syntax einsetzen:

```
QUICK CLUSTER variablenliste
     [ / MISSING = { PAIRWISE | INCLUDE } ]
     [ / INITIAL = ( wert_1 [ wert_2 ]... ) ]
       / CRITERIA = CLUSTER ( anzahl ) [ NOINITIAL ]
             [ CONVERGE ( wert_3 ) ] [ MXITER ( wert_4 ) ]
     [ / METHOD = { KMEANS ( UPDATE ) | CLASSIFY } ]
     [ / PRINT = [ CLUSTER ] [ DISTANCE ]
             [ ID ( varname_1 ) ] [ ANOVA ] ]
     [ / WRITE ]
     [ / SAVE = [ CLUSTER ( varname_2 ) ]
             [ DISTANCE ( varname_3 ) ] ] .
```

Kapitel 17

Diskriminanzanalyse (DSCRIMINANT)

17.1 Zielsetzung der linearen Diskriminanzanalyse

Das Ziel einer Diskriminanzanalyse besteht darin, eine Regel zu ermitteln, nach der Merkmalsträger, die durch ein oder mehrere Klassifikationsmerkmale gekennzeichnet sind, vorgegebenen Gruppen zugeordnet werden können. Im Unterschied zur Clusteranalyse wird eine "Eichstichprobe" von Merkmalsträgern vorgegeben, von denen sowohl ihre jeweilige Gruppenzugehörigkeit als auch die Ausprägungen der Klassifikationsmerkmale bekannt sind. Die zu entwickelnde Zuordnungsregel soll es erlauben, eine möglichst gute Prognose darüber abzugeben, welcher Gruppe ein Merkmalsträger mit unbekannter Gruppenzugehörigkeit zugewiesen werden sollte.

Z.B. läßt sich für eine vorliegende Stichprobe von 25 Schülern und Schülerinnen der NGO feststellen, welche Ausprägungen die Klassifikationsmerkmale "Leistungseinschätzung", "Begabung" und "Lehrerurteil" besitzen und ob jeweils eine Zugehörigkeit zur Gruppe derjenigen, die im Unterricht abschalten, bzw. zur Gruppe derjenigen, die im Unterricht nicht abschalten, besteht. Damit stellt sich die folgende Frage: "Kann man aus den vorhandenen Daten eine Zuordnungsregel entwickeln, die es erlaubt, weitere Schüler und Schülerinnen allein auf Kenntnis ihrer Werte für die drei Klassifikationsmerkmale einer der beiden Gruppen in der Form zuzuordnen, daß die Prognose der Gruppenzugehörigkeit möglich günstig ausfällt?"

Hinweis: Dieses Beispiel dient nur der Demonstration, da das Skalenniveau der drei Klassifikationsmerkmale nicht als Intervallskala angesehen werden kann.

Diese Fragestellung läßt sich mit den Methoden der *linearen Diskriminanzanalyse* beantworten. Dabei werden auf der Basis von Merkmalsträgern, deren Gruppenzugehörigkeit bekannt ist, Linearkombinationen der Klassifikationsmerkmale – als *lineare Diskriminanzfunktionen* – ermittelt. Dadurch ist die Gesamtheit der resultierenden Funktionswerte einer Diskriminanzfunktion als "*kanonische Variable*" (discriminant scores) bestimmt.

Die Diskriminanzfunktionen werden mit dem Ziel ermittelt, die Variablenwerte der kanonischen Variablen zur Zuordnung von Merkmalsträgern zu verwenden. Dabei wird angestrebt, daß die resultierende Zuordnungsvorschrift zu einer maximalen *Trennung* der Gruppen führt. Auf der Basis der abgeleiteten Zuordnungsregel können anschließend Merkmalsträger, deren Gruppenzugehörigkeit *nicht* bekannt ist, allein durch die Kenntnis ihrer Klassifikationswerte gruppiert werden.

Als Basis des Gütekriteriums, nach dem die Koeffizienten der zu ermittelnden Diskriminanzfunktionen ausgewählt und damit die Werte der "kanonischen Variablen" ermittelt werden, dient standardmäßig der folgende *"Between-Within"-Quotient*:

- $\dfrac{gewichtete\ Variation\ zwischen\ den\ Gruppen}{Variation\ innerhalb\ der\ Gruppen}$

Bei dem Verfahren der linearen Diskriminanzanalyse wird versucht, in dem Fall, in dem eine Zuordnung zu k möglichen Gruppierungen erfolgen soll, "$k-1$" Diskriminanzfunktionen zu berechnen.

Die erste Diskriminanzfunktion wird dadurch festgelegt, daß die ihr zugeordnete "kanonische Variable" den "Between-Within"-Quotienten maximiert. Das dabei erreichte Maximum wird als *Eigenwert* der "kanonischen Variablen" bezeichnet.

Ist die Gruppenzahl größer als 2, so wird versucht, weitere Diskriminanzfunktionen zu errechnen. Jede neue Diskriminanzfunktion wird dadurch festgelegt, daß die ihr zugeordnete "kanonische Variable" zu sämtlich bereits ermittelten "kanonischen Variablen" paarweise *unkorreliert* ist und den ihr zugeordneten "Between-Within"-Quotienten maximiert.

17.2 Ein Beispiel

Um für die oben angegebene Fragestellung eine Zuordnungsvorschrift ermitteln zu lassen, kann z.B. das folgende SPSS-Programm zur Ausführung gebracht werden:

17.2 Ein Beispiel

```
DATA LIST FILE='DATEN.TXT'/ABSCHALT 9 LEISTUNG 10
                          BEGABUNG 11 URTEIL 12.
IF (UNIFORM(1) LE 0.1) INDIK=1.
PROCESS IF (INDIK=1).
DSCRIMINANT/GROUPS=ABSCHALT(1 2)
           /VARIABLES=LEISTUNG BEGABUNG URTEIL
           /STATISTICS=13 14.
```

Durch das Subkommando "VARIABLES" werden die Klassifikationsmerkmale für die Diskriminanzanalyse festgelegt, und durch das Subkommando "GROUPS" wird die Gruppenzugehörigkeit einer "Eichstichprobe" bestimmt. In diese Stichprobe werden alle Cases einbezogen, die für die Variable ABSCHALT entweder den Wert 1 oder den Wert 2 und zusätzlich für die Variable INDIK den Wert 1 besitzen, d.h. die durch den Aufruf der Funktion UNIFORM als Zufallsstichprobe mit einem Stichprobenumfang von etwa 10% ermittelt wurden.

Um für die "Eichstichprobe" die Güte der ermittelten Zuordnungsvorschrift beschreiben zu lassen, werden die Kennzahlen 13 und 14 innerhalb des STATISTICS-Subkommandos verwendet. Dies führt zur Ausgabe der folgenden Informationen:

.Case Number	Mis Val	Sel	Actual Group		Highest Probability Group P(D/G) P(G/D)			2nd Highest Group P(G/D)		Discrim Scores
1			1		1	.9498	.6293	2	.3707	-.4258
2			2		2	.7416	.6873	1	.3127	.9346
3			2	**	1	.8667	.6526	2	.3474	-.5307
4			2		2	.6873	.5197	1	.4803	.2023
5			1		1	.8669	.6526	2	.3474	-.5305
6			1		1	.6960	.5225	2	.4775	.0279
7			2		2	.0294	.9293	1	.0707	2.7823
8			1		1	.8671	.6525	2	.3475	-.5303
9			1		1	.2387	.8332	2	.1668	-1.5412
10			1	**	2	.9599	.6264	1	.3736	.6551
11			1		1	.8669	.6526	2	.3474	-.5305
12			2		2	.3756	.7901	1	.2099	1.4909
13			1		1	.2384	.8333	2	.1667	-1.5419
14			1		1	.3684	.7923	2	.2077	-1.2624
15			1		1	.9109	.5890	2	.4110	-.2510
16			Ungrpd		2	.6869	.5196	1	.4804	.2018
17			2	**	1	.7327	.6897	2	.3103	-.7045
18			1	**	2	.8769	.6498	1	.3502	.7597
19			1	**	2	.3750	.7903	1	.2097	1.4920
20			1		1	.2386	.8332	2	.1668	-1.5414

```
21          2          2  .6873 .5197    1 .4803    .2023
22          1          1  .7327 .6897    2 .3103   -.7045
23          2          2  .4760 .7610    1 .2390   1.3176
24          1 **       2  .9015 .5863    1 .4137    .4811
25          2 **       1  .9111 .5891    2 .4109   -.2512
```

Classification Results -

| | No. of | Predicted Group Membership ||
Actual Group	Cases	1	2
Group 1	15	11 73.3%	4 26.7%
Group 2	9	3 33.3%	6 66.7%
Ungrouped Cases	1	0 .0%	1 100.0%

Percent of "grouped" cases correctly classified: 70.83%

Hinweis: Unter "MisVal" wird die Anzahl der Klassifikationsmerkmale angezeigt, die für den betreffenden Case einen missing value besitzen. In der Spalte "Sel" wird ein Case dann gekennzeichnet, wenn er durch die Wirkung des SELECT-Subkommandos (siehe unten) von der Berechnung der Diskriminanzfunktionen ausgeschlossen wird.

Die letzte Tabelle enthält Angaben zur Güte der Klassifikation. Von den 15 Cases der Gruppe 1 werden nur 4 Cases falsch klassifiziert, sofern eine Zuordnung mit Hilfe der ermittelten linearen Diskriminanzfunktion durchgeführt wird.

Welche Werte die "kanonische Variable" für sämtliche Cases annimmt, ist der ersten Tabelle innerhalb der Spalte "Discrim Scores" zu entnehmen. Aus welcher Gruppe ein Case stammt, ist innerhalb der Spalte "Actual Group" eingetragen. Welcher Gruppe dieser Case zugeordnet wird, enthält die Spalte "Highest Group". Als Kriterium für die Zuordnung ist die (Bayes'sche) a-posteriori-Wahrscheinlichkeit "P(G/D)" dafür angegeben, daß ein Case mit dem angegebenen Wert der "kanonischen Variablen" auch tatsächlich zu der für ihn festgelegten Gruppe gehört.

Wie der jeweilige Wert der "kanonischen Variablen" generell ermittelt werden kann, läßt sich mit Hilfe der Koeffizienten der "unstandardisierten kanonischen Diskriminanzfunktion" nachvollziehen. Diese Koeffizienten lassen sich durch die Kennzahl 11 innerhalb des STATISTICS-Subkommandos ab-

17.2 Ein Beispiel

rufen. Bei unserem Beispiel führt das Subkommando

/STATISTICS=11

zur folgenden Ausgabe:

```
Unstandardized Canonical Discriminant Function Coefficients

              FUNC  1
LEISTUNG    .2264575E-03
BEGABUNG    .7320935
URTEIL      .2788387
(constant) -6.318156
```

Um die Ausprägung der "kanonischen Variablen" des 1. in die Diskriminanzanalyse einbezogenen Cases nachvollziehen zu können, müssen die zugehörigen Werte der Klassifikationsmerkmale – dies sind: LEISTUNG=5, BEGABUNG=5 und URTEIL=8 – wie folgt in die zugehörige lineare Diskriminanzfunktion eingesetzt werden:

$$-6,318156 + 0,2264575E - 03 * 5 + 0,7320935 * 5 + 0,2788387 * 8$$

Wie in der angegebenen Tabelle ausgewiesen, ergibt sich -0,4258 (Discrim Stores) als Wert der "kanonischen Variablen".

Zur Prognose der jeweiligen Gruppenzugehörigkeit müssen die *"Klassifikationskoeffizienten von Fisher"* ermittelt werden. Hierzu läßt sich die Kennzahl 12 innerhalb des STATISTICS-Subkommandos in der Form

/STATISTICS=12

mit dem folgenden Ergebnis einsetzen:

```
Classification Function Coefficients
(Fisher's Linear Discriminant Functions)

ABSCHALT=           1              2

LEISTUNG    -.9842005E-02   -.9622851E-02
BEGABUNG      4.182698         4.891180
URTEIL        1.881472         2.151317
(constant)  -18.48344        -24.71490
```

Um die Zuordnung eines Cases zu ermitteln, sind die Ausprägungen der Klassifikationsmerkmale gruppenweise mit den angegebenen Koeffizienten zu multiplizieren. Jeder Case wird derjenigen Gruppe zugeordnet, deren Koeffizienten zum jeweils *maximalen* Wert führen.

So wird z.B. für den 1. Case der zugehörige Wert für die 1. Gruppe – nach einer Rundung – wie folgt ermittelt:

$$-18,5 - 0,01 * 5 + 4,2 * 5 + 1,9 * 8 = 17,7$$

Für die 2. Gruppe ergibt sich entsprechend:

$$-24,7 - 0,01 * 5 + 4,9 * 5 + 2,2 * 8 = 17,4$$

Folglich wird der 1. Case der 1. Gruppe zugeordnet, was auch durch die oben angegebene Zuordnungstabelle belegt wird.

Sollen Cases, die *nicht* zur "Eichstichprobe" gehören, den Gruppen *automatisch* zugeordnet werden, so läßt sich dazu das Subkommando SELECT einsetzen. So werden z.B. durch das SPSS-Programm

```
DATA LIST FILE='DATEN.TXT'/ABSCHALT 9 LEISTUNG 10
                          BEGABUNG 11 URTEIL 12.
IF (UNIFORM(1) LE 0.1) INDIK=1.
DSCRIMINANT/GROUPS=ABSCHALT( 1 2 )
           /VARIABLES=LEISTUNG BEGABUNG URTEIL
           /SELECT=INDIK(1)
           /STATISTICS=13 14.
```

allein diejenigen Cases – als "Eichstichprobe" – in die Berechnung der linearen Diskriminanzfunktionen einbezogen, die für die Variable INDIK den Wert 1 besitzen, d.h. die durch den Aufruf der Funktion UNIFORM als Zufallsstichprobe mit einem Stichprobenumfang von etwa 10% ermittelt wurden. Bei der Gruppenzuordnung werden diese Cases und die Gesamtheit der Cases, die nicht zur gewählten "Eichstichprobe" gehören, jeweils gesondert klassifiziert.

17.3 Kriterien zur Güte der Gruppentrennung

Um vorab einschätzen zu können, wie gut sich die Gruppen voneinander abgrenzen lassen, ist ein Einblick in die Lage der Gruppenmitten hilfreich.

Als Gütekriterium, nach dem die Unterschiedlichkeit der Gruppenmitten beurteilt werden kann, dient der Koeffizient *"Wilks'sches Lambda"*, der für eine Variable und eine festgelegte Gruppeneinteilung wie folgt definiert ist:

17.3 Kriterien zur Güte der Gruppentrennung

- $$\frac{Variation\ innerhalb\ der\ Gruppen}{Gesamtvariation\ über\ alle\ Gruppen}$$

Hinweis: Das Wilks'sche Lambda liegt zwischen 0 und 1. Ein großer Wert deutet darauf hin, daß sich die Mittelwerte in den einzelnen Gruppen kaum unterscheiden, so daß eine gruppenspezifische Unterscheidung der Merkmalsträger sehr problematisch ist.

Soll das Wilks'sche Lambda für alle beteiligten Klassifikationsvariablen abgerufen werden, so ist hierzu die Kennzahl 6 innerhalb des STATISTICS-Subkommandos in der Form

```
/STATISTICS=6
```

einzusetzen. Daraufhin wird in unserem Beispiel die folgende Tabelle ausgegeben:

```
Wilks' Lambda (U-statistic) and univariate F-ratio
with     1 and       22 degrees of freedom
```

Variable	Wilks' Lambda	F	Significance
LEISTUNG	.94567	1.264	.2730
BEGABUNG	.83271	4.420	.0472
URTEIL	.92262	1.845	.1881

Mit den Informationen der beiden letzten Spalten lassen sich F-Tests im Sinne einer 1-faktoriellen Varianzanalyse zur Prüfung auf Mittelwertunterschiede durchführen.

Um untersuchen zu können, wie gut sich die Gruppenmittelwerte der ermittelten "kanonischen Variablen" trennen lassen, wird ein (multiples) "Wilks'sches Lambda" als Produkt von einzelnen (univariaten) "Wilks'schen Lambda"-Koeffizienten vereinbart. Mit diesem Produkt-Koeffizienten kann ein Signifikanztest zur Prüfung der folgenden Nullhypothese durchgeführt werden:

- H_0(die Mittelwerte der "kanonischen Variablen", die zu den k-1 Diskriminanzfunktionen gehören, sind in den k Grundgesamtheiten gleich)

Dieser Test basiert auf den Voraussetzugen, daß die "kanonischen Variablen" *multivariat normalverteilt* und die zu diesen Variablen gehörenden Kovarianzmatrizen in sämtlichen Gruppen *gleich* sind.

Die Informationen, die zu diesem Test erforderlich sind, lassen sich dem folgenden Ausdruck, der standardmäßig am Ende einer Diskriminanzanalyse angezeigt wird, entnehmen:

```
                    Canonical Discriminant Functions

            Pct of   Cum  Canonical   After  Wilks'
Fcn Eigenvalue Variance Pct   Corr     Fcn  Lambda Chisquare DF  Sig
                                    :  0    .8068    4.401    3 .2213
 1*   .2395   100.00 100.00  .4395  :

* marks the   1 canonical discriminant functions remaining in the analysis.
```

Der zum "Wilks'schen Lambda"-Koeffizienten "0,8068" (Wilks' Lambda) zugehörige Wert "4,401" (Chisquare) der Chi-Quadrat-verteilten Teststatistik ist bei einem vorgegebenen Testniveau von 5% *nicht* signifikant, da das zugehörige Signifikanzniveau "0,2213" (Sig) größer als das Testniveau ist.

Hinweis: Die in der Spalte "Eigenvalue" angezeigten Eigenwerte sind die Quotienten aus der "gewichteten Variation zwischen den Gruppen" und der "Variation innerhalb der Gruppen". Die in der Spalte "Canonical Corr" angegebenen *kanonischen Korrelationen* stellen die "η^2"-Koeffizienten zwischen den kanonischen Variablen und der Gruppenvariablen dar, d.h. sie sind gleich dem Quotienten aus der "gewichteten Variation zwischen den Gruppen" und der "Gesamtvariation über alle Gruppen".

Um die zu erfüllende Voraussetzung der Kovarianz-Gleichheit über alle Gruppen hin zu prüfen, läßt sich der "*M-Test von Box*" über die Kennzahl 7 wie folgt abrufen:

| /STATISTICS=7 |

Aus der daraus resultierenden Anzeige

```
Test of equality of group covariance matrices using Box's M

 The ranks and natural logarithms of determinants printed are those
 of the group covariance matrices.

    Group Label              Rank   Log Determinant
         1                    3          .625793
         2                    3         2.836858
    Pooled Within-Groups
    Covariance Matrix         3         1.815713

    Box's M      Approximate F  Degrees of freedom   Significance
    8.4897         1.1789        6,     1838.6          .3146
```

ist zu entnehmen, daß die Nullhypothese der Gleichheit aller gruppenspezifischen Kovarianzen auf dem Signifikanzniveau von "0,3146" (Significance) –

17.4 Syntax des Kommandos DSCRIMINANT

bei einem vorgegebenen Testniveau von z.B. 10% - als akzeptabel erscheint. Um sich ein Bild von der Überlappung der Gruppen - bezogen auf die Werte der "kanonischen Variablen" - zu machen, läßt sich innerhalb des STATISTICS-Subkommandos die Kennzahl 15 wie folgt angeben:

```
/STATISTICS=15
```

Daraufhin wird das folgende Histogramm ausgegeben:

```
            All-groups stacked Histogram

              Canonical Discriminant Function 1
    4 +                 2                               +
      |                 2                               |
      |                 2                               |
      |                 2                               |
    3 +           1     1     #     2                   +
      |           1     1     #     2                   |
      |           1     1     #     2                   |
      |           1     1     #     2                   |
    2 +           1    21 2 2       2                   +
      |           1    21 2 2       2                   |
      |           1    21 2 2       2                   |
      |           1    21 2 2       2                   |
    1 +         1 1 1111121112 1        2               +
      |         1 1 1111121112 1        2               |
      |         1 1 1111121112 1        2               |
      |         1 1 1111121112 1        2               |
              X----+----+----+----+----+----+----+----X
              Out -3.0 -2.0 -1.0  .0  1.0  2.0  3.0  Out
    Class       1111111111111111111111122222222222222222
  Centroids                  1      2
```

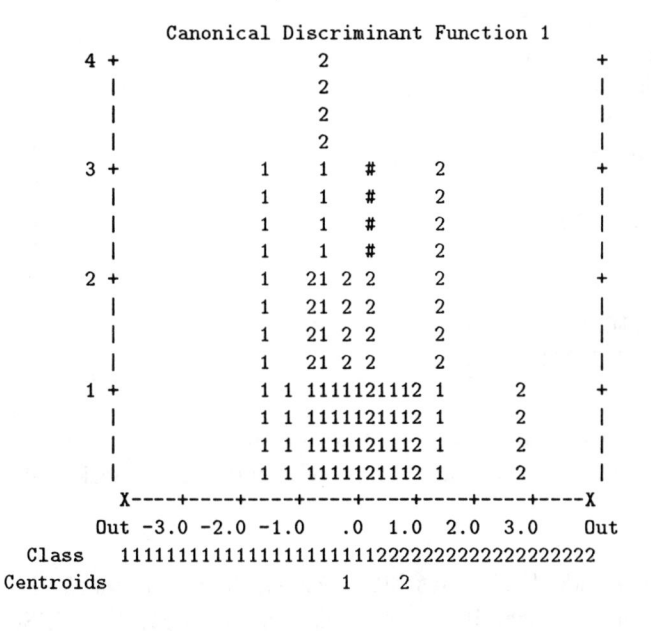

In diesem Diagramm sind die Werte der "kanonischen Variablen", die der Diskriminanzfunktion zugeordnet ist, als Abzissenwerte eingetragen. Auf der linken Seite sind die 3 Cases erkennbar, die zur Gruppe 2 gehören und durch die Zuordnungsregel fälschlicherweise als Werte der Gruppe 1 prognostiziert werden. Auf der rechten Seite sind die 4 Cases erkennbar, die zur Gruppe 1 gehören und die fälschlicherweise als Elemente der Gruppe 2 prognostiziert werden. Durch die Kennung "Class" in der vorletzten Zeile ist festgelegt, bis zu welchem Wert der Diskriminanzfunktion Cases der Gruppe 1 bzw. der Gruppe 2 zugeordnet werden. Ferner sind innerhalb der untersten Zeile die Zentroide der beiden Gruppen gekennzeichnet.

17.4 Syntax des Kommandos DSCRIMINANT

Innerhalb des *DSCRIMINANT*-Kommandos lassen sich Spezifikationen durch Subkommandos gemäß der folgenden Form angeben:

```
DSCRIMINANT / GROUPS = ... / VARIABLES = ...
        [ / SELECT = ... ]
        [ / ANALYSIS = ... ]
        [ / METHOD = ... ]...
        [ / MAXSTEPS = { 2 * variablenzahl | wert_1 } ]
        [ / TOLERANCE = { 0.001 | wert_2 } ]
        [ / FIN = { 1.0 | wert_3 } ]
        [ / FOUT = { 1.0 | wert_4 } ]
        [ / PIN = { 1.0 | wert_5 } ]
        [ / POUT = { 1.0 | wert_6 } ]
        [ / VIN = ... ]
        [ / FUNCTIONS = ... ]
        [ / PRIORS = ... ]
        [ / SAVE = ... ]
        [ / OPTIONS = ... ]
        [ / STATISTICS = ... ] .
```

Im folgenden stellen wir summarisch die Syntax der aufgeführten Subkommandos dar und erläutern die Bedeutung der jeweils zulässigen Spezifikationswerte.

Im Hinblick auf die Möglichkeit, die Klassifikationsvariablen *schrittweise* in die Analyse einzubeziehen, beschreiben die Subkommandos MAXSTEPS, TOLERANCE, FIN, FOUT, PIN und POUT den Sachverhalt, der bereits bei der schrittweisen Regressionsanalyse dargestellt wurde. Daher erfolgt für diese Subkommandos keine weitere Erläuterung.

Syntax des Subkommandos *GROUPS*
zur Bestimmung der Gruppierungsvariablen:

```
/ GROUPS = varname ( min max )
```

Die einzelnen Gruppen werden durch die Werte der Variablen "varname"

17.4 Syntax des Kommandos DSCRIMINANT

bestimmt. Bei der *Berechnung* der Diskriminanzfunktionen werden nur diejenigen Werte berücksichtigt, die innerhalb des Wertebereichs von (einschließlich) "min" bis (einschließlich) "max" enthalten sind.

Syntax des Subkommandos *VARIABLES*
für die Kennzeichnung der Klassifikationsvariablen:

```
/ VARIABLES = varliste
```

Es sind sämtliche Variablen aufzuführen, die als Klassifikationsvariablen verwendet werden können.

Syntax des Subkommandos *SELECT*
zur Kennzeichnung von Cases für die Gruppenzuordnung:

```
/ SELECT = varname ( wert )
```

In die *Berechnung* der Diskriminanzfunktionen werden *allein* diejenigen Cases einbezogen, die – neben einem zulässigen Wert für die Gruppenvariable – bei der aufgeführten Variablen den angegebenen Wert besitzen. Bei der anschließenden *Zuordnung* zu den einzelnen Gruppen werden die durch das SELECT-Subkommando gekennzeichneten Cases sowie die übrigen Cases jeweils gesondert klassifiziert.

Hinweis: Durch eine derartige Trennung kann man sich vor einer allzu optimistischen Prognose für eine Gruppenzuordnung schützen.

Um die durch das SELECT-Subkommando gekennzeichneten Cases von der Gruppenzuordnung auszuschließen, ist das OPTIONS-Subkommando mit der Kennzahl 9 einzusetzen.

Syntax des Subkommandos *ANALYSIS*
zur Bestimmung derjenigen Variablen, die als Klassifikationsvariablen in die Analyse einbezogen werden sollen:

```
/ ANALYSIS = varliste_1 [ ( zahl_1 ) ]
             [ varliste_2 [ ( zahl_2 ) ] ]...
```

Soll die Einbeziehung der Klassifikationsvariablen – entsprechend dem Vorgehen bei der schrittweisen Regression – *schrittweise* unter Berücksichtigung von vorgegebenen Aufnahmekriterien bzgl. einer ausreichend starken Gruppentrennung (steuerbar durch die Subkommandos TOLERANCE, MAXSTEPS, FIN, FOUT, PIN und POUT) geschehen, so läßt sich dies durch ganzzahlige *Niveau*-Angaben der Form "(zahl)" mit "$0 \leq zahl \leq 99$" beeinflussen. Grundsätzlich gilt:

- Jedes Niveau bezieht sich auf sämtliche Variablen der unmittelbar zuvor aufgeführten Variablenliste. Eine fehlendes Niveau ist gleichbedeutend mit dem Wert 1.

- Die Variablen werden einzeln oder gruppenweise in die Analyse einbezogen, die Variable(n) mit höchstem Niveau zuerst, diejenige(n) mit nächst kleinerem Niveau anschließend, usw. Während bei geradzahligem Niveau sämtliche zugehörigen Variablen simultan – sofern sie die durch das TOLERANCE-Subkommando festgelegte Hürde (unabhängig von weiteren Aufnahmekriterien) überwinden können – bereitgestellt werden, erfolgt die Einbeziehung bei ungeradzahligem Niveau schrittweise gemäß der Aufnahmekriterien. Variablen mit dem Niveau 0 werden nicht übernommen, sondern nur auf eine potentielle Aufnahme hin geprüft.

- Allein die bereits einbezogenen Variablen mit dem Niveau 1 werden bei jedem Analyseschritt daraufhin geprüft, ob sie den Kriterien nach wie vor standhalten oder ob sie aus der Gruppe der in die Prognose einzubeziehenden Klassifikationsvariablen wieder ausgeschlossen werden sollen.

Syntax des Subkommandos *METHOD*
zur Bestimmung des Analyseverfahrens:

```
/ METHOD = [ DIRECT ] [ WILKS ] [ RAO ]
           [ MAHAL ] [ MAXMINF ] [ MINRESID ]
```

- DIRECT : dies ist die Voreinstellung, d.h. es erfolgt *keine* schrittweise Analyse, da alle Variablen simultan übernommen werden, sofern sie die durch das TOLERANCE-Subkommando gekennzeichnete Schwelle überwinden können;

- WILKS : schrittweise Analyse unter dem Aspekt der Minimierung des (multiplen) "Wilks'schen Lambda"-Koeffizienten;

17.4 Syntax des Kommandos DSCRIMINANT

- RAO : schrittweise Analyse unter dem Aspekt der Maximierung des Zuwachses des Koeffizienten "Rao's V", der wie folgt definiert ist:

$$(n-g)\sum_{i=1}^{p}\sum_{j=1}^{p} w_{ij} * \sum_{k=1}^{g} n_k(\bar{x}_{ij} - \bar{x}_i)(\bar{x}_{jk} - \bar{x}_j)$$

mit: "n=Anzahl der Cases", "p=Anzahl der einbezogenen Variablen", "g=Anzahl der Gruppen", "n_k=Stichprobenumfang der k. Gruppe", "$\bar{x}_{ij}$=arithmetisches Mittel der i. Variablen innerhalb der j. Gruppe", "$\bar{x}_i$=arithmetisches Mittel der i. Variablen über alle Gruppen" und "w_{ij}=Element der invertierten Within-groups-Kovarianz-Matrix";

- MAHAL : schrittweise Analyse unter dem Aspekt der Maximierung der Mahalanobis-Distanz für die beiden sich am nächsten liegenden Gruppen, wobei die Mahalanobis-Distanz zwischen der s. Gruppe und der t. Gruppe wie folgt definiert ist (die Abkürzungen entsprechen denen innerhalb der oben angegebenen Formel):

$$(n-g)\sum_{i=1}^{p}\sum_{j=1}^{p} w_{ij} * (\bar{x}_{is} - \bar{x}_{it})(\bar{x}_{js} - \bar{x}_{jt})$$

- MAXMINF : schrittweise Analyse unter dem Aspekt der Maximierung des kleinsten F-Quotienten über alle Paare zweier Gruppen, wobei der F-Quotient für die s. Gruppe und die t. Gruppe wie folgt definiert ist (die Abkürzungen entsprechen denen innerhalb der oben angegebenen Formel):

$$\frac{(n-1-p)*n_s*n_t}{p*(n-2)(n_s+n_t)} * (n-g)\sum_{i=1}^{p}\sum_{j=1}^{p} w_{ij} * (\bar{x}_{is} - \bar{x}_{it})(\bar{x}_{js} - \bar{x}_{jt})$$

- MINRESID : schrittweise Analyse unter dem Aspekt der Minimierung der Summe der unerklärten Variation zwischen den Gruppen.

Syntax des Subkommandos *VIN*:

```
/ VIN = { 0 | wert }
```

- es wird die Voreinstellung 0 für das Ausschlußkriterium verändert, das bei der schrittweisen Analyse im Hinblick auf das Subkommando "/ANALYSIS=RAO" wirksam ist.

Syntax des Subkommandos *FUNCTIONS*
zur Bestimmung der Anzahl der zu ermittelnden Diskriminanzfunktionen:

```
/ FUNCTIONS = { gruppenzahl - 1  100.0  1.0
              | wert_1 wert_2 wert_3 }
```

- wert_1 : Anzahl der maximal zu berechnenden Diskriminanzfunktionen – diese Zahl muß kleiner oder gleich der um 1 verminderten Gruppenzahl bzw. der Anzahl der voneinander linear unabhängigen Klassifikationsvariablen sein;

- wert_2 : maximal auszuschöpfender Prozentsatz des kumulierten Anteils an der Gesamtheit der Eigenwerte – diese Zahl muß kleiner oder gleich 100.0 sein;

- wert_3 : maximaler Wert des Signifikanzniveaus, das beim Signifikanztest auf weitere einzubeziehende Diskriminanzfunktionen jeweils höchstens vorliegen darf, damit die aktuell untersuchte Diskriminanzfunktion in die weitere Analyse einbezogen wird – diese Zahl muß kleiner oder gleich 1.0 sein.

Syntax des Subkommandos *PRIORS*
zur Festlegung der a-priori-Wahrscheinlichkeiten für die Gruppenzugehörigkeit der Cases:

```
/ PRIORS = { SIZE | prob_1 [ prob_2 ]... }
```

- SIZE : im Gegensatz zur Voreinstellung, bei der die Wahrscheinlichkeit, daß ein Case einer bestimmten Gruppe angehört, für alle Gruppen als gleich unterstellt wird, ist die einzelne Wahrscheinlichkeit für die Zugehörigkeit zu einer Gruppe durch die empirische Häufigkeit der Gruppenzugehörigkeit innerhalb der "Eichstichprobe" festgelegt;

- prob_1 [prob_2]... : im Gegensatz zur Voreinstellung ist die einzelne Wahrscheinlichkeit für die Zugehörigkeit zur i. von k Gruppen durch die Größe "prob_i" bestimmt ($0 < $ prob_i $ < 1$, $\sum_{i=1}^{k}$prob_i $= 1$).

Syntax des Subkommandos *SAVE*
zur Sicherung von Ergebnissen der Diskriminanzanalyse innerhalb des aktuellen SPSS-files:

17.4 Syntax des Kommandos DSCRIMINANT

```
/ SAVE = [ CLASS = name_1 ] [ PROBS = name_2 ]
         [ SCORES = name_3 ]
```

- CLASS = name_1 : Einrichtung der Variablen "name_1", die für jeden Case die Nummer der Gruppe enthält, die für ihn durch die Zuordnungsvorschrift prognostiziert wurde;

- PROBS = name_2 : Einrichtung von Variablen, die für jeden Case seine a-posteriori-Wahrscheinlichkeiten enthalten, mit der er einer Gruppe zugeordnet wird; dabei ist "name_2" ein (maximal 7 Zeichen langer) Namensstamm, dem die Gruppennummer, auf die sich die jeweilige Wahrscheinlichkeit bezieht, angefügt wird;

- SCORES = name_3 : Einrichtung von Variablen, die die Werte der "kanonischen Variablen" aufnehmen; dabei ist "name_3" ein (maximal 7 Zeichen langer) Namensstamm, dem die Nummer der jeweiligen linearen Diskriminanzfunktion, die mit der "kanonischen Variablen" korrespondiert, angefügt wird.

Syntax des Subkommandos *OPTIONS*:

```
/ OPTIONS = kennzahl_1 [ kennzahl_2 ]...
```

- 1 : Cases mit benutzerseitig vereinbarten missing values werden in die Analyse einbezogen;

- 4 : der Ausdruck, der den aktuellen Analyseschritt dokumentiert, wird unterdrückt;

- 5 : der Ausdruck, der das Gesamtergebnis der schrittweisen Analyse dokumentiert, wird unterdrückt;

- 6 : es soll die Pattern-Matrix mit den Koeffizienten der standardisierten Diskriminanzfunktionen orthogonal rotiert werden;

- 7 : es soll die Struktur-Matrix mit den Korrelationskoeffizienten zwischen den Klassifikationsvariablen und den kanonischen Variablen, die für alle Gruppen getrennt ermittelt und anschließend elementweise der arithmetischen Mittelbildung unterzogen worden sind, orthogonal rotiert werden;

Hinweis: Rotationen können die Interpretation der Analyseergebnisse erleichtern. Sie haben keinen Einfluß auf die Gruppenzuordnung der Cases.

- 8 : Cases mit missing values werden durch die Zuordnungsregel den betreffenden Gruppen zugewiesen, indem ihre Werte durch das jeweilige arithmetische Mittel ersetzt werden;

- 9 : die Cases, die durch ein SELECT-Subkommando gekennzeichnet sind, werden bei der Gruppenzuordnung ausgeschlossen;

- 10 : es werden allein diejenigen Cases den einzelnen Gruppen zugeordnet, die bei der Gruppierungsvariablen einen Wert besitzen, der außerhalb des durch das GROUPS-Subkommando gekennzeichneten Wertebereichs liegt;

- 11 : zur Klassifikation werden die einzelnen Kovarianzmatrizen der Klassifikationsvariablen sämtlicher Gruppen verwendet – im Gegensatz zum standardmäßigen Verfahren, bei dem für jede Gruppe die Kovarianzmatrizen der Klassifikationsvariablen ermittelt und anschließend elementweise das arithmetische Mittel über sämtliche derartige Matrizen gebildet wird.

Syntax des Subkommandos *STATISTICS*:

```
/ STATISTICS = kennzahl_1 [ kennzahl_2 ]...
```

- 1 : Ausgabe von arithmetischen Mittelwerten, die gruppenspezifisch sowie gruppenübergreifend gebildet werden;

- 2 : Anzeige der Standardabweichungen, die gruppenspezifisch sowie gruppenübergreifend gebildet werden;

- 3 : Ausgabe der Kovarianzmatrizen der Klassifikationsvariablen, die für alle Gruppen getrennt ermittelt und anschließend elementweise der arithmetischen Mittelbildung unterzogen worden sind;

- 4 : Ausgabe der Korrelationsmatrix, die aus der durch die Kennzahl 3 bestimmten Kovarianzmatrix abgeleitet wird;

- 5 : Ausgabe derjenigen Matrix, deren durch die i. Zeile sowie die j. Spalte bestimmtes Element denjenigen F-Quotienten-Wert enthält, der aus dem Signifikanztest des durch "/METHOD=MAHAL" gekennzeichneten Analyseverfahrens für die i. und die j. Gruppe erhalten wurde;

17.4 Syntax des Kommandos DSCRIMINANT

- 6 : Ausgabe der zu den einzelnen Klassifikationsvariablen gehörenden F-Werte, mit denen Varianzanalyse-Tests auf Gleichheit der Mitten durchgeführt werden können;

- 7 : Ausgabe der Ergebnisse des Box'schen M-Tests zur Prüfung der Gleichheit aller Kovarianzmatrizen über sämtliche Gruppen;

- 8 : Anzeige der gruppenspezifischen Kovarianzmatrizen;

- 9 : Ausgabe der Kovarianzmatrix, in deren Berechnung sämtliche Cases einbezogen sind;

- 10 : bei mehr als einer ermittelten Diskriminanzfunktion wird ein Flächen-Plot zur Kennzeichnung der Gruppenbildungen ausgegeben, bei dem die Zentroide der einzelnen Gruppen jeweils durch einen Stern markiert sind;

- 11 : Ausgabe der Koeffizienten der unstandardisierten Diskriminanzfunktionen;

- 12 : Anzeige der Fisher'schen Klassifizierungskoeffizienten für die Gruppenzuordnung;

- 13 : Ausgabe einer Tabelle mit der Gesamtinformation über die Gruppenzuordnung der Cases;

- 14 : Anzeige einer Tabelle, in der für jeden einzelnen Case seine Gruppenzugehörigkeit beschrieben und diejenigen Werte angegeben werden, die ihm durch die Diskriminanzfunktionen zugeordnet sind;

- 15 : bei nur einer Diskriminanzfuktion wird ein Histogramm zur Kennzeichnung der Gruppierungen angezeigt; bei mehr als einer Diskriminanzfunktion wird in einem Streudiagramm, das im Koordinatensystem der beiden ersten Diskriminanzfunktionen eingetragen ist, die Plazierung der Gruppen verdeutlicht;

- 16 : die Plazierung der Gruppen wird – durch Histogramme bzw. Streudiagramme – für jede einzelne Gruppe getrennt beschrieben.

Anhang

A.1 Einführung in das Arbeiten unter MS-DOS

Mikrocomputer

Zur Datenanalyse mit dem SPSS-System wird ein geeignet ausgerüsteter Mikrocomputer (Personalcomputer, PC) benötigt, der – vereinfacht dargestellt – aus folgenden Komponenten aufgebaut ist:

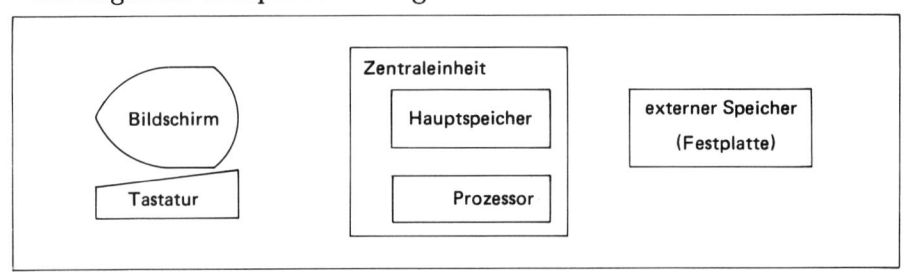

```
┌─────────────────────────────────────────────────────────────┐
│                    Zentraleinheit                            │
│   ╭─────────╮    ┌──────────────┐    ┌──────────────────┐  │
│   │Bildschirm│    │ Hauptspeicher │    │ externer Speicher │  │
│   ╰─────────╯    └──────────────┘    │    (Festplatte)   │  │
│                                       └──────────────────┘  │
│   ┌─────────┐    ┌──────────────┐                           │
│   │ Tastatur │    │   Prozessor   │                          │
│   └─────────┘    └──────────────┘                           │
└─────────────────────────────────────────────────────────────┘
```

Ein *Mikrocomputer* ist ein selbständiges Datenverarbeitungssystem, das sich von einem Großrechnersystem nicht im Aufbau und in der Wirkungsweise, sondern "praktisch" nur im Hinblick auf die Speicherkapazität und die Verarbeitungsgeschwindigkeit unterscheidet. Die räumlichen Ausmaße des Mikrocomputers erlauben den unmittelbaren Einsatz am Arbeitsplatz. Der Kern des Systems ist die *Zentraleinheit*, die aus dem *Hauptspeicher* und dem *Prozessor* besteht. Der Prozessor führt die Befehle eines *Programms* aus, das im Hauptspeicher enthalten ist und die Lösungsbeschreibung zu einer vorgegebenen Aufgabenstellung darstellt. Zur Eingabe von Daten ist eine Tastatur und zur Datenausgabe ein Bildschirm und evtl. ein Drucker an die Zentraleinheit angeschlossen.

Für den Einsatz von SPSS/PC+ 5.0 (Basispaket "Basics" und Zusatzpaket "Professional Statistics") ist ein Mikrocomputer der Firma IBM bzw. ein dazu kompatibler Mikrocomputer mit mindestens 2 MB Hauptspeicher (1 MegaByte entspricht 1024 KB, und 1 KiloByte entspricht 1024 Bytes) und einer Festplatte mit mindestens 12 MB als externem Speicher erforderlich.

Hinweis: Für SPSS/PC+ 5.0 (640 K Version) reichen 640 KB Hauptspeicher und 7 MB Festplattenspeicher.

Festplatte

Eine *Festplatte* besteht aus mehreren übereinandergelagerten, auf einer Achse zusammengefaßten dünnen Plattenscheiben, die mit einer magnetisierbaren Schicht versehen sind. Diese Scheiben sind in konzentrische Spuren gegliedert, die wiederum in Sektoren aufgeteilt sind. Gegenwärtig haben Festplatten eine Speicherkapazität von bis zu 160 MB und mehr.

Tastatur

Über die *Tastatur* lassen sich Daten an das jeweils in der Zentraleinheit ablaufende Programm übermitteln. Für den Mikrocomputer IBM-PC ist die (internationale) Tastatur wie folgt gegliedert:

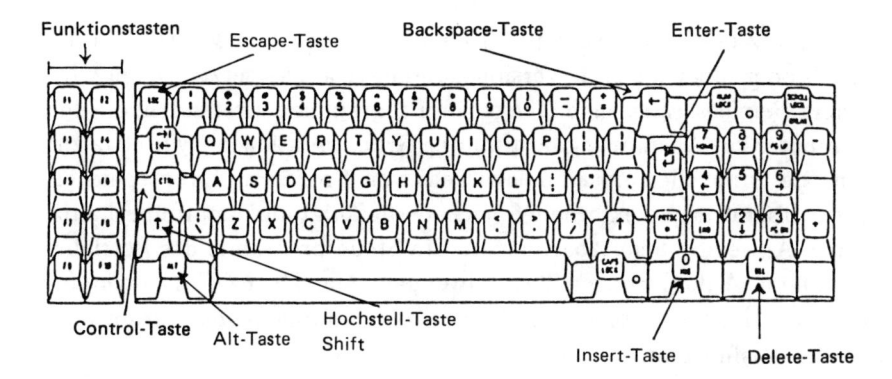

Neben den von der Schreibmaschinentastatur her bekannten Zeichentasten enthält die Tastatur eines Mikrocomputers mehrere Spezialtasten (zum Auslösen spezieller Aktionen) und Tasten zur Positionierung des *Cursors*. Dies ist eine *Schreibmarke* auf dem Bildschirm, welche die aktuelle Bildschirmposition anzeigt und durch die Tasten Cursor-Links ($\leftarrow$), Cursor-Rechts ($\rightarrow$), Cursor-Hoch ($\uparrow$), Cursor-Tief ($\downarrow$) und Cursor-Home bewegt werden kann. Weitere wichtige Spezialtasten sind etwa die Hochstell-Taste "Shift", die Enter-Taste, die Backspace-Taste, die Delete-Taste, die Insert-Taste, die Escape-Taste, die Alt-Taste und die Funktionstasten, mit denen spezielle Anforderungen an das SPSS-System eingegeben werden können.

Durch die *Enter-Taste* wird eine unmittelbar vorausgehende Dateneingabe abgeschlossen, so daß die zuvor über die Tastatur eingegebenen Zeichen dem ablaufenden Programm übermittelt werden.

Durch die *Backspace-Taste* wird das zuletzt eingegebene (fehlerhafte) Zeichen nicht übertragen. Das auf dem Bildschirm angezeigte Zeichen wird gelöscht, und die aktuelle Cursorposition wird um eine Stelle nach links (an die Position des gelöschten Zeichens) zurückgesetzt.

Mit der *Delete-Taste* wird das Zeichen an der aktuellen Cursorposition gelöscht und der Rest der Zeile eine Position nach links verschoben.
Durch die *Insert-Taste* wird der Ersetze-Modus eingestellt, in dem sich Zeichen an der aktuellen Cursorposition überschreiben lassen (durch erneutes Drücken dieser Taste wird der Ersetze-Modus beendet). Bei einer Einfügung wird der Rest der Zeile um die Anzahl der eingefügten Zeichen nach rechts verschoben.

Betriebssystem

Für den Einsatz des SPSS-Systems wird als Betriebssystem MS-DOS in der Version 3.0 oder einer höheren Versionsnummer vorausgesetzt. Dabei wird unter einem *Betriebssystem* eine Menge von Programmen verstanden, die den Mikrocomputer zur Ausführung bestimmter Grundfunktionen – wie etwa zur Steuerung des sinnvollen Zusammenwirkens von Prozessor, Hauptspeicher, Bildschirm, Tastatur und externem Speicher – befähigt und damit überhaupt erst für den Anwender benutzbar macht. Ein Steuerprogramm des Betriebssystems nimmt Anforderungen des Anwenders, die als *DOS-Kommandos* formuliert sein müssen, entgegen und bringt die dadurch angeforderten Programme zur Ausführung.
Der Mikrocomputer wird durch Betätigung des Netzschalters in Betrieb gesetzt. Nach dem Aufbau der Verbindungen aller Rechnerkomponenten meldet das System seine Bereitschaft zur Entgegennahme eines DOS-Kommandos durch das Anzeigen der *Systemanfrage* (in der Regel ist dies der Text "C:\>") auf dem Bildschirm. Jetzt können DOS-Kommandos eingegeben werden, durch die Programme zur Ausführung gebracht werden sollen.

Katalogisierung einer Datei

Auf dem externen Speicher werden Daten in Form von *Dateien* abgespeichert, die das Betriebssystem über Einträge in einem *Verzeichnis* (directory) verwaltet. Unter einer Datei (file) wird dabei eine Sammlung von *Datensätzen* verstanden, die von einem Programm aufgebaut und bearbeitet werden kann.
Bei der Einrichtung einer Datei wird die Datei *katalogisiert*, d.h. es wird der Dateiname zusammen mit den Informationen über die Lage der Datensätze auf dem Speichermedium in das jeweils eingestellte Verzeichnis (in

A.1 Einführung in das Arbeiten unter MS-DOS

das Hauptverzeichnis bzw. in ein Unterverzeichnis, siehe unten) eingetragen. Der *Dateiname* kann unter Berücksichtigung der Namenskonvention

    <Grundname aus bis zu 8 Zeichen>.<Ergaenzung aus bis zu 3 Zeichen>

frei gewählt werden, d.h. jeder Dateiname besteht aus einem *Grundnamen*, dem eine durch einen *Punkt* ".", abgetrennte *Ergänzung* folgen darf. Im Grundnamen und in der Ergänzung sollten nur Buchstaben und Ziffern verwendet werden.

Haupt- und Unterverzeichnisse

Der auf dem externen Speicher enthaltene Datenbestand wird über Verzeichnisse verwaltet, die hierarchisch gegliedert sind. Ausgehend vom *Hauptverzeichnis* (gekennzeichnet durch den "backslash" "\") lassen sich zu jedem Verzeichnis ein oder mehrere neue, diesem Verzeichnis untergeordnete Verzeichnisse einrichten, deren Namen genau wie der Grundname einer Datei aufgebaut sein dürfen. Um zum aktuell eingestellten Verzeichnis (der Name des jeweils gültigen Verzeichnisses läßt sich durch das DOS-Kommando PROMPT, das in der Form "PROMPT pg" einzugeben ist, innerhalb der Systemanfrage anzeigen) ein hierzu untergeordnetes neues Unterverzeichnis anzulegen, ist das *DOS-Kommando MD* in der Form

    MD unterverzeichnisname

einzugeben. Ein Wechsel in dieses Unterverzeichnis wird über das *DOS-Kommando CD* in der Form

    CD unterverzeichnisname

durchgeführt. Um in das jeweils unmittelbar übergeordnete Verzeichnis zu gelangen, ist das *CD-Kommando* wie folgt einzugeben:

    CD ..

Normalerweise ist das SPSS-System im Unterverzeichnis SPSS installiert, d.h. die Dateien, welche die Programmteile des Systems enthalten, sind in diesem Unterverzeichnis katalogisiert. Damit das SPSS-System von jedem Unterverzeichnis aufgerufen werden kann, muß das *DOS-Kommando PATH* in der folgenden Form ausgeführt werden:

    PATH C:\;C:\SPSS;

A.2 Der REVIEW-Editor (REVIEW)

Editierung

Zur Editierung von Textdateien läßt sich der *REVIEW-Editor* durch das Kommando *REVIEW* in der Form

```
REVIEW [ { 'dateiname_1' [ 'dateiname_2' ]
         | SCRATCH | LISTING | LOG | BOTH } ] .
```

aufrufen. Bei Angabe des Schlüsselworts *SCRATCH* wird die Datei SCRATCH.PAD, bei *LISTING* die Datei SPSS.LIS, bei *LOG* die Datei SPSS.LOG und bei *BOTH* die beiden Dateien SPSS.LIS und SPSS.LOG editiert.

Hinweis: Innerhalb des *Dialog-Modus* führt die Eingabe von "REVIEW." – ohne nachfolgende Spezifikationen – dazu, daß vom Dialog-Modus in den Submit-Modus gewechselt wird.

Werden zwei Dateinamen angegeben, so wird der Review-Schirm, in dem die Editierung durchgeführt wird, in einen oberen und in einen unteren Schirm gegliedert, wobei der Cursor anfangs im unteren Schirm plaziert ist.

Die Eingabe von Zeichen in den Review-Schirm erfolgt über die Zeichentasten der Tastatur. Am Zeilenende ist zum Wechsel auf den Anfang der nachfolgenden Zeile die Enter-Taste zu drücken.

Zur Löschung, Ersetzung und Einfügung von Zeichen ist der Cursor zuvor auf die jeweils gewünschte Bildschirmposition zu bewegen.

Die Positionierung des Cursors läßt sich durch die folgenden Tasten bzw. Tastenkombinationen unterstützen:

- Cursor-Links: eine Zeichenposition zurück,

- Cursor-Rechts: eine Zeichenposition weiter,

- Cursor-Hoch: in die gleiche Zeichenposition der vorausgehenden Zeile,

- Cursor-Tief: in die gleiche Zeichenposition der nachfolgenden Zeile,

- PgDn : in die gleiche Zeichenposition der Zeile, die gegenüber der aktuellen Zeile um 22 Zeilen nach unten verschoben ist (liegt diese Zeilenposition unterhalb der letzten Zeile, so wird die letzte Zeile zur aktuellen Zeile),

A.2 Der REVIEW-Editor (REVIEW)

- PgUp : in die gleiche Zeichenposition der Zeile, die gegenüber der aktuellen Zeile um 22 Zeilen nach oben verschoben ist (liegt diese Zeilenposition oberhalb der ersten Zeile, so wird die erste Zeile zur aktuellen Zeile),
- Home : auf den Anfang des aktuellen Schirms,
- End : hinter die letzte Zeile des aktuellen Schirms,
- Ctrl+Home : auf den Dateianfang,
- Ctrl+End : hinter die letzte Zeile der Datei,
- Ctrl+PgUp : an den Anfang der ersten Zeile, die im Editor-Puffer enthalten ist,
- Ctrl+PgDn: an den Anfang des aktuellen Schirms,
- Alt+F7 auf den Beginn eines markierten Bereichs,
- Ctrl+Cursor-Links : an den Zeilenanfang, und
- Ctrl+Cursor-Rechts : hinter das Zeilenende.

Durch die Backspace-Taste wird das zuletzt eingegebene Zeichen nicht übertragen. In diesem Fall wird das auf dem Bildschirm angezeigte Zeichen gelöscht und die aktuelle Cursorstellung auf die Position des gelöschten Zeichens gesetzt.

Mit der Insert-Taste kann der standardmäßig eingestellte Einfüge-Modus ausgeschaltet und anschließend (durch erneutes Drücken) wieder eingeschaltet werden.

Mit der Delete-Taste wird das Zeichen an der aktuellen Zeichenposition gelöscht und der Rest der Zeile um eine Zeichenposition nach links verschoben. Wird die Delete-Taste am Zeilenende betätigt, so werden die aktuelle und die nachfolgende Zeile zu einer Zeile verbunden.

Eine Zeilentrennung läßt sich durch die Insert-Taste vornehmen, woraufhin die Zeile an der aktuellen Cursorposition aufgebrochen wird.

Funktionstasten und Mini-Menüs

Die Editierung läßt sich durch *Funktionstasten* unterstützen, mit denen sich *Mini-Menüs* – am unteren Bildschirmrand – anzeigen lassen, aus denen die jeweils gewünschte Option ausgewählt werden kann. Durch die Funktionstasten F1 bis F10 lassen sich die folgenden Mini-Menüs abrufen:

- F1 : *Hilfe-Menü (info) mit den Optionen:*

    - Review Help (Alt+R) : zum Abruf von Informationen über das Arbeiten mit dem REVIEW-Editor
    - Menus (Alt+M) (Shift+F1) : Ein- bzw. Ausschaltung der Auswahl-Möglichkeiten des Menü-Systems, die zur Unterstützung der Eingabe von SPSS-Kommandos verwendet werden können
    - File list (Alt+F) (Alt+F1) : zur Anzeige der Dateien eines Unterverzeichnisses und Übernahme eines Dateinamens in den Review-Schirm
    - Glossary (Alt+G) : Glossar zum Nachschlagen von statistischen bzw. SPSS-spezifischen Fachausdrücken
    - menu Hlp off (Alt+H) : Aus- bzw. Einschaltung der (im rechten Bildschirmbereich angezeigten) erläuternden Texte zu den Auswahl-Möglichkeiten des Menü-Systems

- F2 : *Fenster-(Wechsel-)Menü (windows) mit den Optionen:*

    - Switch (Alt+S) : zum Wechsel des aktuellen Review-Schirms bei geteiltem Bildschirm
    - change Size (Ctrl+F2) : zur Änderung der Schirmgrößen bei geteiltem Bildschirm
    - Zoom (Alt+Z) : zur Aus- und Einblendung eines Schirms bei geteiltem Bildschirm

- F3 : *Datei-Menü (files) mit den Optionen:*

    - Edit different file (Shift+F3) : für den Zugriff auf eine andere zu editierende Datei
    - Insert file : zur Einfügung eines Dateiinhalts

- F4 : *Zeilen-Menü (lines) mit den Optionen:*

    - Insert after (Alt+I) : zum Einfügen einer Zeile hinter der aktuellen Zeile

A.2 Der REVIEW-Editor (REVIEW)

- insert Before (Alt+B) (Shift+F4) : zum Einfügen einer Zeile vor der aktuellen Zeile
- Delete (Alt+D) (Ctrl+F4) : zum Löschen der aktuellen Zeile
- Undelete (Alt+U) (Alt+F4) : zur Einfügung der zuvor gelöschten Zeile

- F5 : *Zeichenketten-Menü (look) mit den Optionen:*

  - Forward find : zur Suche eines Textes in Richtung Dateiende
  - Backward find (Shift+F6) : zur Suche eines Textes in Richtung Dateianfang
  - fOrward change : zur Änderung von Text(en) in Richtung Dateiende
  - bAckward change (Shift+F5) : zur Änderung von Text(en) in Richtung Dateianfang

- F6 : *Positioniere-Menü (go to) mit der Option:*

  - Output pg (Ctrl+F6) : zur Angabe der anzuzeigenden Seite innerhalb der Listing-Datei mit den Analyseergebnissen

- F7 : *Markiere-Menü (mark/unmark area of) mit den Optionen:*

  - Lines : zur Kennzeichnung der ersten bzw. letzten Zeile eines Zeilenbereichs
  - Rectangle (Shift+F7) : zur Kennzeichnung einer Eckposition eines rechteckigen Dateiausschnitts
  - Command : zur Kennzeichnung eines SPSS-Kommandos

- F8 : *Bereichs-Menü (area) mit den Optionen:*

  - Copy : zum Kopieren eines zuvor markierten Dateiausschnitts
  - Move (Shift+F8) : zum Verschieben eines zuvor markierten Dateiausschnitts
  - Delete (Ctrl+F8) : zum Löschen eines zuvor markierten Dateiausschnitts
  - Round (Ctrl+F7) : zur Rundung aller innerhalb eines markierten Dateiausschnitts enthaltenen Zahlen

- F9 : *Sichere-Menü (file) mit den Optionen:*

    - write Marked area : Ausgabe des zuvor markierten Dateiausschnitts in eine andere Datei
    - write Whole file (Alt+W) (Shift+F9) : Ausgabe des gesamten Dateiinhalts in eine andere Datei
    - Delete (Ctrl+F9) : Löschen einer Datei
    - aPpend marked area (Alt+P) : Anfügen des zuvor markierten Dateiausschnitts an den Satzbestand einer anderen Datei

- F10: *Ausführungs-Menü (run) mit der Option:*

    - run from Cursor (Alt+C) : Ausführung der Kommandos, die in der aktuellen Zeile und allen folgenden Zeilen bis zum Dateiende eingetragen sind
    - run marked Area (Alt+A) : Ausführung aller zuvor markierten Kommandos, sofern im Submit-Modus gearbeitet wird und zuvor eine Markierung durchgeführt wurde
    - Exit to prompt (Alt+F10) (Shift+F10) : Beendigung der Editierung und Rückkehr in den Submit-Schirm bzw. Wechsel in den Dialog-Modus

Zur Anwahl der einzelnen Optionen ist der Cursor auf die gewünschte Option zu positionieren oder aber der jeweils groß geschriebene Buchstabe einzugeben. In vielen Fällen läßt sich die Auswahl einer Option abkürzen, indem eine *Tastenkombination* von Alt-Taste und einer Buchstaben-Taste gedrückt wird. Die jeweils zulässigen Tastenkombinationen sind innerhalb der oben angegebenen Übersicht jeweils in Klammern hinter den betreffenden Optionen aufgeführt.

In Abhängigkeit von einer unmittelbar vorausgegangenen Programmausführung lassen sich über die Funktionstaste F6 die folgenden zusätzlichen Optionen auswählen:

- go to: after executed Line (Alt+L) : Wechsel hinter die Zeile, die das zuletzt ausgeführte Kommando enthält, und

- Error line : Wechsel in die Zeile, die ein fehlerhaftes Kommando enthält.

A.3 Inhalt der Dateien SPSS.LOG und SPSS.LIS

Der Inhalt der beiden Protokoll-Dateien läßt sich durch die Anforderungen

```
C:\ANALYSE>PRINT SPSS.LOG
C:\ANALYSE>PRINT SPSS.LIS
```

als Druckausgabe mit dem folgenden Ergebnis abrufen:

Inhalt der Log-Datei:

```
[Next command's output on page    1
DATA LIST FILE='DATEN.TXT'/ABSCHALT 9 LEISTUNG 10.
FREQUENCIES/VARIABLES=ABSCHALT LEISTUNG.
[Next command's output on page    5
FINISH.
```

Inhalt der Listing-Datei:

```
DATA LIST FILE='DATEN.TXT'/ABSCHALT 9 LEISTUNG 10.
FREQUENCIES/VARIABLES=ABSCHALT LEISTUNG.
The raw data or transformation pass is proceeding
     250 cases are written to the compressed active file.

***** Memory allows a total of   17873 Values, accumulated across all Variables.
      There also may be up to     2234 Value Labels for each Variable.
```

Page   2   SPSS/PC+   12/10/92

ABSCHALT

Value Label	Value	Frequency	Percent	Valid Percent	Cum Percent
	0	4	1.6	1.6	1.6
	1	138	55.2	55.2	56.8
	2	108	43.2	43.2	100.0
	Total	250	100.0	100.0	

Valid cases   250   Missing cases   0

```
-------------------------------------------------------------------------------
Page    3                       SPSS/PC+                              12/10/92

LEISTUNG
                                                   Valid      Cum
Value Label              Value  Frequency  Percent  Percent  Percent

                           1        1        .4       .4       .4
                           2        5       2.0      2.0      2.4
                           3       11       4.4      4.4      6.8
                           4       23       9.2      9.2     16.0
                           5      100      40.0     40.0     56.0
                           6       49      19.6     19.6     75.6
                           7       43      17.2     17.2     92.8
                           8       16       6.4      6.4     99.2
                           9        2        .8       .8    100.0
                                -------   -------  -------
                        Total     250     100.0    100.0

Valid cases     250   Missing cases       0
-------------------------------------------------------------------------------
Page    4                       SPSS/PC+                              12/10/92

This procedure was completed at 17:20:17
-------------------------------------------------------------------------------
Page    5                       SPSS/PC+                              12/10/92

FINISH.
```

Der Inhalt der Listing-Datei ist nach *Seiten* (pages) gegliedert, die durch die jeweils zum Seitenanfang angezeigten *Page-Nummern* gekennzeichnet sind. In der Log-Datei werden Hinweise auf die zugehörigen Page-Nummern, die in der Listing-Datei eingetragen sind, durch das Klammersymbol "[" mit dem Text "Next command's output on page" eingeleitet.

A.4 Das Arbeiten im Dialog-Modus

Aufruf des SPSS-Systems im Dialog-Modus

Zur *Beschleunigung* der interaktiven Arbeit mit dem SPSS-System können wir anstelle des Submit-Modus den *Dialog-Modus* wählen. In diesem Fall lösen wir uns von der Arbeitsumgebung des REVIEW-Editors, die innerhalb des Submit-Schirms zur Verfügung gestellt wurde, und wechseln in den unmittelbaren *Dialog* mit dem SPSS-System über.

Zur Anforderung des Dialog-Modus ändern wir die Voreinstellung des SPSS-Systems, durch die der Submit-Modus *standardmäßig* – nach der Eingabe des DOS-Kommandos SPSSPC – eingestellt ist. Dazu tragen wir in die *Profile-Datei* SPSSPROF.INI das *SET*-Kommando mit dem Subkommando *RUN-REVIEW* in der Form

```
SET / RUNREVIEW = MANUAL .
```

(abkürzbar durch "SET/RUN=MAN.") ein. Anschließend führt der Aufruf des SPSS-Systems in der Form

```
C:\ANALYSE>SPSSPC
```

zur Ausgabe des Lizenz-Menüs und der beiden folgenden Textzeilen:

```
SET / RUNREVIEW = MANUAL .
End of Profile.
```

Dieser Ausgabe schließt sich die folgende *Kommandoanforderung* (command prompt) an:

```
SPSS/PC:
```

Hierdurch werden wir aufgefordert, ein SPSS-Kommando einzugeben (dieser *Prompt* läßt sich durch ein SET-Kommando mit dem Subkommando PROMPT ändern, siehe Anhang A.8).

Ist der Dialog im Submit-Modus eröffnet worden und soll vom Submit-Modus in den Dialog-Modus *gewechselt* werden, so ist der Submit-Schirm durch Drücken von F10 zu verlassen. Dies führt zur Ausgabe des Mini-Menüs

```
═══════════════════════════════════════Ins Caps═══════Std Menus═ 01
 run: run from Cursor   Exit to prompt                          ALT-C
```

oder aber, falls zuvor mit dem Markierungs-Menü gearbeitet wurde, zur Ausgabe des Menüs:

```
═══════════════════════════════════════Ins Caps═══════Std Menus═ 01
 run: run from Cursor    run marked Area   Exit to prompt       ALT-C
```

Durch die Bestätigung der Option "Exit to prompt" schalten wir durch die Enter-Taste in den *Dialog-Modus* um.

Kommando-Eingabe

Bei der Eingabe eines Kommandos in die aktuelle *Anforderungszeile* ist darauf zu achten, daß nach dem *Punkt* ".", der das *Kommandoende* kennzeichnet, kein weiteres Zeichen eingegeben wird (das Kommandoende-Kennzeichen läßt sich durch das SET-Kommando mit dem Subkommando ENDCMD umstellen, siehe Anhang A.8). Durch die Enter-Taste wird das angegebene Kommando an das SPSS-System übertragen und bearbeitet.

Ist der eingegebene Kommandotext zu lang, so daß er nicht in die Anforderungszeile auf dem Bildschirm paßt, so muß die Eingabe nach und nach erfolgen. Jeder Kommandoteil ist durch die Enter-Taste abzuschließen. Solange nicht das *Kommandoendezeichen* "." übertragen wurde, fordert das SPSS-System durch die Bildschirmausgabe von ":" zur weiteren Eingabe auf (diese Anzeige läßt sich durch das SET-Kommando mit dem Subkommando CPROMPT ändern, siehe Anhang A.8).

Vor dem Absenden eines Kommandos, das in die aktuelle Anforderungszeile eingegeben ist, können fehlerhafte Angaben durch die Tasten Cursor-Links und Cursor-Rechts und durch die Insert- und Delete-Taste korrigiert werden. Soll der gesamte in der Anforderungszeile eingetragene Text *ignoriert* werden, so ist die Escape-Taste zu drücken. In diesem Fall gibt das SPSS-System den Schrägstrich "\" am Zeilenende aus und bewegt den Cursor an den Anfang der nächsten Eingabezeile, so daß die Eingabe *wiederholt* werden kann.

Zur Korrektur einer vom SPSS-System als fehlerhaft bemängelten Kommandozeile können Teile der *unmittelbar* zuvor eingegebenen Anforderungszeile – *Schablone* genannt – für eine erneute Eingabe bereitgestellt werden. Der Zugriff auf den Schabloneninhalt geschieht über die Funktionstasten F1, F2 und F3.

A.4 Das Arbeiten im Dialog-Modus

Mit F1 kann Zeichen für Zeichen aus der Schablone in der Anforderungszeile bereitgestellt werden. Mit F2 werden alle Zeichen vom Schablonenbeginn bzw. von der aktuellen Schablonenposition an bis zu dem Zeichen eingeblendet, das unmittelbar nach Druck von F2 als Suchkriterium eingegeben wird. Durch F3 lassen sich alle Zeichen vom Schablonenbeginn bzw. von der aktuellen Schablonenposition an bis zum Schablonenende innerhalb der Anforderungszeile zur Verfügung stellen.

Insgesamt stellt sich der *Dialog-Modus* wie folgt dar:

Dialog-Modus:

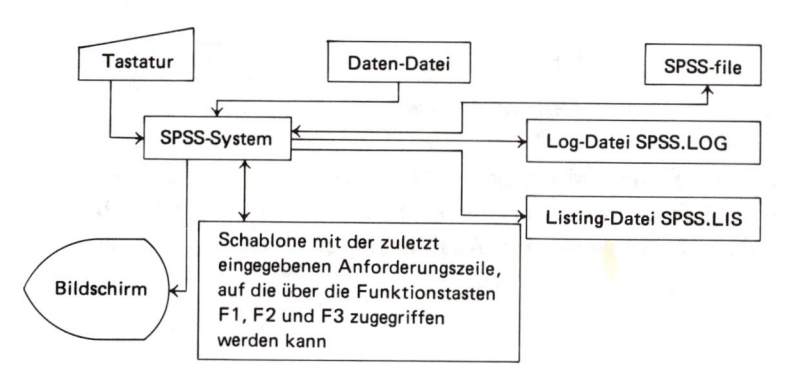

```
  Tastatur        Daten-Datei              SPSS-file
     └──────┐       │                         ▲
            ▼       ▼                         │
          SPSS-System ◄──────► Log-Datei SPSS.LOG
            ▲ │
            │ │                    Listing-Datei SPSS.LIS
            │ ▼
  Bildschirm ◄── Schablone mit der zuletzt
                 eingegebenen Anforderungszeile,
                 auf die über die Funktionstasten
                 F1, F2 und F3 zugegriffen
                 werden kann
```

Das SPSS-System untersucht den Inhalt jeder eingegebenen Anforderungszeile – unmittelbar nach der Übertragung – auf *syntaktische Korrektheit*. Fehlerhafte Eingaben werden durch die Ausgabe von geeigneten Fehlermeldungen quittiert. Ist das Kommando zum Zeitpunkt der Ausgabe einer derartigen Fehlermeldung noch *nicht vollständig* eingegeben worden, so muß die Eingabe wieder von Kommandobeginn an erfolgen.

Hinweis: Wie wir es zuvor für die Arbeit im Submit-Modus beschrieben haben, wird *auch* im Dialog-Modus standardmäßig nach einer Bildschirmausgabe gewartet, bis die Aufforderung "MORE" (am rechten oberen Bildschirmrand) durch eine Bestätigung beantwortet wird. Die Ausgaben in die Log- und die Listing-Datei erfolgen ebenfalls in gewohnter Form.

Beenden des Dialogs

Genau wie beim Submit-Modus können wir den Dialog durch das *FINISH*-Kommando *beenden* und auf die DOS-Ebene zurückkehren.

Wollen wir vom Dialog-Modus *nicht* auf die DOS-Ebene, sondern in den *Submit-Modus* umschalten, so geben wir das *SET*-Kommando mit dem Subkommando *RUNREVIEW* in der Form

```
SET / RUNREVIEW = AUTO .
```

(abkürzbar durch "SET/RUN=AUT.") ein. Anschließend wird das Submit-Menü angezeigt, so daß im Submit-Modus *weitergearbeitet* werden kann.
Das *Umschalten* vom Submit- zum Dialog-Modus (und umgekehrt) gibt das folgende Schema wieder:

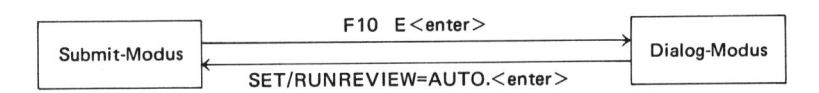

```
                          F10  E<enter>
┌──────────────┐  ──────────────────────────>  ┌──────────────┐
│ Submit-Modus │                                │ Dialog-Modus │
└──────────────┘  <──────────────────────────  └──────────────┘
                    SET/RUNREVIEW=AUTO.<enter>
```

Soll nur *kurz* in den Submit-Modus gewechselt werden, um von dort aus eine *einzige* Kommandofolge (wird anschließend in der Datei SCRATCH.PAD gesichert) an das SPSS-System zur Ausführung zu übergeben, so ist dazu das *REVIEW*-Kommando in der Form

```
REVIEW .
```

(abkürzbar durch "REV.") einzugeben.

A.5 Das Arbeiten im Batch-Modus

Die Kommando-Datei

Sollen SPSS-Kommandos nicht in einer dialogorientierten Arbeitsumgebung zur Ausführung gebracht werden, so kann das SPSS-System im *Batch-Modus* aktiviert werden. Diese Arbeitsweise ist dann gegenüber dem Submit-Modus oder dem Dialog-Modus vorzuziehen, wenn vorbereitete SPSS-Programme wiederholt ausgeführt werden sollen.

Um ein SPSS-Programm im Batch-Modus bearbeiten zu können, erfassen wir zunächst die Programmzeilen in eine *Kommando-Datei* (command file). Dazu können wir den REVIEW-Editor genauso einsetzen, wie wir es bei der Erfassung unserer Fragebogen-Daten in die Daten-Datei DATEN.TXT getan haben.

Wir tragen die Programmzeilen des SPSS-Programms über die Tastatur in den Editor-Puffer ein und sichern dessen Inhalt in eine Datei (Einsatz der Funktionstaste F9). Trägt die Sicherungs-Datei z.B. den Dateinamen KOMMANDO.TXT, so können wir das in dieser Datei abgespeicherte SPSS-Programm durch das DOS-Kommando

```
C:\ANALYSE>SPSSPC KOMMANDO.TXT
```

zur Ausführung bringen. Durch diesen Aufruf wird das SPSS-System im *Batch-Modus* ("Stapelverarbeitung") gestartet. Es liest die Programmzeilen ein und führt die Kommandos nacheinander aus, ohne daß wir auf die Programmausführung Einfluß nehmen können.

Hinweis: Die Programmausführung läßt sich durch einen *Interrupt* abbrechen. Dazu ist die Tastenkombination "Ctrl+C" zu betätigen.

Abruf aus einer Kommando-Datei

Auch während der Arbeit im Submit-Modus besteht die Möglichkeit, den Inhalt einer Kommando-Datei zur Ausführung zu bringen. Dazu ist das Kommando *INCLUDE* in der Form

```
INCLUDE 'dateiname'.
```

einzusetzen. Dieses Kommando darf abgekürzt in der Form

```
@ dateiname .
```

mit einem einleitenden Klammeraffen-Zeichen eingegeben werden.
Haben wir etwa durch den REVIEW-Editor die Kommando-Datei "AUFBAU.TXT" eingerichtet, so können wir ihren Inhalt durch das Kommando

```
INCLUDE 'AUFBAU.TXT'.
```

ausführen lassen.
Nach der Bearbeitung des letzten gespeicherten Kommandos ist die Ausführung des INCLUDE-Kommandos beendet.
Allgemein kann das INCLUDE-Kommando immer dort in einem SPSS-Programm eingesetzt werden, wo der Inhalt einer Kommando-Datei in Form einer oder mehrerer Kommandozeilen einzufügen ist. Dabei ist zu beachten, daß die in der Kommando-Datei abgespeicherten Kommandozeilen stets *vollständige* Kommandos enthalten müssen.
Standardmäßig werden die ausgeführten Kommandos in die Log-Datei eingetragen. Dabei werden die Kommandonamen jeweils durch die Klammer "[" eingeleitet.
Wird die *Log-Datei* als Kommando-Datei aufgefaßt und durch das INCLUDE-Kommando zur Ausführung gebracht, so werden die Klammern "[" als *Kommentar* gewertet. Sollen die durch das INCLUDE-Kommando einbezogenen Kommandos nicht angezeigt werden, so ist das *SET*-Kommando mit dem *INCLUDE*-Subkommando in der Form

```
SET / INCLUDE = OFF .
```

einzugeben.
Neben der Möglichkeit, durch den Einsatz des INCLUDE-Kommandos weitere Kommandozeilen zur Verfügung stellen zu können, ist es auch erlaubt, den Inhalt einer *Daten-Datei* durch das INCLUDE-Kommando in ein SPSS-Programm integrieren zu lassen (siehe Abschnitt 3.1.10).

A.6 Formatfreie Dateneingabe (DATA LIST FREE)

Bislang haben wir vorausgesetzt, daß Daten, die in das SPSS-file übertragen werden sollen, an fest vorgegebenen Zeichenpositionen innerhalb der Daten-Datei bzw. zwischen den Kommandos "BEGIN DATA" und "END DATA" gespeichert sein müssen. Diese Form der Dateneingabe wird als *formatierte* Dateneingabe bezeichnet. Die strengen Regeln, die bei der Erfassung von formatierten Daten zu beachten sind, bieten bei großen Datenbeständen die beste Gewähr, sich gegenüber falschen Zuordnungen zu schützen.

Sollen nur *wenige* Daten für eine Datenanalyse bereitgestellt werden, so ist der strenge Regelmechanismus der formatierten Dateneingabe eventuell lästig. Deshalb bietet das SPSS-System als weitere Möglichkeit der Dateneingabe die *formatfreie* Dateneingabe an.

Bei der formatfreien Dateneingabe muß das DATA LIST-Kommando in der folgenden Form verwendet werden:

```
DATA LIST [ FILE = 'dateiname' ] FREE
      / varliste_1 [ ( { An_1 | A } ) ]
      [ varliste_2 [ ( { An_2 | A } ) ] ]... .
```

Zum Beispiel können wir das folgende Programm zur Ausführung bringen:

```
DATA LIST FREE/  STUNZAHL LEISTUNG.
BEGIN DATA.
33  4      37 2      35
1   36  9
END DATA.
FREQUENCIES/VARIABLES=STUNZAHL LEISTUNG.
FINISH.
```

Durch das Schlüsselwort "FREE" ist festgelegt, daß die Dateneingabe formatfrei erfolgen soll. Dies bedeutet, daß die Daten den vereinbarten Variablen in der Reihenfolge zuzuordnen sind, in der die Variablen innerhalb des DATA LIST-Kommandos angegeben wurden.

Durch die Ausführung dieses SPSS-Programms werden STUNZAHL somit die Werte 33, 37, 35 und 36 zugeordnet, und die Variable LEISTUNG erhält die Werte 4, 2, 1 und 9 zugewiesen.

Für die Plazierung der Daten in den Datenzeilen ist zu beachten:

- Die Daten können hintereinander in einer oder mehreren Datenzeilen fortlaufend angegeben werden. Der erste Wert, der einem neuen Case zugeordnet werden soll, muß auf keiner neuen Datenzeile beginnen.

- Je zwei Werte sind durch mindestens ein Leerzeichen zu trennen. Ersatzweise darf auch ein einzelnes Komma als Trennzeichen verwendet werden.

- Ein missing value ist durch zwei aufeinanderfolgende Kommata zu kennzeichnen.

- Zur Eingabe von alphanumerischen Werten muß eine Variable als alphanumerische Variable markiert werden. Dazu ist hinter dem Variablennamen der Text "(A)" anzufügen.

- Ein alphanumerischer Wert sollte durch ein einleitendes und ein abschließendes Anführungszeichen (") eingeleitet werden.

- Sind die zu übertragenden alphanumerischen Werte länger als 8 Zeichen, so muß die maximale Länge "n" hinter dem Zeichen "A" in der Form "(An)" hinter dem Variablennamen aufgeführt werden.

Als Beispiel für die formatfreie Dateneingabe bei alphanumerischen Variablen können wir das folgende SPSS-Programm zur Ausführung bringen:

```
DATA LIST FREE/   GESCHL(A) NAME(A20) ALTER.
BEGIN DATA.
"weiblich"   "Sonja Kaehler"   15   "weiblich"
"Almut Kaehler"   8   "weiblich"   "Iris Kaehler"   13
END DATA.
LIST.
FINISH.
```

Durch das Schlüsselwort "FREE" ist festgelegt, daß die Dateneingabe formatfrei erfolgen soll. Durch "A" ist bestimmt, daß GESCHL als alphanumerische Variable einzurichten und mit Werten der maximalen Länge 8 zu füllen ist. NAME ist ebenfalls als alphanumerische Variable vereinbart. Wegen der Angabe von "(A20)" dürfen in diese Variable bis zu 20 Zeichen lange alphanumerische Werte eingetragen werden.

Da bei großen Datenmengen sehr leicht Irrtümer bei der Datenerfassung auftreten können, ist es empfehlenswert, Daten nur in Ausnahmefällen mit der formatfreien Dateneingabe einzulesen.

A.7 Der Quick-Editor (QED)

Vorbereitungen zur Datenerfassung

Bislang sind wir davon ausgegangen, daß die Daten als Textinformation in einer Daten-Datei vorlagen, die unter Einsatz des REVIEW-Editors erstellt wurde. Als Alternative zu diesem Vorgehen besteht die Möglichkeit, das SPSS-file unmittelbar bei der Datenerfassung aufbauen zu lassen. Hierzu stellt das SPSS-System den *Quick-Editor* zur Verfügung, mit dem Daten über die Tastatur in ein *Spreadsheet-Formular*, d.h. ein Kalkulationsblatt, übertragen werden können.

Wir gehen im folgenden davon aus, daß das DATA LIST-Kommando

```
DATA LIST / IDNR 1-3 JAHRGANG 4 GESCHL 5 STUNZAHL 6-7 HAUSAUF 8
            ABSCHALT 9 LEISTUNG 10 BEGABUNG 11 URTEIL 12.
```

als erstes SPSS-Kommando im Submit-Modus bzw. im Dialog-Modus zur Ausführung gebracht wurde. Dadurch sind sämtliche Variablen, die im DATA LIST-Kommando aufgeführt sind, innerhalb des SPSS-files eingerichtet worden, so daß die Daten aus den 250 Fragebögen als Variablenwerte erfaßt werden können.

Um die Datenübertragung von der Tastatur in das SPSS-file durchzuführen, muß das QED-Kommando in der Form

```
QED .
```

in den Submit-Schirm eingetragen bzw. als Anforderung im Dialog-Modus eingegeben und ausgeführt werden.

Dadurch wird zunächst der folgende Text am Bildschirm angezeigt:

```
───────<active file>───────
Title: SPSS SYSTEM FILE.  IBM PC DOS, SPSS/PC+ V3.0
Date of Creation   : 3/24/93
Time of Creation   : 11:18:33
Number of Variables: 9 (12)
Number of cases    : 1
System File Version 2, Uncompressed

───────Press space to continue───────
```

Nach dem Drücken der Leertaste erscheint die folgende Menü-Anzeige:

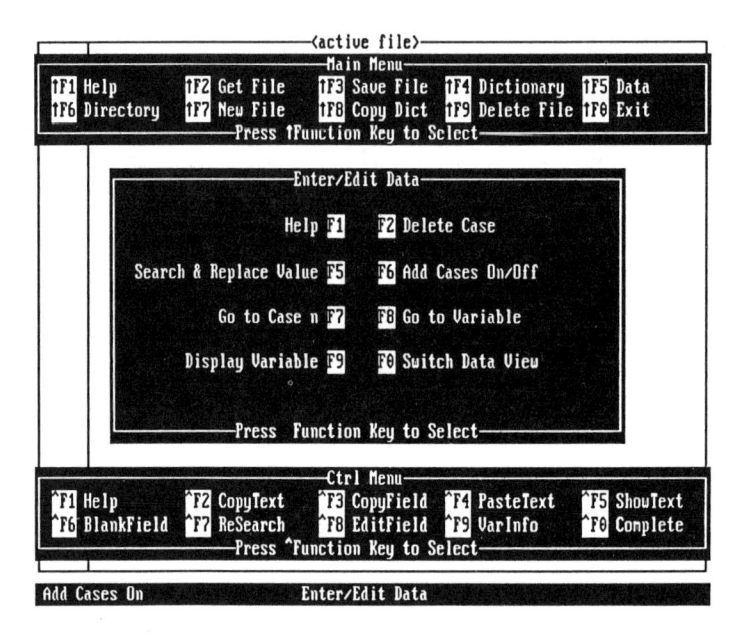

```
┌─────────────────────────〈active file〉──────────────────────────┐
│                            Main Menu                            │
│ ↑F1 Help      ↑F2 Get File  ↑F3 Save File  ↑F4 Dictionary ↑F5 Data│
│ ↑F6 Directory ↑F7 New File  ↑F8 Copy Dict  ↑F9 Delete File ↑F0 Exit│
│              ─Press ↑Function Key to Select─                    │
│      ┌──────────────────Enter/Edit Data──────────────────┐      │
│      │                                                   │      │
│      │              Help F1    F2 Delete Case            │      │
│      │                                                   │      │
│      │   Search & Replace Value F5  F6 Add Cases On/Off  │      │
│      │                                                   │      │
│      │          Go to Case n F7  F8 Go to Variable       │      │
│      │                                                   │      │
│      │         Display Variable F9  F0 Switch Data View  │      │
│      │                                                   │      │
│      │          ─Press Function Key to Select─           │      │
│      └───────────────────────────────────────────────────┘      │
│                             Ctrl Menu                           │
│ ^F1 Help       ^F2 CopyText  ^F3 CopyField ^F4 PasteText ^F5 ShowText│
│ ^F6 BlankField ^F7 ReSearch  ^F8 EditField ^F9 VarInfo   ^F0 Complete│
│              ─Press ^Function Key to Select─                    │
├─────────────────────────────────────────────────────────────────┤
│ Add Cases On              Enter/Edit Data                       │
└─────────────────────────────────────────────────────────────────┘
```

Hinweis: Die möglichen Leistungen, die über die angezeigten Menüs abgerufen werden können, geben wir unten summarisch an.

Datenerfassung

Um die Dateneingabe durchführen zu können, wechseln wir durch die Funktionstaste F7 ("Goto Case n") in das folgende Bildschirmformular:

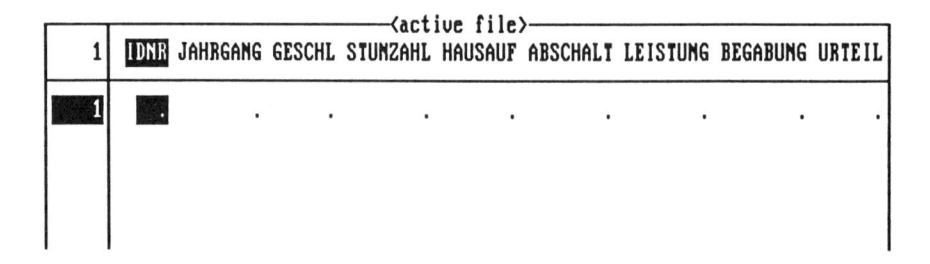

```
┌───┬─────────────────────〈active file〉─────────────────────────┐
│ 1 │ IDNR JAHRGANG GESCHL STUNZAHL HAUSAUF ABSCHALT LEISTUNG BEGABUNG URTEIL│
├───┼───────────────────────────────────────────────────────────┤
│ 1 │  .     .      .      .        .       .        .        .       .    │
│   │                                                           │
│   │                                                           │
│   │                                                           │
└───┴───────────────────────────────────────────────────────────┘
```

Hinweis: Wird versehentlich eine unerwünschte Anforderung gestellt, so kann das "Main Menu"-Menü mit der Escape-Taste abgerufen und eine neue Anforderung mitgeteilt werden.

Dieses Formular besitzt die Struktur eines *Spreadsheets*. Am oberen Rand sind die Namen der von uns vereinbarten Variablen angezeigt. Jetzt können

A.7 Der Quick-Editor (QED)

die Fragebogendaten zeilenweise (für jeden einzelnen Case) in den durch die Variablen gekennzeichneten Spaltenbereichen eingetragen werden.

Hinweis: Ist die Anzahl der Variablen sehr groß oder ist eine spaltenorientierte Erfassung wünschenswerter, so kann man durch F10 einen Spreadsheet-Schirm aufbauen lassen, in dem die Zeilen durch die Variablen gekennzeichnet sind.

Zunächst muß – zur Erfassung der Werte für den 1. Case – in die 1. Zeile positioniert werden. Dazu ist der Wert "1" in das angezeigte Fenster mit dem Text "Case number?" einzutragen. Nach der Bestätigung durch die Enter-Taste ist der Cursor im 1. Eingabefeld, d.h. in der 1. Zeile innerhalb der 1. Spalte ("IDNR"), positioniert.

Ist ein Wert in ein Eingabefeld übertragen worden, so muß er durch die Enter-Taste bestätigt werden. Anschließend wechselt der Cursor in das nächste Eingabefeld.

Da der Text "Add Cases On" am unteren Bildschirmrand eingeblendet ist, wird automatisch auf die jeweils nachfolgende Zeile gewechselt, sofern der letzte Wert für den aktuellen Case eingegeben ist.

Hinweis: Ist der Text "Add Cases On" nicht angezeigt, so läßt sich der Modus zur Verlängerung des SPSS-files durch die Funktionstaste F6 ("Add Cases On/Off") einstellen.

Nach der Eingabe und der Bestätigung des letzten Wertes einer Zeile folgt automatisch ein Wechsel in die nächste Zeile. Am Ende der gesamten Datenerfassung muß die zuletzt erzeugte Zeile wieder gelöscht werden. Dies läßt sich durch die Funktionstaste F2 erreichen, bei der auf die Anfrage "Delete current case?" mit der Eingabe von "y" und anschließender Bestätigung geantwortet werden muß.

Zur Korrektur von Werten kann mit den Cursor-Positionierungs-Tasten in die gewünschten Eingabefelder gewechselt werden. Unterstützend läßt sich mit "Home" in das 1. Eingabefeld des aktuellen Bildschirms und mit "End" in das 1. Eingabefeld der letzten Bildschirmzeile positionieren. Mit Hilfe von "PgUp" kann der vorausgehenden Schirminhalt angezeigt und mit "PgDn" der Inhalt des nächsten Schirms ausgegeben werden.

Beendigung der Datenerfassung

Soll die Datenerfassung beendet bzw. unterbrochen werden, so ist die Tastenkombination "Shift+F10" zu betätigen. Daraufhin wird die folgende Meldung am Bildschirm angezeigt:

```
There are unsaved changes.
Remember to SAVE your file in SPSS/PC+.
        ─Press space to continue─
```

Wird die Meldung mit der Leertaste bestätigt, so erfolgt die Rückkehr in den Submit-Schirm bzw. die Weiterführung im Dialog-Modus.

Anschließend können geeignete Datenanalysen mit den aktuell im SPSS-file enthaltenen Variablenwerten durchgeführt werden.

Fortsetzung der Datenerfassung

Soll eine unterbrochene Datenerfassung – innerhalb desselben Dialogs – in das SPSS-file fortgesetzt werden, so ist der Quick-Editor durch das QED-Komando erneut zu aktivieren.

Ist die Meldung über das aktuelle SPSS-file mit der Leertaste bestätigt worden, so erscheint wiederum der oben abgebildete Bildschirminhalt mit dem "Main Menu"-Menü, dem "Enter/Edit Data"-Menü und dem "Ctrl-Menu"-Menü.

Über die Funktionstaste F6 ("Add Cases On/off") gelangen wir wieder in das Spreadsheet-Formular, so daß die Erfassung fortgesetzt werden kann.

Zur Beendigung der Erfassung und zum Wechsel in den Submit- bzw. Dialog-Modus verfahren wir wie oben angegeben.

Sicherung der erfaßten Daten

Bei der Datenerfassung mit dem REVIEW-Editor konnten wir die erfaßten Daten durch die Funktionstaste F9 langfristig in einer Daten-Datei abspeichern. Entsprechend müssen wir nach der Erfassung mit dem Quick-Editor eine geeignete Sicherung vornehmen. Dazu wechseln wir durch das QED-Kommando wiederum in den Dialog mit dem Quick-Editor über.

Nach der Anzeige des "Main Menu"-Menüs, des "Enter/Edit Data"-Menüs und des "Ctrl-Menu"-Menüs fordern wir über die Tastenkombination "Shift+F3" ("Save File") die Sicherung des aktuellen SPSS-files an. Nach der Eingabe von "y" und Druck der Enter-Taste geben wir in das daraufhin angezeigte Datei-Fenster, in dem der Text "Filename to save:" eingetragen ist, einen geeigneten Dateinamen – z.B. den Namen "DATEN.SYS" – ein und bestätigen ihn durch die Enter-Taste. Nachdem wir die Voreinstellung "yes" bezüglich der Anfrage "Do you want the file saved in compressed mode?"

A.7 Der Quick-Editor (QED)

bestätigt haben, wird die Sicherung des SPSS-files in die Datei DATEN.SYS durchgeführt. Anschließend erfolgt die Meldung:

```
───────daten.sys───────
Title: SPSS/PC+ System File Written by Data Entry II
Date of Creation   : 3/24/93
Time of Creation   : 11:41:28
Number of Variables: 9 (12
Number of cases    : 2
System File Version 2, Compressed

───────Press space to continue───────
```

Nach der Bestätigung durch die Leertaste fordern wir die Rückkehr in den Dialog mit dem SPSS-System wiederum durch die Tastenkombination "Shift+F10" an.

Wird der Dialog mit dem SPSS-System durch das FINISH-Kommando beendet, so stehen die erfaßten Daten anschließend in der Datei DATEN.SYS zur Verfügung. Diese Datei läßt sich jedoch nicht mit dem REVIEW-Editor bearbeiten, da es sich beim SPSS-file um keine Textdatei handelt.

Bereitstellung der zuvor gesicherten Daten

Eine nachfolgende Verarbeitung des Inhalts von DATEN.SYS läßt sich nur dadurch vornehmen, daß der Dateiinhalt wieder als SPSS-file zur Verfügung gestellt wird. Nachdem wir den Dialog mit dem SPSS-System begonnen haben, ist dazu das QED-Kommando einzugeben und zur Ausführung zu bringen. Wird daraufhin das "Main Menu"-Menü des Quick-Editors angezeigt, so ist die Tastenkombination "Shift+F2" ("Get File") zu betätigen. Daraufhin wird in einem Datei-Fenster – mit dem Text "File to get:" – die Eingabe des gewünschten Dateinamens angefordert. Ist dort der Name DATEN.SYS eingetragen und mit der Enter-Taste bestätigt worden, so erfolgt die Meldung, daß die Datei DATEN.SYS das aktuelle SPSS-file darstellt.

Anschließend kann – nach dem Drücken der Leertaste – durch "Shift+F10" der Quick-Editor verlassen und der Dialog mit dem SPSS-System – auf der Basis des Inhalts von DATEN.SYS – fortgesetzt werden.

Änderung von Daten

Mit Hilfe des Quick-Editors lassen sich auch Änderungen im aktuellen Datenbestand des SPSS-files vornehmen. Dazu ist zunächst das QED-Komando zur Ausführung zu bringen.

Ist die Meldung über das aktuelle SPSS-file mit der Leertaste bestätigt worden, so erscheint wiederum der oben abgebildete Bildschirminhalt mit dem "Main Menu"-Menü, dem "Enter/Edit Data"-Menü und dem "Ctrl-Menu"-Menü.

Über die Funktionstaste F7 ("Goto Case n") läßt sich auf die Zeile positionieren, in der Werte zu ändern sind. Ist das betreffende Eingabefeld, in der eine Änderung durchzuführen ist, erreicht, so kann über die Anforderung "Ctrl+F8" ("Edit Field") der Inhalt des Eingabefeldes editiert werden. Mit Hilfe weiterer Anforderungen, die im "Ctrl Menu"-Menü spezifiziert sind, kann auf weitere zu verändernde Eingabefelder gewechselt werden.

Sind die erforderlichen Korrekturen durchgeführt worden, so wechseln wir wieder in den Submit- bzw. in den Dialog-Modus. Dabei verfahren wir so, wie es oben angegeben ist.

Vereinbarung von Variablen in einem neuen SPSS-file

Es besteht die Möglichkeit, die Variablen des SPSS-files – alternativ zur Beschreibung innerhalb des DATA LIST-Kommandos – mit Hilfe des Quick-Editors festzulegen.

Dazu ist zunächst unter Einsatz von "Shift+F7" ein neues SPSS-file mit z.B. dem Namen "DATEN.SYS" zu vereinbaren. Anschließend wechseln wir durch "Shift+F4" zum "Create / Edit Dictionary"-Menü. Dort definieren wir die Variablen – wie z.B. JAHRGANG, GESCHL, STUNZAHL, HAUSAUF, ABSCHALT, LEISTUNG, BEGABUNG und URTEIL – in der Form, in der sie im Hinblick auf den Fragebogen benötigt werden.

Zur Definition einer Variablen ist "F2" zu betätigen. Anschließend sind die zugehörigen Kenndaten festzulegen und durch "Ctrl+F10" zu bestätigen. Nachdem alle Variablen vereinbart sind, beenden wir den Dialog durch die Escape-Taste. Daraufhin wird erneut das "Create/Edit Dictionary"-Menü angezeigt.

Durch die Escape-Taste fordern wir das "Main Menu"-Menü an. Anschließend rufen wir über "Shift+F3" die Sicherung des SPSS-files ab. Damit steht das SPSS-file in der gewünschten Form für nachfolgende Auswertungen zur Verfügung.

A.7 Der Quick-Editor (QED)

Summarische Beschreibung der möglichen Anforderungen

Mögliche Anforderungen innerhalb des "Main Menu"-Menüs:
Mit den im Haupt-Menü angezeigten Anforderungen lassen sich die folgenden Leistungen abrufen:

- Shift+F1 *(Help)* : Anforderung von Erläuterungen zu möglichen Aktionen (die Wiederaufnahme des Dialogs erfolgt durch die Escape-Taste)

- Shift+F2 *(Get File)* : Übernahme des Inhalts einer Sicherungs-Datei als aktuelles SPSS-file

- Shift+F3 *(Save File)* : Übertragung des aktuellen SPSS-files in eine Sicherungs-Datei

- Shift+F4 *(Dictionary)* : Wechsel in die "Dictionary-Umgebung", in der Variablen (einschließlich von Variablenetiketten, Variablentyp, Zeichenzahl für die Speicherung und missing values) – unter Inanspruchnahme der Leistungen des "Create / Edit Dictionary"-Menüs – im neu eingerichteten SPSS-file vereinbart bzw. in einem bereits existierenden SPSS-file verändert werden können

- Shift+F5 *(Data)* : Wechsel in die "Data-Umgebung", in der Daten – unter Inanspruchnahme der Leistungen des "Enter / Edit Data"-Menüs – in das aktuelle SPSS-file eingegeben, dort geändert und am Bildschirm angezeigt werden können

- Shift+F6 *(Directory)* : Anzeige der innerhalb eines DOS-Dateiverzeichnisses gespeicherten Dateien

- Shift+F7 *(New File)* : Einrichtung eines neuen SPSS-files

- Shift+F8 *(Copy Dict)* : Einrichtung eines neuen SPSS-files – ohne Daten –, für das die gesamte Beschreibung aus einem SPSS-file entnommen wird, das innerhalb einer Sicherungs-Datei gespeichert ist

- Shift+F9 *(Delete File)* : Löschung einer Datei

- Shift+F10 *(Exit)* : Beendigung des Dialogs mit dem Quick-Editor

Mögliche Anforderungen innerhalb des "Create / Edit Dictionary"-Menüs:

- F1 *(Help)* : Anforderung von Erläuterungen zu möglichen Aktionen (die Wiederaufnahme des Dialogs erfolgt durch die Escape-Taste)

- F2 *(Define Variable)* : Vereinbarung einer neuen Variable im SPSS-file

- F3 *(Edit Variable)* : Änderung der Definition einer bereits vereinbarten Variablen des SPSS-files

- F4 *(Copy Variable)* : Vereinbarung einer neuen Variablen im SPSS-file, für die die Beschreibung – ohne Daten – von einer bereits existierenden Variablen übernommen wird

- F5 *(Edit Value Label)* : Vereinbarung neuer Werteetiketten oder Änderung bereits vereinbarter Werteetiketten

- F6 *(Copy Value Label)* : Übernahme aller Wertetiketten, die für eine bereits vorhandene Variable zuvor vereinbart wurden

- F7 *(Delete Variable)* : Löschung einer im SPSS-file enthaltenen Variablen

Mögliche Anforderungen innerhalb des "Enter / Edit Data"-Menüs:

- F1 *(Help)* : Anforderung von Erläuterungen zu möglichen Aktionen (die Wiederaufnahme des Dialogs erfolgt durch die Escape-Taste)

- F2 *(Delete Case)* : Löschung des aktuell durch den Cursor gekennzeichneten Cases

- F5 *(Search & Replace Value)* : Ersetzung von Werten derjenigen Variablen, auf die der Cursor positioniert ist

- F6 *(Add Cases On/Off)* : Anfügung neuer Cases am Ende des SPSS-files ist möglich

- F7 *(Go to Case n)* : Positionierung des Cursors auf den bezeichneten Case

- F8 *(Go to Variable)* : Positionierung des Cursors auf die bezeichnete Variable

A.7 Der Quick-Editor (QED)

- F9 *(Display Variable)* : Anzeige von Informationen über die Variable, die durch die aktuelle Cursorstellung gekennzeichnet ist

- F10 *(Switch Data View)* : Wechsel zwischen der Standardanzeige des Spreadsheet-Schirms, in der die Zeilen die Cases repräsentieren, in einen Spreadsheet-Schirm, in der die Zeilen durch die Variablen gekennzeichnet sind, und umgekehrt.

Mögliche Anforderungen innerhalb des "Ctrl Menu"-Menüs:
Mit den im "Ctrl Menu"-Menü angezeigten Anforderungen lassen sich die folgenden Leistungen abrufen – unabhängig davon, ob man sich in der Umgebung des "Enter / Edit Data"-Menüs oder des "Create / Edit Dictionary"-Menüs befindet:

- Ctrl+F1 *(Help)* : Anforderung von Erläuterungen zu möglichen Aktionen (die Wiederaufnahme des Dialogs erfolgt durch die Escape-Taste)

- Ctrl+F2 *(Copy Text)* : Übertragung eines rechteckigen Bildschirm-Text-Ausschnitts in den "Copy-Puffer"

- Ctrl+F3 *(Copy Field)* : Übertragung des Inhalts eines Eingabefelds in den "Copy-Puffer"

- Ctrl+F4 *(Paste Text)* : Einfügung des "Copy-Puffer"-Inhalts an die aktuelle Cursorposition

- Ctrl+F5 *(Show Text)* : Anzeige des "Copy-Puffer"-Inhalts

- Ctrl+F6 *(Blank Field)* : Löschung eines Eingabefelds durch Leerzeichen

- Ctrl+F7 *(ReSearch)* : Prüfung, ob der Text, der zuvor über die Tastatur – zur Suche innerhalb eines Auswahl-Menüs – eingetragen (und am linken unteren Bildschirmrand angezeigt) wurde, nochmals im aktuellen Auswahl-Menü auftritt

- Ctrl+F8 *(Edit Field)* : Editierung eines Eingabefelds

- Ctrl+F9 *(Var Info)* : Anzeige von Informationen über einzelne Variablen, deren Namen aus einem "Selection Menu" ausgewählt werden

- Ctrl+F10 *(Complete)* : Abschluß einer zuvor angeforderten Handlung.

A.8 Das SET-Kommando

Die möglichen Leistungen, die durch das *SET*-Kommando in der Form

```
SET / subkommando_name_1 = spezifikationswert_1
    [ / subkommando_name_2 = spezifikationswert_2 ]... .
```

abgerufen werden können, stellen wir in der nachfolgenden Übersicht zusammenfassend dar. Dabei kennzeichnen wir die jeweiligen Voreinstellungen durch groß geschriebene Schlüsselwörter und erläutern die Wirkung der Spezifikation für die jeweils klein geschriebenen Angaben.

- AUTOMENU = { ON | off } : Ausblendung der Anzeige des Menü-Systems

- BEEP = { ON | off } : das akustische Signal, das die Anzeige der jeweils nächsten Ausgabeseite auf den Bildschirm begleitet, wird unterdrückt

- BLANKS = { '.' | wert } : Wert, in den ein Feld, das nur aus Leerzeichen besteht, bei der Eingabe numerischer Werte umgewandelt wird

- BLOCK = { '█' | 'zeichen' } : Zeichen für die Darstellung eines Eiszapfen-Plots als Ergebnis einer Clusteranalyse

- BOXSTRING = 11-elementige_zeichenkette : Kennzeichnung der waagerechten und senkrechten Begrenzungslinien innerhalb von Kontingenz-Tabellen

- COLOR = { ON | off } : Wechsel zwischen Farbdarstellung und Schwarz-Weiß-Darstellung bei Farbbildschirmen

- COLOR = { (15 1 1) | (n1 n2 [n3]) } : Farbgebung des Submit-Schirms im Submit-Modus in der Reihenfolge "Text Hintergrund Begrenzung" gemäß:
  0 : Schwarz
  1 : Blau
  2 : Grün
  3 : Cyan
  4 : Rot
  5 : Magenta
  6 : Braun

A.8 Das SET-Kommando

     7 : Weiß
     8 : Grau
     9 : Hellblau
    10 : Hellgrün
    11 : Hellcyan
    12 : Hellrot
    13 : Hellmagenta
    14 : Gelb
    15 : Intensivweiß

- COMPRESS = { OFF | on } : das SPSS-file soll in komprimierter Form gehalten werden

- CPROMPT = { ':' | 'zeichenfolge' } : Zeichenfolge, welche die Fortsetzung einer begonnenen Kommandoeingabe im Dialog-Modus anfordert

- ECHO = { off | ON } : ausgeführte Kommandos sollen nicht in die Listing-Datei eingetragen werden

- EJECT = { OFF | on } : es soll zu Beginn einer neuen Ausgabeseite ein Seitenvorschub durchgeführt werden

- ENDCMD = { '.' | 'zeichen' } : Zeichen, welches das Kommandoende kennzeichnen soll

- ERRORBREAK = { ON | off } : trotz eines erkannten Fehlers soll das nächste Kommando ausgeführt werden

- HELPWINDOWS = { ON | off } : der erläuternde Text zu den Auswahl-Möglichkeiten des Menü-Systems wird unterdrückt

- HISTOGRAM = { '■' | 'zeichen' } : Zeichen zur Darstellung der Häufigkeiten in Histogrammen und Balkendiagrammen

- INCLUDE = { ON | off } : Kommandos aus Kommando-Dateien werden bei ihrer Ausführung nicht am Bildschirm angezeigt und nicht in die Log-Datei ausgegeben

- LENGTH = { 24 | n } : Zeilenzahl pro Ausgabeseite

- LISTING = { ON | off } : keine Ausgabe in die Listing-Datei

- LISTING = { 'SPSS.LIS' | 'dateiname' } : Name der Listing-Datei

- LOG = { ON | off } : keine Ausgabe in die Log-Datei
- LOG = { 'SPSS.LOG' | 'dateiname' } : Name der Log-Datei
- MENUS = { STANDARD | extended } : Anzeige der erweiterten Form des Menü-Systems
- MORE = { ON | off } : eine am Bildschirm angezeigte Ausgabeseite braucht nicht bestätigt zu werden
- NULLINE = { ON | off } : ein Kommando, das noch nicht durch das Kommandoendezeichen (".") abgeschlossen ist, wird auch durch die nachfolgende Eingabe einer Leerzeile nicht beendet
- PRINTER = { on | OFF } : die Ausgaben in die Listing-Datei werden zusätzlich auf einem Drucker protokolliert
- PROMPT = { 'SPSS/PC:' | 'zeichenfolge' } : Zeichenfolge, die im Dialog-Modus eine Kommandoeingabe anfordern soll
- PTRANSLATE = { ON | off } : Zeichen, die sich nicht zur Druckausgabe eignen, sollen durch kein geeignetes Druckausgabezeichen ersetzt werden
- RCOLOR = { (1 2 4) | (n1 n2 [n3]) } : Farbgebung des Review-Schirms in der Reihenfolge "Text Hintergrund Begrenzung" beim Einsatz des REVIEW-Editors (siehe das Schlüsselwort COLOR)
- RESULTS = { 'SPSS.PRC' | 'dateiname' } : Name der Ergebnis-Datei
- RUNREVIEW = { AUTO | manual } : Wechsel vom Submit-Modus in den Dialog-Modus
- SCREEN = { ON | off } : die ausgeführten Kommandos und die Analyseergebnisse sollen nicht auf dem Bildschirm angezeigt werden
- SEED = { RANDOM | zahl } : Startwert für den Pseudo-Zufallszahlen-Generator
- VIEWLENGTH = { MINIMUM | medium | maximum | n } : Zeilenzahl auf dem Bildschirm
- WIDTH = { 79 | 132 | n | narrow | wide } : Zeichenzahl pro Zeile einer Ausgabeseite

- WKSPACE = { 384 | n } : Größe des Arbeitsspeichers (gemessen in "K Bytes" und voreingestellt auf den Wert "384 KB"), der zur Speicherung von Zwischenergebnissen benötigt wird, soll sich auf den angegebenen Wert "n" ändern (nur zulässig beim Einsatz der "Extended Memory-Version" von SPSS/PC+).

A.9 Ausführung von MS-DOS-Kommandos (EXECUTE)

Es besteht die Möglichkeit, im Submit- bzw. im Dialog-Modus die Ausführung des SPSS-Systems zu unterbrechen und zwischenzeitlich auf die Betriebssystemebene zur Eingabe von DOS-Kommandos zurückzukehren. Dazu ist das *EXECUTE*-Kommando in der Form

```
EXECUTE DOS .
```

bzw. abkürzend das Kommando

```
DOS .
```

einzugeben. Anschließend lassen sich die gewünschten Leistungen über DOS-Kommandos anfordern. Zur Rückkehr auf die Ebene des SPSS-Systems zur Eingabe weiterer SPSS-Kommandos ist das *DOS-Kommando EXIT* in der Form

```
    EXIT
```

einzugeben. Werden speicherresidente Programme gestartet, so wird ein gewisser Speicherbereich für die weitere Verwendung unter dem SPSS-System blockiert, so daß die Rückkehr durch das DOS-Kommando EXIT fehlschlagen kann.

Ferner besteht die Möglichkeit, den Start von Programmen unter MS-DOS vom SPSS-System aus über das *EXECUTE*-Kommando in der Form

```
EXECUTE programmname.{ COM | EXE } [ ' parameter ' ] .
```

abzurufen. Dabei ist zu berücksichtigen, daß der ergänzend benötigte Speicherbereich im Hauptspeicher zur Verfügung stehen muß – andernfalls wird das EXECUTE-Kommando mit einer Fehlermeldung beendet.

A.10 Datenerfassung mit DATA ENTRY II (DE)

Als Alternative zur Datenerfassung mit dem REVIEW-Editor und dem Quick-Editor wird vom SPSS-System die Möglichkeit geboten, den Programmteil DATA ENTRY II zur dialog-orientierten komfortablen Datenerfassung einzusetzen.

Hinweis: Dieser Programmteil muß als Zusatzpaket erworben werden und läßt sich durch das folgende DOS-Kommando starten:

```
C:\SPSS>SPSSPC/DE
```

In diesem Programmteil sind sämtliche Leistungen des Quick-Editors integriert, so daß sich die im Anhang A.7 beschriebenen Leistungen in menü-orientierter Form abrufen lassen.

Durch Anforderungen, die im Dialog über Menüs formuliert werden können, läßt sich ein geeignetes *Bildschirmformular* entwerfen, über das sich Daten eingeben lassen.

Im Dialog mit dem SPSS-System kann der Programmteil DATA ENTRY II über das DE-Kommando in der Form

```
DE .
```

aktiviert werden. Nach der Anzeige des Lizensmenüs wird das "Main Menu"-Menü am Bildschirm in der folgenden Form ausgegeben:

```
┌─────────────────────Main Menu─────────────────────┐
│ ↑F1 Help      ↑F2 Files     ↑F3 Forms    ↑F4 Dictionary  ↑F5 Data │
│ ↑F6 Cleaning  ↑F7 Skip&Fill ↑F8 Options  ↑F9             ↑F0 Exit │
└──────────────Press ↑Function Key to Select────────┘
```

```
┌─────────────────────Ctrl Menu─────────────────────┐
│ ^F1 Help       ^F2 CopyText  ^F3 CopyField  ^F4 PasteText  ^F5 ShowText │
│ ^F6 BlankField ^F7 ReSearch  ^F8 EditField  ^F9 VarInfo    ^F0 Complete │
└──────────────Press ^Function Key to Select────────┘
```

Im folgenden stellen wir dar, wie wir ein Bildschirmformular mit den Fragen unseres Fragebogens aus Abschnitt 1.2 entwickeln und eine anschließende Datenerfassung in die Datei "DATEN.SYS" durchführen können.

Dazu müssen wir mit den folgenden Menüs arbeiten:

- dem "Get/Save Files"-Menü zur Vereinbarung einer Datei,

A.10 Datenerfassung mit DATA ENTRY II (DE)

- dem "Create/Edit Dictionary"-Menü zur Vereinbarung von Variablen,
- dem "Create/Edit Form"-Menü zum Aufbau eines Bildschirmformulars und
- dem "Enter/Edit Data"-Menü zum Start der Dateneingabe.

Innerhalb des "Main Menu"-Menüs wählen wir durch "Shift+F2" das "Get / Save Files"-Menü und anschließend durch "F4" die Einrichtung einer Datei an. Nachdem wir "DATEN" als Dateinamen eingegeben und bestätigt haben, wechseln wir durch "Shift+F4" zum "Create / Edit Dictionary"-Menü. Dort definieren wir die Variablen JAHRGANG, GESCHL, STUNZAHL, HAUS-AUF, ABSCHALT, LEISTUNG, BEGABUNG und URTEIL in der Form, in der sie im Hinblick auf den Fragebogen benötigt werden.

Zur Definition einer Variablen ist "F2" zu betätigen. Anschließend sind die zugehörigen Kenndaten festzulegen und durch "Ctrl+F10" zu bestätigen. Nachdem alle Variablen vereinbart sind, beenden wir den Dialog durch die Escape-Taste.

Um das Bildschirmformular aufzubauen, muß über "Shift+F3" in das "Create / Edit Form"-Menü gewechselt werden. Wir drücken "Ctrl+F9", um uns die Namen sämtlicher vereinbarten Variablen ausgeben zu lassen. Danach fordern wir durch die Escape-Taste die Ausgabe eines leeren Bildschirms an, in dem wir das gewünschte Bildschirmformular aufbauen können. Dazu tragen wir zunächst den erläuternden Text aus dem Fragebogen in einer verkürzten Form ein. Den Anfang des Bildschirmformulars gestalten wir z.B. so:

```
1. Jahrgangsstufe: 11 (1)
                   12 (2)      (a)
                   13 (3)
-----------------------------------------------------------------
2. Geschlecht: maennlich (1)
               weiblich  (2)   (b)
-----------------------------------------------------------------
3. Wieviele Unterrichtsstunden haben Sie in der Woche?

           Unterrichtsstunden:  (c)

   ...
```

Anschließend positionieren wir mit dem Cursor hinter die Zeichenfolge "(a)", betätigen "F3" und wählen aus den daraufhin angezeigten Variablennamen den Namen "JAHRGANG" aus. Dadurch wird diese Variable denjenigen Zeichen zugeordnet, die bei der späteren Datenerfassung an dieser Position als Antworten der 1. Frage eingetragen werden.

Wir wiederholen diese Zuordnung einer Variablen zu einer Eingabeposition für die restlichen Variablen, wobei "(b)" der Variablen GESCHL und "(c)" der Variablen STUNZAHL zugeordnet werden.

Nach der Fertigstellung des Bildschirmformulars fordern wir über "Shift + F5" das "Enter/Edit Data"-Menü zur Dateneingabe an. Aus diesem Menü heraus aktivieren wir durch "F6" die Ausgabe des von uns vereinbarten Bildschirmformulars.

Nach der Eingabe der Fragebogenwerte für den ersten Case – und dem Druck von F6 – wird automatisch ein bereinigtes Bildschirmformular zur Aufnahme der Werte des zweiten Cases erzeugt. Nach der Eingabe weiterer Werte läßt sich die Datenerfassung jederzeit durch "Shift+F2" beenden bzw. unterbrechen.

Innerhalb des daraufhin angezeigten "Get/Save Files"-Menüs kann die Übertragung der eingegebenen Daten in die vorab vereinbarte Datei "DATEN" durch "F3" abgerufen werden. Anschließend läßt sich der Dialog mit dem Programmteil DATA ENTRY II über "Shift+F10" beenden.

Die Datei "DATEN" besitzt "DATEN.SYS" als vollständigen Dateinamen. Sie enthält nicht nur die erfaßten Daten, sondern sie stellt eine Sicherungs-Datei des SPSS-Systems dar. Dies bedeutet, daß auch die vereinbarten Variablennamen übernommen wurden. Somit enthält sie ein SPSS-file, das durch das GET FILE-Kommando eingelesen und unmittelbar als Basis für nachfolgende Datenanalysen verwendet werden kann (siehe Abschnitt 9.2).

Soll eine unterbrochene Datenerfassung zu einem späteren Zeitpunkt wieder aufgenommen werden, so ist – nach der Eingabe des DE-Kommandos und der Auswahl des "Get/Save Files"-Menüs über "Shift+F2" – die Datei DATEN.SYS über "F2" bekannt zu machen. Anschließend läßt sich die Datenerfassung weiterführen, sofern durch "Shift+F5" in das "Enter/Edit Data"-Menü verzweigt und dort durch "F6" das Bildschirmformular erneut aktiviert wurde.

Wir fassen die zuvor beschriebenen Aktivitäten in Form einer graphischen Darstellung zusammen, die auf der nächsten Seite abgebildet ist. Die bislang angegebene Beschreibung stellt nur einen Leistungsausschnitt von DATA ENTRY II dar. Es gibt weitere Optionen, mit denen zusätzliche Leistungen abgerufen werden können.

A.10 Datenerfassung mit DATA ENTRY II (DE)

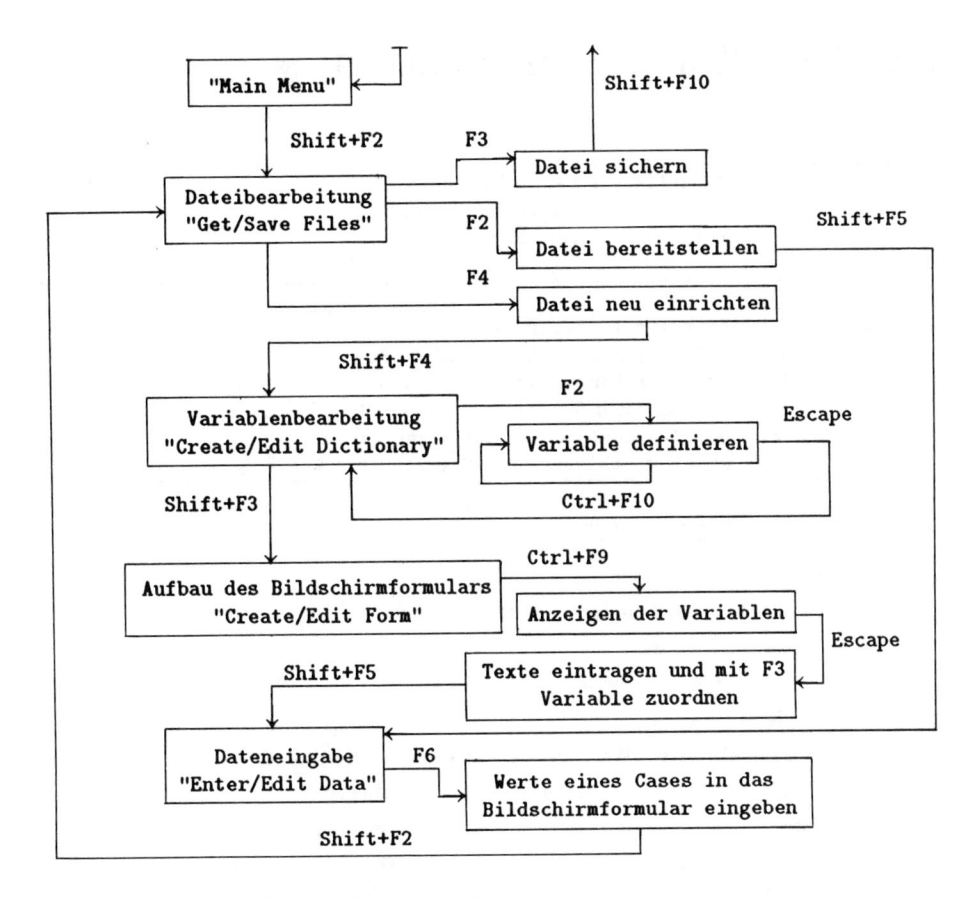

```
                    ┌──────────┐  Shift+F10
                    │"Main Menu"│◄──────┐
                    └──────────┘       │
                          │            │
                   Shift+F2│   F3  ┌──────────────┐
                          ▼   ┌───►│Datei sichern │
                 ┌──────────────┐  └──────────────┘
      ┌─────────►│Dateibearbeitung│
      │          │"Get/Save Files"│ F2  ┌──────────────────┐  Shift+F5
      │          └──────────────┘ ────►│Datei bereitstellen│────────
      │                  │         F4  └──────────────────┘
      │                  │         ────►┌──────────────────┐
      │                  │              │Datei neu einrichten│
      │             Shift+F4            └──────────────────┘
      │                  ▼                F2
      │          ┌────────────────────┐     ┌──────────────────┐ Escape
      │          │Variablenbearbeitung│────►│Variable definieren│
      │          │"Create/Edit Dictionary"│ └──────────────────┘
      │          └────────────────────┘      Ctrl+F10
      │   Shift+F3       │
      │                  ▼               Ctrl+F9
      │          ┌────────────────────┐    ┌──────────────────┐
      │          │Aufbau des Bildschirmformulars│─►│Anzeigen der Variablen│
      │          │"Create/Edit Form"  │    └──────────────────┘ Escape
      │          └────────────────────┘   ┌──────────────────────┐
      │             Shift+F5              │Texte eintragen und mit F3│
      │                  │                │Variable zuordnen        │
      │                  ▼                └──────────────────────┘
      │          ┌────────────────┐  F6  ┌──────────────────────┐
      │          │Dateneingabe    │─────►│Werte eines Cases in das│
      │          │"Enter/Edit Data"│     │Bildschirmformular eingeben│
      │          └────────────────┘      └──────────────────────┘
      └──────Shift+F2
```

Unter anderem besteht z.B. die Möglichkeit, unmittelbar bei der Dateneingabe in das Bildschirmformular die eingegeben Daten daraufhin prüfen zu lassen, ob sie im Rahmen eines festgelegten Wertebereichs zulässig sind.

Um diese Leistung abzurufen, muß nach der Vereinbarung des Bildschirmformulars das "Create/Edit Form"-Menü über "Shift+F6" verlassen werden. Dadurch wird das "Create/Edit Cleaning specs"-Menü angewählt, in dem durch "F2" eine Bereichsprüfung vereinbart werden kann. Nach der Auswahl einer Variablen und der Eingabe einer Prüfungsvorschrift, die z.B. für JAHRGANG in der Form "1 THRU 3" festzulegen ist, muß eine Bestätigung durch "Ctrl+F10" erfolgen. Weitere Prüfungsvorschriften lassen sich für andere Variablen über den erneuten Druck von "F2" und der Bestätigung über "Ctrl+F10" festlegen. Zur Rückkehr ins "Main Menu"-Menü muß die Escape-Taste betätigt werden. Anschließend läßt sich z.B. die Dateneingabe über "Shift+F5" aktivieren.

Syntax der Kommandos

```
ADD VALUE LABELS / varliste_1 wert_1 'etikett_1'
                     [ wert_2 'etikett_2 ]...
            [ / varliste_2 wert_3 'etikett_3
                     [ wert_4 'etikett_4 ]... ]... .
```

```
AGGREGATE / OUTFILE = { * | 'dateiname' }
        [ / PRESORTED ] [ / MISSING = COLUMNWISE ]
         / BREAK = indikator_variable_1 [ { A | D } ]
              [ indikator_variable_2 [ { A | D } ] ]...
         / varliste_1 = schlüsselwort_1 ( varliste_2 )
        [ / varliste_3 = schlüsselwort_2 ( varliste_4 ) ]... .
```

Die möglichen Schlüsselwörter sind:

- MAX(varliste) : Maximum
- MEAN(varliste) : arithmetisches Mittel
- MIN(varliste) : Minimum
- SD(varliste) : Standardabweichung
- SUM(varliste) : Summe
- FIRST(varliste) : erster Wert, der kein missing value ist
- LAST(varliste) : letzter Wert, der kein missing value ist
- N(varliste) : Casezahl (unter Berücksichtigung von Gewichtungen)
- NU(varliste) : Casezahl (ohne Berücksichtigung von Gewichtungen)
- NMISS(varliste) : Anzahl der missing values (unter Berücksichtigung von Gewichtungen)
- NUMISS(varliste): Anzahl der missing values (ohne Berücksichtigung von Gewichtungen)
- FGT(varliste,wert) : Casezahl mit Wert größer als "wert"
- FLT(varliste,wert) : Casezahl mit Wert kleiner als "wert"
- FIN(varliste,wert_1,wert_2) : Casezahl mit Wert zwischen "wert_1" und "wert_2"
- FOUT(varliste,wert_1,wert_2): Casezahl mit Wert kleiner als "wert_1" oder größer als "wert_2"
- PGT(varliste,wert) : Prozentanteil der Cases mit Wert größer als "wert"
- PLT(varliste,wert) : Prozentanteil der Cases mit Wert kleiner als "wert"
- PIN(varliste,wert_1,wert_2) : Prozentanteil der Cases mit Wert zwischen "wert_1" und "wert_2"
- POUT(varliste,wert_1,wert_2): Prozentsatz der Cases mit Wert kleiner als "wert_1" oder größer als "wert_2"

Syntax der Kommandos

```
ANOVA / [ VARIABLES = ] varliste_1 BY varliste_2 (min_1 max_1)
                       [ varliste_3 (min_2 max_2) ]... [ WITH varliste_4 ]
       [ / OPTIONS = kennzahl_1 [ kennzahl_2 ]... ]
       [ / STATISTICS = kennzahl_3 [ kennzahl_4 ]... ] .
```

OPTIONS-Kennzahlen:

- 1 : Einschluß von benutzerseitig vereinbarten missing values

- 2 : Unterdrückung der Ausgabe von Etiketten

- 3 : Unterdrückung sämtlicher Interaktionen

- 4 : Unterdrückung aller Interaktionen zwischen 3 und mehr Merkmalen

- 5 : Unterdrückung aller Interaktionen zwischen 4 und mehr Merkmalen

- 6 : Unterdrückung aller Interaktionen zwischen 5 und mehr Merkmalen

- 7 : In die Anpassung werden zunächst Faktoren und Kovariaten und anschließend die Interaktionen einbezogen

- 8 : In die Anpassung werden zunächst die Faktoren, dann die Kovariaten und anschließend die Interaktionen einbezogen

- 9 : In die Anpassung werden die Faktoren, die Kovariaten und die Interaktionen gleichzeitig einbezogen

- 10 : die Schätzung der Effekte erfolgt hierarchisch, d.h. sie wird durch die Reihenfolge festgelegt, in der die Faktoren und die Kovariaten innerhalb des Subkommandos VARIABLES angegeben sind.

STATISTICS-Kennzahlen:

- 1: es ist eine multiple Klassifikationsanalyse durchzuführen

- 2: bei einer Kovarianzanalyse sollen unstandardisierte partielle Regressionskoeffizienten für die Kovariaten ermittelt werden

- 3: die Zellenbesetzungen und die Mittelwerte des abhängigen Merkmals pro Zelle sind auszugeben.

```
AUTORECODE / VARIABLES = varliste_1 / INTO varliste_2
            [ / DESCENDING ] [ / PRINT ] .
```

```
BEGIN DATA .
 Daten
END DATA .
```

```
* text .
```

```
CLUSTER / variablenliste
    [ / MISSING = INCLUDE ]
    [ / READ = [ SIMILAR ] [ { TRIANGLE | LOWER } ] ]
    [ / WRITE = DISTANCE ]
    [ / MEASURE = { EUCLID | BLOCK | POWER (p,r) |
                    CHEBYCHEV | COSINE } ]
    [ / METHOD = { BAVERAGE | WAVERAGE | SINGLE |
                   COMPLETE | WARD | CENTROID | MEDIAN } [ ( name ) ] ]
    [ / SAVE = CLUSTER ( anzahl_1 anzahl_2 ) ] [ / ID = varname ]
    [ / PRINT = SCHEDULE [ DISTANCE ] CLUSTER ( anzahl_3 anzahl_4 ) ]
    [ / PLOT = [ DENDROGRAM ] [ NONE ]
               [ { HICICLE | VICICLE } ( anzahl_5 anzahl_6 ) ] ] .
```

```
COMPUTE varname = arithmetischer_ausdruck .
```

Arithmetische Operationen:

- Addition: +
- Subtraktion: -
- Multiplikation: *
- Division: /
- Potenzierung: **

Numerische Funktionen:

- ABS : Absolutbetrag
- ARTAN : Arcustangensfunktion
- COS : Cosinusfunktion
- EXP : Exponentialfunktion
- LG10 : dekadischer Logarithmus (zur Basis 10)
- LN : natürlicher Logarithmus (zur Basis e)
- MOD10 : ganzzahliger Rest der Division durch 10
- RND : Rundung zur ganzen Zahl
- SIN : Sinusfunktion
- SQRT : positive Quadratwurzel
- TRUNC : Abschneiden der Nachkommastellen

Weitere Funktionen:

- LAG (varname) : Variablenwert des Cases, der dem aktuellen Case im SPSS-file um eine Position vorausgeht; dem ersten Case wird der system-missing value zugewiesen
- MISSING (varname) : ergibt den Wert 1, falls der Wert von "varname" ein missing value ist; andernfalls ist der Funktionswert gleich 0
- NORMAL (sd) : Realisierung einer N(0,sd)-verteilten Zufallsvariablen

Syntax der Kommandos

- SYSMIS (varname) : ergibt den Wert 1, falls der Wert von "varname" gleich dem system-missing value ist; andernfalls ist der Funktionswert gleich 0

- UNIFORM (n) : Realisierung einer gleichverteilten Zufallsvariablen im offenen Intervall von 0 bis n

- VALUE (varname) : liefert den Wert von "varname" und wertet die Information, ob es sich um einen missing value handelt, nicht aus

- YRMODA (j, m, t) : ermittelt aus der Jahresangabe "j", dem Monatswert "m" und der Tagesangabe "t" eine Tagesordnungsnummer, wobei dem 15.10.1582 (Beginn des Gregorianischen Kalenders) die Ordnungsnummer 1 zugewiesen wird.

```
CORRELATION / [ VARIABLES = ] varliste_1 [ WITH varliste_2 ]
           [ / [ VARIABLES = ] varliste_3 [ WITH varliste_4 ] ]...
           [ / OPTIONS = kennzahl_1 [ kennzahl_2 ]... ]
           [ / STATISTICS = kennzahl_3 [ kennzahl_4 ]... ] .
```

OPTIONS-Kennzahlen:

- 1 : Einschluß von benutzerseitig vereinbarten missing values

- 2 : paarweiser Ausschluß von Cases mit missing values

- 3 : das Signifikanzniveau bezieht sich auf einen einseitigen Test zur Überprüfung von H0($r = 0$) anstelle eines (standardmäßig vorgenommenen) zweiseitigen Tests

- 4 : ist das Schlüsselwort WITH nicht angegeben, so werden die Korrelationskoeffizienten (zusammen mit einer Angabe über die Anzahl der gültigen Cases) in Matrixform als Datensätze in eine Ergebnis-Datei ausgegeben

- 5 : Signifikanzniveau und Anzahl der gültigen Cases werden zusätzlich angezeigt.

STATISTICS-Kennzahlen:

- 1 : vor den Korrelationskoeffizienten werden die arithmetischen Mittel (Mean) und die Standardabweichungen (Std Dev) in einer separaten Tabelle ausgegeben

- 2 : es erfolgt eine tabellarische Ausgabe der Kovariationen (Cross-Prod Dev) und der Kovarianzen (Variance-Covar) aller Variablenpaare.

```
COUNT varname = varliste_1 ( werteliste_1 )
              [ varliste_2 ( werteliste_2 ) ]... .
```

mögliche Schlüsselwörter innerhalb einer Werteliste:

- HIGHEST LOWEST THRU

mögliche Schlüsselwörter anstelle einer Werteliste:

- MISSING SYSMIS

```
CROSSTABS [ / VARIABLES = varliste_1 ( wert_1 wert_2 )
                         [ varliste_2 ( wert_3 wert_4 ) ]... ]
          / [ TABLES = ] varliste_3 BY varliste_4
                                    [ BY varliste_5 ]...
          [ / [ TABLES = ] varliste_6 BY varliste_7
                                      [ BY varliste_8 ]... ]...
          [ / MISSING = INCLUDE ]
          [ / FORMAT = [ NOLABELS ] [ NOVALLABS ] [ DVALUE ]
                       [ NOTABLES ] [ NOBOX ] [ INDEX ] ]
          [ / CELLS = [ COUNT ] [ ROW ] [ COLUMN ] [ TOTAL ] [ ALL ]
                      [ EXPECTED ] [ RESID ] [ SRESID ] [ ASRESID ] ]
          [ / WRITE = { CELLS | ALL } ]
          [ / STATISTICS = [ CHISQ ] [ PHI ] [ CC ] [ LAMBDA ] [ KAPPA ]
                           [ UC ] [ RISK ] [ BTAU ] [ CTAU ]
                           [ GAMMA ] [ D ] [ ETA ] [ CORR ] ] .
```

```
DATA LIST [ FILE = 'dateiname' ] [ TABLE ]
   / varliste_1 zpn_1 [ - zpn_2 ] [ ( { dezzahl_1 | A } ) ]
     [ varliste_2 zpn_3 [ - zpn_4 ] [ ( { dezzahl_2 | A } ) ] ]...
 [ / varliste_3 zpn_5 [ - zpn_6 ] [ ( { dezzahl_3 | A } ) ]
     [ varliste_4 zpn_7 [ - zpn_8 ] [ ( { dezzahl_4 | A } ) ] ]... ]... .
```

```
DATA LIST [ FILE = 'dateiname' ] FREE
    / varliste_1 [ ( { An_1 | A } ) ]
      [ varliste_2 [ ( { An_2 | A } ) ] ]... .
```

```
DATA LIST MATRIX [ FILE = 'dateiname' ] [ FREE ] / varliste .
```

```
DESCRIPTIVES / [ VARIABLES = ] varliste
             [ / OPTIONS = kennzahl_1 [ kennzahl_2 ]... ]
             [ / STATISTICS = kennzahl_3 [ kennzahl_4 ]... ] .
```

OPTIONS-Kennzahlen:

- 1 : Einschluß von benutzerseitig festgelegten missing values

- 2 : Unterdrückung der Ausgabe von Variablenetiketten

- 3 : Ermittlung der standardisierten Werte und Übertragung in eine Variable, deren Name durch Vorsetzen des Buchstabens "Z" aus dem Variablennamen der Ausgangsvariablen festgelegt ist

- 5 : es erfolgt ein listenweiser Ausschluß von Cases mit missing values

- 6 : für jede Variable erfolgt die Ausgabe der abgerufenen Statistiken getrennt

- 7 : pro Zeile werden maximal 79 Zeichen angezeigt

- 8 : die Ausgabe des Variablennamens entfällt, falls ein Variablenetikett vereinbart wurde.

Syntax der Kommandos

STATISTICS-Kennzahlen:

- 1 : arithmetisches Mittel
- 2 : Standardfehler (der Schätzung)
- 5 : Standardabweichung
- 6 : Varianz
- 7 : Wölbung und zugehöriger Standardfehler
- 8 : Schiefe und zugehöriger Standardfehler
- 9 : Spannweite
- 10 : minimaler Wert
- 11 : maximaler Wert
- 12 : Summe aller Werte
- 13 : Statistiken der Kennzahlen 1, 5, 10 und 11.

```
DSCRIMINANT / GROUPS = ... / VARIABLES = ...
            [ / SELECT = ... ]
            [ / ANALYSIS = ... ]
            [ / METHOD = ... ]...
            [ / MAXSTEPS = { 2 * variablenzahl | wert_1 } ]
            [ / TOLERANCE = { 0.001 | wert_2 } ]
            [ / FIN = { 1.0 | wert_3 } ]
            [ / FOUT = { 1.0 | wert_4 } ]
            [ / PIN = { 1.0 | wert_5 } ]
            [ / POUT = { 1.0 | wert_6 } ]
            [ / VIN = ... ]
            [ / FUNCTIONS = ... ]
            [ / PRIORS = ... ]
            [ / SAVE = ... ] .
            [ / OPTIONS = ... ]
            [ / STATISTICS = ... ] .
```

Bestimmung der Gruppierungsvariablen:
```
/ GROUPS = varname ( min max )
```

Kennzeichnung der Variablen:
```
/ VARIABLES = varliste
```

Kennzeichnung von Cases für die Gruppenzuordnung:
```
/ SELECT = varname ( wert )
```

Bestimmung der Klassifikationsvariablen:
```
/ ANALYSIS = varliste_1 [ ( zahl_1 ) ]
             [ varliste_2 [ ( zahl_2 ) ] ]...
```

Bestimmung des Analyseverfahrens:

```
/ METHOD = [ DIRECT ] [ WILKS ] [ RAO ]
          [ MAHAL ] [ MAXMINF ] [ MINRESID ]
```

- DIRECT : *keine* schrittweise Analyse;
- WILKS : schrittweise Analyse unter dem Aspekt der Minimierung des (multiplen) "Wilks'schen Lambda"-Koeffizienten;
- RAO : schrittweise Analyse unter dem Aspekt der Maximierung des Zuwachses des Koeffizienten "Rao's V";
- MAHAL : schrittweise Analyse unter dem Aspekt der Maximierung der Mahalanobis-Distanz für die beiden sich am nächsten liegenden Gruppen;
- MAXMINF : schrittweise Analyse unter dem Aspekt der Maximierung des kleinsten F-Quotienten über alle Paare zweier Gruppen;
- MINRESID : schrittweise Analyse unter dem Aspekt der Minimierung der Summe der unerklärten Variation zwischen den Gruppen.

Änderung der Voreinstellung für "/ANALYSIS=RAO":

```
/ VIN = { 0 | wert }
```

Bestimmung der Anzahl der zu ermittelnden Diskriminanzfunktionen:

```
/ FUNCTIONS = { gruppenzahl - 1  100.0  1.0
              | wert_1 wert_2 wert_3 }
```

- wert_1 : Anzahl der maximal zu berechnenden Diskriminanzfunktionen;
- wert_2 : maximal auszuschöpfender Prozentsatz des kumulierten Anteils an der Gesamtheit der Eigenwerte;
- wert_3 : maximaler Wert des Signifikanzniveaus, das beim Signifikanztest auf weitere einzubeziehende Diskriminanzfunktionen jeweils höchstens vorliegen darf, damit die aktuell untersuchte Diskriminanzfunktion in die weitere Analyse einbezogen wird.

Festlegung der a-priori-Wahrscheinlichkeiten für die Gruppenzugehörigkeit:

```
/ PRIORS = { SIZE | prob_1 [ prob_2 ]... }
```

- SIZE : Wahrscheinlichkeit, daß ein Case einer bestimmten Gruppe angehört, ist durch die Häufigkeit der Gruppenzugehörigkeit innerhalb der "Eichstichprobe" festgelegt;
- prob_1 [prob_2]... : die Wahrscheinlichkeit für die Zugehörigkeit zur i. von k Gruppen ist durch die Größe "prob_i"

Sicherung von Analyseergebnissen innerhalb des aktuellen SPSS-files:

```
/ SAVE = [ CLASS = name_1 ] [ PROBS = name_2 ]
         [ SCORES = name_3 ]
```

- CLASS = name_1 : Einrichtung der Variablen "name_1", die für jeden Case die Nummer der Gruppe enthält, die für ihn durch die Zuordnungsvorschrift prognostiziert wurde;

Syntax der Kommandos

- PROBS = name_2 : Einrichtung von Variablen, die für jeden Case seine a-posteriori-Wahrscheinlichkeiten enthalten, mit der er einer Gruppe zugeordnet wird;
- SCORES = name_3 : Einrichtung von Variablen, die die Werte der "kanonischen Variablen" aufnehmen.

Options-Anforderungen:

```
/ OPTIONS = kennzahl_1 [ kennzahl_2 ]...
```

OPTIONS-Kennzahlen:

- 1 : Einschluß von benutzerseitig vereinbarten missing values
- 4 : keine Ausgabe der Ergebnisse des aktuellen Analyseschritts
- 5 : kein Gesamtergebnis der Ergebnisse der schrittweisen Analyse
- 6 : orthogonale Rotation der Pattern-Matrix
- 7 : orthogonale Rotation der Struktur-Matrix
- 8 : Cases mit missing values werden Gruppen zugewiesen, indem für ihre Werte das arithmetische Mittel eingesetzt wird
- 9 : die Cases, die durch ein SELECT-Subkommando gekennzeichnet sind, werden bei der Gruppenzuordnung ausgeschlossen
- 10 : es werden allein diejenigen Cases den einzelnen Gruppen zugeordnet, die bei der Gruppierungsvariablen einen Wert besitzen, der außerhalb des durch das GROUPS-Subkommando gekennzeichneten Wertebereichs liegt
- 11 : zur Klassifikation werden die einzelnen Kovarianzmatrizen der Klassifikationsvariablen sämtlicher Gruppen verwendet.

Statistik-Anforderungen:

```
/ STATISTICS = kennzahl_1 [ kennzahl_2 ]...
```

STATISTICS-Kennzahlen:

- 1 : gruppenspezifische und gesamtes arithmetisches Mittel
- 2 : gruppenspezifische und gesamte Standardabweichung
- 3 : Kovarianzmatrizen der Klassifikationsvariablen, die für alle Gruppen getrennt ermittelt und anschließend elementweise der arithmetischen Mittelbildung unterzogen worden sind;
- 4 : Korrelationsmatrix aus Matrix nach Kennzahl 3
- 5 : Matrix mit F-Quotienten für das durch "/METHOD=MAHAL" gekennzeichnete Analyseverfahren
- 6 : F-Werte, zum Test auf Gleichheit der Mitten
- 7 : Ergebnisse des Box'schen M-Tests zur Prüfung der Gleichheit der Kovarianzmatrizen
- 8 : gruppenspezifische Kovarianzmatrizen
- 9 : Kovarianzmatrix, deren Berechnung auf allen Cases basiert

- 10 : Flächen-Plot zur Kennzeichnung der Gruppen

- 11 : Koeffizienten der unstandardisierten Diskriminanzfunktionen

- 12 : Fisher'sche Klassifizierungskoeffizienten

- 13 : Ausgabe einer Tabelle mit der Gesamtinformation über die Gruppenzuordnung der Cases;

- 14 : Tabelle mit der Gruppenzugehörigkeit und den Werten der Diskriminanzfunktionen

- 15 : Histogramm bzw. Streudiagramm zur Kennzeichnung der Gruppen

- 16 : für jede Gruppe getrennte Ausgabe von Histogrammen bzw. Streudiagrammen.

```
DISPLAY [ { varliste | ALL } ] .
```

```
EXAMINE / VARIABLES = varliste_1 [ BY varliste_2 [ BY varname_1 ] ]
    [ / COMPARE = VARIABLE ]
    [ / SCALE = UNIFORM ]
    [ / ID = varname_2 ]
    [ / FREQUENCIES = FROM ( unterer_wert ) BY ( zuwachs ) ]
    [ / PERCENTILES [ ( p_1 [ , p_2 ]... ) ] = [ { HAVERAGE |
            WAVERAGE | ROUND | AEMPIRICAL | EMPIRICAL } ] ]
    [ / PLOT = [ STEMLEAF ] [ BOXPLOT ] [ NPPLOT ]
               [ SPREADLEVEL [ ( P ) ] ] [ HISTOGRAM ] [ NONE ] ]
    [ / STATISTICS = [ [ DESCRIPTIVES ]
                       [ EXTREME [ ( anzahl ) ] ] [ NONE ] ] ]
    [ / MESTIMATOR = [ [ HUBER [ ( c1 ) ] ] [ ANDREW [ ( c2 ) ] ]
                       [ TUKEY [ ( c3 ) ] ] [ HAMPEL [ ( a b c4 ) ] ] ] ]
    [ / MISSING = { LISTWISE | REPORT | PAIRWISE } [ INCLUDE ] ] .
```

```
EXECUTE DOS .
```

```
EXECUTE programmname.{ COM | EXE } [ ' parameter ' ] .
```

```
EXPORT / OUTFILE = 'dateiname'
    [ / KEEP = varliste_1 ] [ / DROP = varliste_2 ]
    [ / RENAME = ( varliste_alt_1 = varliste_neu_1 )
                 [ ( varliste_alt_2 = varliste_neu_2 ) ]... ]
    [ / MAP ] [ / DIGITS = anzahl ] .
```

Syntax der Kommandos

```
FACTOR / VARIABLES = variablenliste
    [ { / READ [ CORRELATION [ TRIANGLE ] ] [ FACTOR ( anzahl_1 ) ] |
        / WRITE = [ CORRELATION ] [ FACTOR ] } ]
    [ / WIDTH = zeilenlänge ]
    [ / MISSING = { PAIRWISE | MEANSUB | INCLUDE } ]
    [ / FORMAT = [ SORT ] [ BLANK ( wert_1 ) ] ]
    [ / PRINT = [ INITIAL ] [ EXTRACTION ] [ ROTATION ]
                [ UNIVARIATE ] [ CORRELATION ] [ SIG ] [ DET ]
                [ INV ] [ AIC ] [ KMO ] [ REPR ] [ FSCORE ] ]
    [ / PLOT = [ EIGEN ] [ ROTATION ( nummer_1 nummer_2 )
                                    [ ( nummer_3 nummer_4 ) ]... ] ]
    [ / DIAGONAL = wert_2 [ wert_3 ]... ]
    [ / CRITERIA = [ MINEIGEN ( mindestwert ) ]
                   [ FACTORS ( anzahl_2 ) ] [ ECONVERGE ( wert_4 ) ]
                   [ DELTA ( schiefe ) ] [ ITERATE ( anzahl_3 ) ] ]
    [ / EXTRACTION = { PAF | ML | ALPHA | IMAGE | ULS | GLS } ]
    [ / SAVE = { REG | BART | AR } ( ALL name ) ]
    [ / ROTATION = { VARIMAX | QUARTIMAX | EQUAMAX |
                     OBLIMIN | NOROTATE } ] .
```

```
{ FINISH | EXIT | STOP } .
```

```
FLIP [ / VARIABLES = varliste ] [ / NEWNAMES = varname ] .
```

```
FORMATS varname_1 ( Fz_1.n_1 )
    [ / varname_2 ( Fz_2.n_2 ) ]... .
```

```
FREQUENCIES / [ VARIABLES = ] varliste
        [ / MISSING = INCLUDE ]
        [ / FORMAT = [ NOLABELS ] [ { CONDENSE | ONEPAGE } ]
                     [ { NOTABLE | LIMIT(n) } ]
                     [ { DVALUE | DFREQ | AFREQ } ]
                     [ DOUBLE ] [ NEWPAGE ] ]
        [ / HISTOGRAM = [ MINIMUM ( wert_1 ) ] [ MAXIMUM ( wert_2 ) ]
                        [ { FREQ ( wert_3 ) | PERCENT [ ( wert_4 ) ] } ]
                        [ INCREMENT ( wert_5 ) ] [ NORMAL ] ]
        [ / BARCHART = [ MINIMUM ( wert_6 ) ] [ MAXIMUM ( wert_7 ) ]
                       [ { FREQ ( wert_8 ) | PERCENT [ ( wert_9 ) ] } ] ]
        [ / GROUPED = varliste [ { ( klassenbreite ) |
                                   ( werteliste_aus_klassengrenzen ) } ] ]
        [ / PERCENTILES = p_1 [ p_2 ]... ]
        [ / NTILES = n ]
        [ / STATISTICS = [ MEAN ] [ MEDIAN ] [ MODE ]
                         [ STDDEV ] [ VARIANCE ] [ RANGE ]
                         [ MINIMUM ] [ MAXIMUM ] [ SUM ]
                         [ SKEWNESS ] [ SESKEW ] [ KURTOSIS ]
                         [ SEKURT ] [ SEMEAN ] ] .
```

```
GET [ / FILE = 'dateiname' ]
    [ / DROP = varliste_1 ] [ / KEEP = varliste_2 ]
    [ / RENAME = ( varliste-alt_1 = varliste-neu_1 )
                 [ ( varliste-alt_2 = varliste-neu_2 ) ]... ] .
```

```
IF ( bedingung ) varname = arithmetischer_ausdruck .
```

Innerhalb der Bedingungen sind als *Vergleichsoperatoren* zugelassen:

- GT bzw. ">" : größer als
- LT bzw. "<" : kleiner als
- NE bzw. "<>" : ungleich
- GE bzw. ">=" : größer oder gleich
- LE bzw. "<=" : kleiner oder gleich
- EQ bzw. "=" : gleich

Innerhalb der Bedingungen sind als *logische Operatoren* zugelassen:

- AND : logisches Und
- OR : logisches Oder
- NOT : logische Verneinung

```
IMPORT / FILE = 'dateiname'
    [ / KEEP = varliste_1 ] [ / DROP = varliste_2 ]
    [ / RENAME = ( varliste_alt_1 = varliste_neu_1 )
                 [ ( varliste_alt_2 = varliste_neu_2 ) ]... ]
    [ / MAP ] .
```

```
INCLUDE 'dateiname' .
```

```
@ dateiname .
```

```
JOIN { ADD | MATCH } / { FILE = { * | 'dateiname_1' } |
                        TABLE = { * | 'dateiname_2' } }
        [ / KEEP = varliste_1 ] [ / DROP = varliste_2 ]
        [ / RENAME = ( varliste-alt_1 = varliste-neu_1 )
                     [ ( varliste-alt_2 = varliste-neu_2 ) ]... ]
        [ [ / { FILE = { * | 'dateiname_3' } |
                TABLE = { * | 'dateiname_4' } }
        [ / KEEP = varliste_3 ] [ / DROP = varliste_4 ]
        [ / RENAME = ( varliste-alt_3 = varliste-neu_3 )
                     [ ( varliste-alt_4 = varliste-neu_4 ) ]... ]...
        [ / MAP ] [ / BY = varliste_5 ] .
```

Syntax der Kommandos

```
LIST [ / VARIABLES = varliste ]
     [ / CASES = [ FROM anfangswert TO { endwert | EOF } ]
                 [ BY schrittweite ] ]
     [ / FORMAT = [ NUMBERED ] [ SINGLE ] [ WEIGHT ] ] .
```

```
MEANS / [ TABLES = ] varliste_1 BY varliste_2 [ BY varliste_3 ]...
      [ / [ TABLES = ] varliste_4 BY varliste_5 [ BY varliste_6 ]... ]...
      [ / OPTIONS = kennzahl_1 [ kennzahl_2 ]... ]
      [ / STATISTICS = kennzahl_3 [ kennzahl_4 ]... ] .
```

OPTIONS-Kennzahlen:

- 1: Einschluß von benutzerseitig vereinbarten missing values
- 2: unabhängig von den jeweiligen Werten der Break-Variablen werden nur diejenigen Cases von der Verarbeitung ausgeschlossen, deren Werte bei der jeweiligen Kolumnen-Variablen als missing values vereinbart sind
- 3: Unterdrückung der Ausgabe von Etiketten
- 5: Angaben über die Größe einer Satzgruppe werden unterdrückt
- 6: für die Kolumnen-Variable wird der Summenwert ausgegeben
- 7: die Ausgabe der Standardabweichung wird unterdrückt
- 8: Variablenetiketten werden nicht angezeigt
- 9: der Name der Break-Variablen wird nicht ausgegeben
- 10: die Werte der Break-Variablen werden nicht angezeigt
- 11: die Ausgabe des arithmetischen Mittels wird unterdrückt
- 12: die Varianzen werden ausgegeben.

STATISTICS-Kennzahlen:

- 1: Ausgabe der Varianzanalyse-Tafel
- 2: Durchführung eines Linearitäts-Tests.

```
MISSING VALUE / varliste_1 ( [ wert_1 ] )
              [ / varliste_2 ( [ wert_2 ] ) ]... .
```

```
MODIFY VARS [ / REORDER = [ BACKWARD ] [ ALPHA ] [ ( varliste_1 ) ]
                         [ [ BACKWARD ] [ ALPHA ] [ ( varliste_2 ) ] ]... ]
            [ / DROP = varliste_3 ] [ / KEEP = varliste_4 ]
            [ / RENAME = ( varliste_alt_1 = varliste_neu_1 )
                        [ ( varliste_alt_2 = varliste_neu_2 ) ]... ]
            [ / MAP ] .
```

```
N anzahl .
```

```
ONEWAY / [ VARIABLES = ] varliste BY varname ( min max )
    [ / POLYNOMIAL = kurvenordnung ]
  [ [ / CONTRAST = liste_von_kontrast-koeffizienten_1 ]
    [ / CONTRAST = liste_von_kontrast-koeffizienten_2 ]... ]
  [ [ / RANGES = { SNK | BTUKEY | TUKEY |
                   { LSD | MODLSD | SCHEFFE } ( testniveau_1 ) |
                   DUNCAN( { 0.1 | 0.5 | 0.01 } ) |
                   range-wert_1 [ range-wert_2 ]... } ]
    [ / RANGES = { SNK | BTUKEY | TUKEY |
                   { LSD | MODLSD | SCHEFFE } ( testniveau_2 ) |
                   DUNCAN( { 0.1 | 0.5 | 0.01 } ) |
                   range-wert_3 [ range-wert_4 ]...} ]... ]
    [ / OPTIONS = kennzahl_1 [ kennzahl_2 ]... ]
    [ / STATISTICS = kennzahl_3 [ kennzahl_4 ]... ] .
```

OPTIONS-Kennzahlen:

- 1 : Einschluß von benutzerseitig festgelegten missing values
- 2 : es erfolgt ein listenweiser Ausschluß von Cases mit missing values
- 3 : Variablenetiketten werden nicht ausgegeben
- 4 : Fallzahlen pro Gruppe, Mittelwerte und Standardabweichungen werden in Matrixform in eine Ergebnis-Datei ausgegeben
- 6 : die bis zu jeweils ersten 8 Zeichen von Werteetiketten der einen Faktor kennzeichnenden Variable werden als Gruppenetiketten verwendet
- 7 : die Fallzahlen pro Gruppe, die Mittelwerte und die Standardabweichungen sind zeilenweise als Elemente einer Matrix für die Dateneingabe bereitgestellt
- 8 : die Fallzahlen pro Gruppe, die Mittelwerte, die Fehlervarianz sowie der zugehörige Freiheitsgrad sind zeilenweise als Elemente einer Matrix für die Dateneingabe bereitgestellt
- 10 : in allen durch das RANGES-Subkommando bestimmten Vergleichen zwischen den Faktorstufen wird das harmonische Mittel aller Gruppengrößen als Stichprobengröße gewählt.

STATISTICS-Kennzahlen:

- 1 : für jede Faktorstufe werden die Casezahl, die arithmetischen Mittelwerte, die Standardabweichungen, die Standardfehler (der Schätzung), das Minimum, das Maximum und das 95%-Konfidenzintervall ausgeben
- 2 : es erfolgt eine Anzeige von Standardabweichung, Standardfehler und 95%-Konfidenzintervall für das "Fixed-Factor"-Modell und von Standardfehler, dem 95%-Konfidenzintervall und dem Schätzwert für die "Between-Component"-Varianz für das "Random-Factor"-Modell
- 3 : die Testergebnisse zur Prüfung der Varianzhomogenität nach dem Test von Levene werden ausgegeben.

```
NPAR TESTS / spezifikationen
    [ / OPTIONS = kennzahl_1 [ kennzahl_2 ]... ]
    [ / STATISTICS = kennzahl_3 [ kennzahl_4 ]... ] .
```

Syntax der Kommandos

OPTIONS-Kennzahlen:

- 1: Einschluß von benutzerseitig festgelegten missing values
- 2: es erfolgt ein listenweiser Ausschluß von Cases mit missing values
- 3: bei Angabe des Schlüsselworts WITH erfolgt der Test für die jeweils ersten Variablen vor und hinter dem Wort WITH, anschließend für die jeweils zweiten, usw.
- 4: bei zu geringem Arbeitsspeicher wird eine Zufallsstichprobe der Cases gezogen (gilt nicht beim RUNS-Subkommando!).

STATISTICS-Kennzahlen:

- 1: arithmetisches Mittel, Maximum, Minimum, Standardabweichung und Anzahl der gültigen Cases
- 2: Quartilswerte und Anzahl der gültigen Cases.

Vergleich mit einer theoretischen Verteilung:

```
NPAR TESTS / BINOMIAL ( relative_häufigkeit )
            = varliste_1 ( wert_1 wert_2 ) .

NPAR TESTS / CHISQUARE = varliste_2 [ ( min_1 max_1 ) ]
            / EXPECTED = { EQUAL | häufigkeit_1 [ häufigkeit_2 ]... } .

NPAR TESTS / K-S { ( UNIFORM [ min_2 max_2 ] ) |
                   ( NORMAL [ mittelwert_1 standardabweichung ] ) |
                   ( POISSON [ mittelwert_2 ] ) }
            = varliste_3 .
```

Vergleich bei abhängigen Stichproben:

```
NPAR TESTS / { MCNEMAR | SIGN | WILCOXON }
            = varliste_1 [ WITH varliste_2 ] .

NPAR TESTS / { COCHRAN | KENDALL | FRIEDMAN } = varliste_3 .
```

Vergleich bei unabhängigen Stichproben:

```
NPAR TESTS / { M-W | K-S | W-W |
               MOSES [ ( anzahl ) ] | MEDIAN [ ( medianwert ) ] }
            = varliste_1 BY varname_1 ( wert_1 wert_2 ) .

NPAR TESTS / { K-W | MEDIAN [ ( medianwert) ] }
            = varliste_2 BY varname_2 ( min max ) .
```

Iterationstest für dichotomisierte Merkmale:

```
NPAR TESTS / RUNS ( { MEAN | MEDIAN | MODE | trennwert } ) = varliste .
```

```
PLOT [ permanente_spezifikationen]
     [ temporäre_spezifikationen_1 ]
     / PLOT = varliste_1 [ WITH varliste_2 ] [ ( PAIR ) ]
                         [ BY kontrollvariable_1 ]
   [ [ temporäre_spezifikationen_2 ]
     / PLOT = varliste_3 [ WITH varliste_4 ] [ ( PAIR ) ]
                         [ BY kontrollvariable_2 ] ]... .
```

Als *permanente* Spezifikationen sind folgende Subkommandos einsetzbar:

```
[ / MISSING = { INCLUDE | LISTWISE } ]
[ / HSIZE = zeichenzahl_pro_zeile ] [ / VSIZE = zeilenzahl ]
[ / CUTPOINT = { EVERY ( anzahl ) | werteliste } ]
[ / SYMBOLS = { NUMERIC | 'zeichenfolge_1'[ 'zeichenfolge_2' ] } ]
```

Als *temporäre* Spezifikationen sind folgende Subkommandos einsetzbar:

```
[ / TITEL = 'überschrift' ]
[ / HORIZONTAL = [ 'abzissenbeschriftung' ]
      [ MIN( minimum_1 ) ]
      [ MAX( maximum_1 ) ] [ STANDARDIZE ] [ UNIFORM ]
      [ REFERENCE( werteliste_1 ) ] ]
[ / VERTICAL = [ 'ordinatenbeschriftung' ]
      [ MIN( minimum_2 ) ]
      [ MAX( maximum_2 ) ] [ STANDARDIZE ] [ UNIFORM ]
      [ REFERENCE( werteliste_2 ) ] ]
[ / FORMAT = { OVERLAY | CONTOUR [ (anzahl) ] | REGRESSION } ]
```

```
PROCESS IF ( varname vergleichsoperator wert ) .
```

Als *Vergleichsoperatoren* sind dieselben Operatoren wie beim IF-Kommando zugelassen.

```
QUICK CLUSTER / variablenliste
          [ / MISSING = { PAIRWISE | INCLUDE } ]
          [ / INITIAL = ( wert_1 [ wert_2 ]... ) ]
          [ / CRITERIA = CLUSTER ( anzahl ) [ NOINITIAL ] ]
                      [ CONVERGE ( wert_3 ) ] [ MXITER ( wert_4 ) ]
          [ / METHOD = { KMEANS ( UPDATE ) | CLASSIFY } ]
          [ / PRINT = [ CLUSTER ] [ DISTANCE ]
                      [ ID ( varname_1 ) ] [ ANOVA ] ]
          [ / WRITE ]
          [ / SAVE = [ CLUSTER ( varname_2 ) ]
                      [ DISTANCE ( varname_3 ) ] ] .
```

Syntax der Kommandos

```
RANK / VARIABLES = varliste_1 [ BY varname ]
     [ / TIES = { MEAN | LOW | HIGH | CONDENSE } ]
     [ / PRINT = NO ]
     [ / MISSING = INCLUDE ]
     [ / FRACTION = { BLOM | RANKIT | TUKEY | VW } ]
     [ / { RANK | RFRACTION | PERCENT | N | NTILES(n) |
           SAVAGE | NORMAL } INTO varliste_2 ] .
```

```
RECODE varliste ( werteliste_1 = wert-neu_1 )
              [ ( werteliste_2 = wert-neu_2 ) ]... .
```

mögliche Schlüsselwörter innerhalb einer Werteliste:
- HIGHEST LOWEST THRU

mögliche Schlüsselwörter anstelle einer Werteliste:
- MISSING SYSMIS ELSE

```
REGRESSION / VARIABLES = ...
           [ / DESCRIPTIVES = ... ]
           [ / SELECT = ... ]
           [ / MISSING = ... ]
           [ / WIDTH = ... ]
           [ / REGWGT = ... ]
           [ / READ = ... ]
           [ / WRITE = ... ]
           [ / STATISTICS = ... ]
           [ / CRITERIA = ... ]
           [ / ORIGIN ]
             / DEPENDENT = ...
             / METHOD = ...
           [ / METHOD = ... ]...
           [ / RESIDUALS = ... ]
           [ / CASEWISE = ... ]
           [ / SCATTERPLOT = ... ]
           [ / PARTIALPLOT = ... ]
           [ / SAVE = ... ] .
```

Kennzeichnung der abhängigen und unabhängigen Variablen:
```
/ VARIABLES = { varliste | ALL | (COLLECT) }
```

Ausgabe von deskriptiven Statistiken:
```
/ DESCRIPTIVES = [ DEFAULTS ] [ MEAN ] [ STDDEV ] [ CORR ]
                 [ VARIANCE ] [ XPROD ] [ SIG ]
                 [ N ] [ BADCORR ] [ COV ] [ ALL ]
```

Auswahl von Cases:
```
/ SELECT = varname relationsoperator wert
```

Ausschluß von Cases mit missing values:
```
/ MISSING = [ { PAIRWISE | MEANSUBSTITUTION } ] [ INCLUDE ]
```

Änderung des Ausgabeformats:
```
/ WIDTH = anzahl
```

Durchführung einer gewichteten Kleinst-Quadrate-Schätzung:
```
/ REGWGT = varname
```

Eingabe einer Matrix:
```
/ READ = [ DEFAULTS ] [ MEAN ] [ STDDEV ] [ VARIANCE ]
         [ { CORR | COV } ] [ N ]
```

Ausgabe einer Matrix:
```
/ WRITE = [ DEFAULTS ] [ MEAN ] [ STDDEV ] [ VARIANCE ]
          [ CORR ] [ COV ] [ N ]
```

Ausgabe von Statistiken:
```
/ STATISTICS = [ DEFAULTS ] [ R ] [ COEFF ] [ ANOVA ]
               [ OUTS ] [ ZPP ] [ CHA ] [ CI ] [ F ] [ BCOV ]
               [ SES ] [ TOL ] [ COLLIN ] [ XTX ] [ HISTORY ]
               [ END ] [ LINE ] [ ALL ] [ SELECTION ]
```

Steuerung der schrittweisen Regression:
```
/ CRITERIA = [ TOLERANCE ( wert_1 ) ] [ MAXSTEPS ( wert_2 ) ]
             [ PIN ( wert_3 ) ] [ POUT ( wert_4 ) ] [ CIN ( wert_5 ) ]
```

Ausschluß der Regressionskonstanten:
```
/ ORIGIN
```

Festlegung der abhängigen Variablen:
```
/ DEPENDENT = varliste
```

Bestimmung der Regressionsmethode:
```
/ [ METHOD = ] { STEPWISE [ = varliste_1 ]
              | FORWARD [ = varliste_2 ]
              | BACKWARD [ = varliste_3 ]
              | ENTER [ = varliste_4 ] | REMOVE = varliste_5
              | TEST = ( varliste_6 ) [ ( varliste_7 ) ]... }
```

Ausgabe von Statistiken zur Beurteilung des Zutreffens der Voraussetzungen:

Syntax der Kommandos

```
/ RESIDUALS = [ DEFAULTS ] [ DURBIN ][ OUTLIERS ( t_varliste_1 ) ]
              [ ID ( varname ) ] [ NORMPROB ( t_varliste_2 ) ]
              [ HISTOGRAM ( t_varliste_3 ) ] [ SIZE ( SMALL ) ] [ POOLED ]
```

Mögliche temporäre Variablen:

- PRED : unstandardisierte Vorhersagewerte
- RESID : unstandardisierte Residuen
- DRESID : gelöschte Residuen
- ADJPRED : angepaßte Vorhersagewerte
- ZPRED : standardisierte Vorhersagewerte
- ZRESID : standardisierte Residuen
- SRESID : studentisierte Residuen
- SDRESID : studentisierte gelöschte Residuen
- SEPRED : Standardfehler der Vorhersagewerte
- MAHAL : Mahalanobis-Abstand
- COOK : Cook'sche Distanz
- LEVER : Leverage Values (Hebel-Werte)
- DFBETA : Änderung in den Regressionskoeffizienten, sofern jeweils ein einzelner Case aus der Regression ausgeschlossen wird
- SDBETA : standardisierte DFBETA-Werte
- DFFIT : Änderung des Vorhersagewerts, sofern jeweils ein einzelner Case aus der Regression ausgeschlossen wird
- SDFIT : standardisierter DFFIT-Wert
- COVRATIO : für jeden einzelnen Case das Verhältnis der Determinanten der Kovarianz-Matrix ohne den betreffenden Case zur Determinanten der Kovarianz-Matrix unter Einschluß aller Cases
- MCIN : Konfidenzgrenzen für den durchschnittlichen Vorhersagewert
- ICIN : Konfidenzgrenzen für die individuellen Vorhersagewerte.

Ausgabe von die Cases charakterisierenden Werten:

```
/ CASEWISE = [ DEFAULTS ] [ { ALL | OUTLIERS ( wert ) } ]
             [ PLOT ( t_varname ) ] [ t_varliste ] [ DEPENDENT ]
```

Ausgabe von Streudiagrammen:

```
/ SCATTERPLOT = ( [ *t_ ] varname_1 [ *t_ ] varname_2 )
                [ ( [ *t_ ] varname_3 [ *t_ ] varname_4 ) ]...
                [ SIZE ( LARGE ) ]
```

Ausgabe von partiellen Streudiagrammen:

```
/ PARTIALPLOT = varname_1 [ varname_2 ]... [ SIZE ( LARGE ) ]
```

Sicherung der Werte von temporären Variablen im SPSS-file:

```
/ SAVE = t_varname_1 ( varname_1 )
     [ t_varname_2 ( varname_2 ) ]...
```

```
RELIABILITY / VARIABLES = varliste
          [ / SUMMARY = [ MEANS ] [ VARIANCE ] [ COV ]
                        [ CORR ] [ TOTAL ] ]
          [ / STATISTICS = [ DESCRIPTIVE ] [ COVARIANCES ]
                           [ CORRELATIONS ] [ SCALE ] [ TUKEY ]
                           [ ANOVA [ { FRIEDMAN | COCHRAN } ] ]
                           [ HOTELLING ] ]
            / SCALE ( skalenname_1 ) = varliste_1
          [ / SCALE ( skalenname_2 ) = varliste_2 ]...
          [ / MODEL = { SPLIT [ ( nummer ) ]
                      | PARALLEL | STRICTPARALLEL | GUTTMAN } ]
          [ / MISSING = INCLUDE ]
          [ / FORMAT = NOLABELS ]
          [ / READ = [ CORRELATION [ TRIANGLE ] ] [ FACTOR ( anzahl ) ] ]
          [ / WRITE = [ CORRELATION ] [ FACTOR ] ] .
```

```
REPORT [ / FORMAT = format-spezifikation ]
       [ / OUTFILE = 'dateiname' ]
       [ / STRING = stringname_1 ( varname_1 [ ( kolumnenbreite_1 ) ]
                        [ BLANK ] [ 'text_1' ]
                        [ varname_2 [ ( kolumnenbreite_2 ) ]
                        [ BLANK ] [ 'text_2' ] ]... )
                   [ stringname_2 ( varname_3 [ ( kolumnenbreite_3 ) ]
                        [ BLANK ] [ 'text_3' ]
                        [ varname_4 [ ( kolumnenbreite_4 ) ]
                        [ BLANK ] [ 'text_4' ] ]... ) ]...
         / VARIABLES = kolumnen-variablen-spezifikation
       [ / MISSING = { NONE | LIST ( varname_5 [ varname_6 ]... ) } ]
       [ / TITLE = = { LEFT | RIGHT | CENTER } 'text_5' [ 'text_6' ]... ]
       [ / FOOTNOTE = { LEFT | RIGHT | CENTER } 'text_7' [ 'text_8' ]... ]
         / BREAK = varname_7 [ varname_8 ]...
                   [ 'text_9' [ 'text_10' ]... ] [ ( kolumnenbreite_5 ) ]
                   [ ( LABEL ) ] [ { PAGE | SKIP ( leerzeilenzahl ) } ]
                   [ ( TOTAL ) ] [ ( NAME ) ] [ ( UNDERSCORE ) ]
         / SUMMARY = summary-angaben_1
       [ / SUMMARY = summary-angaben_2 ]... .
```

Syntax der Kommandos

Das Format wird wie folgt festgelegt:

```
/ FORMAT = [ { ALIGN(RIGHT) | ALIGN(CENTER) } ] [ TSPACE(zahl_1 ]
           [ LIST [ ( zahl_2 ) ] [ FTSPACE ( zahl_3 ) ]
           [ CHDSPACE ( zahl_4 ) ] [ SUMSPACE ( zahl_5 ) ]
           [ COLSPACE ( zahl_6 ) ] [ BRKSPACE ( zahl_7 ) ]
           [ MARGINS ( zahl_8 zahl_9 ) ] [ LENGTH ( zahl_10 zahl_11 ) ]
           [ UNDERSCORE ( ON ) ] [ MISSING ( 'zeichen ') ]
```

Die Kolumnen-Variablen sind wie folgt zu spezifizieren:

```
/ VARIABLES = varname_1 [ ( LABEL ) ]
                       [ 'text_1' [ 'text_2' ]... ] [ ( kolumnenbreite_1 ) ]
              [ varname_2 [ ( LABEL ) ]
                       [ 'text_3' [ 'text_4' ]... ] [ ( kolumnenbreite_2 ) ] ]...
```

Das SUMMARY-Subkommando stellt sich wie folgt dar:

```
/ SUMMARY = statistik_1 [ 'text' ]
                ( kolumnen-variable_1 [ (dezimalstellenzahl_1) ]
                [ kolumnen-variable_2 [ (dezimalstellenzahl_2) ] ]... )
            [ statistik_2
                ( kolumnen-variable_3 [ (dezimalstellenzahl_3) ]
                [ kolumnen-variable_4 [ (dezimalstellenzahl_4) ] ]... ) ]...
                          [ SKIP ( leerzeilenzahl ) ]
```

Möglich ist für ein SUMMARY-Subkommando auch:

```
/ SUMMARY = PREVIOUS ( nummer )
```

Für die Platzhalter "statistik" sind einfache Statistiken einsetzbar:

- FREQUENCY(n_1 n_2) : absolute Häufigkeiten der Werte zwischen "n_1" und "n_2"
- KURTOSIS : Wölbung
- MAX : größter Wert
- MEAN : arithmetisches Mittel
- MEDIAN(n_1 n_2) : Median der Werte zwischen "n_1" und "n_2"
- MIN : kleinster Wert
- MODE(n_1 n_2) : Modus der Werte zwischen "n_1" und "n_2"
- PCGT(n) : Prozentsatz der Cases, deren Werte größer als "n" sind
- PCIN(n_1 n_2) : Prozentsatz der Cases, deren Werte nicht größer als "n_2" und nicht kleiner als n_1 sind
- PCLT(n) : Prozentsatz der Cases, deren Werte kleiner als "n" sind
- PERCENT(n_1 n_2) : prozentuale Häufigkeiten der Werte zwischen "n_1" und "n_2"
- SKEWNESS : Schiefe

- STDDEV : Standardabweichung

- SUM : Summe

- VALIDN : Anzahl der gültigen Cases

- VARIANCE : Varianz.

Für die Platzhalter "statistik" sind als zusammengesetzte Statistiken einsetzbar:

- ADD(arg_1 ... arg_n) : Summe aller Argumente

- AVERAGE(arg_1 ... arg_n) : arithmetisches Mittel aller Argumente

- DIVIDE(arg_1 arg_2 [faktor]) : Wert der Division von "arg_1" durch "arg_2", multipliziert mit "faktor"

- GREAT(arg_1 ... arg_n) : größtes Argument

- LEAST(arg_1 ... arg_n) : kleinstes Argument

- MULTIPLY(arg_1 ... arg_n) : Produkt aller Argumente

- PCT(arg_1 arg_2) : Prozentsatz von "arg_1", bezogen auf "arg_2"

- SUBTRACT(arg_1 arg_2) : Differenz beider Argumente.

```
REVIEW [ { 'dateiname_1' [ 'dateiname_2' ]
         | SCRATCH | LISTING | LOG | BOTH } ] .
```

```
SAMPLE { faktor | n1 FROM n2 } .
```

```
SAVE [ / OUTFILE = 'dateiname' ]
     [ / DROP = varliste_1 ] [ / KEEP = varliste_2 ]
     [ / RENAME = ( varliste-alt_1 = varliste-neu_1 )
                  [ ( varliste-alt_2 = varliste-neu_2 ) ]... ]
     [ / { COMPRESSED | UNCOMPRESSED } ] .
```

```
SELECT IF ( bedingung ) .
```

Syntax der Kommandos

```
SET [ / AUTOMENU = { ON | off } ] [ / BEEP = { ON | off } ]
    [ / BLANKS = { '.' | wert } ] [ / BLOCK = { '█' | 'zeichen' } ]
    [ / BOXSTRING = 11-elementige_zeichenkette ] [ / COLOR = { on | off } ]
    [ / COLOR = { (15 1 1) | (n1 n2 [n3]) } ] [ / COMPRESS = { OFF | on } ]
    [ / CPROMPT = { ' :' | 'zeichenfolge' } ] [ / ECHO = { off | ON } ]
    [ / EJECT = { OFF | on } ] [ / ENDCMD = { '.' | 'zeichen' } ]
    [ / ERRORBREAK = { ON | off } ] [ / HELPWINDOWS = { ON | off } ]
    [ / HISTOGRAM = { '█' | 'zeichen' } ] [ / INCLUDE = { ON | off } ]
    [ / LENGTH = { 24 | n } ] [ / LISTING = { ON | off } ]
    [ / LISTING = { 'SPSS.LIS' | 'dateiname' } ] [ / LOG = { ON | off } ]
    [ / LOG = { 'SPSS.LOG' | 'dateiname' } ]
    [ / MENUS = { STANDARD | extended } ] [ / MORE = { ON | off } ]
    [ / NULLINE = { ON | off } ] [ / PRINTER = { on | OFF } ]
    [ / PROMPT = { 'SPSS/PC:' | 'zeichenfolge' } ]
    [ / PTRANSLATE = { ON | off } ]
    [ / RCOLOR = { (1 2 4) | (n1 n2 [n3]) } ]
    [ / RESULTS = { 'SPSS.PRC' | 'dateiname' } ]
    [ / RUNREVIEW = { AUTO | manual } ]
    [ / SCREEN = { ON | off } ] [ / SEED = { RANDOM | zahl } ]
    [ / VIEWLENGTH = { MINIMUM | medium | maximum | n } ]
    [ / WIDTH = { 79 | 132 | n | narrow | wide } ]
    [ / WKSPACE = { 384 | n } ] .
```

```
SHOW .
```

```
SORT CASES BY sortiervarname_1 [ ( { A | D } ) ]
             [ sortiervarname_2 [ ( { A | D } ) ]... .
```

```
SUBTITLE 'text' .
```

```
SYSFILE INFO / [ FILE = ] 'dateiname ' .
```

```
T-TEST / { GROUPS = gruppenspez_1 / VARIABLES = varliste_1
         | PAIRS = varliste_2 [ WITH varliste_3 ]
         | GROUPS = gruppenspez_2 / VARIABLES = varliste_4
                        / PAIRS = varliste_5 [ WITH varliste_6 ] }
       [ / MISSING = { INCLUDE | LISTWISE } ]
       [ / FORMAT = NOLABELS ]
       [ / CRITERIA = CI (alpha) ] .
```

```
TITLE 'text' .
```

```
TRANSLATE { FROM | TO } 'dateiname'
       [ / RANGE = { spaltenname | anfang..ende | anfang:ende } ]
       [ / TYPE = { DB2 | DB3 | DB4 | WKS | WK1 | WK3 | WRK | WR1 | SLK } ]
       [ / DROP = varliste_1 ] [ / KEEP = varliste_2 ]
       [ / FIELDNAMES ] [ / MAP ] .
```

```
VALUE LABELS / varliste_1 wert_1 'etikett_1'
                         [ wert_2 'etikett_2']...
             [ / varliste_2 wert_3 'etikett_3'
                         [ wert_4 'etikett_4']... ]... .
```

```
VARIABLE LABELS / varliste_1 'etikett_1'
                [ / varliste_2 'etikett_2' ]... .
```

```
WEIGHT { BY varname | OFF } .
```

```
WRITE [ / VARIABLES = varliste ]
      [ / CASES = [ FROM anfangswert TO { endwert | EOF } ]
                  [ BY schrittweite ] ]
      [ / FORMAT = [ NUMBERED ] [ SINGLE ] [ WEIGHT ] ] .
```

Modul-Struktur von SPSS/PC+

Als SPSS-System läßt sich – je nach Speicherausbau – entweder das System "SPSS/PC+ Version 5.0 (640K Version)" für einen 640K-Speicherausbau oder aber das System "SPSS/PC+ Version 5.0" für einen Speicher mit "extended memory" installieren. Die Einrichtung muß gemäß der Installationsanleitung "SPSS/PC+ 5.0" vorgenommen werden.

Ergänzend zum Basispaket "Basics 5.0" und zum Paket "Professional Statistics 5.0" sind zur Zeit die folgenden Module von der Firma SPSS GmbH Software käuflich zu erwerben:

- Advanced Statistics 5.0
- Tables 5.0
- Trends 5.0
- Categories 5.0
- Data Entry II
- Codebook 5.0
- CHAID
- Graphics-Interface 5.0
- Graphics from TriMetrix 5.0
- DBMS/Copy Plus 3.1
- Map from MapInfo 5.0

Innerhalb des Basispakets "Basics" lassen sich Verfahren zur Datenanalyse durch die folgenden SPSS-Kommandos abrufen:

- AGGREGATE, ANOVA, CORRELATIONS, CROSSTABS, DESCRIPTIVES, EXAMINE, FREQUENCIES, LIST, MEANS, NPAR TESTS, ONEWAY, PLOT, RANK, REGRESSION, REPORT und T-TEST.

Innerhalb des Pakets "Professional Statistics" lassen sich Verfahren zur Datenanalyse durch die folgenden SPSS-Kommandos anfordern:

- CLUSTER, DISCRIMINANT, FACTOR, RELIABILITY und QUICK CLUSTER.

Nicht in diesem Buch beschrieben sind die Leistungen des Pakets "Advanced Statistics", mit dem sich Verfahren zur Datenanalyse durch die folgenden SPSS-Kommandos abrufen lassen:

- LOGISTIC, LOGIT, LOGLINEAR, MANOVA, NLR und SURVIVAL.

Literaturverzeichnis

Als Quellen für diese Einführungsschrift dienten:

- SPSS/PC+ Base System User Guide, Version 5.0,
  SPSS Inc.

- SPSS/PC+ Professional Statistics, Version 5.0,
  SPSS Inc.

- SPSS Data Entry II,
  SPSS Inc.

- Installationsanleitung SPSS/PC+ 5.0 für IBM PC/XT/AT und PS/2,
  SPSS GmbH Software

Index

$CASENUM 45, 123
$DATE 45
$WEIGHT 45, 205, 242f.
)DATE 108
)PAGE 107
* 214
@ 386

abhängige Stichprobe 193, 276
ABS 198
absolute Häufigkeit 21, 145
absteigende Sortierung 119, 248
active file 19
ADD 228
ADD VALUE LABELS 55
additives Modell 265
Ähnlichkeitsmatrix 339
Ähnlichkeitsmaß 340f.
AEMPIRICAL 138
Agglomeration Schedule 338
AGGREGATE 244, 248, 250
AIC 325
aktiver Schirm 23
ALIGN 104
ALL 52, 64, 146, 175, 328
allgemeines Trennzeichen 41
ALPHA 65, 327
alphanumerische Variable 50, 232
alphanumerischer Wert 50
Alt-Taste 371
Alt+A 378
Alt+B 377

Alt+C 25, 378
Alt+D 377
ALt+E 10, 16, 23
Alt+Escape 35
Alt+F 32, 35, 376
Alt+F1 376
Alt+F10 378
Alt+F4 377
Alt+F7 375
Alt+G 376
Alt+H 376
Alt+I 376
Alt+L 378
Alt+M 24
Alt+P 378
Alt+R 376
Alt+S 376
Alt+T 34
Alt+U 377
Alt+V 35
Alt+W 378
Alt+X 35
Alt+Z 376
Alternativhypothese 171
Alternativklammer 41
ANALYSIS 363
AND 202
ANDREW 136
Anforderungszeile 382
angepaßte prozentuale Häufigkeit 22
angepaßter Determinationskoeffi-

zient 287
angepaßter Vorhersagewert 308
angepaßtes standardisiertes Residuum 146
ANOVA 263, 269, 271, 289, 350
Anpassungsgüte 165
Anpassungskriterium 285
Anti-image-Korrelationsmatrix 325
AR 328
Arbeitsdatei 19
arithmetischer Ausdruck 196
arithmetisches Mittel 75, 169
ARTAN 198
ASRESID 146
asymmetrisches Maß 155
aufsteigende Sortierung 119, 225, 230, 248
Ausführungs-Menü 10, 15, 25
auspartialisieren 310
Auswahl-Fenster 34
Auswahl-Schirm 31
AUTOMENU 24
AUTORECODE 60
Average Linkage Between Groups 341
Average Linkage Within Groups 341

Backspace-Taste 371
BACKWARD 65, 298
Balkendiagramm 72
BARCHART 72
BART 328
Bartlett-Test 325
Batch-Modus 23, 385f.
BAVERAGE 341
bedingte Verteilung 140
BEGIN DATA 51
Begrenzungslinie 147

Bereichs-Menü 14, 29
Bereichsprüfung 405
Betriebssystem 372
Bildschirm 370
Bildschirmformular 402f.
Bildschirmwechsel 16, 26
Bin 125
Bindung 162, 168, 238
BINOMIAL 275
Binomial-Test 274
bivariate Verteilung 142
BLANK 117, 322
BLANKS 46, 56
Blatt 127
BLOCK 341
BLOM 243
BOTH 374
Box-Länge 128
BOXPLOT 127
Boxplot 127
BOXSTRING 147
BREAK 85, 87, 99, 101f., 113, 246f.
Break-Variable 85, 99, 121
BRKSPACE 105
BTAU 159
BTUKEY 257
BY 119, 121, 130, 142, 225, 230, 240, 260, 271

Case-Kontroll-Studie 157
CASES 63, 215
CASEWISE 293, 309
CASE_LBL 232
CC 149
CELLS 145
CENTER 106
CENTROID 342
CHDSPACE 105
CHEBYCHEV 341

INDEX

Chi-Quadrat-Koeffizient nach Pearson 148, 150, 173
Chi-Quadrat-Test 274
CHISQ 148
CHISQUARE 275
CLUSTER 332, 334, 340
Cluster-Kriterium 333f., 339
Clusteranalyse 332ff.
CLUSTERS 346
COCHRAN 278
Cohen's Kappa 156
COLUMN 146
command file 385
COMPARE 132
COMPLETE 342
Complete Linkage 342
COMPRESS 51
COMPRESSED 220
COMPUTE 57, 196
CONDENSE 68, 239
CONTOUR 182
CONTRAST 258
Cook'sche Distanz 294
CORR 170
CORRELATION 184, 325
COS 198
COSINE 341
COUNT 145, 203
Cramer's V-Koeffizient 152
Create/Edit Dictionary 395
CRITERIA 299, 305, 320, 323, 327, 346
Cronbach's Alpha 313
CROSSTABS 142, 175
CTAU 159
Ctrl Menu 397
Ctrl+C 385
Ctrl+F2 376
Ctrl+F4 377
Ctrl+F6 377
Ctrl+F7 377
Ctrl+F8 377
Ctrl+F9 378
Cursor 371
CUTPOINT 180

D 159
DATA ENTRY II 402ff.
DATA LIST 43, 49
DATA LIST FREE 387
DATA LIST MATRIX 330, 344
Datei 7, 372
Datei-Ausschnitt 14
Datei-Fenster 32, 35
Datei-Menü 25
Dateiname 32, 373
Daten-Datei 7, 15, 19, 21, 61, 208, 386
Datenanalyse 1
Datenaustausch 233
Dateneingabe 11, 387
Datenerfassung 7, 389ff., 402ff.
Datenmatrix 7
Datenmodifikation 217
Datenreduktion 318
Datensatz 7, 372
Datenträger 7
DE 402
Deaktivierung des Menü-Schirms 23
Delete-Taste 372
DELTA 323
DENDROGRAM 334
Dendrogramm 334
DEPENDENT 305
DESCENDING 60
DESCRIPTIVES 81, 123, 301
deskriptive Statistik 1
Determinationskoeffizient 166, 286
Dezimalpunkt 18, 57, 110

DFREQ 69
DIAGONAL 326
Dialog 22ff., 381
Dialog-Modus 374, 381ff.
Dialoganfang 30
Dialogende 34, 383
dichotom 275, 282
DIGITS 234
diskordantes Paar 160
Diskriminanzanalyse 353
DISPLAY 64
DISTANCE 339, 343, 350
Distanz 333
Distanzmatrix 339
Distanzmaß 340f.
DOS-Kommando 372
DOS-Kommando CD 373
DOS-Kommando EXIT 401
DOS-Kommando MD 373
DOS-Kommando PATH 373
DOS-Kommando PRINT 37, 88
DOS-Kommando SPSSPC 9, 385
DOS-Kommando TYPE 37
DOS-Prompt 16
Dreieck 33
DROP 65, 220, 223, 225, 229, 233ff.
Drucker 370
DSCRIMINANT 353, 362
DUMMY 97
DUNCAN 257
DURBAN 293
Durban-Watson-Test 293
DVALUE 145

ECONVERGE 327
Editier-Hilfe 12
Editor-Puffer 15f.
Eichstichprobe 353
EIGEN 321

Eigenwert 319, 354, 360
einfache Bedingung 202
einfache Statistik 89
Einfachstruktur 322
einfaktorielle Varianzanalyse 251, 260
Einfüge-Modus 10, 12
Eingabe-Fenster 34
Einzelvergleich 254, 257
Eiszapfen-Plot 334f.
EJECT 212
ELSE 59, 200
EMPIRICAL 138
END DATA 51
ENTER 298
Enter-Taste 371
Enter/Edit Data 396
EQUAL 275
EQUAMAX 323
Equamax-Rotation 323
Erfassungsfehler 30
Erfassungsvorschrift 8
Ergebnis-Datei 215ff., 330, 343, 351
Ergebnisvariable 57, 196, 201, 203
Ergänzung 373
Erhebungsbeleg 7, 11
Erklärungs-Schirm 31
Ersetze-Modus 12
erwartete Häufigkeit 146
erweitertes Menü-System 35
Escape-Taste 10, 35f.
ETA 170
Eta 170
Eta-Quadrat 168, 187
Etikett 22
EUCLID 340
exakter Fisher-Test 171
EXAMINE 123, 138
EXECUTE 401

INDEX

EXIT 29
EXP 198
EXPECTED 146, 275
EXPORT 233
EXTRACTION 326f.
Extremwert 123, 136

FACTOR 318, 331
FACTORS 320
Faktor 251
Faktor-Korrelations-Matrix 324
Faktor-Matrix 320
Faktor-Pattern-Matrix 324
Faktor-Struktur-Matrix 324
Faktorenanalyse 318ff., 333
Faktorladung 319
Faktorstufe 251
Faktorwerte 328
Fehler 1. Art 174
Fehler 2. Art 174
Fehlervarianz 189f.
Fenster-Menü 27
Festplatte 370
FIELDNAMES 236
FILE 49, 51, 223, 228
Final Cluster Centers 347
FINISH 16, 29, 383
Fixed-Factor-Modell 265
FLIP 231
FOOTNOTE 88, 107
FORMAT 63, 68, 70, 87, 104, 109f., 145, 178, 182, 216, 316, 322
Formatangabe 217
formatfreie Dateneingabe 46, 387
FORMATS 217
FORWARD 298
FRACTION 243
FREE 331, 344, 387
Freiheitsgrad 189

FREQUENCIES 21, 66, 71, 75, 125
FRIEDMAN 278
FTSPACE 104
FUNCTIONS 366
Funktionsaufruf 197
Funktionstaste 375
Fußzeilenbereich 107

GAMMA 159
Gamma-Koeffizient 159, 161
Ganzzahl-Modus 175
gelöschtes Residuum 308
gemeinsame Verteilung 154
gemeinsamer Effekt 265
Gerade 134
Gesamtgruppe 101
GET 223
gewichtete Variation 188
Gewichtung 204
Gewichtungsfaktor 204
gleichstrukturierte SPSS-files 230
GLS 327
Grad der Übereinstimmung 156
GROUPED 80
GROUPS 191, 362
Grundgesamtheit 1, 171
Grundname 373
Gruppenvergleich 130
Gruppenwechsel 85, 112
gruppierte Daten 80
Gruppierungsmerkmal 130
GUTTMAN 317
gültiger Case 22

H-Test von Kruskal-Wallis 281
HAMPEL 136
Hauptachsen-Methode 319
Hauptachsenanalyse 326
Haupteffekt 265f.

Hauptkomponentenanalyse 319
Hauptspeicher 370
Hauptverzeichnis 373
HAVERAGE 137
Heterogenität 76, 332
HICICLE 334f.
hierarchische agglomerative Clusteranalyse 333
HIGH 239
HIGHEST 59
Hilfe-Menü 12
HISTOGRAM 71
Histogramm 71, 123
Hochkomma 54
Hochstell-Taste 371
Homogenität 76, 332
Homoskedastizität 290, 292
HORIZONTAL 179
HSIZE 179
HUBER 136
Häufigkeitsauszählung 66

ID 123, 335
IF 201
IMAGE 327
IMPORT 234
INCLUDE 51, 139, 320, 385f.
INDEX 145
Indifferenz-Tabelle 149f.
Indikator-Variable 225, 244, 338
induktive Statistik 1
INITIAL 351
Initial Cluster Centers 346f.
inklusive Variablenliste 47
Insert-Taste 372
Interaktionseffekt 265, 267
Interaktionsordnung 272
interaktives Arbeiten 23
Interrupt 385

Intervallskala 77, 120, 168, 171, 184, 189, 251, 269, 311
Intervallskalenniveau 17
INTO 239
Inzidenzrate 158
Item 2
Itemanalyse 311ff.
ITERATE 327
Iterationstest 282

JOIN 224f., 228

K-S 279
K-W 281
Kaiser-Kriterium 320
Kaiser-Meyer-Olkin-Koeffizient 325
kanonische Korrelation 360
kanonische Variable 354
katalogisieren 372
KEEP 65, 220, 223, 225, 229, 233ff.
KENDALL 278
Klassenbreite 80
Klasseneinteilung 123
Klassengrenze 80
Klassenmitte 80
Klassifikationskoeffizienten 357
Kleinbuchstabe 43
KMO 325
Kodeplan 5
Kodespalte 7
Koeffizienten der Diskriminanzfunktion 356
Kohorten-Studie 157
Kolmogorov-Smirnov-Test 275, 280
Kolumne 86
Kolumnen-Variable 86, 121
Kolumnenbreite 97

Kolumnenüberschrift 98
Kommando-Datei 385
Kommando-Eingabe 382
Kommandoanforderung 381
Kommandoende 18, 214, 382
Kommandoendezeichen 382
Kommandoname 19, 40
Kommandosprache 3
Kommentar 214, 386
Kommunalität 320
Konditionalverteilung 141
Konfidenzintervall 79
konkordantes Paar 160
Konkordanzkoeffizient von Kendall 278f.
Kontingenz-Tabelle 140
Kontingenzkoeffizient C 149, 152
kontinuierliches Merkmal 81, 181
Kontrast-Koeffizient 258
Kontrollvariable 181
Konturenplot 181
Kopfzeilenbereich 106
Korrelations-Test 194
Korrelationskoeffizient r 165, 170, 184
Kovarianz 184
Kovarianzanalyse 269
Kovariate 269
Kovariation 184
kubischer Trend 259
kumulierte angepaßte prozentuale Häufigkeit 22
KURTOSIS 78
Kurvilinearität 169, 190

LABEL 101, 110
LAG 198
LAMBDA 149
Lambda-Koeffizient 149, 154
Layout 103
leere Werteliste 56
Leertext 98
Leerzeichen 41, 46
Leerzeile 96
LEFT 106
LENGTH 103, 212
LG10 198
Likelihood-Quotienten-Chi-Quadrat 148, 153, 173
lineare Anpassung 285
lineare Diskriminanzfunktion 354
lineare Regressionsanalyse 284
lineare statistische Beziehung 165
linearer Trend 189, 259
Linearitäts-Test 189
LIST 63, 104, 109
LISTING 374
Listing-Datei 36, 211, 379
Listing-Schirm 24, 27
LISTWISE 139, 181
LN 198
LOG 374
Log-Datei 36, 211, 379, 386
Logarithmus 132
LOW 239
LOWEST 59
LSD 257

M-Schätzer 136
M-Test von Box 360
M-W 279
MAHAL 294
Mahalanobis-Abstand 293
Main Menu 394
Mantel-Haenszel-Koeffizient 148
Mantel-Haenszel-Test 173
MAP 65, 225, 229, 233ff.
MARGINS 103
markierte Programmzeile 29
Markierung 29

Markierungs-Menü 14
MATCH 224
MATRIX 262
Matrix-Eingabe 262
MAX 179
maximaler Wert 77
MAXIMUM 77
MAXSTEPS 299
Mc-Nemar-Test 277
MCNEMAR 277
MEAN 76, 239
MEANS 120, 187
MEANSUB 320
MEASURE 340, 344
Median 75, 80, 128
MEDIAN 76, 279, 281, 343
Median-Kriterium 343
Median-Test 280f.
mehrfaktorielle Varianzanalyse 263
Menü-Schirm 9, 31
Merkmal 1
Merkmalsausprägung 1
Merkmalsträger 1
MESTIMATORS 136
METHOD 298, 306, 338, 350, 364
Mikrocomputer 4, 370
MIN 179
MINEIGEN 320
Mini-Menü 10, 14, 375
minimaler Wert 77
MINIMUM 77
Mischen 230
MISSING 70, 87, 110, 144, 175, 181, 199f., 204, 240, 250, 302, 316, 320, 332, 346
missing value 6, 22, 55, 90, 110, 144
MISSING VALUE 6, 55
Mittelwertsunterschied 188, 191

ML 327
MOD10 198
MODE 76
MODEL 317
MODIFY VARS 65
MODLSD 257
Modus 75, 153
MORE 16, 26, 383
MOSES 279
Moses-Test 280
MSA-Wert 326
Multikollinearität 296
Multinormalverteilung 327
multiple Klassifikationsanalyse 268
multipler Korrelationskoeffizient 286
N 209, 242
Nachkommastellen 48, 95
NAME 101
Namensstamm 328, 338
negative Beziehung 161, 166
NEWNAMES 232
nicht-parallele SPSS-files 225
nichtlineare Beziehung 167
nichtparametrischer Test 274
NOBOX 145
NOLABELS 145
Nominalskala 75, 168, 171, 274, 278
Nominalskalenniveau 17
NONE 123, 125, 139, 335
NORMAL 198, 242f., 275
Normal Plot 134
Normalverteilung 134, 188, 244, 253, 263, 290f.
NOROTATE 324
NOT 202
NOTABLES 145

INDEX

NOVALLABS 145
NPAR TESTS 275, 277
NPPLOT 134
NTILES 74, 80, 242
Nullhypothese 171, 251
NUMBERED 63, 216
numerische Variable 44, 46, 201, 203

obligates Subkommando 87
OBLIMIN 323
odds ratio 158
ONEWAY 251, 253, 260
optionales Subkommando 87
Optionalklammer 41
OPTIONS 82, 121, 184, 255, 261, 262, 265f., 268, 270f., 283, 367
OR 202
Ordinalskala 75, 77, 159, 167, 171, 238, 275, 278, 281
Ordinalskalenniveau 17, 259
ORIGIN 305
orthogonal 258
OUTFILE 88, 220, 233, 246, 250
OUTLIER 294
OUTS 297
OVERLAY 182

P-Plot 290
PAF 326
PAGE 100
Page-Nummer 28, 380
PAIRWISE 139, 320
PARALLEL 317
parallele SPSS-files 224
parametrischer Test 274
PARTIALPLOT 310
partieller Korrelationskoeffizient 297

partielles Streudiagramm 310
PCT 92
PERCENT 242
PERCENTILES 73, 80, 137
Percentilwert 74, 80
perfekte lineare Beziehung 166
permanente Auswahl 207, 209
PHI 148
Phi-Koeffizient 148, 151
PIN 299
Platzhalter 43
PLOT 123, 125ff., 134, 176, 181, 183, 321, 324, 334
POISSON 275
POLYNOMIAL 259
portierbare Datei 233
Positionierungs-Menü 28
positive Beziehung 161, 166
POUT 299
Power 134
POWER 341
PRE-Maß 153
PRESORTED 248
PREVIOUS 114
PRINT 60, 240, 325, 329, 334, 339, 350
Priorität 203
PRIORS 366
PROCESS IF 62, 206
Produktmomentkorrelation 165
Profile-Datei 38, 381
Prognosefehler 153, 169
Programm 370
Programmsystem 3
Programmzeile 40
Projektion 324
Prompt 16, 381
Prompt-Text 16, 26
proportionale Fehlerreduktion 153
proportionale Zellenbesetzung 266

prospektive Studie 157
Protokoll-Datei 36
Protokollausgabe 211
Prozentsatz 210
prozentuale Gesamthäufigkeit 146
prozentuale Häufigkeit 21
prozentuale Spaltenhäufigkeit 146
prozentuale Zeilenhäufigkeit 146
Prozessor 370
Prüfwert 171
Pseudo-Zufallszahlen-Generator 210
Punkt 214, 373, 382

Q-Test von Cochran 278
QED 389
quadratischer Trend 259
QUARTIMAX 323
Quartimax-Rotation 323
QUICK CLUSTER 346, 352
Quick-Editor 51, 389

Random-Faktor-Modell 265, 268
Rang-Korrelatrionskoeffizient Rho 240
RANGE 77, 236
Range-Wert 256
RANGES 254, 257
Rangreihe 167, 238
Rangvarianzanalyse-Test nach Friedman 278
Rangwert 238
RANK 239, 241
RANKIT 243
READ 302, 330, 343, 345
rechteckiger Ausschnitt 14
RECODE 198
REFERENCE 179
reflexive Variablenliste 52
REG 328

REGRESSION 178, 285, 300
Regressionsgerade 165, 177
Regressionskoeffizient 285
REGWGT 302
Rekodierung 57f.
Rekodierungsvorschrift 58, 198
relative Verbesserung der Vorhersage 154
relatives Risiko 149, 157
RELIABILITY 312, 314
Reliabilität 311
RENAME 65, 220, 223, 225, 229, 233f.
REORDER 65
REPORT 84, 87, 139, 175
Report 84
RESID 146
RESIDUALS 290f., 294, 308
Residuenwert 292
Residuum 146
RESULTS 216
retrospektive Studie 157
REVIEW 10, 374
REVIEW-Editor 9, 374, 385
Review-Schirm 10
RFRACTION 242
RIGHT 106
RISK 149
RND 198
robuste Statistik 136
robuster Test 254
Robustheit 333
ROTATION 323f.
Rotation 323
ROUND 138
ROW 146
Rundung 28, 95
RUNREVIEW 381, 384
RUNS 282

SAMPLE 210
Satzart 8, 209
Satzgruppe 117, 120, 225, 244, 247
SAVAGE 242f.
SAVE 220, 310, 328, 338, 349, 367
SCALE 132, 312
SCATTERPLOT 288, 309
Schablone 382
SCHEDULE 334
SCHEFFE 257
Scheffe-Test 254
Schiefe 78
schiefwinklige Rotation 323
Schlüsselwort 40, 43, 93
schrittweise Regression 298
Schrägstrich 19, 41f., 49
Schwäche einer statistischen Beziehung 148
SCRATCH 374
SCRATCH.PAD 37f.
Scree-Plot 321
SCREEN 37
SEED 210
Seite 28, 380
Seitennumerierung 107
Seitennummer 107
SEKURT 78
SELECT 301, 363
SELECT IF 207
SEMEAN 78
SESKEW 78
SET 24, 37, 46, 51, 56, 103, 147f., 210, 212, 216, 330, 381, 384, 386
Shift+F1 376
Shift+F10 377, 393
Shift+F3 376
Shift+F4 377
Shift+F5 377
Shift+F6 377

Shift+F7 377
Shift+F8 377
Shift+F9 378
SHOW 212
Sicherungs-Datei 37, 219, 223, 233f., 246, 250
Sicherungs-Menü 15f.
SIGN 277
Signifikanz 78, 171
Signifikanzniveau 171
Signifikanztest 171, 187, 253
SIN 198
SINGLE 64, 216, 342
Single Linkage 342
Skalenwert 311
SKEWNESS 78
SKIP 99, 104
SNK 218
Somer's d-Koeffizient 159, 163
SORT 322
SORT CASES 117, 119
Sortierschlüssel 119
Sortierung 85, 117
Sortiervariable 117, 142
Spannweite 77
Spearman's Rho 167, 170, 240
spezielles Trennzeichen 41
Spezifikation 40f.
Spezifikationswert 19, 41
SPLIT 317
Spread-and-level-Plot 132
SPREADLEVEL 132, 134
Spreadsheet 390
Spreadsheet 51
Spreadsheet-Formular 389
SPSS-file 19
SPSS-Kommando 18, 40
SPSS-Menü-System 30ff.
SPSS-Programm 18, 39
SPSS-System 3

SPSS.LIS 36, 379
SPSS.LOG 36, 379
SPSS.PRC 148, 215, 330
SPSS/PC+ 3, 370
SPSSPC 9, 385
SPSSPROF.INI 38, 381
SQRT 198
SRESID 146
Stamm 127
Standardabweichung 77
Standardfehler der Schätzung 79, 177, 287
standardisiertes Residuum 146, 288, 290
Standardisierung 83, 333
STANDARDIZE 179
Startkonfiguration 346
STATISTICS 75, 80f., 123, 148, 159, 170, 184, 187, 189, 253, 261, 267f., 271, 273, 283, 286f., 297, 303, 314f., 368
Statistik 17, 86, 246, 248
statistische Abhängigkeit 151
statistische Beziehung 140
statistische Kennziffer 73
statistische Unabhängigkeit 141
statistischer Ausreißer 294
statistischer Test 171
statistischer Zusammenhang 140f.
Status-Zeile 11
STDDEV 77
Stem-and-leaf-Plot 126
STEMLEAF 126
STEPWISE 299
Sternzeichen 95, 97, 117, 176, 224, 255
Stichprobe 1
Stichprobenfehler 171
STOP 29

Streudiagramm 165, 176
STRICTPARALLEL 317
STRING 116f.
String-Variable 50
Stringname 116
studentisiertes gelöschtes Residuum 308
studentisiertes Residuum 308
Stärke einer statistischen Beziehung 148
Subkommando 19, 42
Subkommandoname 42
Submit-Modus 22ff., 384
Submit-Schirm 9
SUBTITLE 213
Such-Menü 13
SUM 78
SUMMARY 86ff., 96, 99, 314
Summary-Angabe 88, 94
SUMSPACE 104, 106
SYMBOLS 179
syntaktische Korrektheit 383
Syntax 40f., 406ff.
SYSFILE INFO 221
SYSMIS 199f., 204
system file 219
system-missing value 56, 197, 226, 232, 250
Systemanfrage 372
Systemvariable 45, 205

T-Test 191
T-TEST 193, 195
Tabelle 226
Tabellen-Datei 235
Tabellenkalkulationsprogramm 235
TABLE 49, 227
TABLES 142
Tagesdatum 108

INDEX

Tastatur 370f.
Tastenkombination 15, 378
Tau-B-Koeffizient 159, 164
Tau-C-Koeffizient 159, 164
Tau-Koeffizient 156
temporäre Auswahl 62, 206
temporäre Variable 307
Testniveau 171, 174
Teststatistik 135, 171
theoretische Relevanz 174
THRU 59
tie 162, 238
TIES 239
Tildezeichen 33
TITLE 88, 106, 179, 213
TO 48, 52
TOLERANCE 299
Toleranz 296
TOTAL 101, 146
Transformations-Matrix 329
TRANSLATE 235f.
Transponieren 231
Treatment-Varianz 189
TRUNC 198
TSPACE 103
TUKEY 136, 243, 257
TYPE 235f.

U-Test von Mann-Whitney 280
UC 149
Überdruckzeichen 180
ULS 327
unabhängige Stichproben 193, 276
UNCOMPRESSED 220
UNDERSCORE 99, 101, 106
UNIFORM 132, 179, 198, 275
univariate Datenanalyse 140
Unsicherheits-Koeffizient 149
Unterstreichung 99

VALUE 198
VALUE LABELS 53
Variabilität 76
Variable 20
VARIABLE LABELS 52
Variablen-Fenster 32
Variablenetikett 52
Variablenliste 47
Variablenname 20, 35, 44
VARIABLES 63, 66, 86f., 96, 110, 123, 130, 132, 174, 232, 239, 260, 300, 312, 318, 363
VARIANCE 77
Varianz 77
Varianzanalyse-Tafel 187f., 252, 264, 350
Varianzhomogenität 188, 191, 253, 263
Varianzhomogenitäts-Test 191
VARIMAX 323
Varimax-Rotation 323
VERTICAL 179
Verzeichnis 372
VICICLE 334f.
VIN 365
Vorhersagewert 292
Vorzeichen-Test 277
VSIZE 179
VW 243

W-W 279
Wald-Wolfowitz-Test 280
WARD 342
Ward'sches Verfahren 342
WAVERAGE 138, 341
WEIGHT 64, 204, 206, 216
Werteetikett 54, 109, 144
WIDTH 103, 212, 302, 319
WILCOXON 277

Wilcoxon-Test 277
Wilks'sches Lambda 358f.
WITH 176, 184, 194, 269, 271, 277
WRITE 148, 175, 215, 303, 330, 343, 351
Wölbung 78

Yates-Korrektur 171
YRMODA 198

z-scores 83
Zeilen-Menü 13
Zeilenbereich 14
Zeilenvariable 142
Zelle 143, 263
zentrale Tendenz 75
Zentraleinheit 370
Zentroid-Kriterium 342
Zoom 28
Zufallsauswahl 171, 210
Zufallsentscheidung 162
Zufallsprozeß 282
Zufallsstichprobe 79
zusammengesetzte Bedingung 202
zusammengesetzte Statistik 91f.

SQL – Bearbeitung relationaler Datenbanken

von Wolf-Michael Kähler

1990. X, 225 Seiten. Kartoniert.
ISBN 3-528-04786-0

SQL ist eine international genormte Sprache, mit deren Sprachelementen Tabellen eingerichtet, Werte in Tabellen eingegeben, Tabelleninhalte angezeigt, verändert und miteinander verknüpft werden können.

Dieses Buch unterstützt sowohl das spontane Arbeiten mit SQL als auch die Auseinandersetzung mit den theoretischen Grundkonzepten für einen erfolgreichen Einsatz eines relationalen DB-Systems.

$5\frac{1}{4}$"-Diskette für IBM PC und Kompatible. DM 48,–*
ISBN 3-528-02846-7

*unverbindliche Preisempfehlung

Verlag Vieweg · Postfach 58 29 · D-65048 Wiesbaden

vieweg

COBOL 85 auf dem PC

Einführung in die dialogorientierte COBOL-Programmierung

von Wolf-Michael Kähler

1992. XIV, 238 Seiten. Kartoniert.
ISBN 3-528-05212-0

Das Buch führt den Leser in die Grundlagen der COBOL-Programmierung ein. Es vermittelt die Erstellung von COBOL-Programmen für die dialog-orientierte Arbeit am Bildschirmarbeitsplatz, wobei die Erfassung von Daten, deren Speicherung in sequentielle und index-sequentielle Dateien sowie die Bildschirmanzeige dieser gespeicherten Daten hervorgehoben werden. Tabellenverarbeitung, die Sortierung von Datenbeständen und die Modularisierung werden als besondere Techniken einer konfortablen COBOL-Programmierung beschrieben. Alle in diesem Buch beschriebenen Problemlösungen werden vor der Umformung in ein COBOL-Programm zunächst als Strukturprogramm entwickelt. Die Sprachelemente dieser problemorientierten Programmiersprache werden durch einfache und aufeinander aufbauende Anwendungsbeispiele begründet. Übungsaufgaben mit Lösungsteil ergänzen den Band.

Verlag Vieweg · Postfach 58 29 · D-65048 Wiesbaden